추천의 글

'왜'라는 질문에 답을 주는 힌트북

이 책은 아이들의 '왜'라는 질문에 '원래' 또는 '그냥'이라는 말로 답하지 않고 수학적 개념을 '위치와 질서'에 따라 차분하게 설명합니다. 교과서 문제를 활용하여 친숙하게 다가온 점, 개념 따라쓰기로 개념을 머릿속에 각인시킨 점도 이 책의 강점입니다. 힌트북을 통해 '왜'라는 질문에 수학적 개념으로 답변할 수 있는 실력 있는 학생들이 되기를 기대합니다.

정성윤 선생님(서울우이초등학교)

과제집착력을 길러주는 효과적인 구성!

학급에서 수학 수업을 할 때 최대한 답을 나중에 알려주면서 힌트를 주거나 문제를 이해할 수 있도록 풀어 설명해 줍니다. 과제집착력, 즉 문제를 끝까지 풀어내고자 하는 태도가 결국에는 수학 실력 향상에 도움이 된다고 생각하기 때문입니다. 힌트북은 아이들이 혼자 공부할 때에도 과제집착력을 기를 수 있는 효과적인 구성을 가진 교재라고 생각합니다. 힌트북은 수학을 잘 하고 싶어하는 아이들에게 기본기를 꼼꼼히 다져주는 좋은 친구이자 선생님이 되어 줄 것입니다.

류윤정 선생님(중앙대학교 사범대학 부속초등학교)

문제의 실마리를 주는 힌트

문제를 풀다 막히면 답지부터 찾아본 경험, 누구나 있을 거예요. 그런데 이 책엔 힌트북이 있어 답지를 보지 않고 문제의 실마리를 찾을 수 있습니다. 또 본문에서 개념을 따라 쓰는 코너가 있어서 학생들이 개념을 얼마나 잘 알고 있는지를 점검할 수 있다는 점도 매우 유익합니다.

박명선 선생님(덕은초등학교)

새 교육과정에서 중요시하는 과정 중심 평가에 맞는 학습서

새로 개정된 수학과 교육과정은 학습 결과 평가뿐만 아니라 과정 중심 평가도 중요시하여 종합적인 학습 평가를 지향하고 있습니다. 과정 중심 평가에서의 핵심은 학생들의 요구에 맞추어 피드백이 즉각적으로 이루져야 한다는 것입니다. 그런 점에서 이 책은 단계별로 효과적인 수학 학습이 되도록 학생 본인의 사고에 맞게 학습을 조절할 수 있습니다. 목표에 도달했다고 하더라도 어떤 과정으로 도달했는지, 혹은 어떤 이유로 도달하지 못했는지에 대한 학습 방향을 알려주는 나침반 같은 역할을 할 수 있기를 기대합니다.

최현아 선생님(서울가락초등학교)

수학에 자신 있는 친구들에게도 추천해요.

힌트북에서는 귀여운 캐릭터들이 설명해 주는 힌트를 통해 아이들이 개념과 원리를 지루하지 않고 흥미있게 집중하여 이해할 수 있습니다. 수학을 많이 버거워하는 아이들도 캐릭터들이 차근차근 설명하는 힌트를 따라가며 자신감을 키우게 될 것입니다. 풀이가 힘들고 귀찮아 힌트를 먼저 펼쳐보게 되는 아이들도 힌트 속에 녹아 있는 개념과 풀이 과정을 통해 자연스레 개념을 복습하게 되고 차근차근 풀이 과정을 밟아가는 연습을 할 수 있을 것입니다. 아울러 수학에 자신 있어 하는 친구들에게도 추천합니다. 어렵지 않게 푼 문제들도 '힌트' 속 설명을 통해 수학 실력을 더욱 탄탄히 다질 수 있을 테니까요.

강상미 선생님(서울송례초등학교)

추천의 글

생각하는 힘과 인내심을 길러줘요.

수학은 암기과목이 아닙니다. 한 문제를 풀어내는 과정은 마치 미로 속에서 출구를 찾아내는 과정과 비슷합니다. 많은 문들을 인내심을 갖고 하나하나 열어가며 출구를 찾아냈을 때 비로소 빛을 보는 기쁨을 누릴 수 있는 것과 같습니다. 모르겠다고 처음부터 답을 봐 버리면 생각하는 힘을 얻을 수 없고, 수학 문제를 해결하는 데 반드시 필요한 인내심도 기를 수 없습니다. 이 책은 문제를 해결하기 위해 통과해야 하는 많은 문들을 하나하나 열어갈 수 있도록 적절하게 힌트를 주고 있습니다. 이 책을 통해 필요한 만큼의 힌트를 참고하여 스스로 문제를 풀어내는 기쁨을 누리며 진정한 수학 실력을 높일 수 있기를 바랍니다.

채현정 선생님(서울대명초등학교)

스스로 깨닫게 하는 유능한 수학 코치!

문제 옆에 바로 붙어 있는 일반 참고서의 힌트는 아이들이 스스로 사고할 기회를 빼앗는 나쁜 친구죠. 그렇다고 힌트가 없으면 포기하기 쉽고, 또 답과 해설을 보며 공부하다 보면 끝내 혼자서는 문제를 풀어내지 못합니다. 이러한 문제의 완벽한 해결사가 힌트북입니다! 게다가 힌트북은 문제마다 중요한 개념을 친구처럼 세밀하게 알려주어서 문제의 핵심을 스스로 깨닫게 하는 가장 유능한 수학 코치입니다!

유은화 선생님(분당 공부방 원장)

혼자서도 척척, 혼공 내비게이션!

흔히 수학에는 왕도가 없다고 하지요. 그만큼 쉽고 빠른 지름길이 없다는 말인데요, 힌트북이 좋은 길잡이가 될 수 있을 것 같네요. 막히면 힌트를 보고 제대로 된 맞춤길을 안내받아 문제를 척척 풀어나갈 수 있으니까요.

안소정 선생님('수학의 역사' 저자)

학습 결손을 막아주는 '찐' 혼공 학습서

왜 진작에 이런 학습서가 나오지 않았을까요? 힌트북이 선생님이 되어 스스로 풀어내도록 도와주니 수학 실력뿐 아니라 자신감까지 올려주네요! 특히 요즘처럼 비대면 수업으로 인한 학습 결손이나 학력 격차까지 막아줄 수 있는 찐 혼공 학습서입니다.

배기근 선생님(대치 파인만학원 영재원 대표강사)

수학을 가장 쉽고 빠르게 공부할 수 있는 교재

구구절절 설명하는 책들은 넘쳐나지만 한눈에 보여주는 책은 이 책이 유일한 것 같습니다. 개념과 방법이 한눈에 이해되다 보니 힌트북이야말로 수학을 가장 쉽고 빠르게 공부할 수 있는 교재가 아닐까 하는 생각이 듭니다. 학생들이 쉽고 재밌게 공부하기에 안성맞춤입니다!

김준 선생님(일산 에이스학원 원장)

언제나 필요했던 게 바로 이런 책이었어요.

학원이나 선생님 도움 없이 혼자 책을 보며 공부하길 좋아했던 내가 언제나 필요했던 게 바로 이런 책이었습니다. 개념을 쉽게 설명하는 책은 많지만, 개념을 어떻게 받아들이고 어떻게 적용하는지 알려주는 책은 많지 않죠. 힌트북은 선생님이 옆에서 가르쳐 주듯 하나하나 알려주는 든든한 교재입니다.

이승은(서울대 대학원 보건학과)

문제 읽는 방법을 배워 '진짜 실력'을 길러요.

문제를 풀다 어렵다고 해설을 바로 보면 실력이 잘 늘지 않기에 과외 수업을 할 때도 힌트를 종종 주곤 합니다. 문제 접근법을 다시 생각해보게 하는 거죠. 힌트북은 '문제를 읽는 방법'을 학생 스스로 배울 수 있게 합니다. '진짜 실력'을 기르기에 참 좋은 교재입니다.

전가원(서울대 수의예과 21학번)

개념을 문제에 적용할 수 있는 힘을 길러줘요.

수학 문제를 풀 때 가장 중요한 능력은 문제를 분석하고 올바르게 개념을 적용하는 능력입니다. 힌트북은 시중 초등 참고서에 없던 '힌트북'을 통해 처음 공부하는 학생이라도 개념을 문제에 스스로 '적용할 수 있는 힘'을 길러주고 있습니다.

현승환(서울대 자유전공학부 21학번)

매일의 목표를 이루어주는 힌트북

'성공도 습관'이라는 말이 있듯이, 하루의 작은 성공이 반복되어 습관이 될 때 결국 목표를 이루게 됩니다. 이 교재는 하루에 4쪽씩 학습량을 정해 두었는데, 힌트북이 매일의 목표를 포기하지 않고 끝까지 이룰 수 있도록 도와줍니다.

김하경(서울대 체육교육과 21학번)

수학을 고등까지 꾸준히 잘하도록 도와줘요.

수학을 고등학교 때까지 꾸준히 잘하기 위해서 가장 중요한 것은 개념을 완전히 이해하고 문제에 적절하게 적용하는 능력입니다. 책속 힌트북을 통해 학생들이 그 능력을 자연스럽게 기를 수 있고, 자신감까지 얻을 수 있을 것 같습니다.

김지우(서울대 인문계열 21학번)

힌트가 생각의 방향을 잡아줘요.

개념 이해에서 시작한 공부는 문제 해결까지 이어져야 합니다. 힌트북은 이 과정을 끝까지 하도록 유도한다는 점에서 매력적입니다. 문제 속 개념을 찾아내는 것부터, 문제 해결을 위한 생각의 방향을 잡는 것까지 스스로 할 수 있도록 돕기 때문입니다.

김연우(서울대 조경지역시스템공학부 21학번)

스스로 답까지 도착하도록 도와줘요.

귀여운 그림과 예쁜 색감을 사용하여 학생들이 좀 더 관심을 가지고 집중할 수 있을 것 같아요. 답과 풀이만 있는 다른 교재와는 달리 힌트북은 '힌트'라는 스캐폴딩을 설정하여 스스로 생각하고 고민하여 답까지 도착할 수 있도록 도와줍니다. 전체 구성이 개념 → 확인 → 쉬운 문제 → 어려운 문제순으로 단계별로 이루어져 있어 스스로 공부하기에 정말 좋습니다.

송지혁(서울대 아동학과 21학번)

힌트로 수학의 원리를 체화할 수 있어요.

진정한 이해는 혼자 공부할 때 비로소 이루어진다고 생각합니다. 이 책의 강점은 힌트를 통해 모르는 문제가 있을 때 문제의 방식을 혼자 이해하고 몸에 익힐 수 있다는 것입니다. 이 책으로 공부하면 힌트를 통해 풀이 과정을 이해하면서 수학의 원리를 체화할 수 있습니다.

조현준(서울대 생명과학부 21학번)

문제와 풀이 사이에 힌트가 있다면?

막힐 땐 힌트북

막힐 때 힌트 보며 혼자서도 척척

초등 혼공 기본서

슬기로운 공부

이 책의 구성과 특징

기본 개념 학습

개념학습 > 확인문제 > 교과서문제 > 개념 따라쓰기

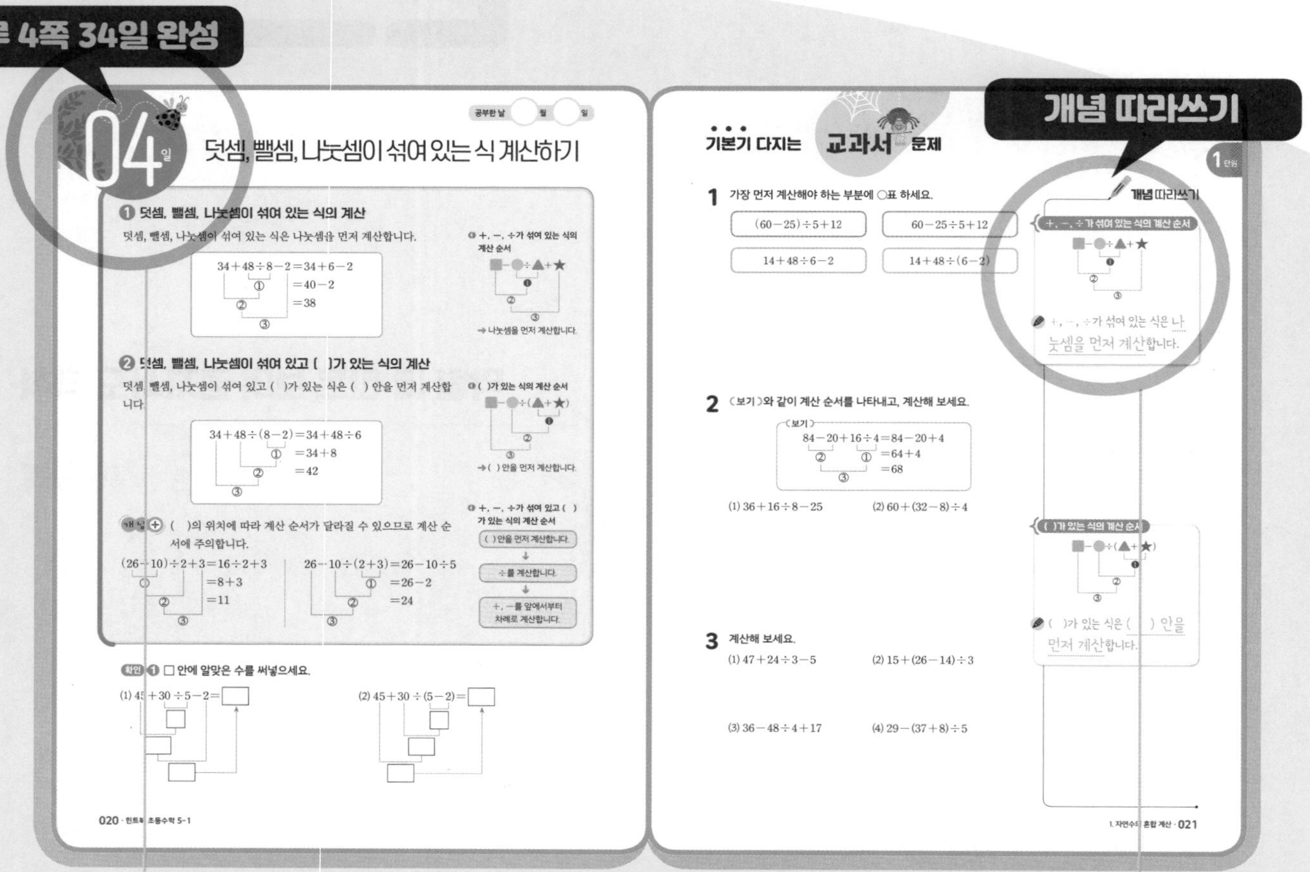

하루 4쪽 34일 완성

하루 4쪽 공부로 단기간에 수학의 기본기를 탄탄하게 완성할 수 있습니다.

개념 따라쓰기

눈으로 확인한 개념을 직접 손으로 따라쓰며 머릿속에 새길 수 있습니다.

스스로 풀어내는 도전 10 문제

기본문제 > 응용문제 > 독해력문제 > 표현력문제

막힐 때 찾아보는 힌트 링크

수학적 독해력·표현력 문제

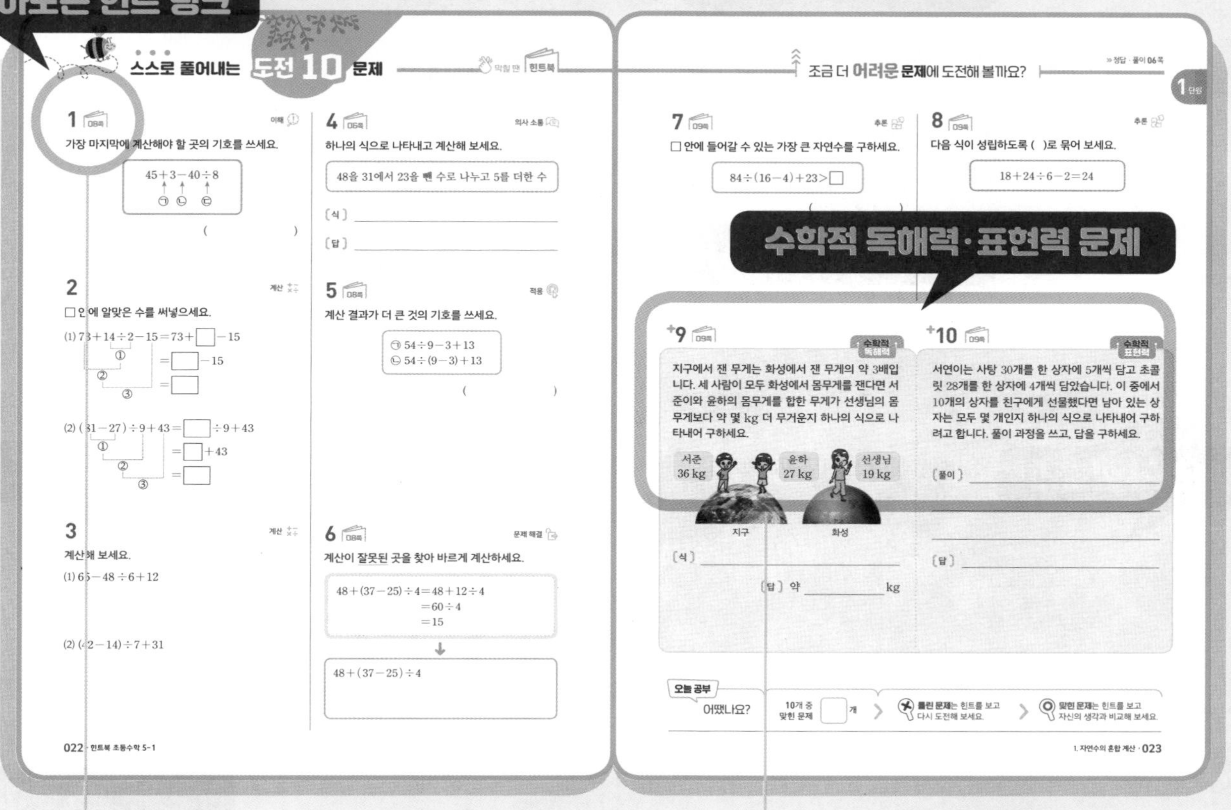

스스로 풀어내는 도전 10 문제 · 막힐 땐 힌트북

조금 더 어려운 문제에 도전해 볼까요?

» 정답 · 풀이 06쪽

1 06쪽 이해
가장 마지막에 계산해야 할 곳의 기호를 쓰세요.

$45+3-40\div8$
㉠ ㉡ ㉢

(　　　　　)

2 계산
□ 안에 알맞은 수를 써넣으세요.

(1) $73+14\div2-15=73+\square-15$
$=\square-15$
$=\square$

(2) $(81-27)\div9+43=\square\div9+43$
$=\square+43$
$=\square$

3 계산
계산해 보세요.

(1) $65-48\div6+12$

(2) $(42-14)\div7+31$

4 06쪽 의사 소통
하나의 식으로 나타내고 계산해 보세요.

48을 31에서 23을 뺀 수로 나누고 5를 더한 수

〔식〕

〔답〕

5 06쪽 적용
계산 결과가 더 큰 것의 기호를 쓰세요.

㉠ $54\div9-3+13$
㉡ $54\div(9-3)+13$

(　　　　　)

6 08쪽 문제 해결
계산이 잘못된 곳을 찾아 바르게 계산하세요.

$48+(37-25)\div4=48+12\div4$
$=60\div4$
$=15$

$48+(37-25)\div4$

7 09쪽 추론
□ 안에 들어갈 수 있는 가장 큰 자연수를 구하세요.

$84\div(16-4)+23>\square$

8 09쪽 추론
다음 식이 성립하도록 (　)로 묶어 보세요.

$18+24\div6-2=24$

+9 09쪽 수학적 독해력
지구에서 잰 무게는 화성에서 잰 무게의 약 3배입니다. 세 사람이 모두 화성에서 몸무게를 잰다면 서준이와 윤하의 몸무게를 합한 무게가 선생님의 몸무게보다 약 몇 kg 더 무거운지 하나의 식으로 나타내어 구하세요.

서준 36 kg　윤하 27 kg　선생님 19 kg
지구　화성

〔식〕

〔답〕 약 　　kg

+10 09쪽 수학적 표현력
서연이는 사탕 30개를 한 상자에 5개씩 담고 초콜릿 28개를 한 상자에 4개씩 담았습니다. 이 중에서 10개의 상자를 친구에게 선물했다면 남아 있는 상자는 모두 몇 개인지 하나의 식으로 나타내어 구하려고 합니다. 풀이 과정을 쓰고, 답을 구하세요.

〔풀이〕

〔답〕

오늘 공부 어땠나요? 10개 중 맞힌 문제 　개 > 틀린 문제는 힌트를 보고 다시 도전해 보세요. > 맞힌 문제는 힌트를 보고 자신의 생각과 비교해 보세요.

022 힌트북 초등수학 5-1

1. 자연수의 혼합 계산 023

막힐 때 찾아보는 힌트 링크

문제 풀다 막힐 때 힌트를 바로 찾아 확인할 수 있습니다.

수학적 독해력·표현력 문제

문제의 의미를 파악하고, 풀이 과정을 수학적으로 표현하는 연습을 합니다.

이 책의 구성과 특징

막힐 때 찾아보는 힌트

힌트는?

문제해결의 실마리	생각의 첫 단추, 문제 접근법
문제 속 숨은 개념	출제 포인트, 출제 의도
수학적 아이디어	수학적 발상, 수학적 사고
상위권의 풀이법	문제 풀이 스킬, 다양한 풀이 비법

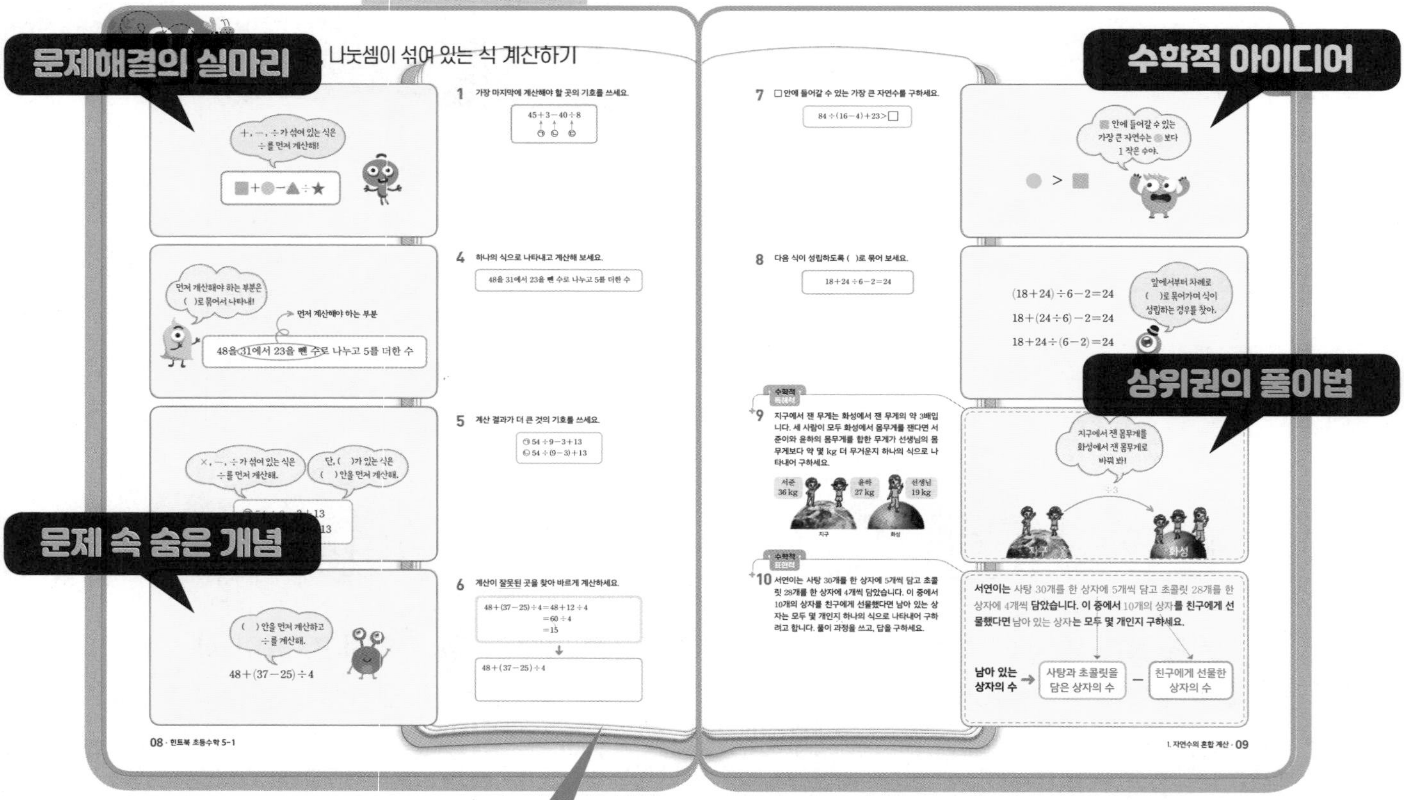

문제를 보며 힌트를 확인할 수 있습니다.

이 책의 200% 활용법

혼공할 때

홈스쿨할 때

선행할 때

수학이 어려울 때

힌트북으로 공부하면

개념이
쉽고 명확해집니다.

문제를 보면
개념이 떠오릅니다.

어려웠던 수학이
만만해집니다.

이 책의 차례

1 단원 자연수의 혼합 계산

2 단원 약수와 배수

3 단원 규칙과 대응

4 단원 약분과 통분

5 단원 분수의 덧셈과 뺄셈

6 단원 다각형의 둘레와 넓이

01일 덧셈과 뺄셈이 섞여 있는 식 계산하기

❶ 덧셈과 뺄셈이 섞여 있는 식의 계산

덧셈과 뺄셈이 섞여 있는 식은 앞에서부터 차례로 계산합니다.

$21-15+4=6+4=10$

① $21-15$, ② $6+4$

+, −가 섞여 있는 식의 계산 순서

■−●+▲ (❶ ■−●, ② 그 결과+▲)

➜ 앞에서부터 차례로 계산합니다.

❷ 덧셈과 뺄셈이 섞여 있고 ( )가 있는 식의 계산

덧셈과 뺄셈이 섞여 있고 ( )가 있는 식은 ( ) 안을 먼저 계산합니다.

$21-(15+4)=21-19=2$

① $15+4$, ② $21-19$

( )가 있는 식의 계산 순서

■−(●+▲) (❶ ●+▲, ② ■−그 결과)

➜ ( ) 안을 먼저 계산합니다.

개념+ 계산 순서를 바꾸면 계산 결과가 달라질 수 있으므로 계산 순서에 주의합니다.

[올바른 계산]

$14-3+8=11+8=19$ (① $14-3$, ② $11+8$)

[잘못된 계산]

$14-3+8=14-11=3$ (① $3+8$, ② $14-11$)

+, −가 섞여 있고 ( )가 있는 식의 계산 순서

( ) 안을 먼저 계산합니다.

↓

+, −를 앞에서부터 차례로 계산합니다.

확인 1 □ 안에 알맞은 수를 써넣으세요.

(1) $30-17+8=$ □

① $30-17$ → □, ② □ $+8$ → □

(2) $30-(17+8)=$ □

① $17+8$ → □, ② $30-$ □ → □

확인 2 계산 순서에 맞게 계산하세요.

(1) $16-9+23=$ □ $+23=$ □

① $16-9$, ② □ $+23$

(2) $25-(7+12)=25-$ □ $=$ □

① $7+12$, ② $25-$ □

» 정답 · 풀이 02쪽

기본기 다지는 교과서 문제

1 가장 먼저 계산해야 하는 부분에 ○표 하세요.

23+10−5	23+(10−5)
42−(14+8)	42−14+8

2 〈보기〉와 같이 계산 순서를 나타내고, 계산해 보세요.

〈보기〉
$35-(6+17)=35-23=12$
①
②

(1) $60+34-22$ (2) $72-(38+15)$

3 계산해 보세요.

(1) $27+15-9$ (2) $43-(8+12)$

(3) $82-24+13$ (4) $64-(20+15)$

개념 따라쓰기

+, −가 섞여 있는 식의 계산 순서

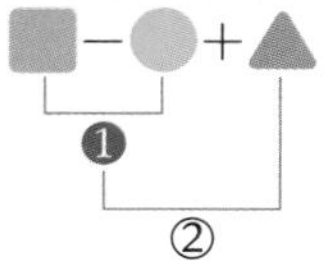

+, −가 섞여 있는 식은 앞에서부터 차례로 계산합니다.

( )가 있는 식의 계산 순서

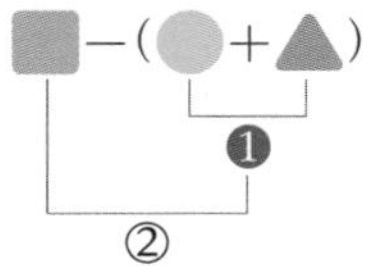

( )가 있는 식은 ( ) 안을 먼저 계산합니다.

스스로 풀어내는 도전 10 문제

1 02쪽

이해

계산 순서를 바르게 나타낸 것에 ○표 하세요.

$32-8+11$ (① $8+11$, ② $32-$)	$32-(8+11)$ (① $8+11$, ② $32-$)
( )	( )

2

계산

□ 안에 알맞은 수를 써넣으세요.

(1) $74-16+37=\square+37=\square$ (① $74-16$, ② $+37$)

(2) $90-(46+28)=90-\square=\square$ (① $46+28$, ② $90-$)

3

계산

계산해 보세요.

(1) $16+42-34$

(2) $87-(52+26)$

4 02쪽

의사 소통

하나의 식으로 나타내고 계산해 보세요.

64에서 40과 17의 합을 뺀 수

[식] ______________________

[답] ______________________

5 02쪽

계산

계산 결과를 찾아 선으로 이어 보세요.

$60+34-15$ •	• 11
$60-34+15$ •	• 79
$60-(34+15)$ •	• 41

6 02쪽

문제 해결

다음 문장을 하나의 식으로 바르게 나타낸 것을 찾아 기호를 쓰세요.

버스에 27명이 타고 있었습니다. 이번 정류장에서 남자 10명과 여자 8명이 내렸습니다. 지금 버스에 타고 있는 사람은 몇 명일까요?

㉠ $27+10+8$　　㉡ $27+10-8$
㉢ $27-10+8$　　㉣ $27-(10+8)$

(   )

조금 더 어려운 문제에 도전해 볼까요?

7 03쪽 적용

계산 결과가 가장 큰 것부터 차례로 기호를 쓰세요.

㉠ $90-(35+26)$　　㉡ $56-28+17$
㉢ $38+24-15$　　㉣ $59-(12+23)$

□-□-□-□

8 03쪽 적용

계산 결과가 더 큰 것에 ○표 하세요.

(1) $32-14+9$ (　　)　　$32-(14+9)$ (　　)

(2) $72-(16+8)$ (　　)　　$72-16+8$ (　　)

+9 03쪽 수학적 독해력

문구점에 있는 학용품의 가격을 나타낸 것입니다. 서연이는 연필깎이를 샀고, 종욱이는 가위와 풀을 샀습니다. 서연이는 종욱이보다 얼마를 더 내야 하는지 하나의 식으로 나타내어 구하세요.

학용품	 연필깎이	 가위	 풀
가격(원)	7000	3500	1000

식 ________________

답 ________________

+10 03쪽 수학적 표현력

학교 체육관에 야구공 45개와 축구공 23개가 있습니다. 그 중에서 30개를 운동장으로 가져갔습니다. 체육관에 남은 공은 몇 개인지 하나의 식으로 나타내어 구하려고 합니다. 풀이 과정을 쓰고, 답을 구하세요.

풀이 ________________

답 ________________

오늘 공부 어땠나요? 10개 중 맞힌 문제 □ 개 〉 **틀린 문제**는 힌트를 보고 다시 도전해 보세요. 〉 **맞힌 문제**는 힌트를 보고 자신의 생각과 비교해 보세요.

공부한 날 월 일

곱셈과 나눗셈이 섞여 있는 식 계산하기

① 곱셈과 나눗셈이 섞여 있는 식의 계산

곱셈과 나눗셈이 섞여 있는 식은 앞에서부터 차례로 계산합니다.

$54 \div 9 \times 2 = 6 \times 2 = 12$

① $54 \div 9$ ② 6×2

◐ ×, ÷가 섞여 있는 식의 계산 순서

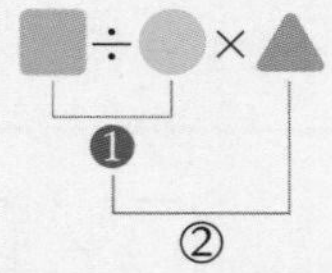

➔ 앞에서부터 차례로 계산합니다.

② 곱셈과 나눗셈이 섞여 있고 ( )가 있는 식의 계산

곱셈과 나눗셈이 섞여 있고 ( )가 있는 식은 ( ) 안을 먼저 계산합니다.

$54 \div (9 \times 2) = 54 \div 18 = 3$

① 9×2 ② $54 \div 18$

◐ ( )가 있는 식의 계산 순서

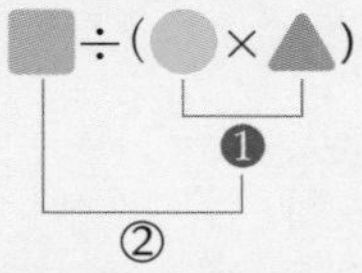

➔ ( ) 안을 먼저 계산합니다.

개념+ 계산 순서를 바꾸면 계산 결과가 달라질 수 있으므로 계산 순서에 주의합니다.

[올바른 계산]

$42 \div 7 \times 3 = 6 \times 3 = 18$

① $42 \div 7$ ② 6×3

[잘못된 계산]

$42 \div 7 \times 3 = 42 \div 21 = 2$

① 7×3 ② $42 \div 21$

◐ ×, ÷가 섞여 있고 ( )가 있는 식의 계산 순서

( ) 안을 먼저 계산합니다.

↓

×, ÷를 앞에서부터 차례로 계산합니다.

확인 1 □ 안에 알맞은 수를 써넣으세요.

(1) $16 \div 2 \times 4 = \square$

$16 \div 2 = \square$, $\square \times 4 = \square$

(2) $16 \div (2 \times 4) = \square$

$2 \times 4 = \square$, $16 \div \square = \square$

확인 2 계산 순서에 맞게 계산하세요.

(1) $64 \div 16 \times 3 = \square \times 3 = \square$

① ②

(2) $48 \div (4 \times 3) = 48 \div \square = \square$

① ②

기본기 다지는 교과서 문제

» 정답 · 풀이 03쪽

1 가장 먼저 계산해야 하는 부분에 ○표 하세요.

12×(6÷3)	12×6÷3
36÷9×2	36÷(9×2)

2 〈보기〉와 같이 계산 순서를 나타내고, 계산해 보세요.

〈보기〉

54÷(9×2)=54÷18=3

① 9×2, ② 54÷18

(1) 14×3÷7

(2) 72÷(12×3)

3 계산해 보세요.

(1) 8×9÷3

(2) 36÷(6×2)

(3) 80÷(2×8)

(4) 96÷8×3

개념 따라쓰기

×, ÷가 섞여 있는 식의 계산 순서

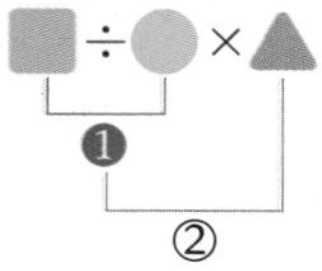

×, ÷가 섞여 있는 식은 앞에서부터 차례로 계산합니다.

( )가 있는 식의 계산 순서

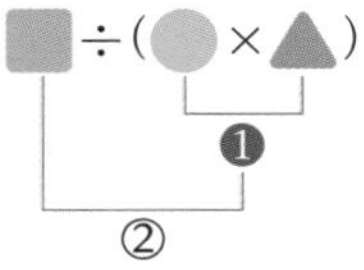

( )가 있는 식은 ( ) 안을 먼저 계산합니다.

1 04쪽 이해

계산 순서를 바르게 나타낸 것의 기호를 쓰세요.

㉠ $60 \div 5 \times 4$ (① 5×4, ② $60 \div$ ①)

㉡ $60 \div (5 \times 4)$ (① 5×4, ② $60 \div$ ①)

(　　　　　　　)

2 계산

□ 안에 알맞은 수를 써넣으세요.

(1) $28 \div 7 \times 12 = \square \times 12 = \square$ (① $28 \div 7$, ② ① $\times 12$)

(2) $88 \div (4 \times 11) = 88 \div \square = \square$ (① 4×11, ② $88 \div$ ①)

3 계산

계산해 보세요.

(1) $36 \times 2 \div 8$

(2) $48 \div (3 \times 4)$

4 04쪽 의사 소통

하나의 식으로 나타내고 계산해 보세요.

56을 4와 7의 곱으로 나눈 수

[식] ______________________

[답] ______________________

5 04쪽 계산

계산 결과를 찾아 선으로 이어 보세요.

$30 \times 2 \div 5$ •	• 3
$30 \div 2 \times 5$ •	• 12
$30 \div (2 \times 5)$ •	• 75

6 04쪽 문제 해결

다음 문장을 하나의 식으로 바르게 나타낸 것을 찾아 기호를 쓰세요.

윤하는 한 상자에 24개씩 들어 있는 초콜릿 2상자를 사서 3명의 친구에게 똑같이 나누어 주었습니다. 한 명의 친구가 받은 초콜릿은 몇 개일까요?

㉠ $24 \times 2 \times 3$　　㉡ $24 \div 2 \div 3$

㉢ $24 \times 2 \div 3$　　㉣ $24 \div (2 \times 3)$

(　　　　　　　)

» 정답 · 풀이 03쪽

조금 더 어려운 문제에 도전해 볼까요?

7 05쪽 적용

계산 결과가 가장 작은 것의 기호를 쓰세요.

㉠ $90 \div (6 \times 5)$	㉡ $60 \div 12 \times 2$
㉢ $15 \times 4 \div 5$	㉣ $32 \div (2 \times 4)$

(　　　　　　)

8 05쪽 적용

계산 결과를 비교하여 ○ 안에 >, =, <를 알맞게 써넣으세요.

(1) $36 \div 3 \times 2$ ○ $36 \div (3 \times 2)$

(2) $72 \div (6 \times 4)$ ○ $72 \div 6 \times 4$

+9 05쪽 수학적 독해력

한 명이 1분에 종이비행기를 3개씩 만들 수 있습니다. 같은 빠르기로 4명이 종이비행기 60개를 만들려면 몇 분이 걸리는지 하나의 식으로 나타내어 구하세요.

식 ____________________

답 ____________________

+10 05쪽 수학적 표현력

지혜는 쿠키를 한 판에 15개씩 3판 구워서 남김없이 5상자에 똑같이 나누어 담았습니다. 한 상자에 든 쿠키는 몇 개인지 하나의 식으로 나타내어 구하려고 합니다. 풀이 과정을 쓰고, 답을 구하세요.

풀이 ____________________

____

____

답 ____________________

오늘 공부 어땠나요? 10개 중 맞힌 문제 □ 개 > 틀린 문제는 힌트를 보고 다시 도전해 보세요. > 맞힌 문제는 힌트를 보고 자신의 생각과 비교해 보세요.

03일

공부한 날 월 일

덧셈, 뺄셈, 곱셈이 섞여 있는 식 계산하기

❶ 덧셈, 뺄셈, 곱셈이 섞여 있는 식의 계산

덧셈, 뺄셈, 곱셈이 섞여 있는 식은 곱셈을 먼저 계산합니다.

$26+5\times8-4=26+40-4$
$=66-4$
$=62$

(① 5×8, ② $26+40$, ③ $66-4$)

◐ +, −, ×가 섞여 있는 식의 계산 순서

■−●×▲+★

(❶ ●×▲, ② ■−(❶), ③ (②)+★)

➔ 곱셈을 먼저 계산합니다.

❷ 덧셈, 뺄셈, 곱셈이 섞여 있고 ( )가 있는 식의 계산

덧셈, 뺄셈, 곱셈이 섞여 있고 ( )가 있는 식은 ( ) 안을 먼저 계산합니다.

$26+5\times(8-4)=26+5\times4$
$=26+20$
$=46$

(① $8-4$, ② 5×4, ③ $26+20$)

◐ ( )가 있는 식의 계산 순서

■−●×(▲+★)

(❶ ▲+★, ② ●×(❶), ③ ■−(②))

➔ ( ) 안을 먼저 계산합니다.

◐ +, −, ×가 섞여 있고 ( )가 있는 식의 계산 순서

( ) 안을 먼저 계산합니다.
↓
×를 계산합니다.
↓
+, −를 앞에서부터 차례로 계산합니다.

개념+ ( )의 위치에 따라 계산 순서가 달라질 수 있으므로 계산 순서에 주의합니다.

$(20-2)\times3+4=18\times3+4$
$=54+4$
$=58$

(① $20-2$, ② 18×3, ③ $54+4$)

$20-2\times(3+4)=20-2\times7$
$=20-14$
$=6$

(① $3+4$, ② 2×7, ③ $20-14$)

확인 1 □ 안에 알맞은 수를 써넣으세요.

(1) $30+2\times8-6=$□

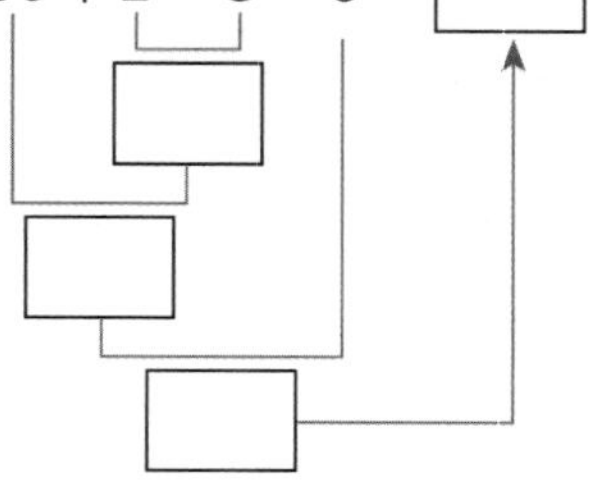

(2) $30+2\times(8-6)=$□

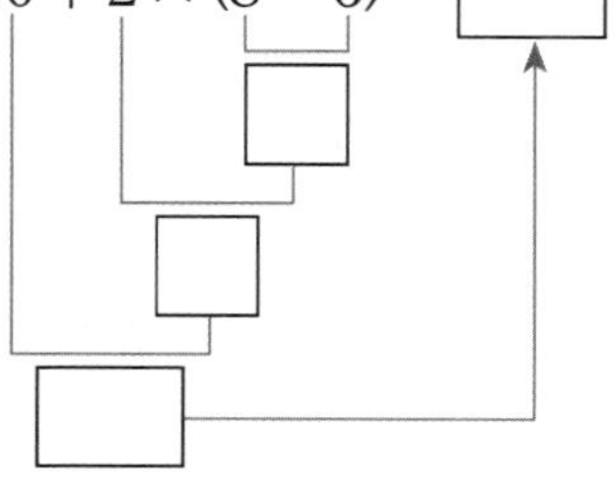

기본기 다지는 교과서 문제

1 가장 먼저 계산해야 하는 부분에 ○표 하세요.

$16+4\times5-3$	$16+4\times(5-3)$
$(34-10)\times2+12$	$34-10\times2+12$

2 〈보기〉와 같이 계산 순서를 나타내고, 계산해 보세요.

〈보기〉

$52-20+8\times3=52-20+24$

②: $52-20$, ①: 8×3, ③

$=32+24$

$=56$

(1) $44-3\times8+6$

(2) $30+(24-8)\times2$

3 계산해 보세요.

(1) $31+2\times7-4$

(2) $38+(10-5)\times3$

(3) $85-4\times8+22$

(4) $96-(16+5)\times4$

개념 따라쓰기

+, −, ×가 섞여 있는 식의 계산 순서

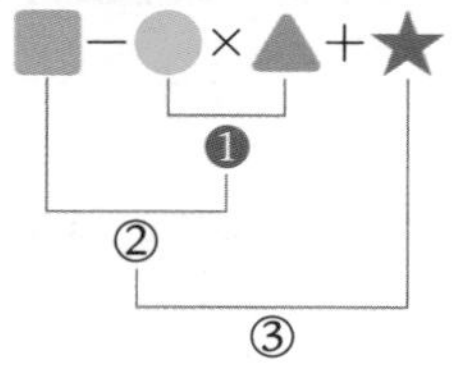

+, −, ×가 섞여 있는 식은 곱셈을 먼저 계산합니다.

( )가 있는 식의 계산 순서

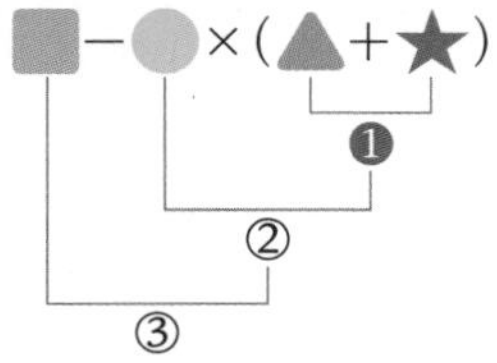

( )가 있는 식은 ( ) 안을 먼저 계산합니다.

1 06쪽 이해

계산 순서에 맞게 기호를 쓰세요.

$17+6\times3-5$ (↑㉠ ↑㉡ ↑㉢)

□—□—□

2 계산

□ 안에 알맞은 수를 써넣으세요.

(1) $33+14\times2-50=33+\square-50$ ①, ②, ③
$=\square-50$
$=\square$

(2) $(24-16)\times4+51=\square\times4+51$ ①, ②, ③
$=\square+51$
$=\square$

3 계산

계산해 보세요.

(1) $50-8\times6+3$

(2) $(62-54)\times7+21$

4 06쪽 의사 소통

하나의 식으로 나타내고 계산해 보세요.

64에서 8과 5의 합을 4배 한 수를 뺀 값

[식] ______________________

[답] ______________________

5 06쪽 적용

계산 결과가 더 작은 것의 기호를 쓰세요.

㉠ $71-4\times2+13$
㉡ $71-4\times(2+13)$

( )

6 06쪽 문제 해결

계산이 잘못된 곳을 찾아 바르게 계산하세요.

$48-18\times2+25=30\times2+25$
$=60+25$
$=85$

↓

$48-18\times2+25$

7 07쪽 문제 해결

세 친구가 계산을 한 것입니다. 바르게 계산한 사람은 누구일까요?

지혜: $17+3-4\times5=80$
민호: $5\times18-12\times2=60$
종욱: $63-4\times(5+2)=35$

(　　　　　　)

8 07쪽 추론

□ 안에 들어갈 수 있는 가장 작은 자연수를 구하세요.

$37+2\times(21-6)<\square$

(　　　　　　)

+9 07쪽 수학적 독해력

대화를 보고 유미와 재경이가 일주일 동안 줄넘기를 모두 몇 번 했는지 하나의 식으로 나타내어 구하세요.

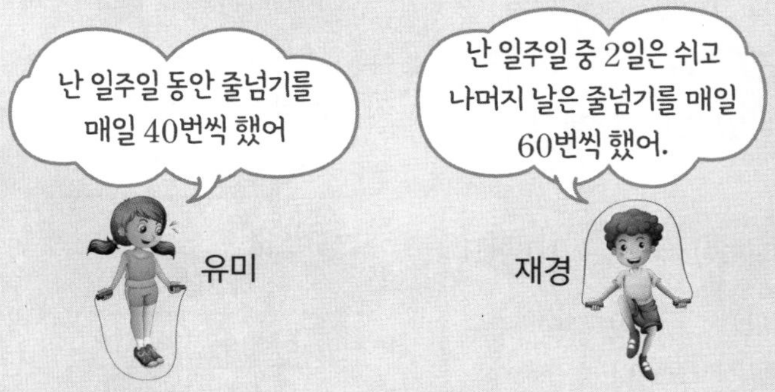

[식] ____________________

[답] ____________________

+10 07쪽 수학적 표현력

사탕이 68개 있습니다. 남학생 4명과 여학생 3명이 각각 5개씩 먹었습니다. 남은 사탕이 몇 개인지 하나의 식으로 나타내어 구하려고 합니다. 풀이 과정을 쓰고, 답을 구하세요.

[풀이] ____________________

[답] ____________________

오늘 공부 어땠나요?

10개 중 맞힌 문제 □ 개 › **틀린 문제**는 힌트를 보고 다시 도전해 보세요. › **맞힌 문제**는 힌트를 보고 자신의 생각과 비교해 보세요.

04일 덧셈, 뺄셈, 나눗셈이 섞여 있는 식 계산하기

❶ 덧셈, 뺄셈, 나눗셈이 섞여 있는 식의 계산

덧셈, 뺄셈, 나눗셈이 섞여 있는 식은 나눗셈을 먼저 계산합니다.

$34+48\div8-2=34+6-2$
$=40-2$
$=38$

(① $48\div8$, ② $34+6$, ③ $40-2$)

◐ +, −, ÷가 섞여 있는 식의 계산 순서

■−●÷▲+★ (❶ ●÷▲, ② ■−(●÷▲), ③ +★)

→ 나눗셈을 먼저 계산합니다.

❷ 덧셈, 뺄셈, 나눗셈이 섞여 있고 ( )가 있는 식의 계산

덧셈, 뺄셈, 나눗셈이 섞여 있고 ( )가 있는 식은 ( ) 안을 먼저 계산합니다.

$34+48\div(8-2)=34+48\div6$
$=34+8$
$=42$

(① $8-2$, ② $48\div6$, ③ $34+8$)

◐ ( )가 있는 식의 계산 순서

■−●÷(▲+★) (❶ ▲+★, ② ●÷(▲+★), ③ ■−●÷(▲+★))

→ ( ) 안을 먼저 계산합니다.

개념+ ( )의 위치에 따라 계산 순서가 달라질 수 있으므로 계산 순서에 주의합니다.

$(26-10)\div2+3=16\div2+3$
$=8+3$
$=11$

(① $26-10$, ② $16\div2$, ③ $8+3$)

$26-10\div(2+3)=26-10\div5$
$=26-2$
$=24$

(① $2+3$, ② $10\div5$, ③ $26-2$)

◐ +, −, ÷가 섞여 있고 ( )가 있는 식의 계산 순서

( ) 안을 먼저 계산합니다.
↓
÷를 계산합니다.
↓
+, −를 앞에서부터 차례로 계산합니다.

확인 1 □ 안에 알맞은 수를 써넣으세요.

(1) $45+30\div5-2=$ □

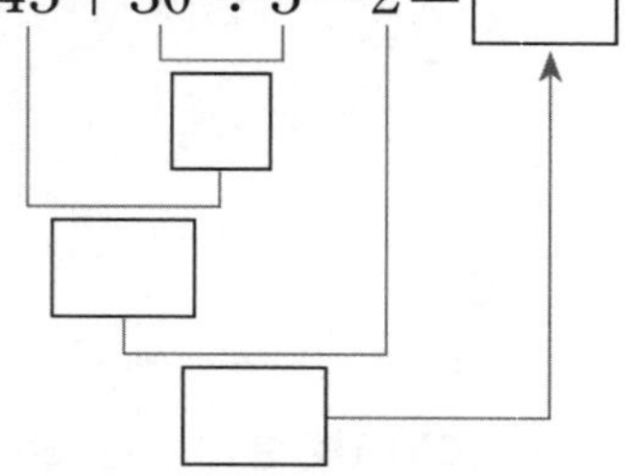

(2) $45+30\div(5-2)=$ □

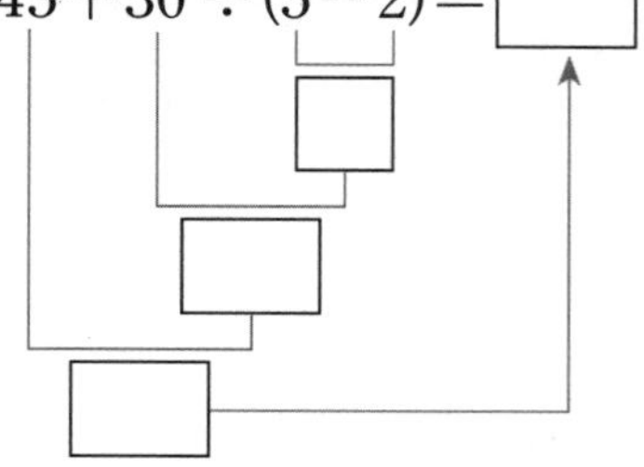

기본기 다지는 교과서 문제

» 정답 · 풀이 06쪽

1 가장 먼저 계산해야 하는 부분에 ○표 하세요.

$(60-25)\div5+12$	$60-25\div5+12$
$14+48\div6-2$	$14+48\div(6-2)$

2 〈보기〉와 같이 계산 순서를 나타내고, 계산해 보세요.

〈보기〉

$84-20+16\div4=84-20+4$

$=64+4$

$=68$

② $84-20$, ① $16\div4$, ③ 나머지 덧셈

(1) $36+16\div8-25$　　(2) $60+(32-8)\div4$

3 계산해 보세요.

(1) $47+24\div3-5$　　(2) $15+(26-14)\div3$

(3) $36-48\div4+17$　　(4) $29-(37+8)\div5$

개념 따라쓰기

+, −, ÷가 섞여 있는 식의 계산 순서

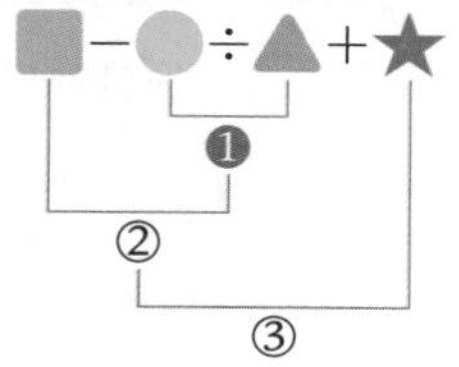

+, −, ÷가 섞여 있는 식은 나눗셈을 먼저 계산합니다.

( )가 있는 식의 계산 순서

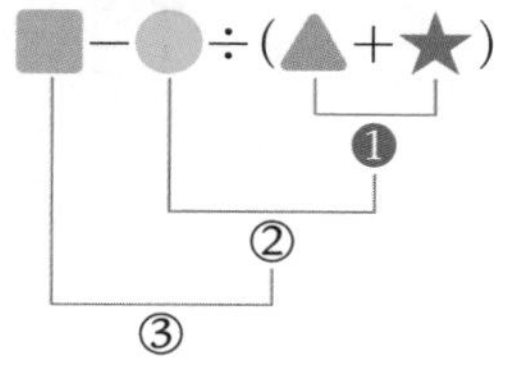

( )가 있는 식은 ( ) 안을 먼저 계산합니다.

스스로 풀어내는 도전 10 문제

막힐 땐 힌트북

1 08쪽

이해

가장 마지막에 계산해야 할 곳의 기호를 쓰세요.

$45+3-40\div8$

㉠ (+), ㉡ (−), ㉢ (÷)

(   )

2

계산

□ 안에 알맞은 수를 써넣으세요.

(1) $73+14\div2-15=73+\square-15$

$=\square-15$

$=\square$

① $14\div2$, ② $73+14\div2$, ③ $73+14\div2-15$

(2) $(81-27)\div9+43=\square\div9+43$

$=\square+43$

$=\square$

① $81-27$, ② $(81-27)\div9$, ③ $(81-27)\div9+43$

3

계산

계산해 보세요.

(1) $65-48\div6+12$

(2) $(42-14)\div7+31$

4 06쪽

의사 소통

하나의 식으로 나타내고 계산해 보세요.

48을 31에서 23을 뺀 수로 나누고 5를 더한 수

[식] ____________________

[답] ____________________

5 08쪽

적용

계산 결과가 더 큰 것의 기호를 쓰세요.

㉠ $54\div9-3+13$

㉡ $54\div(9-3)+13$

(   )

6 08쪽

문제 해결

계산이 잘못된 곳을 찾아 바르게 계산하세요.

$48+(37-25)\div4=48+12\div4$

$=60\div4$

$=15$

↓

$48+(37-25)\div4$

7 09쪽 추론

□ 안에 들어갈 수 있는 가장 큰 자연수를 구하세요.

$84 \div (16-4)+23>\square$

(　　　　　　　　)

8 09쪽 추론

다음 식이 성립하도록 (　)로 묶어 보세요.

$18+24\div6-2=24$

+9 09쪽 수학적 독해력

지구에서 잰 무게는 화성에서 잰 무게의 약 3배입니다. 세 사람이 모두 화성에서 몸무게를 잰다면 서준이와 윤하의 몸무게를 합한 무게가 선생님의 몸무게보다 약 몇 kg 더 무거운지 하나의 식으로 나타내어 구하세요.

식 ____________________

답 약 ________ kg

+10 09쪽 수학적 표현력

서연이는 사탕 30개를 한 상자에 5개씩 담고 초콜릿 28개를 한 상자에 4개씩 담았습니다. 이 중에서 10개의 상자를 친구에게 선물했다면 남아 있는 상자는 모두 몇 개인지 하나의 식으로 나타내어 구하려고 합니다. 풀이 과정을 쓰고, 답을 구하세요.

풀이 ____________________

답 ____________________

오늘 공부 어땠나요? 10개 중 맞힌 문제 □ 개 › 틀린 문제는 힌트를 보고 다시 도전해 보세요. › 맞힌 문제는 힌트를 보고 자신의 생각과 비교해 보세요.

05일 덧셈, 뺄셈, 곱셈, 나눗셈이 섞여 있는 식 계산하기

❶ 덧셈, 뺄셈, 곱셈, 나눗셈이 섞여 있는 식의 계산

덧셈, 뺄셈, 곱셈, 나눗셈이 섞여 있는 식은 곱셈과 나눗셈을 먼저 계산합니다.

$8\times4-12+42\div7=32-12+42\div7$
$=32-12+6$
$=20+6$
$=26$

(① 8×4, ② $42\div7$, ③ ①−12, ④ ③+②)

◑ +, −, ×, ÷가 섞여 있는 식의 계산 순서

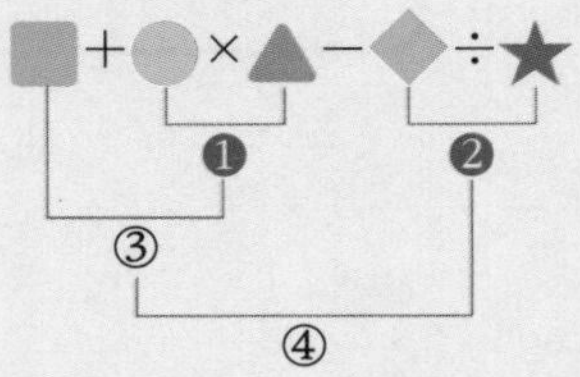

➜ 곱셈과 나눗셈을 먼저 계산합니다.

❷ 덧셈, 뺄셈, 곱셈, 나눗셈이 섞여 있고 ( )가 있는 식의 계산

덧셈, 뺄셈, 곱셈, 나눗셈이 섞여 있고 ( )가 있는 식은 ( ) 안을 먼저 계산합니다.

$96\div4-(5+2)\times3=96\div4-7\times3$
$=24-7\times3$
$=24-21$
$=3$

(① $5+2$, ② $96\div4$, ③ ①×3, ④ ②−③)

◑ +, −, ×, ÷가 섞여 있고 ( )가 있는 식의 계산 순서

( ) 안을 먼저 계산합니다.
↓
×, ÷를 계산합니다.
↓
+, −를 계산합니다.

확인 1 □ 안에 알맞은 수를 써넣으세요.

(1) $62\div2-4+2\times3=$ □

□ □ / □ / □

(2) $62\div2-(4+2)\times3=$ □

□ □ / □ / □

확인 2 계산 순서에 맞게 계산하세요.

(1) $68-20\div4+12\times3=68-$ □ $+12\times3$
$=68-$ □ $+$ □
$=$ □ $+$ □
$=$ □

(① $20\div4$, ② 12×3, ③, ④)

(2) $(68-20)\div4+12\times3=$ □ $\div4+12\times3$
$=$ □ $+12\times3$
$=$ □ $+$ □
$=$ □

(① $68-20$, ② ①÷4, ③ 12×3, ④)

기본기 다지는 교과서 문제

» 정답 · 풀이 07쪽

1 가장 먼저 계산해야 하는 부분에 ○표 하세요.

$28\div4-2+6\times3$	$28\div(4-2)+6\times3$
$60-24\div(4+2)\times3$	$60-24\div4+2\times3$

2 〈보기〉와 같이 계산 순서를 나타내고, 계산해 보세요.

〈보기〉

$6\times5-12+56\div8=30-12+56\div8$
$=30-12+7$
$=18+7$
$=25$

(① 6×5, ② $56\div8$, ③ ①-12, ④ ③$+$②)

(1) $22\times4-5+86\div2$

(2) $46+(52-16)\div4\times3$

3 계산해 보세요.

(1) $72+36\div12-5\times4$

(2) $28+(34-6)\div7\times2$

(3) $36-22\times4\div11+17$

(4) $(42-24)\div6+3\times5$

개념 따라쓰기

+, −, ×, ÷가 섞여 있는 식의 계산 순서

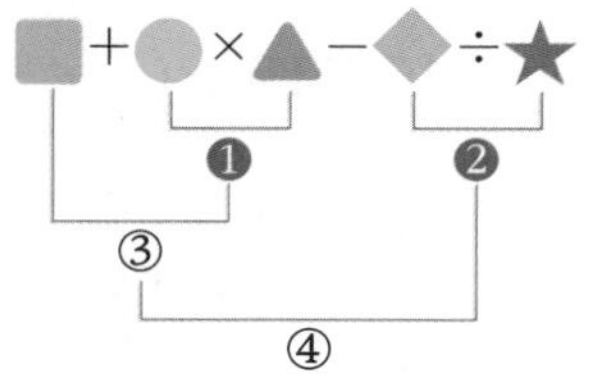

+, −, ×, ÷가 섞여 있는 식은 곱셈과 나눗셈을 먼저 계산합니다.

( )가 있는 혼합 계산식의 계산 순서

( ) → ×, ÷ → +, −

( )가 있는 혼합 계산식은 ( ) → ×, ÷ → +, − 의 순서로 계산합니다.

스스로 풀어내는 도전 10 문제

1
10쪽

이해

계산 순서에 맞게 □ 안에 번호를 써넣으세요.

$45+19\div(5+3)\times6-12$

□ □ □ □ □

2

계산

□ 안에 알맞은 수를 써넣으세요.

(1) $65+18\div3-16\times4=65+\square-16\times4$

① ② ③ ④

$=65+\square-64$

$=\square-\square$

$=\square$

(2) $72\div(12-3)+6\times4=72\div\square+6\times4$

① ② ③ ④

$=\square+6\times4$

$=\square+\square$

$=\square$

3

계산

계산해 보세요.

(1) $80-60\div(5\times4)+7$

(2) $14-45\div(3\times5)+62$

4
06쪽

의사 소통

하나의 식으로 나타내고 계산해 보세요.

40과 8의 차에 81을 9로 나눈 몫의 3배만큼을 더한 값

〔식〕

〔답〕

5
10쪽

적용

계산 결과를 비교하여 ○ 안에 >, =, <를 알맞게 써넣으세요.

$23+2\times(18-9)\div3$ ○ $23+2\times18-9\div3$

6
10쪽

적용

□ 안에 두 식의 계산 결과의 차를 써넣으세요.

$65\div5+(42-28)\times2$

$18\times4+(24-6)\div3$

□

7 11쪽 문제 해결

다음 식이 성립하도록 (　)로 묶어 보세요.

$12+36\div6\times2-1=14$

8 11쪽 추론

□ 안에 알맞은 수는 얼마인지 구하세요.

$\square-24\div(3\times2)+10=40$

(　　　　　　　)

+9 11쪽 수학적 독해력

스파게티 3인분을 만들기 위해 7000원으로 필요한 채소를 사고 남은 돈이 얼마인지 하나의 식으로 나타내어 구하세요.

재료	가격(원)
토마토(1인분)	900
양파(3인분)	3000
버섯(6인분)	2400

식 ______________________

답 ______________________

+10 11쪽 수학적 표현력

온도를 나타내는 단위에는 섭씨(℃)와 화씨(°F)가 있습니다. 대화를 보고 현재 기온을 섭씨로 나타내면 몇 도(℃)인지 하나의 식으로 나타내어 구하려고 합니다. 풀이 과정을 쓰고, 답을 구하세요.

선생님 현재 기온이 95도에요.

그건 화씨온도야. 화씨온도에서 32를 뺀 수에 5를 곱하고 9로 나누면 섭씨온도가 된단다.

풀이 ______________________

답 ______________________

오늘 공부 어땠나요? 10개 중 맞힌 문제 □ 개 > **틀린 문제**는 힌트를 보고 다시 도전해 보세요. > **맞힌 문제**는 힌트를 보고 자신의 생각과 비교해 보세요.

01~05 일 단원평가

1. 자연수의 혼합 계산

시험 시간 **20분** | 문제 수 **10개**

01 계산 순서에 맞게 기호를 차례대로 쓰세요.

$37-(16+8)\div 6$

(↑ ㉠: $-$, ↑ ㉡: $+$, ↑ ㉢: $\div$)

□ — □ — □

02 계산 결과를 찾아 선으로 이어 보세요.

$51-(13+16)$ •	• 48
$51-13+16$ •	• 54
$51+13-16$ •	• 22

03 계산해 보세요.

(1) $80-(75+21)\div 16$

(2) $9\times 7-56\div(3+5)$

04 계산 결과를 비교하여 ◯ 안에 $>$, $=$, $<$를 알맞게 써넣으세요.

$48\div 4\times 3$ ◯ $48\div(4\times 3)$

05 계산이 잘못된 곳을 찾아 바르게 계산하세요.

$$32+(15-9)\times 2=32+6\times 2$$
$$=38\times 2$$
$$=76$$

↓

$32+(15-9)\times 2$

06 다음 문장을 하나의 식으로 바르게 나타낸 것을 찾아 기호를 쓰세요.

> 구슬이 55개 있습니다. 남학생 7명과 여학생 4명이 각각 3개씩 나누어 가졌습니다. 남은 구슬은 몇 개일까요?

㉠ $55 \div (7+4) \times 3$
㉡ $55-(7+4) \times 3$
㉢ $55-7+4 \times 3$

( )

07 □ 안에 들어갈 수 있는 가장 작은 자연수를 구하세요.

$84 \div (3+9)-4<\square$

( )

08 다음 식이 성립하도록 ( )로 묶어 보세요.

$14+42-21 \div 7 \times 3=23$

09 예빈이네 반 학생은 28명입니다. 6명씩 3모둠으로 나누어 이어달리기를 하고, 이어달리기를 하지 않는 나머지 학생들은 다른 반 학생 4명과 함께 응원을 했습니다. 응원한 학생이 모두 몇 명인지 하나의 식으로 나타내어 구하세요.

[식] ______

[답] ______

서술형

10 부추 1단은 2800원, 오이 5개는 3000원, 무 1개는 1800원입니다. 부추 1단의 값이 오이 1개와 무 1개를 같이 산 값보다 얼마나 더 비싼지 하나의 식으로 나타내어 구하려고 합니다. 풀이 과정을 쓰고, 답을 구하세요.

[풀이] ______

[답] ______

06일 약수와 배수

① 약수 알아보기

어떤 수를 나누어떨어지게 하는 수를 그 수의 **약수**라고 합니다.

● 나누었을 때 나머지가 0이 되게 하는 수

예 6의 약수 구하기

$6 \div 1 = 6$
$6 \div 2 = 3$
$6 \div 3 = 2$
$6 \div 6 = 1$

➔ 6의 **약수: 1, 2, 3, 6**

◐ ■를 ▲로 나누었을 때 나누어떨어지면 ▲는 ■의 약수입니다.

◐ 약수의 성질

① 1은 모든 수의 약수입니다.
② 어떤 수의 약수 중 가장 작은 수는 1입니다.
③ 어떤 수의 약수 중 가장 큰 수는 어떤 수 자신입니다.

② 배수 알아보기

어떤 수를 1배, 2배, 3배……한 수를 그 수의 **배수**라고 합니다.

예 6의 배수 구하기

$6 \times 1 = 6$
$6 \times 2 = 12$
$6 \times 3 = 18$
$6 \times 4 = 24$
⋮ ⋮

➔ 6의 **배수: 6, 12, 18, 24……**

◐ 배수의 성질

① 어떤 수의 배수 중 가장 작은 수는 어떤 수 자신입니다.
② 어떤 수의 배수는 셀 수 없이 많습니다.

확인 1 8의 약수를 구하려고 합니다. □ 안에 알맞은 수를 써넣으세요.

$8 \div 1 = 8$
$8 \div \square = 4$
$8 \div \square = 2$
$8 \div \square = 1$

➔ 8의 약수는 1, □, □, □입니다.

확인 2 4의 배수를 구하려고 합니다. □ 안에 알맞은 수를 써넣으세요.

4를 1배 한 수 ➔ $4 \times 1 = 4$
4를 2배 한 수 ➔ $4 \times 2 = \square$
4를 3배 한 수 ➔ $4 \times 3 = \square$
4를 4배 한 수 ➔ $4 \times 4 = \square$

➔ 4의 배수는 4, □, □, □……입니다.

기본기 다지는 교과서 문제

1 15의 약수를 구하려고 합니다. □ 안에 알맞은 수를 써넣으세요.

15 ÷ □ = 15　　15 ÷ □ = 5

15 ÷ □ = 3　　15 ÷ □ = 1

→ 15의 약수: □, □, □, □

2 배수를 가장 작은 수부터 차례로 4개 쓰세요.

(1) 9의 배수　□, □, □, □

(2) 13의 배수　□, □, □, □

3 왼쪽 수가 오른쪽 수의 약수인 것에 ○표, 아닌 것에 ×표 하세요.

6	12

(　　)

7	24

(　　)

12	34

(　　)

15	45

(　　)

개념 따라쓰기

2 단원

약수 알아보기

8÷1=8
8÷2=4
8÷4=2
8÷8=1
↓
8을 나누어떨어지게 하는 수
↓
8의 약수

약수는 어떤 수를 나누어떨어지게 하는 수입니다.

배수 알아보기

4×1=4
4×2=8
4×3=12
4×4=16
↓
4를 1배, 2배, 3배……한 수
↓
4의 배수

배수는 어떤 수를 1배, 2배, 3배……한 수입니다.

1 이해

약수를 모두 구하세요.

(1) 18의 약수

(　　　　　　　　　　　　　　　　)

(2) 24의 약수

(　　　　　　　　　　　　　　　　)

2 이해

배수를 가장 작은 수부터 차례로 4개 쓰세요.

(1) 7의 배수

(　　　　　　　　　　　　　　　　)

(2) 12의 배수

(　　　　　　　　　　　　　　　　)

3 12쪽 적용

16의 약수 중에서 가장 작은 수와 가장 큰 수의 합을 구하세요.

(　　　　　　　　)

4 12쪽 적용

수 배열표를 보고 5의 배수에는 ○표, 8의 배수에는 △표 하세요.

1	2	3	4	5	6	7	8	9	10
11	12	13	14	15	16	17	18	19	20
21	22	23	24	25	26	27	28	29	30

5 12쪽 추론

다음은 어떤 수의 배수를 가장 작은 수부터 차례로 쓴 것입니다. 12번째 수를 구하세요.

9, 18, 27, 36 ……

(　　　　　　　　)

6 12쪽 적용

수현이는 사탕 20개를 친구들에게 남김없이 똑같이 나누어 주려고 합니다. 다음 중 나누어 줄 수 있는 친구의 수가 아닌 것에 모두 ○표 하세요.

2　4　5　6　10　12

조금 더 어려운 문제에 도전해 볼까요?

7 13쪽 이해

약수의 수가 많은 수부터 차례로 기호를 쓰세요.

㉠ 6   ㉡ 12   ㉢ 25

☐-☐-☐

8 13쪽 추론

다음을 만족하는 수를 모두 구하세요.

- 30의 약수입니다.
- 6의 배수입니다.

(   )

+9 13쪽 수학적 독해력

초콜릿 27개를 친구들에게 남김없이 똑같이 나누어 주려고 합니다. 나누어 줄 수 있는 방법은 모두 몇 가지인지 구하세요. (단, 한 사람에게 모두 주는 것은 제외합니다.)

(   )

+10 13쪽 수학적 표현력

터미널에서 버스가 7분 간격으로 출발합니다. 첫차가 오전 8시에 출발한다면 오전 9시까지 버스는 모두 몇 번 출발하는지 풀이 과정을 쓰고, 답을 구하세요.

[풀이] ____________________

[답] ____________________

오늘 공부 어땠나요? 10개 중 맞힌 문제 ☐ 개 > **틀린 문제**는 힌트를 보고 다시 도전해 보세요. > **맞힌 문제**는 힌트를 보고 자신의 생각과 비교해 보세요.

07일 약수와 배수의 관계

❶ 두 수의 곱으로 나타내어 약수와 배수의 관계 알아보기

예 6을 두 수의 곱으로 나타내어 알아보기

$6=1\times6$	$6=2\times3$
• 6은 1과 6의 배수입니다.	• 6은 2와 3의 배수입니다.
• 1과 6은 6의 약수입니다.	• 2와 3은 6의 약수입니다.

→ 6은 1, 2, 3, 6의 배수입니다.
1, 2, 3, 6은 6의 약수입니다.

약수와 배수의 관계

●=■×▲

→ ●는 ■와 ▲의 배수
■와 ▲는 ●의 약수

❷ 여러 수의 곱으로 나타내어 약수와 배수의 관계 알아보기

예 12를 여러 수의 곱으로 나타내어 알아보기

$12=4\times3$ ← 두 수의 곱
$=2\times2\times3$ ← 여러 수의 곱

• $12=2\times2\times3$에서 **2, 3,** $2\times2=$**4,** $2\times3=$**6,** $2\times2\times3=$**12**는 모두 12를 나누어떨어지게 하므로 12의 약수입니다.

• 1은 모든 수의 약수입니다.

→ 12는 1, 2, 3, 4, 6, 12의 배수입니다.
1, 2, 3, 4, 6, 12는 12의 약수입니다.

약수와 배수 관계인 두 수

큰 수를 작은 수로 나누었을 때 나누어떨어지면 두 수는 약수와 배수의 관계입니다.

예 | 3 | 18 |

→ $18\div3=6$이므로 3과 18은 약수와 배수의 관계입니다.

확인 1 두 수의 곱으로 나타내고 □ 안에 알맞은 수를 써넣으세요.

$8=1\times$□, $8=2\times$□

→ 8은 1, 2, □, □의 배수입니다.
1, 2, □, □은 8의 약수입니다.

확인 2 여러 수의 곱으로 나타내고 □ 안에 알맞은 수를 써넣으세요.

$18=2\times9$
$=2\times3\times$□

→ 18은 1, 2, 3, □, 9, □의 배수입니다.
□, 2, 3, □, 9, □은 18의 약수입니다.

1 식을 보고 □ 안에 '약수'와 '배수'를 알맞게 써넣으세요.

$15=3\times5$

→ 15는 3과 5의 □ 입니다.
3과 5는 15의 □ 입니다.

2 20을 두 수의 곱으로 나타내고 약수와 배수의 관계를 쓰세요.

$20=1\times$ □, $20=2\times$ □, $20=$ □ $\times$ □

→ 20은 ______________ 의 배수이고
______________ 은 20의 약수입니다.

3 두 수가 약수와 배수의 관계인 것에 ○표, 아닌 것에 ×표 하세요.

6	42

(　　)

7	45

(　　)

8	48

(　　)

9	56

(　　)

개념 따라쓰기

2 단원

약수와 배수의 관계

● = ■ × ▲

■와 ▲의 배수　●의 약수

● = ■ × ▲일 때
●는 ■와 ▲의 배수이고
■와 ▲는 ●의 약수입니다.

약수와 배수 관계인 두 수

6	18

$18\div6=3$

약수와 배수 관계

큰 수를 작은 수로 나누었을 때 나누어떨어지면 두 수는 약수와 배수의 관계입니다.

1

이해

식을 보고 □ 안에 '약수'와 '배수'를 알맞게 써넣으세요.

$7\times9=63$

→ 7과 9는 63의 □입니다.
  63은 7과 9의 □입니다.

2

이해

8은 72의 약수이고 72는 8의 배수입니다. 이 관계를 나타내는 식을 쓰세요.

식 ______________________

3

14쪽

적용

두 수가 약수와 배수의 관계인 것을 모두 찾아 기호를 쓰세요.

㉠ (3, 16) ㉡ (18, 9)
㉢ (24, 36) ㉣ (7, 35)

(   )

4

14쪽

적용

오른쪽 수가 왼쪽 수의 배수일 때 □ 안에 들어갈 수 있는 수를 모두 찾아 ○표 하세요.

(□, 28)

(4 , 6 , 12 , 14 , 16)

5

14쪽

적용

식을 보고 바르게 설명한 것의 기호를 모두 쓰세요.

$42=2\times3\times7$

㉠ 42는 2의 약수입니다.
㉡ 3×7은 42의 약수입니다.
㉢ 42는 2×7의 배수입니다.
㉣ 42의 약수는 2, 3, 7뿐입니다.

(   )

6

14쪽

의사 소통

지혜와 서준이가 카드의 수를 맞히는 놀이를 하고 있습니다. 대화를 보고 어떤 수인지 쓰세요.

지혜: 내 카드의 수를 맞혀 봐. 이 수는 10보다 크고 30보다 작아.
서준: 또 다른 힌트는 없어?
지혜: 9의 배수이고 36의 약수야.

(   )

7 15쪽

문제 해결

다음 중 약수와 배수의 관계인 수를 모두 찾아 쓰세요.

3 8 12 16 36

약수 → 배수 →

(,)
(,)
(,)
(,)

8 15쪽

추론

2단원

□ 안에 공통으로 들어갈 수 있는 수를 모두 찾아 기호를 쓰세요.

- 4와 6은 □의 약수입니다.
- □은/는 4와 6의 배수입니다.

㉠ 2 ㉡ 12 ㉢ 24 ㉣ 30

( )

+9 15쪽

수학적 독해력

7의 배수인 어떤 수가 있습니다. 이 수의 약수를 모두 더하였더니 32가 되었습니다. 어떤 수는 얼마일까요?

( )

+10 15쪽

수학적 표현력

다음을 모두 만족하는 수를 구하려고 합니다. 풀이 과정을 쓰고, 답을 구하세요.

- 20보다 크고 40보다 작습니다.
- 8의 배수입니다.
- 12를 약수로 가지고 있습니다.

풀이

답

오늘 공부 어땠나요? 10개 중 맞힌 문제 □ 개 > 틀린 문제는 힌트를 보고 다시 도전해 보세요. > 맞힌 문제는 힌트를 보고 자신의 생각과 비교해 보세요.

공약수와 최대공약수

① 공약수와 최대공약수

두 수의 공통된 약수를 **공약수**라고 하고, 공약수 중에서 가장 큰 수를 **최대공약수**라고 합니다.

예 12와 18의 공약수와 최대공약수 구하기

- 12의 약수: 1, 2, 3, 4, 6, 12
- 18의 약수: 1, 2, 3, 6, 9, 18

➜ 12와 18의 공약수: 1, 2, 3, 6
12와 18의 최대공약수: 6

◐ 그림으로 공약수 알아보기

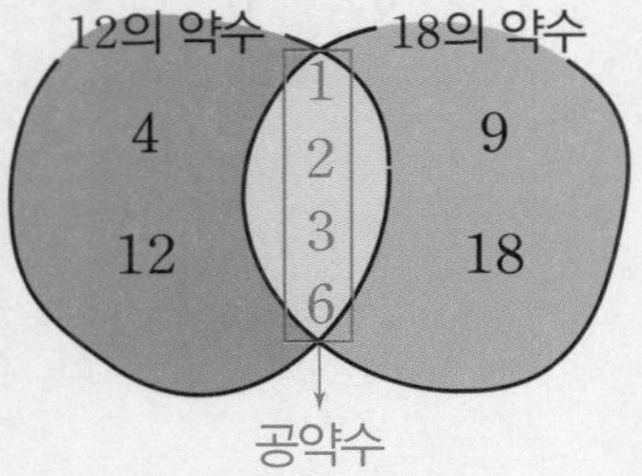

◐ 1은 모든 수의 약수이므로 공약수에는 항상 1이 포함됩니다.

② 공약수와 최대공약수의 관계

두 수의 공약수는 두 수의 최대공약수의 약수와 같습니다.

예 12와 18의 공약수와 최대공약수의 관계 알아보기

- 12와 18의 공약수: 1, 2, 3, 6
- 12와 18의 최대공약수: 6
- 12와 18의 최대공약수인 6의 약수: 1, 2, 3, 6

(공약수와 최대공약수인 6의 약수는) 서로 같습니다.

➜ 12와 18의 공약수는 12와 18의 최대공약수의 약수와 같습니다.

◐ ■의 약수도 되고 ▲의 약수도 되는 수 중에서 가장 큰 수 ➜ ■와 ▲의 최대공약수

◐ **공약수를 쉽게 구하는 방법**
두 수의 최대공약수를 알면 두 수의 공약수를 쉽게 구할 수 있습니다.

두 수의 최대공약수 구하기
↓
최대공약수의 약수 구하기

확인 1 16과 20의 공약수와 최대공약수를 구하려고 합니다. 물음에 답하세요.

1	2	3	4	5	6	7	8	9	10
11	12	13	14	15	16	17	18	19	20

(1) 16의 약수에 ○표, 20의 약수에 △표 하세요.

(2) 16과 20의 공약수는 □, □, □입니다.

(3) 16과 20의 최대공약수는 □입니다.

기본기 다지는 교과서 문제

» 정답 · 풀이 12쪽

1 28과 42의 공약수와 최대공약수를 구하세요.

- 28의 약수: 1, 2, 4, 7, 14, 28
- 42의 약수: 1, 2, 3, 6, 7, 14, 21, 42

공약수 (　　　　　　　　)
최대공약수 (　　　　　　　　)

2 24와 54의 최대공약수를 구하려고 합니다. 물음에 답하세요.

(1) 빈칸에 알맞은 수를 써넣으세요.

24의 약수								
54의 약수								

(2) (1)의 표에서 24와 54의 공약수를 모두 찾아 ○표 하고, 최대공약수를 구하세요.

(　　　　　　　　)

3 어떤 두 수의 최대공약수가 35일 때 두 수의 공약수를 모두 쓰세요.

(　　　　　　　　　　　　)

개념 따라쓰기

2단원

공약수 알아보기

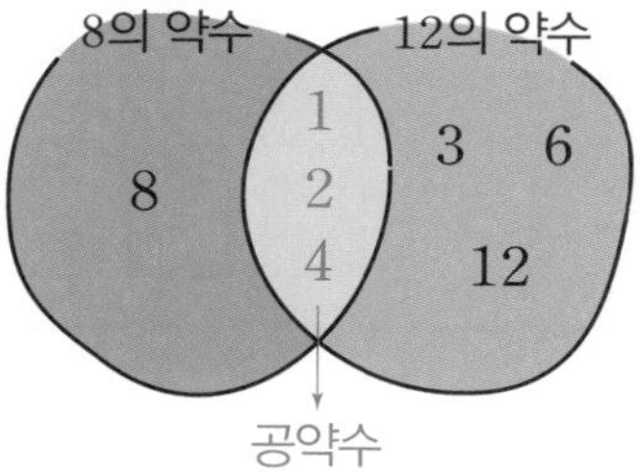

공약수는 두 수의 공통된 약수입니다.

최대공약수 알아보기

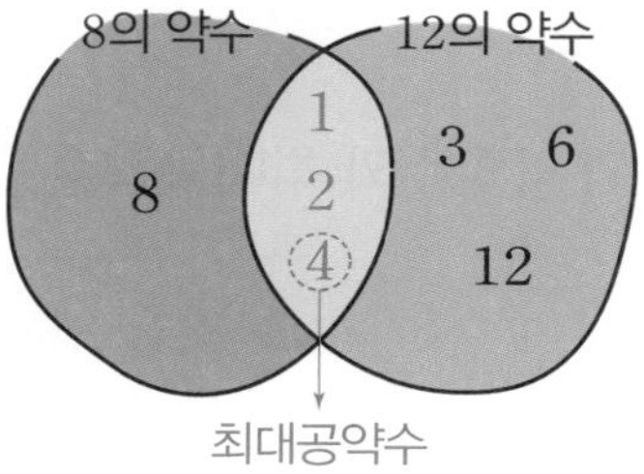

최대공약수는 공약수 중에서 가장 큰 수입니다.

공약수와 최대공약수의 관계

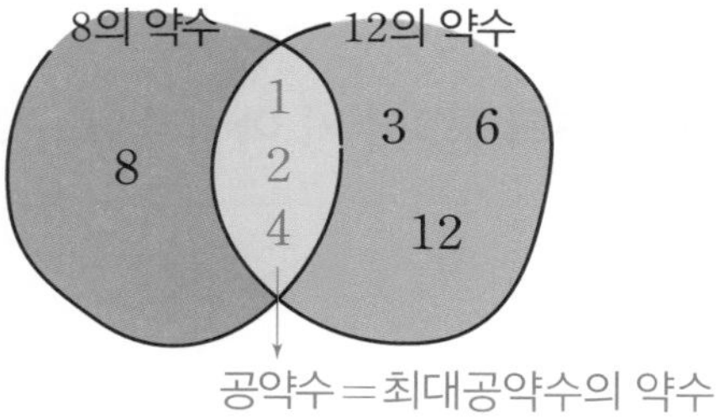

두 수의 공약수는 두 수의 최대공약수의 약수와 같습니다.

1
이해

□ 안에 알맞은 수를 써넣고, 다음을 구하세요.

18의 약수: 1, □, □, □, 9, 18
30의 약수: 1, □, □, □, □, □, 15, 30

(1) 18과 30의 공약수 ➔ (　　　　　　)

(2) 18과 30의 최대공약수 ➔ (　　　　　　)

2
16쪽
계산

두 수의 공약수와 최대공약수를 각각 구하세요.

21, 35

공약수 (　　　　　　)
최대공약수 (　　　　　　)

3
이해

24와 36의 공약수가 아닌 수에 ○표 하세요.

2　4　6　8　12

4
16쪽
적용

어떤 두 수의 최대공약수가 다음과 같을 때 두 수의 공약수를 모두 구하세요.

33 ➔ (　　　　　　)

5
16쪽
문제 해결

두 수의 공약수는 모두 몇 개인지 구하세요.

27, 45

(　　　　　　)

6
16쪽
문제 해결

45와 54를 어떤 수로 나누면 두 수가 모두 나누어떨어집니다. 어떤 수 중에서 가장 큰 수를 구하세요.

(　　　　　　)

조금 더 어려운 문제에 도전해 볼까요?

7 17쪽 창의 융합

40과 52의 공약수 중에서 가장 큰 수와 가장 작은 수의 합을 구하세요.

가장 큰 수 ☐ + 가장 작은 수 ☐ = ☐

8 17쪽 추론

■와 ▲의 최대공약수는 28입니다. 다음 중 ■와 ▲의 공약수인 것을 모두 찾아 기호를 쓰세요.

㉠ 4	㉡ 6
㉢ 9	㉣ 14

(　　　　　　)

+9 17쪽 수학적 독해력

쿠키 40개와 사탕 56개를 최대한 많은 친구에게 남김없이 똑같이 나누어 주려고 합니다. 쿠키와 사탕을 최대 몇 명의 친구에게 나누어 줄 수 있는지 구하세요.

(　　　　　　)

+10 17쪽 수학적 표현력

대화를 읽고 잘못 말한 친구를 찾고, 그 이유를 설명해 보세요.

수현: 36과 48의 공약수 중에서 가장 작은 수는 1이야.

민호: 36과 48의 공약수는 두 수를 모두 나누어떨어지게 해.

윤하: 36과 48의 공약수 중에서 가장 큰 수는 18이야.

[잘못 말한 친구] ______________________

[이유] ______________________

____

오늘 공부 어땠나요? 10개 중 맞힌 문제 ☐ 개 › 틀린 문제는 힌트를 보고 다시 도전해 보세요. › 맞힌 문제는 힌트를 보고 자신의 생각과 비교해 보세요.

공부한 날 ( )월 ( )일

최대공약수 구하는 방법

① 곱셈식을 이용하여 최대공약수 구하는 방법

예 12와 18의 최대공약수 구하기

방법 1 두 수의 곱으로 나타낸 곱셈식을 이용하여 최대공약수 구하기

$12=1\times12$	$12=2\times6$	$12=3\times4$
$18=1\times18$	$18=2\times9$	$18=3\times6$

→ 12와 18의 **최대공약수**: **6**
(공통으로 들어 있는 가장 큰 수)

방법 2 여러 수의 곱으로 나타낸 곱셈식을 이용하여 최대공약수 구하기

$12=2\times2\times3$ $18=2\times3\times3$

→ 12와 18의 **최대공약수**: $2\times3=6$
(공통으로 들어 있는 곱셈식)

수가 커서 두 수의 곱으로 계산하기 어려울 때에는 여러 수의 곱을 이용하면 편리합니다.

② 공약수를 이용하여 최대공약수 구하는 방법

12와 18의 공약수 → 2) 12 18
6과 9의 공약수 → 3) 6 9
2 3

→ 12와 18의 **최대공약수**: $2\times3=6$
(나눈 공약수들의 곱)

공약수를 이용하여 최대공약수 구하는 방법

1 이외의 공약수로 두 수를 나누고 각각의 몫을 밑에 씁니다.
↓
1 이외의 공약수가 없을 때까지 나눗셈을 계속합니다.
↓
나눈 공약수들을 곱합니다.

확인 1 30과 42의 최대공약수를 여러 가지 방법으로 구하려고 합니다. □ 안에 알맞은 수를 써넣으세요.

(1) 곱셈식 이용하기

$30=\square\times5$ $42=\square\times7$

→ 30과 42의 최대공약수: □

(2) 공약수 이용하기

30과 42의 공약수 → 2) 30 42
15와 21의 공약수 → □) 15 21
5 7

→ 30과 42의 최대공약수: $2\times\square=\square$

기본기 다지는 교과서 문제

» 정답 · 풀이 13쪽

1 16과 20을 두 수의 곱으로 나타낸 곱셈식을 보고 물음에 답하세요.

16＝1×16	20＝1×20
16＝2×8	20＝2×10
16＝4×4	20＝4×5

(1) 16과 20의 최대공약수를 구하기 위한 두 수의 곱셈식을 쓰세요.

16＝□×□,　　20＝□×□

(2) 16과 20의 최대공약수를 구하세요.

(　　　　　　　)

2 18과 45를 여러 수의 곱으로 나타낸 곱셈식을 보고 물음에 답하세요.

18＝2×3×3	45＝3×3×5

(1) 공통으로 들어 있는 곱셈식을 쓰세요.

(　　　　　　　)

(2) 18과 45의 최대공약수를 구하세요.

(　　　　　　　)

3 28과 36의 최대공약수를 구하려고 합니다. □ 안에 알맞은 수를 써넣으세요.

2) 28　36
2) 14　18
　　7　9

→ 28과 36의 최대공약수: □×□＝□

개념 따라쓰기

2단원

곱셈식을 이용하여 최대공약수 구하는 방법 ①

12＝2×6
18＝3×6
→ 최대공약수: 6

두 수의 곱으로 나타냈을 때 공통으로 들어 있는 가장 큰 수가 최대공약수입니다.

곱셈식을 이용하여 최대공약수 구하는 방법 ②

12＝2×2×3
18＝3×2×3
→ 최대공약수: 2×3＝6

여러 수의 곱으로 나타냈을 때 공통으로 들어 있는 곱셈식이 최대공약수입니다.

공약수를 이용하여 최대공약수 구하는 방법

2) 12　18
3) 6　9
　　2　3

→ 최대공약수: 2×3＝6

공약수로 나누었을 때 나눈 공약수들의 곱이 최대공약수입니다.

1

이해

24와 32를 두 수의 곱으로 나타낸 곱셈식을 보고 최대공약수를 구하세요.

$24=1\times24$	$32=1\times32$
$24=3\times8$	$32=2\times16$
	$32=4\times8$

(　　　　　　　)

2

18쪽

이해

36과 60을 여러 수의 곱으로 나타낸 곱셈식을 보고 최대공약수를 구하세요.

$36=2\times2\times3\times3$
$60=2\times2\times3\times5$

(　　　　　　　)

3

18쪽

이해

54와 72의 최대공약수를 구하려고 합니다. □ 안에 알맞은 수를 써넣으세요.

```
2) 54   72
3) 27   36
3)  9   12
    3    4
```

최대공약수: $2\times\square\times\square=\square$

4

적용

〈보기〉와 같은 방법으로 두 수의 최대공약수를 구하세요.

〈보기〉

```
2) 12   18
3)  6    9
    2    3
```

최대공약수: $2\times3=6$

```
 ) 12   20
```

최대공약수: ____________

5

18쪽

문제 해결

두 수의 최대공약수가 더 큰 것의 기호를 쓰세요.

㉠ (18, 24)　　　㉡ (20, 28)

(　　　　　　　)

6

18쪽

문제 해결

길이가 각각 48 cm, 56 cm인 두 철사를 똑같은 길이로 남김없이 자르려고 합니다. 한 도막의 길이를 최대한 길게 자르면 철사는 몇 cm가 되는지 구하세요.

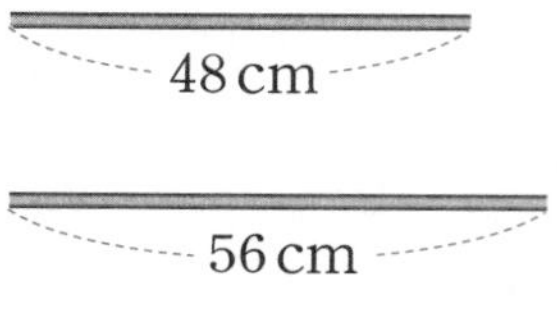

(　　　　　　　)

» 정답 · 풀이 13쪽

조금 더 어려운 문제에 도전해 볼까요?

7 19쪽 추론

㉠, ㉡의 최대공약수가 21일 때, ㉠, ㉡에 알맞은 수를 각각 구하세요.

□)	㉠	㉡
7)	21	28
	3	4

㉠ (   )
㉡ (   )

8 19쪽 추론

두 수를 여러 수의 곱으로 나타낸 것입니다. 두 수의 최대공약수가 15일 때 □ 안에 들어갈 수 없는 수에 ◯표 하세요.

$2\times2\times3\times5$ $3\times\square\times7$

5   2×5 3×5

+9 19쪽 수학적 독해력

사탕 63개와 초콜릿 27개를 최대한 많은 모둠에게 남김없이 똑같이 나누어 주려고 합니다. 한 모둠이 사탕과 초콜릿을 각각 몇 개씩 받을 수 있는지 구하세요.

사탕 (   )
초콜릿 (   )

+10 19쪽 수학적 표현력

연필 70개와 지우개 40개를 최대한 많은 친구에게 남김없이 똑같이 나누어 주려고 합니다. 최대 몇 명에게 나누어 줄 수 있는지 풀이 과정을 쓰고, 답을 구하세요.

풀이 ________________

____

____

답 ________________

오늘 공부 어땠나요?
10개 중 맞힌 문제 □ 개
틀린 문제는 힌트를 보고 다시 도전해 보세요.
맞힌 문제는 힌트를 보고 자신의 생각과 비교해 보세요.

10일

공배수와 최소공배수

① 공배수와 최소공배수

두 수의 공통된 배수를 **공배수**라고 하고, 공배수 중에서 가장 작은 수를 **최소공배수**라고 합니다.

예 4와 6의 공배수와 최소공배수 구하기

- 4의 배수: 4, 8, 12, 16, 20, 24, 28, 32, 36……
- 6의 배수: 6, 12, 18, 24, 30, 36, 42, 48……

➜ 4와 6의 공배수: 12, 24, 36…… ← 두 수의 공배수는 셀 수 없이 많습니다.
4와 6의 최소공배수: 12

그림으로 공배수 알아보기

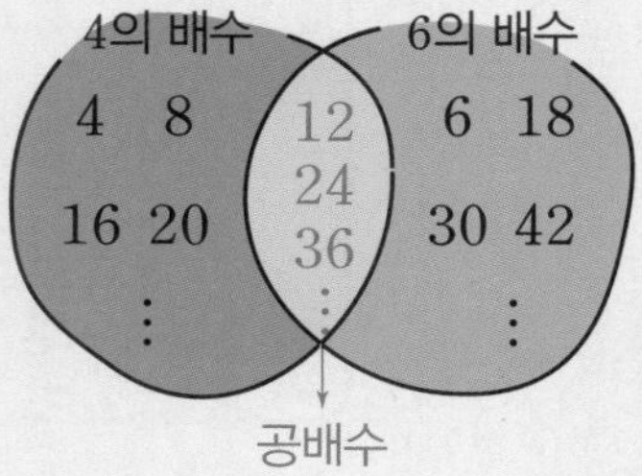

■의 배수도 되고 ▲의 배수도 되는 수 중에서 가장 작은 수
➜ ■와 ▲의 최소공배수

② 공배수와 최소공배수의 관계

두 수의 공배수는 두 수의 최소공배수의 배수와 같습니다.

예 4와 6의 공배수와 최소공배수의 관계 알아보기

- 4와 6의 공배수: 12, 24, 36……
- 4와 6의 최소공배수: 12
- 4와 6의 최소공배수인 12의 배수: 12, 24, 36……

(공배수와 12의 배수는) 서로 같습니다.

➜ 4와 6의 공배수는 4와 6의 최소공배수의 배수와 같습니다.

공배수를 쉽게 구하는 방법

두 수의 최소공배수를 알면 두 수의 공배수를 알 수 있습니다.

두 수의 최대공배수 구하기
↓
최소공배수의 배수 구하기

확인 1 2와 3의 공배수와 최소공배수를 구하려고 합니다. 물음에 답하세요.

1	2	3	4	5	6	7	8	9	10
11	12	13	14	15	16	17	18	19	20

(1) 2의 배수에 모두 ○표, 3의 배수에 모두 △표 하세요.

(2) 2와 3의 공배수는 ☐, ☐, ☐입니다.

(3) 2와 3의 최소공배수는 ☐입니다.

≫ 정답 · 풀이 14쪽

기본기 다지는 교과서 문제

1 4와 5의 공배수와 최소공배수를 구하세요.

• 4의 배수: 4, 8, 12, 16, 20, 24, 28, 32, 36, 40, ……
• 5의 배수: 5, 10, 15, 20, 25, 30, 35, 40, 45, 50, ……

공배수 (　　　　　　　　)
최소공배수 (　　　　　　　　)

2 6과 8의 최소공배수를 구하려고 합니다. 물음에 답하세요.

(1) 빈칸에 알맞은 수를 써넣으세요.

6의 배수	6	12	18						……
8의 배수	8	16	24						……

(2) (1)의 표에서 6과 8의 공배수를 모두 찾아 ○표 하고, 최소공배수를 구하세요.

(　　　　　　　　)

3 어떤 두 수의 최소공배수가 12입니다. 두 수의 공배수를 가장 작은 수부터 차례로 3개 쓰세요.

(　　　　　　　　)

개념 따라쓰기

공배수 알아보기

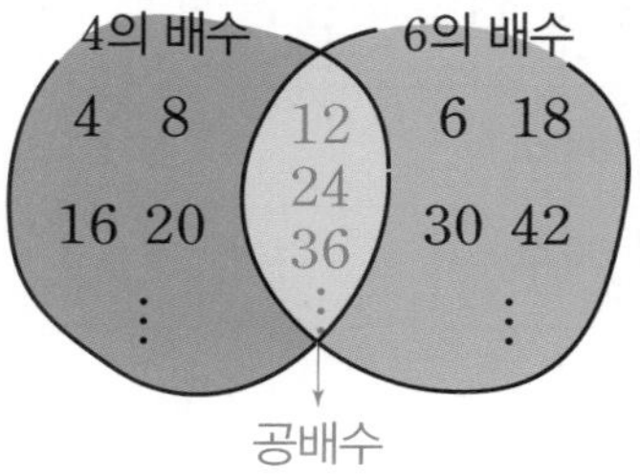

공배수는 두 수의 공통된 배수입니다.

최소공배수 알아보기

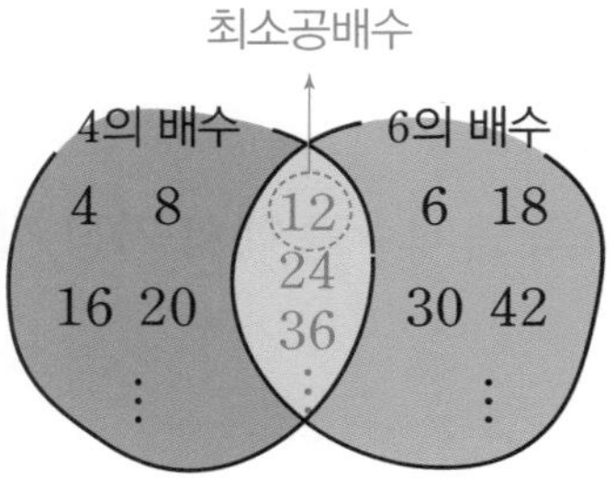

최소공배수는 공배수 중에서 가장 작은 수입니다.

공배수와 최소공배수의 관계

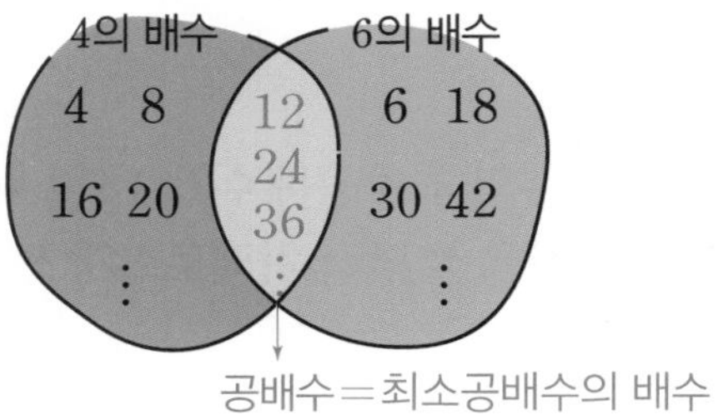

두 수의 공배수는 두 수의 최소공배수의 배수와 같습니다.

막힐 때 힌트북

1

이해

6과 9의 최소공배수를 구하려고 합니다. 빈칸에 알맞은 수를 써넣고 물음에 답하세요.

6의 배수							......
9의 배수							......

(1) 6과 9의 최소공배수를 쓰세요.

→ ( )

(2) 6과 9의 최소공배수의 배수를 가장 작은 수부터 차례로 3개 쓰세요.

→ ( )

2

계산

4와 10의 공배수 중에서 가장 작은 수를 구하세요.

( )

3

20쪽

이해

어떤 두 수의 최소공배수가 14일 때 두 수의 공배수를 가장 작은 수부터 차례로 5개 쓰세요.

( )

4

20쪽

이해

50보다 작은 수 중에서 8의 배수이면서 12의 배수인 수를 모두 쓰세요.

( )

5

20쪽

의사 소통

어떤 수를 9로 나누어도 나누어떨어지고, 15로 나누어도 나누어떨어집니다. 어떤 수 중에서 가장 작은 수는 얼마인지 구하세요.

( )

6

20쪽

계산

두 수의 공배수를 찾아 선으로 이어 보세요.

(9, 6) •	• 24
(4, 12) •	• 54
(10, 4) •	• 80

» 정답 · 풀이 14쪽

7 21쪽 적용

어떤 두 수의 최소공배수는 18입니다. 두 수의 공배수 중에서 가장 큰 두 자리 수를 구하세요.

(　　　　　　　)

8 21쪽 추론

■와 ▲의 최소공배수는 12입니다. 1부터 100까지의 수 중에서 ■와 ▲의 공배수는 모두 몇 개일까요?

(　　　　　　　)

+9 21쪽 수학적 독해력

종욱이가 설명하는 것을 모두 만족하는 수는 얼마인지 구하세요.

종욱

- 6과 8의 공배수야.
- 40보다 크고 100보다 작아.
- 9의 배수이기도 해.

(　　　　　　　)

+10 21쪽 수학적 표현력

윤하는 1부터 50까지의 수를 차례로 말하면서 다음 규칙으로 놀이를 하였습니다. 손뼉을 치면서 동시에 만세를 외쳐야 하는 수 중에서 두 번째 수를 구하려고 합니다. 풀이 과정을 쓰고, 답을 구하세요.

- 8의 배수에서는 말하는 대신 손뼉을 칩니다.
- 12의 배수에서는 말하는 대신 만세를 외칩니다.

[풀이] ____________________

____

____

[답] ____________________

오늘 공부 어땠나요? 10개 중 맞힌 문제 □ 개 > **틀린 문제**는 힌트를 보고 다시 도전해 보세요. > **맞힌 문제**는 힌트를 보고 자신의 생각과 비교해 보세요.

공부한 날 월 일

11일 최소공배수 구하는 방법

① 곱셈식을 이용하여 최소공배수 구하는 방법

예 12와 18의 최소공배수 구하기

방법 1 두 수의 곱으로 나타낸 곱셈식을 이용하여 최소공배수 구하기

$12=1\times12$	$12=2\times6$	$12=3\times4$
$18=1\times18$	$18=2\times9$	$18=3\times6$

→ 12와 18의 **최소공배수**: $\underline{6\times2\times3}=\mathbf{36}$
- 공통으로 들어 있는 가장 큰 수와 남은 수의 곱

방법 2 여러 수의 곱으로 나타낸 곱셈식을 이용하여 최소공배수 구하기

$12=2\times2\times3$　　$18=2\times3\times3$

→ 12와 18의 **최소공배수**: $\underline{2\times3\times2\times3}=\mathbf{36}$
- 공통으로 들어 있는 곱셈식과 남은 수의 곱

◐ 수가 커서 두 수의 곱으로 계산하기 어려울 때에는 여러 수의 곱을 이용하면 편리합니다.

② 공약수를 이용하여 최소공배수 구하는 방법

12와 18의 공약수 →	2)	12	18
6과 9의 공약수 →	3)	6	9
		2	3

→ 12와 18의 **최소공배수**: $\underline{2\times3\times2\times3}=\mathbf{36}$
- 나눈 공약수와 밑에 남은 몫의 곱

◐ **공약수로 나누어 최소공배수 구하는 방법**

1 이외의 공약수로 두 수를 나누고 각각의 몫을 밑에 씁니다.
↓
1 이외의 공약수가 없을 때까지 나눗셈을 계속합니다.
↓
나눈 공약수와 밑에 남은 몫을 모두 곱합니다.

확인 1 28과 42의 최소공배수를 여러 가지 방법으로 구하려고 합니다. □ 안에 알맞은 수를 써넣으세요.

(1) 곱셈식 이용하기

$28=2\times\square$　　$42=3\times\square$

→ 28과 42의 최소공배수:

$\square\times2\times3=\square$

(2) 공약수 이용하기

28과 42의 공약수 →	2)	28	42
14와 21의 공약수 →	□)	14	21
		2	3

→ 28과 42의 최소공배수:

$2\times\square\times2\times3=\square$

» 정답 · 풀이 15쪽

1 14와 21을 두 수의 곱으로 나타낸 곱셈식을 보고 물음에 답하세요.

14=1×14	21=1×21
14=2×7	21=3×7

(1) 14와 21의 최소공배수를 구하기 위한 두 수의 곱셈식을 쓰세요.

14=□×□,　　21=□×□

(2) 14와 21의 최소공배수를 구하세요.

(　　　　　)

2 20과 30을 여러 수의 곱으로 나타낸 곱셈식을 보고 물음에 답하세요.

20=2×2×5	30=2×3×5

(1) 공통으로 들어 있는 곱셈식과 남은 수의 곱을 쓰세요.

(　　　　　)

(2) 20과 30의 최소공배수를 구하세요.

(　　　　　)

3 27과 45의 최소공배수를 구하려고 합니다. □ 안에 알맞은 수를 써넣으세요.

3) 27　45
3) 9　15
　 3　5

→ 27과 45의 최소공배수: □×□×□×□=□

개념 따라쓰기

곱셈식을 이용하여 최소공배수 구하는 방법 ①

12=2×6
18=3×6
→ 최소공배수: 6×2×3=36

두 수의 곱으로 나타냈을 때 공통으로 들어 있는 가장 큰 수와 남은 수의 곱이 최소공배수입니다.

곱셈식을 이용하여 최소공배수 구하는 방법 ②

12=2×2×3
18=2×3×3
→ 최소공배수: 2×3×2×3=36

여러 수의 곱으로 나타냈을 때 공통으로 들어 있는 곱셈식과 남은 수의 곱이 최소공배수입니다.

공약수를 이용하여 최소공배수 구하는 방법

2) 12　18
3) 6　9
　 2　3

→ 최소공배수: 2×3×2×3=36

공약수로 나누었을 때 나눈 공약수와 밑에 남은 몫의 곱이 최소공배수입니다.

1

이해

18과 30의 최소공배수를 구하기 위한 두 수의 곱셈식을 쓰세요.

$18=1\times18$	$30=1\times30$
$18=2\times9$	$30=2\times15$
$18=3\times6$	$30=3\times10$
	$30=5\times6$

두 수의 곱셈식	
18=□×□	30=□×□

2

22쪽

이해

12와 42를 여러 수의 곱으로 나타낸 곱셈식을 보고 최소공배수를 구하세요.

$12=2\times2\times3$
$42=2\times3\times7$

(　　　　　　　　)

3

22쪽

이해

24와 36의 최소공배수를 구하려고 합니다. □ 안에 알맞은 수를 써넣으세요.

$$\begin{array}{r|rr} 2 & 24 & 36 \\ \hline 2 & 12 & 18 \\ \hline 3 & 6 & 9 \\ \hline & 2 & 3 \end{array}$$

최소공배수: □×□×□×□×□
=□

4

적용

〈보기〉와 같은 방법으로 두 수의 최소공배수를 구하세요.

〈보기〉

$$\begin{array}{r|rr} 2 & 12 & 18 \\ \hline 3 & 6 & 9 \\ \hline & 2 & 3 \end{array}$$

최소공배수: $2\times3\times2\times3=36$

$$\begin{array}{r|rr} & 24 & 32 \\ \hline \end{array}$$

최소공배수: ________________

5

22쪽

문제 해결

두 수의 최소공배수가 더 큰 것의 기호를 쓰세요.

㉠ (21, 28)　　　㉡ (22, 33)

(　　　　　　　　)

6

22쪽

문제 해결

가지고 있는 두 수의 최소공배수가 가장 작은 사람부터 차례로 이름을 쓰세요.

지혜	영민	서연
(9, 12)	(12, 14)	(10, 15)

□－□－□

» 정답 · 풀이 15쪽

7 23쪽 창의 융합

두 수 ㉠과 ㉡을 여러 수의 곱으로 나타낸 것입니다. ㉠과 ㉡의 최소공배수가 210일 때 두 수 ㉠과 ㉡을 각각 구하세요. (단, 같은 모양의 기호는 같은 수를 나타냅니다.)

㉠=2×■×▲　　㉡=■×▲×7

㉠ (　　　　　　)
㉡ (　　　　　　)

8 23쪽 추론

●, ★의 최소공배수가 72일 때, ●, ★에 알맞은 수를 각각 구하세요.

□) ●　★
3) 9　12
　　3　4

● (　　　　　　)
★ (　　　　　　)

+9 23쪽 수학적 독해력

한 직선 위에 시작점을 같이 하여 같은 방향으로 노란색 점은 20 cm, 파란색 점은 24 cm 간격으로 찍어 나가려고 합니다. 두 가지 색의 점이 시작점 다음으로 같이 찍히는 곳은 시작점에서 몇 cm 떨어진 곳일까요?

(　　　　　　)

+10 23쪽 수학적 표현력

슬기와 로운이가 다음과 같이 규칙에 따라 각각 카드 30개를 놓을 때, 같은 자리에 파란색 카드가 놓이는 경우는 모두 몇 번인지 풀이 과정을 쓰고, 답을 구하세요.

풀이 ______________________

답 ______________________

오늘 공부 어땠나요? 10개 중 맞힌 문제 [　] 개 › 틀린 문제는 힌트를 보고 다시 도전해 보세요. › 맞힌 문제는 힌트를 보고 자신의 생각과 비교해 보세요.

단원평가

2. 약수와 배수

시험 시간 20분 | 문제 수 10개

01 □ 안에 알맞은 수를 써넣고 21의 약수를 구하세요.

21÷□=21　　21÷□=7

21÷□=3　　21÷□=1

21의 약수 → (　　　　　　　　)

02 두 수가 약수와 배수의 관계인 것에 ○표, 아닌 것에 ×표 하세요.

4	30

(　　)

6	54

(　　)

9	63

(　　)

13	36

(　　)

03 두 수의 공약수와 최대공약수를 각각 구하세요.

36　60

공약수 (　　　　　　　　)

최대공약수 (　　　　　　　　)

04 〈보기〉와 같은 방법으로 두 수의 최소공배수를 구하세요.

〈보기〉

```
2) 18   30
3)  9   15
    3    5
```

최소공배수: $2 \times 3 \times 3 \times 5 = 90$

```
 ) 63   27
```

최소공배수: ______________

05 두 수의 최대공약수가 더 큰 것의 기호를 쓰세요.

㉠ (44, 20)　　㉡ (42, 28)

(　　　　　　　　)

06 어떤 수를 4로 나누어도 나누어떨어지고, 10으로 나누어도 나누어떨어집니다. 어떤 수 중에서 가장 작은 수는 얼마인지 구하세요.

(　　　　　　　　)

07 ㉠, ㉡의 최대공약수가 15일 때, ㉠, ㉡에 알맞은 수를 각각 구하세요.

□)	㉠	㉡
5)	20	25
	4	5

㉠ (　　　　　　)
㉡ (　　　　　　)

08 종욱이가 설명하는 것을 모두 만족하는 수는 몇 개인지 구하세요.

종욱

9와 6의 공배수이고 50보다 크고 100보다 작아.

(　　　　　　)

09 터미널에서 버스가 8분 간격으로 출발합니다. 첫차가 오전 10시에 출발한다면 오전 11시까지 버스는 모두 몇 번 출발할까요?

(　　　　　　)

서술형

10 머핀 105개와 우유 70개를 최대한 많은 친구에게 남김없이 똑같이 나누어 주려고 합니다. 머핀과 우유를 최대 몇 명의 친구에게 나누어 줄 수 있는지 풀이 과정을 쓰고, 답을 구하세요.

[풀이] ______________________

____

____

[답] ______________________

12일 두 양 사이의 관계

1 킥보드의 수와 바퀴의 수 사이의 대응 관계 알아보기

◐ 한 양이 변할 때 다른 양이 그에 따라 일정하게 변하는 관계를 대응 관계라고 합니다.

→ 킥보드가 한 대씩 늘어날 때마다 바퀴는 2개씩 늘어납니다.

킥보드의 수(대)	1	2	3	……
바퀴의 수(개)	2	4	6	……

×2

- 킥보드의 수를 2배 하면 바퀴의 수와 같습니다.
- 바퀴의 수를 2로 나누면 킥보드의 수와 같습니다.

개념+ 변하는 부분과 변하지 않는 부분을 생각하며 대응 관계 알아보기

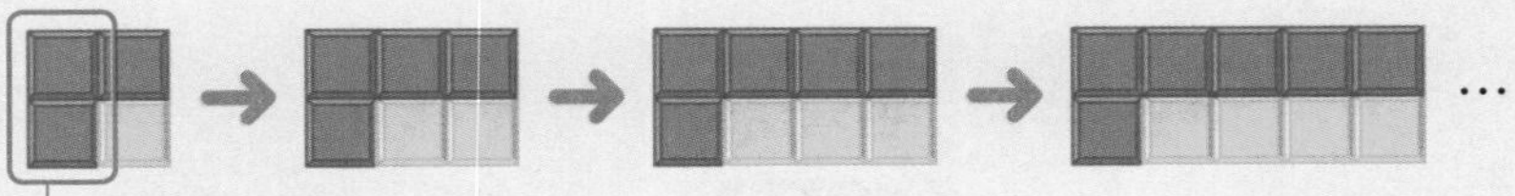

→ 왼쪽에 있는 파란색 블록 2개는 변하지 않고,
오른쪽에 있는 파란색과 노란색 블록이 한 개씩 늘어납니다.

◐ 표를 이용하면 두 양 사이의 대응 관계를 알아보기 편리합니다.

노란색 블록의 수(개)	1	2	3	4	……
파란색 블록의 수(개)	3 (2+1)	4 (2+2)	5 (2+3)	6 (2+4)	……

+2

(변하지 않는 부분)+(변하는 부분)

◐ 규칙적인 배열을 (변하지 않는 부분)+(변하는 부분)으로 나타내면 대응 관계를 알아보기 편리합니다.

- 파란색 블록의 수는 노란색 블록의 수보다 2개 많습니다.
- 노란색 블록의 수는 파란색 블록의 수보다 2개 적습니다.

확인 1 자동차와 자동차 바퀴의 수 사이의 대응 관계를 알아보려고 합니다. □ 안에 알맞은 수를 써넣으세요.

(1) 자동차가 한 대씩 늘어날 때마다 바퀴는 □개씩 늘어납니다.

(2) 자동차의 수를 □배 하면 바퀴의 수와 같습니다.

(3) 바퀴의 수를 □로 나누면 자동차의 수와 같습니다.

기본기 다지는 교과서 문제

» 정답 · 풀이 17쪽

1 탁자의 수와 의자의 수 사이의 대응 관계를 알아보려고 합니다. 물음에 답하세요.

(1) 탁자의 수와 의자의 수 사이의 대응 관계를 표로 나타내세요.

탁자의 수(개)	1	2	3	4	5	……
의자의 수(개)	3	6				……

(2) □ 안에 알맞은 수를 써넣으세요.

의자의 수는 탁자의 수의 □배입니다.

2 사각형과 삼각형으로 규칙적인 배열을 만들고 있습니다. 물음에 답하세요.

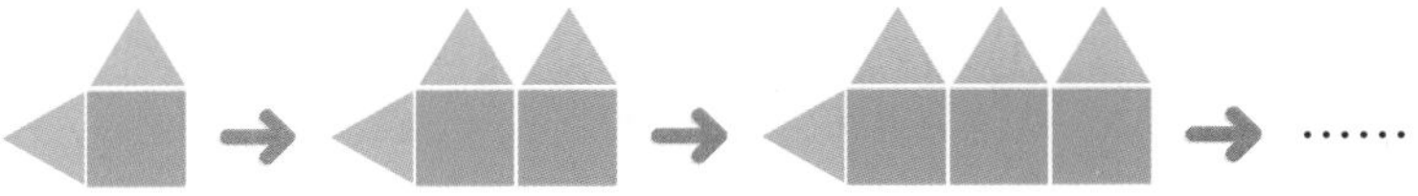

(1) 위 배열에서 변하는 부분과 변하지 않는 부분을 생각하며 사각형의 수와 삼각형의 수가 어떻게 변하는지 표로 나타내세요.

사각형의 수(개)	1	2	3	4	5	……
삼각형의 수(개)	2	3				……

(2) 사각형이 10개일 때 삼각형은 몇 개 필요할까요?

( )

(3) □ 안에 알맞은 수를 써넣으세요.

삼각형의 수는 사각형의 수보다 □개 많습니다.

개념 따라쓰기

두 양 사이의 대응 관계

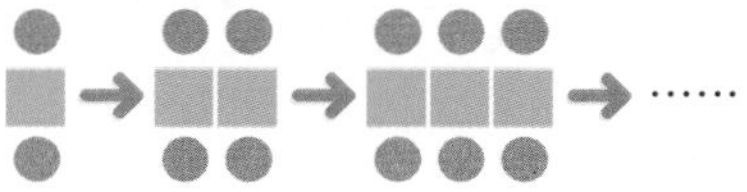

■이 1개씩 늘어날 때마다 ●은 2개씩 늘어납니다.

대응 관계는 한 양이 변할 때 다른 양이 그에 따라 일정하게 변하는 관계입니다.

대응 관계를 표로 나타내기

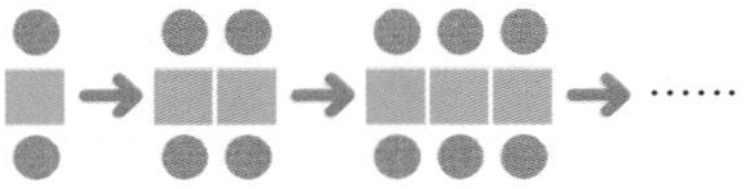

■	1	2	3	……
●	2	4	6	……

×2

표를 이용하면 두 양 사이의 대응 관계를 알아보기 편리합니다.

스스로 풀어내는 도전 10 문제

[1~3] 개미의 수와 개미 다리의 수 사이의 대응 관계를 알아보려고 합니다. 물음에 답하세요.

1

이해

개미의 수와 개미 다리의 수 사이의 대응 관계를 표로 나타내세요.

개미의 수(마리)	1	2	3	4	5	……
개미 다리의 수(개)	6					……

2

24쪽

추론

개미의 수와 개미 다리의 수 사이의 대응 관계를 생각하며 □ 안에 알맞은 수를 써넣으세요.

(1) 개미가 10마리일 때 개미 다리는 □개입니다.

(2) 개미가 □마리일 때 개미 다리는 120개입니다.

3

24쪽

의사 소통

개미의 수와 개미 다리의 수 사이의 대응 관계를 쓰세요.

[4~6] 사각형의 수와 원의 수 사이의 대응 관계를 알아보려고 합니다. 물음에 답하세요.

4

이해

사각형의 수와 원의 수 사이의 대응 관계를 표로 나타내세요.

사각형의 수(개)	1	2	3	4	5	……
원의 수(개)						……

5

24쪽

추론

사각형의 수와 원의 수 사이의 대응 관계를 생각하며 □ 안에 알맞은 수를 써넣으세요.

(1) 사각형이 10개일 때 원은 □개입니다.

(2) 사각형이 □개일 때 원은 30개입니다.

6

24쪽

의사 소통

사각형의 수와 원의 수 사이의 대응 관계를 쓰세요.

조금 더 어려운 문제에 도전해 볼까요?

7 25쪽 추론

의자의 수와 팔걸이의 수 사이의 대응 관계를 생각하며 □ 안에 알맞은 수를 써넣으세요.

의자가 5개일 때 팔걸이는 □개입니다.

8 25쪽 추론

모양에서 변하는 부분과 변하지 않는 부분을 생각하며, ㉠과 ㉡에 들어갈 알맞은 수를 구하세요.

사각형의 수(개)	1	2	3	㉠	8	12	……
삼각형의 수(개)	4	6	8	12	18	㉡	……

㉠ (　　　　　)
㉡ (　　　　　)

+9 25쪽 수학적 독해력

윤하와 영민이가 오각형의 수와 꼭짓점의 수 사이의 대응 관계를 말한 것입니다. 잘못 말한 사람의 이름을 쓰세요.

윤하: 꼭짓점의 수를 5로 나누면 오각형의 수와 같아.

영민: 꼭짓점이 25개면 오각형은 125개가 되겠네.

(　　　　　)

+10 25쪽 수학적 표현력

단추의 수와 단추 구멍의 수 사이의 대응 관계를 설명해 보세요.

[설명] ____________________

오늘 공부 어땠나요? 10개 중 맞힌 문제 □개 > 틀린 문제는 힌트를 보고 다시 도전해 보세요. > 맞힌 문제는 힌트를 보고 자신의 생각과 비교해 보세요.

13일 대응 관계를 식으로 나타내기

예 세잎클로버의 수와 잎의 수 사이의 대응 관계를 식으로 나타내기

① 표를 이용하여 대응 관계 알아보기

세잎클로버의 수(개)	1	2	3	4	……
잎의 수(개)	3	6	9	12	……

×3

- 세잎클로버의 수를 3배 하면 잎의 수와 같습니다.
- 잎의 수를 3으로 나누면 세잎클로버의 수와 같습니다.

② 기호를 사용하여 대응 관계를 식으로 나타내기

세잎클로버의 수를 ■, 잎의 수를 ●라고 할 때,

- (세잎클로버의 수)×3=(잎의 수) ➔ ■×3=●
- (잎의 수)÷3=(세잎클로버의 수) ➔ ●÷3=■

◐ 두 양 사이의 대응 관계를 식으로 간단하게 나타낼 때에는 각 양을 ●, ■, ▲, ★ 등과 같은 기호로 표현할 수 있습니다.

◐ **대응 관계를 기호를 사용하여 식으로 나타내는 방법**

두 양을 어떤 기호로 나타낼지 정합니다.

↓

+, −, ×, ÷ 중에서 두 양 사이의 대응 관계를 나타내기 알맞은 것을 고릅니다.

◐ 두 양 사이의 대응 관계는 여러 가지 식으로 나타낼 수 있습니다.

■×3=● ➔ ●÷3=■

확인 1 한 모둠에 학생이 5명씩 앉아 있습니다. 모둠의 수를 ●, 학생의 수를 ▲라고 할 때, 두 양 사이의 대응 관계를 식으로 나타내려고 합니다. □ 안에 알맞은 수를 써넣으세요.

(1) 모둠의 수를 □배 하면 학생의 수와 같습니다.

(2) (모둠의 수)×□=(학생의 수)

(3) ●×□=▲

» 정답 · 풀이 18쪽

[1~3] 동생의 나이는 7살이고 형의 나이는 9살입니다. 물음에 답하세요.

1 동생의 나이와 형의 나이 사이의 대응 관계를 표로 나타내세요.

동생의 나이(살)	7	8	9	10	11	……
형의 나이(살)	9					……

2 다음 중에서 알맞은 카드를 골라 동생의 나이와 형의 나이 사이의 대응 관계를 식으로 나타내세요.

동생의 나이 / 형의 나이

+ / − / × / ÷ / =

1 / 2 / 3 / 4 / 5

식 ________________

3 동생의 나이를 ★, 형의 나이를 ▲라고 할 때, 두 양 사이의 대응 관계를 식으로 나타내려고 합니다. □ 안에 알맞은 수를 써넣으세요

★+□=▲ 또는 ▲−□=★

개념 따라쓰기

대응 관계를 식으로 나타내기

세발자전거의 수 → ■

바퀴의 수 → ●

→ ■×3=●

두 양 사이의 대응 관계를 식으로 간단하게 나타낼 때에는 각 양을 ●, ■, ▲, ★ 등과 같은 기호로 표현할 수 있습니다.

대응 관계를 여러 가지 식으로 나타내기

세발자전거의 수 → ■

바퀴의 수 → ●

■×3=●
↓
●÷3=■

두 양 사이의 대응 관계는 여러 가지 식으로 나타낼 수 있습니다.

[1~2] 연도와 지혜의 나이 사이의 대응 관계를 나타낸 표입니다. 물음에 답하세요.

연도(년)	2021	2022	2023	2024	2025
지혜의 나이(살)	11				

1

이해

위의 표를 완성하세요.

2

의사 소통

연도를 ○, 지혜의 나이를 △라고 할 때, 두 양 사이의 대응 관계를 식으로 나타내세요.

[식] ______________________

3

26쪽 적용

관계있는 것끼리 선으로 이어 보세요.

▲	1	2	3	4
★	3	6	9	12

▲	5	6	7	8
★	8	9	10	11

▲	10	11	12	13
★	7	8	9	10

• ▲+3=★

• ▲−3=★

• ▲×3=★

4

26쪽 적용

사각형의 수를 ●, 사각형의 변의 수를 ★이라고 할 때, 두 양 사이의 대응 관계를 식으로 바르게 나타낸 것의 기호를 모두 쓰세요.

㉠ ●×4=★　　㉡ ★×4=●
㉢ ●÷4=★　　㉣ ★÷4=●

(　　　　　)

[5~6] 다음과 같이 종이테이프를 잘라 여러 조각으로 나누려고 합니다. 물음에 답하세요.

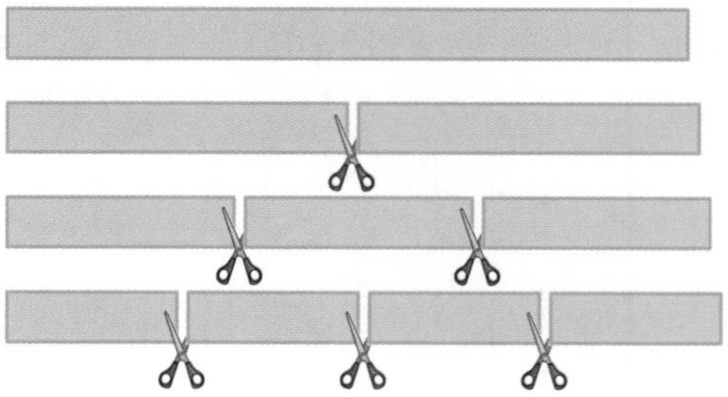

5

26쪽 의사 소통

종이테이프를 자른 횟수를 ■, 조각의 수를 ▲라고 할 때, 두 양 사이의 대응 관계를 식으로 나타내세요.

[식] ______________________

6

26쪽 문제 해결

종이테이프를 15조각으로 나누기 위해서는 몇 번을 잘라야 하는지 구하세요.

(　　　　　)

» 정답 · 풀이 18쪽

7 27쪽

추론

●, ▲, ★ 사이의 대응 관계를 나타낸 표입니다. ●와 ★ 사이의 대응 관계를 식으로 나타내세요.

●	2	3	4	5	6
▲	8	12	16	20	24
★	10	14	18	22	26

식 ______________________

8 27쪽

추론

배열 순서에 맞게 수 카드를 놓고 블록으로 규칙적인 배열을 만들고 있습니다. 사용한 블록이 64개일 때 배열 순서는 몇째일까요?

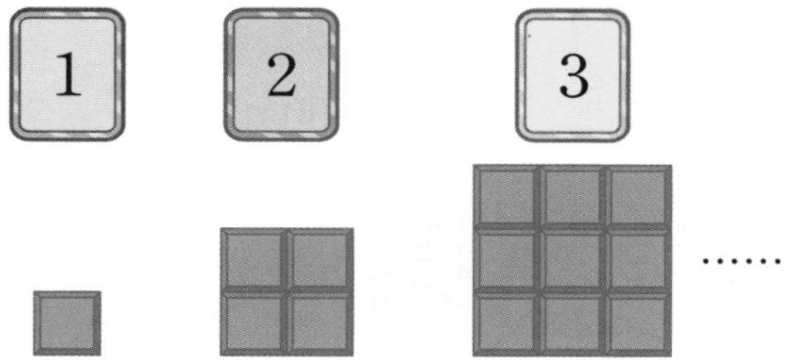

( )

+9 27쪽

수학적 독해력

잠자리 한 마리의 날개는 4개입니다. 잠자리의 수와 날개의 수 사이의 대응 관계에 대해 잘못 이야기한 친구는 누구일까요?

서준: 잠자리의 수와 날개의 수 사이의 대응 관계는 항상 일정해.

지혜: 잠자리의 수를 ●, 날개의 수를 ▲라고 할 때, 두 양 사이의 대응 관계는 ▲×4=●로 나타낼 수 있어.

( )

+10 27쪽

수학적 표현력

봉지 한 개에 키위가 8개씩 들어 있습니다. 봉지의 수를 ●, 키위의 수를 ▲라 할 때, 두 양 사이의 대응 관계를 식으로 나타내려고 합니다. 풀이 과정을 쓰고, 답을 구하세요.

풀이 ______________________

____

____

답 ______________________

오늘 공부 어땠나요? 10개 중 맞힌 문제 [ ] 개 > 틀린 문제는 힌트를 보고 다시 도전해 보세요. > 맞힌 문제는 힌트를 보고 자신의 생각과 비교해 보세요.

14일 생활 속에서 대응 관계를 식으로 나타내기

❶ 서로 대응하는 두 양을 찾아 대응 관계를 식으로 나타내기

①  10개

② 

500 mL

③  1초에 40m 이동

	서로 대응하는 두 양		대응 관계	기호를 사용하여 식으로 나타내기
①	초콜릿의 수 (●)	상자의 수 (■)	(상자의 수)×10=(초콜릿의 수) (초콜릿의 수)÷10=(상자의 수)	■×10=● ●÷10=■
②	우유의 양 (▲)	우유의 수 (★)	(우유의 수)×500=(우유의 양) (우유의 양)÷500=(우유의 수)	★×500=▲ ▲÷500=★
③	자동차의 이동 거리 (◆)	걸린 시간 (♣)	(걸린 시간)×40=(자동차의 이동 거리) (자동차의 이동 거리)÷40=(걸린 시간)	♣×40=◆ ◆÷40=♣

대응 관계를 식으로 나타내기
동일한 두 양의 대응 관계를 나타내는 식이라도 기준에 따라 표현된 식이 다릅니다.

■×10=●
●÷10=■
→ 기준

확인 1 그림에서 대응 관계를 찾아 식으로 나타내려고 합니다. □ 안에 알맞은 수를 써넣으세요.

㉠ 

㉡ 

	서로 대응하는 두 양		대응 관계	기호를 사용하여 식으로 나타내기
㉠	의자 다리의 수 (●)	의자의 수 (■)	(의자의 수)×□=(의자 다리의 수) (의자 다리의 수)÷□=(의자의 수)	■×□=● ●÷□=■
㉡	달걀의 수 (▲)	달걀판의 수 (★)	(달걀판의 수)×□=(달걀의 수) (달걀의 수)÷□=(달걀판의 수)	★×□=▲ ▲÷□=★

기본기 다지는 교과서 문제

» 정답 · 풀이 19쪽

[1~2] 그림에서 대응 관계를 찾아 식으로 나타내려고 합니다. 물음에 답하세요.

1 (1) 책상의 수와 꽃의 수 사이의 대응 관계를 표로 나타내세요.

책상의 수(개)	1	2	3	4	……
꽃의 수(개)	3	6			……

(2) 책상의 수를 ■, 꽃의 수를 ★이라고 할 때, 두 양 사이의 대응 관계를 식으로 나타내세요.

〔식〕 ____________________

2 (1) 책상의 수와 의자의 수 사이의 대응 관계를 표로 나타내세요.

책상의 수(개)	1	2	3	4	……
의자의 수(개)	2	4			……

(2) 책상의 수를 ●, 의자의 수를 ▲라고 할 때, 두 양 사이의 대응 관계를 식으로 나타내세요.

〔식〕 ____________________

3 마스크 한 개에 500원짜리 몬스터 스티커를 한 장씩 붙여 마스크를 꾸미고 있습니다. 마스크의 수를 ●, 스티커의 값을 ▲라고 할 때 두 양 사이의 대응 관계를 식으로 나타내려고 합니다. □ 안에 알맞은 수를 써넣으세요

●×□=▲ 또는 ▲÷□=●

개념 따라쓰기

대응하는 양 찾아 식으로 나타내기

★ × 24 = ▲

▲ ÷ 24 = ★

(★: 기준)

동일한 두 양의 대응 관계를 나타내는 식이라도 기준에 따라 표현된 식이 다릅니다.

스스로 풀어내는 도전 10 문제

막힐 땐 힌트북

1

이해

그림을 보고 두 양 사이의 대응 관계를 찾아 □ 안에 알맞은 수를 써넣으세요.

1분에 8 km 이동

기차의 이동 거리는 달린 시간의 □ 배입니다.

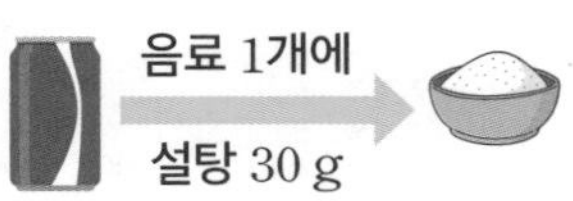

설탕의 양은 음료수의 □ 배입니다.

2

28쪽 · 의사 소통

서로 다른 색의 종이를 핀으로 연결하려고 합니다. 핀의 수를 ▲, 종이의 수를 ★이라고 할 때, 두 양 사이의 대응 관계를 식으로 나타내세요.

〔식〕 ____________________

3

의사 소통

지은이가 팔찌 1개를 만드는 데 2400 원이 필요합니다. 팔찌의 수를 ■, 필요한 돈을 ●라고 할 때, 두 양 사이의 대응 관계를 식으로 나타내세요.

〔식〕 ____________________

4

28쪽 · 의사 소통

어느 연극의 상영 시간표입니다. 연극의 시작 시각을 ●, 끝나는 시각을 ▲라고 할 때, 두 양 사이의 대응 관계를 식으로 나타내세요.

시작 시각	오전 9시	오후 1시	오후 3시	오후 6시
끝나는 시각	오전 11시	오후 3시	오후 5시	오후 8시

〔식〕 ____________________

[5~6] 자동차는 1시간에 약 50 km를 이동합니다. 자동차가 이동하는 시간과 이동하는 거리 사이의 대응 관계를 알아보려고 합니다. 다음 물음에 답하세요.

5

28쪽 · 의사 소통

자동차가 이동하는 시간을 ■(시간), 이동하는 거리를 ▲(km)라고 할 때, 두 양 사이의 대응 관계를 식으로 나타내세요.

〔식〕 ____________________

6

28쪽 · 문제 해결

5의 식에 대한 설명입니다. 잘못 설명한 친구의 이름을 쓰세요.

로운: ■는 분수나 소수도 될 수 있어.

슬기: 자동차가 이동하는 시간을 ●, 이동하는 거리를 ★로 바꿔서 나타낼 수도 있어.

지혜: ▲는 ■와 관계없이 변할 수 있어.

(　　　　　　)

7 29쪽 창의 융합

민호는 하루에 책을 오전에 20분, 오후에 30분을 읽습니다. 책을 읽는 날 수를 ■, 책을 읽는 시간을 ●라고 할 때, 두 양 사이의 대응 관계를 식으로 나타내세요.

〔식〕 ______________________

8 29쪽 추론

서연이가 수를 말하면 종욱이가 대응 관계에 따라 답을 하고 있습니다. □ 안에 알맞은 수를 써넣으세요.

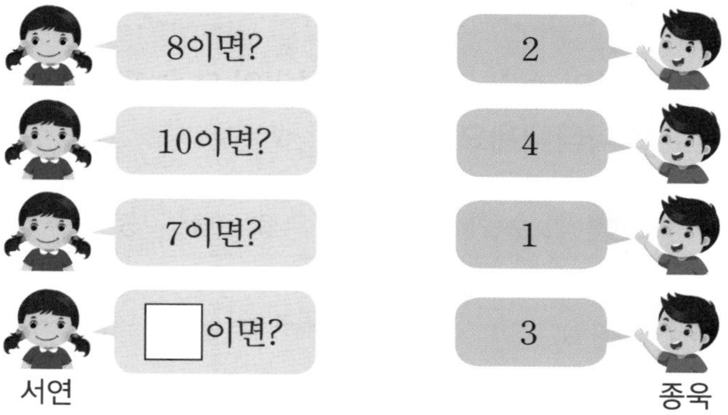

+9 29쪽 수학적 독해력

서울의 시각은 방콕의 시각보다 2시간 빠릅니다. 서울의 시각과 방콕의 시각 사이의 대응 관계를 기호를 사용하여 식으로 나타내고, 서울이 오후 1시일 때 방콕은 오전 몇 시인지 구하세요.

〔식〕 ______________________

〔답〕 오전 ________ 시

+10 29쪽 수학적 표현력

사과 2개로 사과주스 6병을 만들 수 있습니다. 사과의 수를 ●, 사과주스 병의 수를 ▲라고 할 때, 두 양 사이의 대응 관계를 식으로 나타내고 사과주스 21병을 만들려면 사과가 몇 개 필요한지 풀이 과정을 쓰고, 답을 구하세요.

〔식〕 ______________________

〔풀이〕 ______________________

____

____

〔답〕 ______________________

오늘 공부 어땠나요? 10개 중 맞힌 문제 □ 개 > **틀린 문제**는 힌트를 보고 다시 도전해 보세요. > **맞힌 문제**는 힌트를 보고 자신의 생각과 비교해 보세요.

12~14 일

단원평가

3. 규칙과 대응
시험 시간 20분 | 문제 수 10개

[01~02] 쟁반의 수와 과자의 수 사이의 대응 관계를 알아보려고 합니다. 물음에 답하세요.

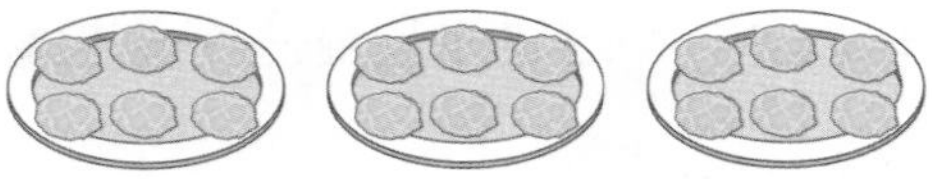

01 쟁반의 수와 과자의 수 사이의 대응 관계를 표로 나타내세요.

쟁반의 수(개)	1	2	3	4	5	……
과자의 수(개)						……

02 쟁반의 수와 과자의 수 사이의 대응 관계를 쓰세요.

____

03 노란색 사각판과 파란색 사각판으로 규칙적인 배열을 만들고 있습니다. 노란색 사각판의 수와 파란색 사각판의 수 사이의 대응 관계를 쓰세요.

____

04 팔각형의 수를 ▲, 팔각형의 꼭짓점의 수를 ■ 라고 할 때, 두 양 사이의 대응 관계를 식으로 바르게 나타낸 것의 기호를 모두 쓰세요.

㉠ ▲×8=■　　㉡ ■×8=▲
㉢ ▲÷8=■　　㉣ ■÷8=▲

(　　　　　　　　　)

[05~06] 민서와 준희는 저금통에 저금을 하려고 합니다. 민서는 가지고 있던 3000원을 먼저 저금했고, 두 사람은 다음 달부터 한 달에 5000원씩 저금을 하기로 했습니다. 물음에 답하세요.

05 민서가 모은 돈과 준희가 모은 돈 사이의 대응 관계를 표로 나타내세요.

	민서가 모은 돈(원)	준희가 모은 돈(원)
저금을 시작했을 때	3000	0
한 달 후	8000	5000
2달 후		
3달 후		
4달 후		
⋮	⋮	⋮

06 민서가 모은 돈을 ★, 준희가 모은 돈을 ■라고 할 때 두 양 사이의 대응 관계를 식으로 나타내세요.

[식] ____________________

07 1분 동안 달리면 7 킬로칼로리가 소모됩니다. 달린 시간과 소모된 열량(킬로칼로리) 사이의 대응 관계를 잘못 이야기한 친구는 누구일까요?

슬기: 달린 시간에 따라 소모된 열량이 일정하게 변해.

영민: 달린 시간을 ▲, 소모된 열량을 ◆라고 할 때 두 양 사이의 대응 관계는 ◆×7=▲야.

( )

08 수도꼭지가 고장이 나서 1분에 물이 15방울씩 떨어집니다. 시간을 ■, 물방울의 수를 ●라고 할 때 두 양 사이의 대응 관계를 식으로 나타내고 4분 동안 떨어진 물은 몇 방울인지 구하세요.

[식] ____________________

[답] ____________________

09 수 카드의 수를 ●, 모양 조각의 수를 ♥라고 할 때 두 양 사이의 대응 관계를 식으로 나타내세요.

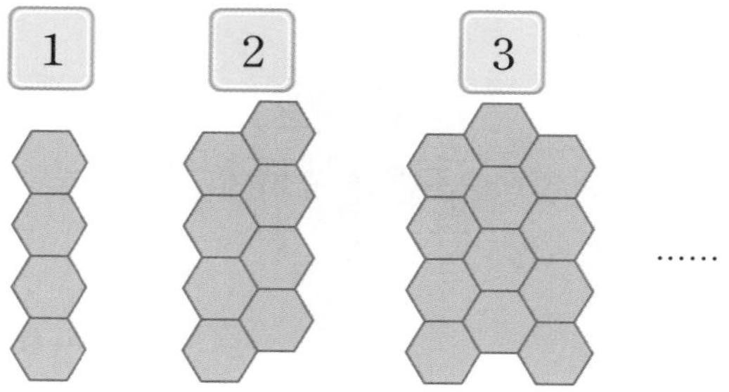

[식] ____________________

서술형

10 서울과 방글라데시의 수도 다카의 시각 사이의 대응 관계를 나타낸 표입니다. 서울이 오후 5시일 때 다카는 오후 몇 시인지 풀이 과정을 쓰고, 답을 구하세요.

서울의 시각(시)	오전 8시	오전 9시	오전 10시	오전 11시	......
다카의 시각(시)	오전 5시	오전 6시	오전 7시	오전 8시	......

[풀이] ____________________

[답] ____________________

공부한 날 월 일

15일 크기가 같은 분수

❶ 크기가 같은 분수 알아보기

$\frac{1}{3}$ $\frac{2}{6}$ $\frac{3}{9}$

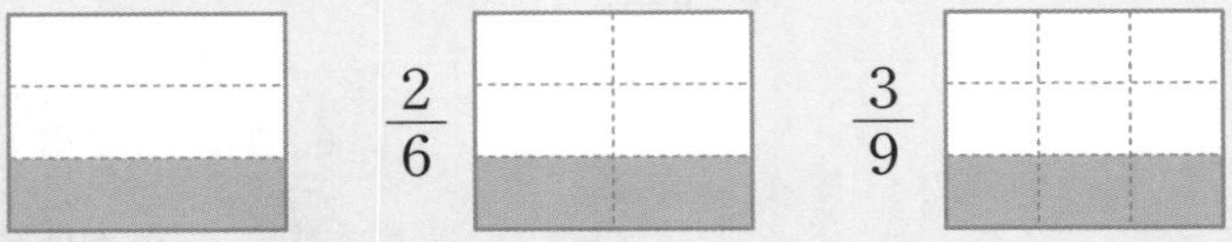

➜ 색칠한 부분의 크기가 같으므로 크기가 같은 분수입니다.

$$\frac{1}{3}=\frac{2}{6}=\frac{3}{9}$$

◐ 분모와 분자의 수가 달라도 색칠한 부분의 크기가 같으면 크기가 같은 분수입니다.

◐ 분모와 분자에 각각 0을 곱하면 $\frac{0}{0}$이 되므로 0이 아닌 같은 수를 곱해야 합니다.
➜ $\frac{1\times0}{3\times0}=\frac{0}{0}$(×)

❷ 크기가 같은 분수 만들기

① 곱셈을 이용하여 크기가 같은 분수 만들기

분모와 분자에 각각 0이 아닌 같은 수를 곱하면 크기가 같은 분수가 됩니다.

$$\frac{1}{3}=\frac{2}{6}=\frac{3}{9}=\frac{4}{12}$$

(분자: ×2, ×3, ×4 / 분모: ×2, ×3, ×4)

② 나눗셈을 이용하여 크기가 같은 분수 만들기

분모와 분자를 각각 0이 아닌 같은 수로 나누면 크기가 같은 분수가 됩니다. (0이 아닌 같은 수: 분모와 분자의 공약수)

$$\frac{16}{24}=\frac{8}{12}=\frac{4}{6}=\frac{2}{3}$$

(분자: ÷2, ÷4, ÷8 / 분모: ÷2, ÷4, ÷8)

확인 1 분수만큼 색칠하고 알맞은 말에 ○표 하세요.

$\frac{1}{4}$ $\frac{2}{8}$

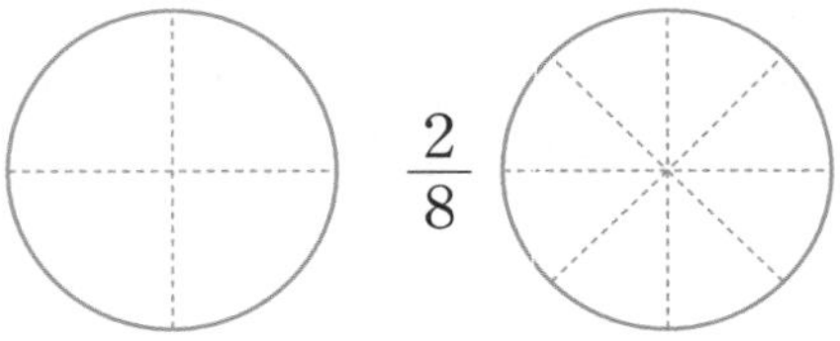

$\frac{1}{4}$과 $\frac{2}{8}$는 색칠한 부분의 크기가 (같으므로 , 다르므로) 크기가 (같은 , 다른) 분수입니다.

확인 2 □ 안에 알맞은 수를 써넣어 크기가 같은 분수를 만들어 보세요.

(1)

$$\frac{1}{2}=\frac{2}{4}=\frac{3}{6}=\frac{4}{8}$$

(분자: ×2, ×□, ×□ / 분모: ×2, ×□, ×□)

(2)

$$\frac{12}{18}=\frac{6}{9}=\frac{4}{6}=\frac{2}{3}$$

(분자: ÷2, ÷□, ÷□ / 분모: ÷2, ÷□, ÷□)

기본기 다지는 교과서 문제

» 정답 · 풀이 21쪽

1 분수만큼 색칠하고 크기가 같은 분수를 쓰세요.

$\frac{1}{5}$

$\frac{2}{10}$

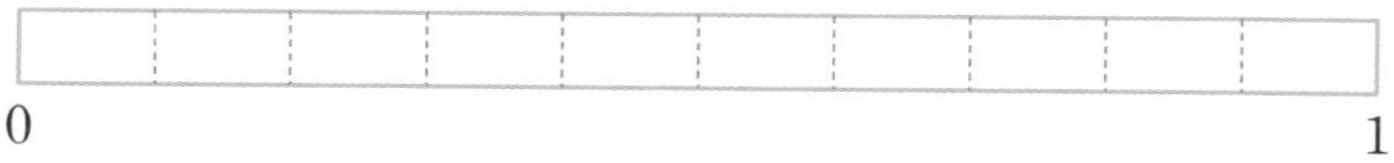

$\frac{4}{15}$

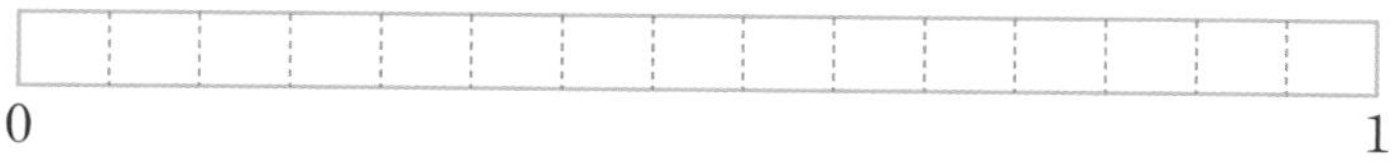

크기가 같은 분수는 □ 와/과 □ 입니다.

2 그림을 보고 크기가 같은 분수가 되도록 □ 안에 알맞은 수를 써넣으세요.

(1)

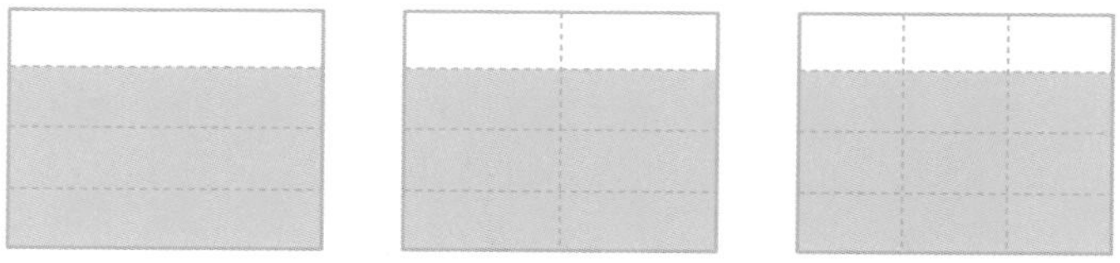

→ $\frac{3}{4}=\frac{3\times 2}{4\times \square}=\frac{3\times \square}{4\times \square}$

(2)

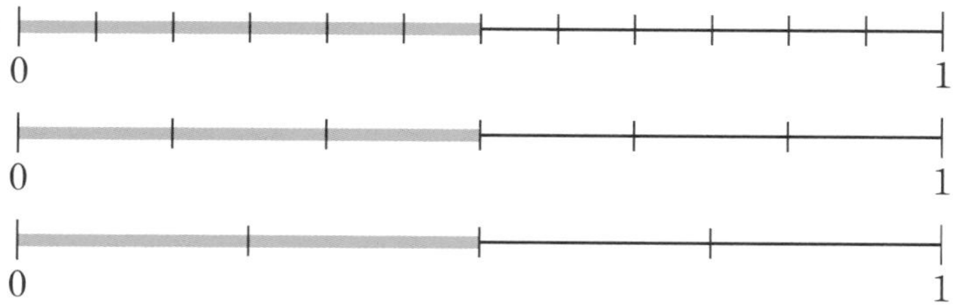

→ $\frac{6}{12}=\frac{6\div 2}{12\div \square}=\frac{6\div \square}{12\div \square}$

개념 따라쓰기

크기가 같은 분수 알아보기

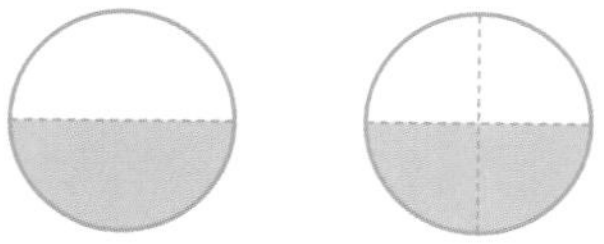

$\frac{1}{2}=\frac{2}{4}$

분모와 분자의 수가 달라도 색칠한 부분의 크기가 같으면 크기가 같은 분수입니다.

곱셈을 이용하여 크기가 같은 분수 만들기

$\frac{▲}{●}=\frac{▲\times ■}{●\times ■}$

(단, ■는 0이 아닌 수)

분모와 분자에 각각 0이 아닌 같은 수를 곱하면 크기가 같은 분수가 됩니다.

나눗셈을 이용하여 크기가 같은 분수 만들기

$\frac{▲}{●}=\frac{▲\div ■}{●\div ■}$

(단, ■는 0이 아닌 수)

분모와 분자를 각각 0이 아닌 같은 수로 나누면 크기가 같은 분수가 됩니다.

1 30쪽 이해

분수만큼 색칠하고 크기가 같은 두 분수에 ○표 하세요.

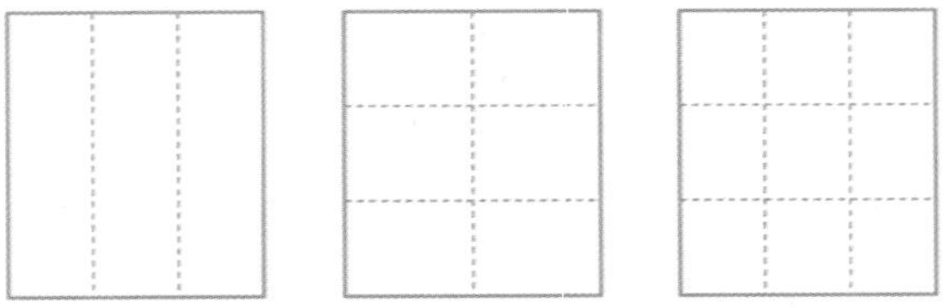

$\frac{1}{3}$ $\frac{3}{6}$ $\frac{3}{9}$

( ) ( ) ( )

2 이해

크기가 같은 분수가 되도록 □ 안에 알맞은 수를 써넣으세요.

(1) $\frac{2}{5}=\frac{2\times\square}{5\times2}=\frac{\square}{10}$

(2) $\frac{8}{12}=\frac{8\div\square}{12\div2}=\frac{\square}{6}$

3 30쪽 이해

□ 안에 알맞은 수를 써넣어 크기가 같은 분수를 만들어 보세요.

(1) $\frac{4}{9}=\frac{\square}{18}=\frac{12}{\square}=\frac{\square}{36}$

(2) $\frac{32}{40}=\frac{\square}{20}=\frac{8}{\square}=\frac{\square}{5}$

4 30쪽 적용

주어진 분수와 크기가 같은 분수를 모두 찾아 ○표 하세요.

(1) $\frac{3}{7}$ | $\frac{6}{14}$ $\frac{6}{21}$ $\frac{12}{28}$ $\frac{18}{35}$

(2) $\frac{20}{36}$ | $\frac{4}{6}$ $\frac{5}{9}$ $\frac{6}{12}$ $\frac{10}{18}$

5 계산

크기가 같은 분수끼리 선으로 이어 보세요.

$\frac{3}{4}$ • • $\frac{20}{32}$

$\frac{2}{3}$ • • $\frac{26}{39}$

$\frac{5}{8}$ • • $\frac{21}{28}$

6 30쪽 문제 해결

세 사람 중에서 크기가 같은 분수를 만든 방법이 다른 한 사람은 누구일까요?

윤하: $\frac{7}{9}$과 크기가 같은 분수에는 $\frac{21}{27}$이 있어.

민호: $\frac{16}{18}$과 크기가 같은 분수에는 $\frac{8}{9}$이 있어.

서연: $\frac{9}{14}$와 크기가 같은 분수에는 $\frac{18}{28}$이 있어.

( )

7 31쪽 창의 융합

모양과 크기가 같은 컵에 주스가 담겨 있습니다. 그림을 보고 같은 양이 담긴 주스를 찾아 쓰세요.

키위주스 포도주스 자몽주스

(,)

8 31쪽 추론

$\frac{2}{3}$와 크기가 같은 분수 중에서 분모와 분자의 합이 15보다 크고 30보다 작은 분수를 모두 쓰세요.

( )

+9 31쪽 수학적 독해력

$\frac{4}{12}$와 크기가 같은 분수를 만든 방법을 잘못 말한 사람은 누구일까요?

서준: 분모와 분자에 각각 5를 곱하면 크기가 같은 분수인 $\frac{20}{60}$을 만들 수 있어.

수현: 분모와 분자를 각각 2로 나눈 수인 $\frac{2}{6}$와 크기가 같아.

종욱: 분모와 분자를 각각 어떤 수든지 같은 수로 나누면 크기가 같은 분수를 만들 수 있어.

( )

+10 31쪽 수학적 표현력

슬기는 케이크를 똑같이 8조각으로 나누어 2조각을 먹었습니다. 민호가 같은 크기의 케이크를 똑같이 16조각으로 나누었을 때 몇 조각을 먹어야 슬기가 먹은 양과 같아지는지 풀이 과정을 쓰고, 답을 구하세요.

풀이

답

오늘 공부 어땠나요? 10개 중 맞힌 문제 □ 개 > 틀린 문제는 힌트를 보고 다시 도전해 보세요. > 맞힌 문제는 힌트를 보고 자신의 생각과 비교해 보세요.

16일 분수를 간단하게 나타내기

① 약분 알아보기

분모와 분자를 공약수로 나누어 간단한 분수로 만드는 것을 **약분한다**고 합니다.

예 $\frac{8}{12}$을 약분하는 방법

12와 8의 공약수: 1, 2, 4 ➡ 분모와 분자를 2, 4로 각각 나눕니다.

$$\frac{8}{12}=\frac{8\div2}{12\div2}=\frac{4}{6} \rightarrow \frac{\overset{4}{\cancel{8}}}{\underset{6}{\cancel{12}}}=\frac{4}{6}$$

$$\frac{8}{12}=\frac{8\div4}{12\div4}=\frac{2}{3} \rightarrow \frac{\overset{2}{\cancel{8}}}{\underset{3}{\cancel{12}}}=\frac{2}{3}$$

● 약분할 땐 /로 표시하고 나눈 몫을 분모와 분자의 위, 아래에 작게 씁니다.

◐ 분모와 분자를 1로 나누면 자기 자신이 되므로 약분할 때에는 1을 제외한 공약수로 나눕니다.

분모와 분자의 최대공약수로 나누면 한번에 기약분수로 나타낼 수 있어.

② 기약분수 알아보기

분모와 분자의 공약수가 1뿐인 분수를 **기약분수**라고 합니다.

예 $\frac{8}{12}$을 기약분수로 나타내는 방법

방법 1 분모와 분자를 더 이상 나누어지지 않을 때까지 공약수로 나누기

$$\frac{\overset{4}{\cancel{8}}}{\underset{6}{\cancel{12}}}=\frac{\overset{2}{\cancel{4}}}{\underset{3}{\cancel{6}}}=\boxed{\frac{2}{3}}$$

(약분 → 약분)

● 3과 2의 공약수는 1뿐이므로 더 이상 약분이 안 됩니다. → 기약분수

방법 2 분모와 분자를 최대공약수로 나누기

12와 8의 최대공약수: 4

$$\frac{\overset{2}{\cancel{8}}}{\underset{3}{\cancel{12}}}=\boxed{\frac{2}{3}}$$

● 기약분수

확인 1 $\frac{12}{16}$를 약분하려고 합니다. □ 안에 알맞은 수를 써넣으세요.

(1) 16과 12의 공약수는 1, □, □입니다.

(2) $\frac{12}{16}=\frac{12\div\square}{16\div2}=\frac{\square}{\square}$

$\frac{12}{16}=\frac{12\div\square}{16\div4}=\frac{\square}{\square}$

확인 1 $\frac{27}{45}$을 기약분수로 나타내려고 합니다. □ 안에 알맞은 수를 써넣으세요.

(1) 45와 27의 최대공약수는 □입니다.

(2) $\frac{27}{45}=\frac{27\div9}{45\div\square}=\frac{\square}{\square}$

기본기 다지는 교과서 문제

» 정답 · 풀이 22쪽

1 주어진 분수를 약분한 것입니다. □ 안에 알맞은 수를 써넣으세요.

(1) $\frac{16}{32} \rightarrow \frac{\square}{16}, \frac{4}{\square}, \frac{\square}{4}, \frac{1}{\square}$

(2) $\frac{24}{36} \rightarrow \frac{\square}{18}, \frac{8}{\square}, \frac{\square}{9}, \frac{4}{\square}, \frac{\square}{3}$

2 분수를 기약분수로 나타내려고 합니다. □ 안에 알맞은 수를 써넣으세요.

(1) $\frac{6}{10}=\frac{6\div\square}{10\div\square}=\frac{\square}{\square}$

(2) $\frac{12}{18}=\frac{12\div\square}{18\div\square}=\frac{\square}{\square}$

3 기약분수로 나타내세요.

(1) $\frac{17}{51}=\frac{\square}{\square}$ (2) $\frac{36}{54}=\frac{\square}{\square}$

4 기약분수를 모두 찾아 ○표 하세요.

$\frac{3}{8}$ $\frac{6}{21}$ $\frac{7}{15}$ $\frac{4}{15}$ $\frac{14}{21}$

개념 따라쓰기

약분 알아보기

12와 8의 공약수

$\frac{8\div 2}{12\div 2}=\frac{4}{6}$ $\frac{8\div 4}{12\div 4}=\frac{2}{3}$

분모와 분자를 공약수로 나누어 간단한 분수로 만드는 것을 약분한다고 합니다.

기약분수 알아보기

약분 약분

$\frac{8}{12}=\frac{4}{6}=\frac{2}{3}$

3과 2의 공약수는 1뿐

기약분수는 분모와 분자의 공약수가 1뿐인 분수입니다.

한 번에 기약분수로 나타내는 방법

12와 8의 최대공약수

$\frac{8\div 4}{12\div 4}=\frac{2}{3}$

분모와 분자의 최대공약수로 나누면 한번에 기약분수로 나타낼 수 있습니다.

4 단원

스스로 풀어내는 도전 10 문제

막힐 때 힌트북

1 32쪽 이해

$\frac{24}{36}$를 약분하려고 합니다. 분모와 분자를 나눌 수 없는 수를 모두 찾아 ○표 하세요.

3	4	6	8	9	12

2 계산

〈보기〉와 같이 약분하여 나타내려고 합니다. □ 안에 알맞은 수를 써넣으세요.

〈보기〉

$\frac{\overset{2}{\cancel{4}}}{\underset{6}{\cancel{12}}}=\frac{2}{6}$

(1) $\frac{\overset{4}{\cancel{20}}}{\underset{\square}{\cancel{35}}}=\frac{4}{\square}$ (2) $\frac{\overset{\square}{\cancel{30}}}{\underset{6}{\cancel{36}}}=\frac{\square}{6}$

3 계산

기약분수로 나타내세요.

(1) $\frac{40}{56}=\frac{\square}{\square}$ (2) $\frac{22}{33}=\frac{\square}{\square}$

4 32쪽 적용

기약분수를 모두 찾아 기호를 쓰세요.

㉠ $\frac{6}{14}$ ㉡ $\frac{9}{11}$ ㉢ $\frac{5}{12}$ ㉣ $\frac{18}{20}$

( )

5 32쪽 계산

왼쪽의 분수를 바르게 약분한 것을 찾아 선으로 이어 보세요.

$\frac{10}{12}$ •	• $\frac{4}{7}$
$\frac{16}{28}$ •	• $\frac{1}{3}$
$\frac{18}{54}$ •	• $\frac{5}{6}$

6 32쪽 문제 해결

분모가 72인 진분수 중에서 약분하면 $\frac{5}{9}$가 되는 분수를 쓰세요.

( )

7 33쪽 추론

진분수 $\frac{\square}{12}$가 기약분수라고 할 때, □ 안에 들어갈 수 있는 수를 모두 쓰세요.

(　　　　　　　　)

8 33쪽 추론

어떤 분수 $\frac{▲}{●}$를 기약분수로 나타내면 $\frac{9}{14}$가 됩니다. ●와 ▲의 공약수가 1, 2, 3, 6일 때 분수 $\frac{▲}{●}$를 구하세요.

(　　　　　　　　)

+9 33쪽 수학적 독해력

$\frac{24}{40}$에 대해 틀리게 말한 사람은 누구일까요?

서연: $\frac{24}{40}$를 기약분수로 나타내면 $\frac{3}{5}$이야.

영민: $\frac{24}{40}$를 약분하여 만들 수 있는 분수 중에서 분모가 두 번째로 큰 수는 $\frac{6}{10}$이야.

슬기: $\frac{24}{40}$를 약분하여 만들 수 있는 분수는 모두 4개야.

(　　　　　　　　)

+10 33쪽 수학적 표현력

종욱이네 집에 있는 볼펜 30개 중에서 12개가 검은색 볼펜입니다. 검은색 볼펜은 전체의 얼마인지 기약분수로 나타내려고 합니다. 풀이 과정을 쓰고, 답을 구하세요.

〔풀이〕

〔답〕

오늘 공부 어땠나요?

10개 중 맞힌 문제 □ 개

틀린 문제는 힌트를 보고 다시 도전해 보세요.

맞힌 문제는 힌트를 보고 자신의 생각과 비교해 보세요.

17일 분모가 같은 분수로 나타내기

① 통분 알아보기

분수의 분모를 같게 하는 것을 **통분한다**고 하고, 통분한 분모를 **공통분모**라고 합니다.

예 크기가 같은 분수를 만들어 $\frac{1}{4}$과 $\frac{5}{6}$ 통분하기

$\frac{1}{4}=\frac{2}{8}=\frac{3}{12}=\frac{4}{16}=\frac{5}{20}=\frac{6}{24}=\cdots$

$\frac{5}{6}=\frac{10}{12}=\frac{15}{18}=\frac{20}{24}=\frac{25}{30}=\frac{30}{36}=\cdots$

분모가 같은 분수끼리 짝짓기

$\left(\frac{1}{4}, \frac{5}{6}\right) \rightarrow \left(\frac{3}{12}, \frac{10}{12}\right), \left(\frac{6}{24}, \frac{20}{24}\right)\cdots\cdots$

공통분모

② 통분하는 방법

예 $\frac{1}{4}$과 $\frac{5}{6}$ 통분하기

방법 1 분모의 곱을 공통분모로 하여 통분하기 —● 분모가 작을 때 편리합니다.

$\left(\frac{1}{4}, \frac{5}{6}\right) \rightarrow \left(\frac{1\times6}{4\times6}, \frac{5\times4}{6\times4}\right) \rightarrow \left(\frac{6}{24}, \frac{20}{24}\right)$

분모의 곱: 24

◐ 공통분모가 될 수 있는 수는 두 분모의 공배수입니다.

방법 2 분모의 최소공배수를 공통분모로 하여 통분하기 —● 분모가 클 때 편리합니다.

$\left(\frac{1}{4}, \frac{5}{6}\right) \rightarrow \left(\frac{1\times3}{4\times3}, \frac{5\times2}{6\times2}\right) \rightarrow \left(\frac{3}{12}, \frac{10}{12}\right)$

분모의 최소공배수: 12

◐ 공통분모 중 가장 작은 수는 두 분모의 최소공배수입니다.

확인 1 크기가 같은 분수를 만들어 $\frac{1}{2}$과 $\frac{3}{4}$을 통분하려고 합니다. □ 안에 알맞은 수를 써넣으세요.

(1) $\frac{1}{2}=\frac{2}{4}=\frac{3}{6}=\frac{4}{8}=\cdots\cdots$

$\frac{3}{4}=\frac{6}{8}=\frac{9}{12}=\frac{12}{16}=\cdots\cdots$

$\left(\frac{1}{2}, \frac{3}{4}\right) \rightarrow \left(\frac{\square}{4}, \frac{3}{4}\right), \left(\frac{4}{8}, \frac{\square}{\square}\right)\cdots\cdots$

(2) 공통분모는 4, □……입니다.

1 분모의 곱을 공통분모로 하여 통분하려고 합니다. □ 안에 알맞은 수를 써넣으세요.

$$\left(\frac{1}{3}, \frac{2}{5}\right)=\left(\frac{1\times\square}{3\times5}, \frac{2\times\square}{5\times3}\right) \rightarrow \left(\frac{\square}{\square}, \frac{\square}{\square}\right)$$

2 분모의 최소공배수를 공통분모로 하여 통분하려고 합니다. □ 안에 알맞은 수를 써넣으세요.

$$\left(\frac{5}{12}, \frac{7}{16}\right)=\left(\frac{5\times\square}{12\times\square}, \frac{7\times\square}{16\times\square}\right) \rightarrow \left(\frac{\square}{\square}, \frac{\square}{\square}\right)$$

3 분모의 곱을 공통분모로 하여 통분하세요.

(1) $\left(\frac{3}{4}, \frac{2}{7}\right) \rightarrow$ (　　　　,　　　　)

(2) $\left(\frac{2}{5}, \frac{3}{8}\right) \rightarrow$ (　　　　,　　　　)

4 분모의 최소공배수를 공통분모로 하여 통분하세요.

(1) $\left(\frac{5}{6}, \frac{8}{21}\right) \rightarrow$ (　　　　,　　　　)

(2) $\left(\frac{3}{28}, \frac{5}{42}\right) \rightarrow$ (　　　　,　　　　)

개념 따라쓰기

통분 알아보기

$$\left(\frac{1}{4}, \frac{5}{6}\right) \xrightarrow{\text{통분}} \left(\frac{3}{12}, \frac{10}{12}\right)$$

공통분모

분수의 분모를 같게 하는 것을 통분한다고 하고, 통분한 분모를 공통분모라고 합니다.

통분하는 방법 ①

$$\left(\frac{1}{4}, \frac{5}{6}\right) \rightarrow \left(\frac{6}{24}, \frac{20}{24}\right)$$

분모의 곱: 24

분모의 곱을 공통분모로 하여 통분할 수 있습니다.

통분하는 방법 ②

$$\left(\frac{1}{4}, \frac{5}{6}\right) \rightarrow \left(\frac{3}{12}, \frac{10}{12}\right)$$

분모의 최소공배수: 12

분모의 최소공배수를 공통분모로 하여 통분할 수 있습니다.

스스로 풀어내는 도전 10 문제

막힐 때 힌트북

1 34쪽 이해

$\frac{4}{9}$와 $\frac{5}{12}$를 통분하려고 합니다. 공통분모가 될 수 있는 수를 모두 찾아 쓰세요.

18　36　60　72　90

(　　　　　　　)

2 계산

분모의 곱을 공통분모로 하여 통분하세요.

(1) $\left(\frac{2}{9}, \frac{7}{10}\right) \rightarrow$ (　　　,　　　)

(2) $\left(\frac{6}{7}, \frac{8}{11}\right) \rightarrow$ (　　　,　　　)

3 계산

분모의 최소공배수를 공통분모로 하여 통분하세요.

(1) $\left(\frac{5}{26}, \frac{4}{39}\right) \rightarrow$ (　　　,　　　)

(2) $\left(\frac{1}{21}, \frac{2}{35}\right) \rightarrow$ (　　　,　　　)

4 34쪽 이해

두 분수를 가장 작은 공통분모로 통분하세요.

$\left(\frac{7}{8}, \frac{7}{12}\right) \rightarrow$ (　　　,　　　)

5 34쪽 적용

$\frac{2}{3}$와 $\frac{1}{4}$을 바르게 통분한 것을 찾아 기호를 쓰세요.

㉠ $\left(\frac{8}{12}, \frac{4}{12}\right)$　㉡ $\left(\frac{12}{24}, \frac{6}{24}\right)$

㉢ $\left(\frac{24}{36}, \frac{12}{36}\right)$　㉣ $\left(\frac{32}{48}, \frac{12}{48}\right)$

(　　　　　　　)

6 34쪽 추론

두 분수를 통분하려고 합니다. 공통분모가 될 수 있는 수 중에서 100보다 작은 수를 모두 찾아 쓰세요.

$\left(\frac{7}{9}, \frac{8}{15}\right)$

(　　　　　　　)

» 정답 · 풀이 23쪽

조금 더 어려운 문제에 도전해 볼까요?

7 35쪽 문제 해결

두 분수를 다음과 같이 통분했습니다. ●, ▲, ★에 들어갈 알맞은 수를 구하세요.

$$\left(\frac{13}{18}, \frac{7}{12}\right) \rightarrow \left(\frac{26}{●}, \frac{▲}{★}\right)$$

● (　　　　　　　)
▲ (　　　　　　　)
★ (　　　　　　　)

8 35쪽 추론

$\frac{11}{40}$과 $\frac{5}{16}$ 사이의 수 중에서 분모가 80인 분수를 모두 쓰세요.

(　　　　　　　)

+9 35쪽 수학적 독해력

어떤 두 기약분수를 통분하였더니 $\frac{24}{36}$와 $\frac{27}{36}$이 되었습니다. 통분하기 전의 두 분수를 구하세요.

(　　　　　　　)

+10 35쪽 수학적 표현력

$\frac{1}{12}$과 $\frac{5}{9}$를 100에 가장 가까운 수를 공통분모로 하여 통분하려고 합니다. 풀이 과정을 쓰고, 답을 구하세요.

풀이 ______________________

____

____

답 ______________________

오늘 공부 어땠나요?

10개 중 맞힌 문제 ☐ 개

틀린 문제는 힌트를 보고 다시 도전해 보세요.

맞힌 문제는 힌트를 보고 자신의 생각과 비교해 보세요.

18일 분수의 크기 비교

① 두 분수의 크기 비교하기

두 분수를 통분한 다음 분자의 크기를 비교합니다.

예 $\frac{2}{3}$와 $\frac{3}{5}$의 크기 비교하기

$$\left(\frac{2}{3}, \frac{3}{5}\right) \xrightarrow{\text{통분}} \left(\frac{10}{15}, \frac{9}{15}\right) \rightarrow \frac{2}{3} > \frac{3}{5}$$

두 분수의 크기 비교 방법

두 분수를 통분하기
↓
분자의 크기 비교하기

② 세 분수의 크기 비교하기

두 분수씩 통분하여 차례로 크기를 비교합니다.

예 $\frac{2}{3}, \frac{4}{5}, \frac{5}{9}$의 크기 비교하기

$$\left(\frac{2}{3}, \frac{4}{5}\right) \xrightarrow{\text{통분}} \left(\frac{10}{15}, \frac{12}{15}\right) \rightarrow \frac{2}{3} < \frac{4}{5}$$

$$\left(\frac{4}{5}, \frac{5}{9}\right) \xrightarrow{\text{통분}} \left(\frac{36}{45}, \frac{25}{45}\right) \rightarrow \frac{4}{5} > \frac{5}{9}$$

$$\left(\frac{2}{3}, \frac{5}{9}\right) \xrightarrow{\text{통분}} \left(\frac{6}{9}, \frac{5}{9}\right) \rightarrow \frac{2}{3} > \frac{5}{9}$$

$$\rightarrow \frac{5}{9} < \frac{2}{3} < \frac{4}{5}$$

분자가 같은 분수의 크기 비교

분자가 같은 분수는 분모가 작을수록 큰 수입니다.

예 $\frac{2}{3}, \frac{2}{4}, \frac{2}{5}$의 크기 비교

$\frac{2}{3}$, $\frac{2}{4}$, $\frac{2}{5}$

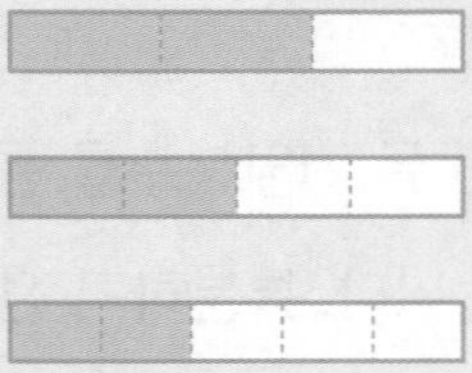

$\rightarrow \frac{2}{5} < \frac{2}{4} < \frac{2}{3}$

개념+ 세 분수를 한꺼번에 통분하여 크기를 비교할 수도 있습니다.

$$\left(\frac{2}{3}, \frac{4}{5}, \frac{5}{9}\right) \xrightarrow{\text{통분}} \left(\frac{30}{45}, \frac{36}{45}, \frac{25}{45}\right) \rightarrow \frac{25}{45} < \frac{30}{45} < \frac{36}{45} \rightarrow \frac{5}{9} < \frac{2}{3} < \frac{4}{5}$$

확인 1 $\frac{2}{5}$와 $\frac{3}{7}$의 크기를 비교하려고 합니다. 빈 곳에 알맞게 써넣으세요.

$$\left(\frac{2}{5}, \frac{3}{7}\right) \rightarrow \left(\frac{\square}{35}, \frac{\square}{35}\right) \rightarrow \frac{2}{5} \bigcirc \frac{3}{7}$$

확인 2 $\frac{3}{4}, \frac{4}{7}, \frac{7}{8}$의 크기를 비교하려고 합니다. 빈 곳에 알맞게 써넣으세요.

$$\left(\frac{3}{4}, \frac{4}{7}\right) \rightarrow \left(\frac{\square}{28}, \frac{\square}{28}\right) \rightarrow \frac{3}{4} \bigcirc \frac{4}{7}$$

$$\left(\frac{4}{7}, \frac{7}{8}\right) \rightarrow \left(\frac{\square}{56}, \frac{\square}{56}\right) \rightarrow \frac{4}{7} \bigcirc \frac{7}{8}$$

$$\left(\frac{3}{4}, \frac{7}{8}\right) \rightarrow \left(\frac{\square}{8}, \frac{\square}{8}\right) \rightarrow \frac{3}{4} \bigcirc \frac{7}{8}$$

$$\rightarrow \frac{\square}{\square} < \frac{\square}{\square} < \frac{\square}{\square}$$

기본기 다지는 교과서 문제

» 정답 · 풀이 25쪽

1 두 분수를 통분하여 크기를 비교해 보세요.

$\left(\frac{2}{7}, \frac{1}{3}\right) \rightarrow \left(\frac{\square}{\square}, \frac{\square}{\square}\right) \rightarrow \frac{2}{7} \bigcirc \frac{1}{3}$

2 분수의 크기를 비교하여 ◯ 안에 >, =, <를 알맞게 써넣으세요.

(1) $\frac{7}{12} \bigcirc \frac{5}{9}$

(2) $1\frac{3}{10} \bigcirc 1\frac{7}{15}$

3 $\frac{5}{8}, \frac{3}{4}, \frac{7}{12}$의 크기를 비교한 다음 큰 분수부터 차례로 쓰세요.

$\left(\frac{5}{8}, \frac{3}{4}\right) \rightarrow \left(\frac{\square}{8}, \frac{\square}{8}\right) \rightarrow \frac{5}{8} \bigcirc \frac{3}{4}$

$\left(\frac{5}{8}, \frac{7}{12}\right) \rightarrow \left(\frac{\square}{24}, \frac{\square}{24}\right) \rightarrow \frac{5}{8} \bigcirc \frac{7}{12}$

$\left(\frac{3}{4}, \frac{7}{12}\right) \rightarrow \left(\frac{\square}{12}, \frac{\square}{12}\right) \rightarrow \frac{3}{4} \bigcirc \frac{7}{12}$

(　　　　,　　　　,　　　　)

4 세 분수의 크기를 비교하여 □ 안에 작은 분수부터 차례로 쓰세요.

$\left(\frac{3}{7}, \frac{5}{14}, \frac{10}{21}\right) \rightarrow \square, \square, \square$

개념 따라쓰기

두 분수의 크기 비교

$\frac{2}{3} \bigcirc \frac{3}{5}$

$\frac{10}{15} > \frac{9}{15}$

두 분수를 통분한 다음 분자의 크기를 비교합니다.

세 분수의 크기 비교 ①

통분

$\frac{2}{3}$ $\frac{4}{5}$ $\frac{5}{9}$

통분 통분

두 분수씩 통분하여 차례로 크기를 비교합니다.

세 분수의 크기 비교 ②

$\frac{2}{3}$ $\frac{4}{5}$ $\frac{5}{9}$

↓ 한꺼번에 통분

$\frac{30}{45}$ $\frac{36}{45}$ $\frac{25}{45}$

세 분수를 한꺼번에 통분하여 크기를 비교할 수도 있습니다.

4단원

1
36쪽 · 이해

그림을 보고 통분한 분수를 □ 안에 써넣고, ◯ 안에 >, =, <를 알맞게 써넣으세요.

$\frac{1}{2}$ → $\frac{\square}{10}$

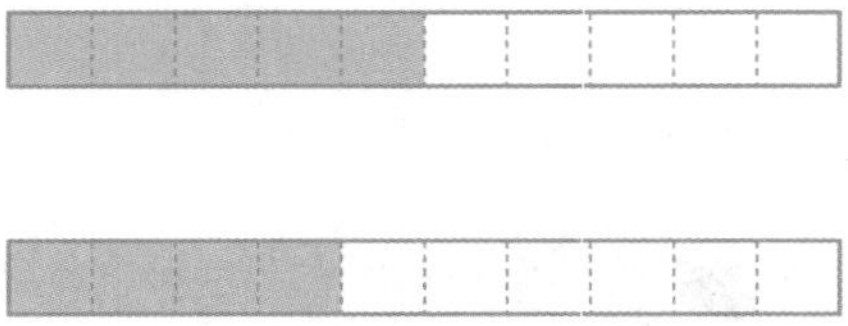

$\frac{2}{5}$ → $\frac{\square}{10}$

➜ $\frac{1}{2}$ ◯ $\frac{2}{5}$

2
이해

두 분수를 통분하여 크기를 비교해 보세요.

(1) $\left(\frac{3}{5}, \frac{5}{12}\right)$ ➜ $\left(\frac{\square}{60}, \frac{\square}{60}\right)$

➜ $\frac{3}{5}$ ◯ $\frac{5}{12}$

(2) $\left(\frac{9}{16}, \frac{13}{20}\right)$ ➜ $\left(\frac{\square}{80}, \frac{\square}{80}\right)$

➜ $\frac{9}{16}$ ◯ $\frac{13}{20}$

3
적용

크기 비교를 바르게 한 것에 ○표 하세요.

$\frac{7}{9} < \frac{7}{10}$	$2\frac{6}{7} > 2\frac{3}{4}$
( )	( )

4
36쪽 · 적용

가장 큰 분수에 ○표, 가장 작은 분수에 △표 하세요.

$\frac{7}{10}$ $\frac{5}{6}$ $\frac{3}{5}$

5
36쪽 · 문제 해결

세 분수의 크기를 비교하여 큰 수부터 차례로 쓰세요.

$\left(\frac{9}{16}, \frac{7}{12}, \frac{5}{8}\right)$ ➜ □, □, □

6
36쪽 · 문제 해결

분자가 모두 같은 세 분수입니다. 가장 큰 분수부터 차례로 쓰세요.

$\frac{4}{13}$ $\frac{4}{7}$ $\frac{4}{11}$

(, ,)

» 정답 · 풀이 25쪽

7
37쪽 추론

두 분수의 크기를 비교하여 더 큰 분수를 위의 빈 곳에 써넣으세요.

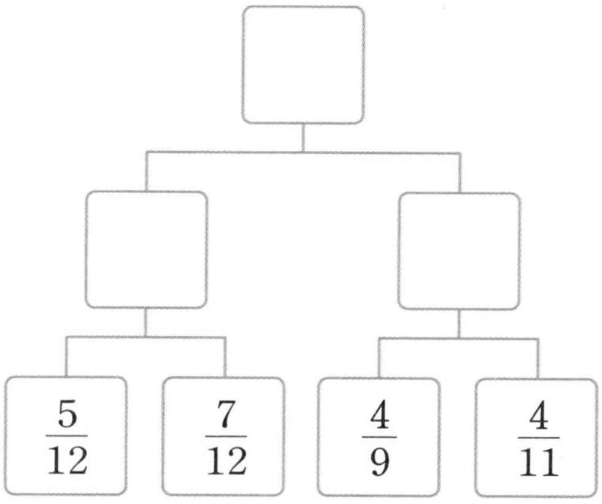

8
37쪽 추론

□ 안에 들어갈 수 있는 자연수를 모두 구하세요.

$$\frac{\square}{4} < \frac{13}{16}$$

(　　　　　　　　)

+9
37쪽 수학적 독해력

〈조건〉을 모두 만족하는 분수를 구하세요.

$\frac{2}{4}$　$\frac{3}{8}$　$\frac{9}{12}$　$\frac{13}{24}$

〈조건〉
- $\frac{1}{2}$보다 큽니다.
- $\frac{4}{6}$보다 작습니다.

(　　　　　　　　)

+10
37쪽 수학적 표현력

수현이는 빨간색 끈을 $\frac{5}{8}$ m, 파란색 끈을 $\frac{7}{10}$ m 가지고 있습니다. 빨간색 끈과 파란색 끈 중 어느 것이 더 긴지 풀이 과정을 쓰고, 답을 구하세요.

[풀이] ____________________

____

____

[답] ____________________

오늘 공부 어땠나요? 10개 중 맞힌 문제 □ 개 > 틀린 문제는 힌트를 보고 다시 도전해 보세요. > 맞힌 문제는 힌트를 보고 자신의 생각과 비교해 보세요.

공부한 날 ◯ 월 ◯ 일

19일 분수와 소수의 크기 비교

❶ 분수를 소수로, 소수를 분수로 나타내기

• 분수를 소수로 나타내기

분모가 10, 100, 1000인 분수로 고친 다음 소수로 나타냅니다.

예 $\frac{1}{2}=\frac{5}{10}=0.5$, $\frac{1}{4}=\frac{25}{100}=0.25$, $\frac{1}{8}=\frac{125}{1000}=0.125$

• 소수를 분수로 나타내기

분모가 10, 100, 1000인 분수로 나타냅니다.

예 $0.1=\frac{1}{10}$, $0.23=\frac{23}{100}$, $0.137=\frac{137}{1000}$

분수를 소수로 나타내기

$\frac{■}{10}=0.■$

$\frac{■▲}{100}=0.■▲$

$\frac{■▲●}{1000}=0.■▲●$

소수를 분수로 나타내기

$0.■=\frac{■}{10}$

$0.■▲=\frac{■▲}{100}$

$0.■▲●=\frac{■▲●}{1000}$

❷ 분수와 소수의 크기 비교하기

예 $\frac{3}{5}$과 0.4의 크기 비교하기

방법 1 분수를 소수로 나타내어 크기 비교하기

$\frac{3}{5}=\frac{6}{10}=0.6$이므로 $0.6>0.4$ → $\frac{3}{5}>0.4$

방법 2 소수를 분수로 나타내어 크기 비교하기

$0.4=\frac{4}{10}=\frac{2}{5}$이므로 $\frac{3}{5}>\frac{2}{5}$ → $\frac{3}{5}>0.4$

분수를 소수로 나타낼 수 없는 경우

0.6과 $\frac{2}{3}$에서 $\frac{2}{3}$는 소수로 나타낼 수 없으므로 0.6을 분수로 나타내어 크기를 비교합니다.

확인 1 $\frac{1}{2}$과 0.7의 크기를 비교하려고 합니다. 물음에 답하세요.

(1) $\frac{1}{2}$을 소수로 나타내세요.

$\frac{1}{2}=\frac{\square}{10}=\square$

(2) ◯ 안에 >, =, <를 알맞게 써넣으세요.

$\frac{1}{2}$ ◯ 0.7

확인 2 0.5와 $\frac{6}{10}$의 크기를 비교하려고 합니다. 물음에 답하세요.

(1) 0.5를 분수로 나타내세요.

$0.5=\frac{\square}{10}$

(2) ◯ 안에 >, =, <를 알맞게 써넣으세요.

0.5 ◯ $\frac{6}{10}$

기본기 다지는 교과서 문제

» 정답 · 풀이 26쪽

1 □ 안에 알맞은 수를 써넣으세요.

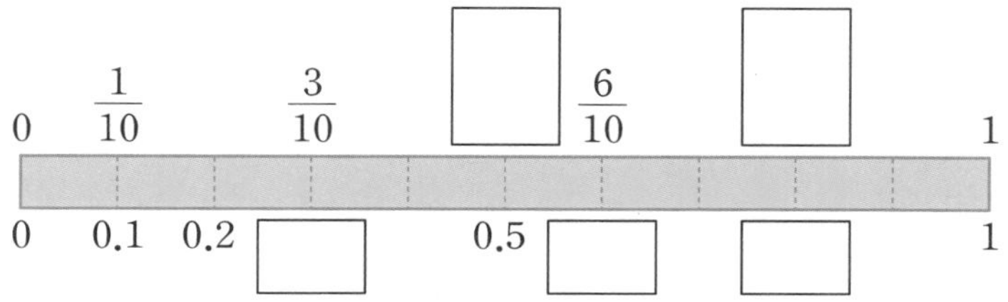

2 분수를 소수로 나타내세요.

(1) $\frac{4}{5}=\frac{\square}{10}=\square$　　(2) $\frac{3}{4}=\frac{\square}{100}=\square$

(3) $\frac{8}{25}=\frac{\square}{100}=\square$　　(4) $\frac{5}{8}=\frac{\square}{1000}=\square$

3 소수를 분수로 나타내세요.

(1) $0.6=\frac{6}{\square}$　　(2) $0.34=\frac{34}{\square}$

(3) $0.247=\frac{\square}{1000}$　　(4) $2.53=2\frac{53}{\square}$

4 두 수의 크기를 비교하여 ○ 안에 >, =, < 를 알맞게 써넣으세요.

(1) $\frac{3}{5}$ ○ 0.5　　(2) $\frac{12}{25}$ ○ 0.4

(3) 0.23 ○ $\frac{5}{20}$　　(4) $2\frac{4}{5}$ ○ 2.6

개념 따라쓰기

분수를 소수로 나타내기

$$\frac{1}{4}=\frac{25}{100}=0.25$$ (×25, ×25)

분수를 소수로 나타낼 때에는 분모가 10, 100, 1000인 분수로 고친 다음 소수로 나타냅니다.

소수를 분수로 나타내기

$$0.05=\frac{5}{100}$$

소수를 분수로 나타낼 때에는 분모가 10, 100, 1000인 분수로 나타냅니다.

분수와 소수의 크기 비교하기

$\frac{3}{5} > 0.4$

분수를 소수로: $\frac{3}{5}$ → 0.6

소수를 분수로: 0.4 → $\frac{2}{5}$

분수를 소수로 나타내거나 소수를 분수로 나타내어 크기를 비교합니다.

1 38쪽 이해

두 수를 수직선에 나타내고, ◯ 안에 >, =, <를 알맞게 써넣으세요.

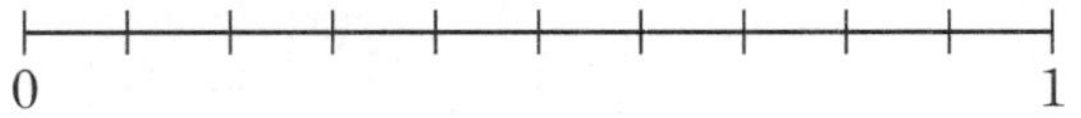

$\frac{3}{5}$ ◯ 0.7

2 계산

두 수의 크기를 비교해보세요.

(1) $\left(0.9, \frac{4}{5}\right) \rightarrow \left(\frac{\square}{10}, \frac{\square}{10}\right)$

$\rightarrow 0.9$ ◯ $\frac{4}{5}$

(2) $\left(\frac{3}{25}, 0.17\right) \rightarrow \left(\frac{\square}{100}, \frac{\square}{100}\right)$

$\rightarrow \frac{3}{25}$ ◯ 0.17

3 계산

분수를 소수로 나타낸 것을 찾아 선으로 이어 보세요.

$\frac{7}{20}$ •	• 0.375
$\frac{12}{25}$ •	• 0.35
$\frac{3}{8}$ •	• 0.48

4 38쪽 의사 소통

마신 물의 양이 더 많은 사람은 누구인지 쓰세요.

(　　　　　　)

5 38쪽 문제 해결

무게가 무거운 것부터 차례로 써넣으세요.

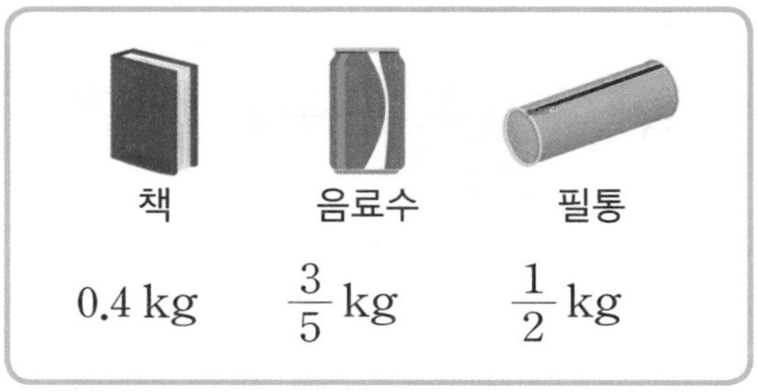

☐ — ☐ — ☐

6 38쪽 추론

두 수의 크기를 비교하여 더 큰 수를 위의 빈 곳에 써넣으세요.

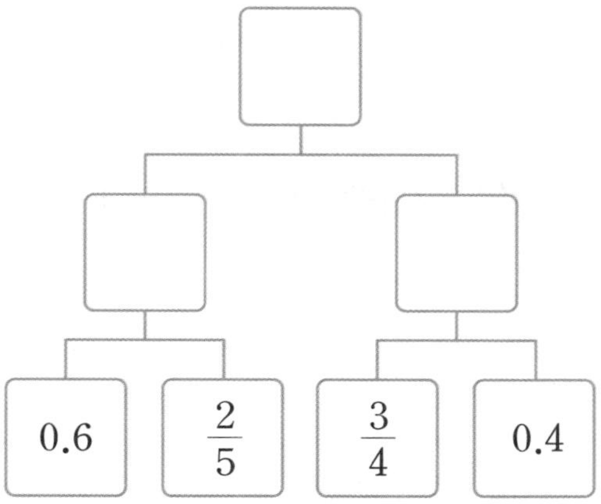

7 (39쪽) 추론

분수와 소수의 크기를 비교하여 큰 수부터 차례로 쓰세요.

$2\frac{1}{4}$ 2.26 $2\frac{3}{8}$ 2.3

□ — □ — □ — □

8 (39쪽) 추론

□ 안에 들어갈 수 있는 소수 한 자리 수를 모두 구하세요.

$\frac{1}{4} < \square < \frac{3}{5}$

(　　　　　　　　)

+9 (39쪽) 수학적 독해력

수 카드가 3장 있습니다. 이 중에서 2장을 뽑아 진분수를 만들려고 합니다. 만들 수 있는 진분수 중 가장 큰 수를 소수로 나타내세요.

2 5 8

(　　　　　　　　)

+10 (39쪽) 수학적 표현력

학교와 도서관 중 집에서 더 먼 곳은 어디인지 풀이 과정을 쓰고, 답을 구하세요.

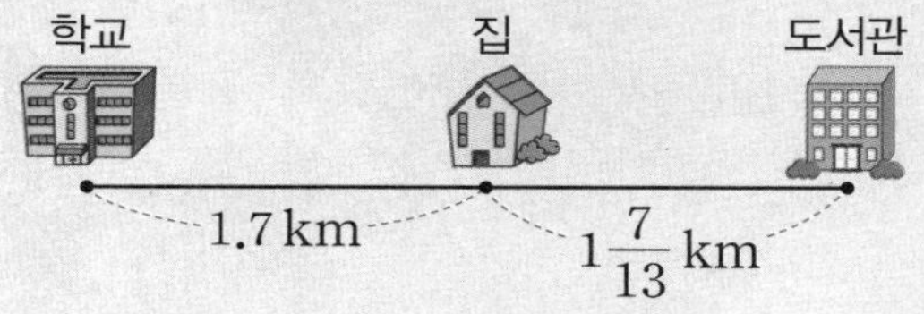

풀이 ________________

답 ________________

오늘 공부 어땠나요? 10개 중 맞힌 문제 □ 개 > **틀린 문제**는 힌트를 보고 다시 도전해 보세요. > **맞힌 문제**는 힌트를 보고 자신의 생각과 비교해 보세요.

15~19일 단원평가

4. 약분과 통분
시험 시간 **20분** | 문제 수 **10개**

01 분수만큼 색칠하고 크기가 같은 분수를 쓰세요.

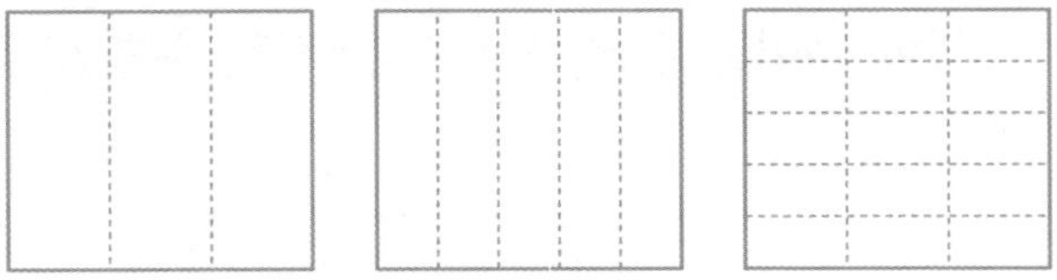

$\frac{2}{3}$ $\frac{3}{5}$ $\frac{10}{15}$

크기가 같은 분수는 ☐ 와/과 ☐ 입니다.

02 기약분수를 모두 찾아 쓰세요.

$\frac{3}{4}$ $\frac{4}{6}$ $\frac{2}{7}$ $\frac{9}{12}$ $\frac{21}{42}$ $\frac{25}{48}$

(　　　　　　　　)

03 $\frac{4}{14}$와 크기가 같은 분수를 모두 찾아 쓰세요.

$\frac{1}{3}$ $\frac{2}{7}$ $\frac{4}{9}$ $\frac{8}{24}$ $\frac{12}{42}$ $\frac{20}{35}$

(　　　　　　　　)

04 $\frac{3}{8}$과 $\frac{5}{6}$를 바르게 통분한 것을 찾아 기호를 쓰세요.

㉠ $\left(\frac{6}{24}, \frac{10}{24}\right)$　㉡ $\left(\frac{18}{48}, \frac{40}{48}\right)$
㉢ $\left(\frac{27}{72}, \frac{40}{72}\right)$　㉣ $\left(\frac{48}{96}, \frac{80}{96}\right)$

(　　　　　　　　)

05 두 분수를 통분하여 크기를 비교해 보세요.

(1) $\left(\frac{4}{7}, \frac{5}{8}\right) \rightarrow \left(\frac{\square}{56}, \frac{\square}{56}\right)$
$\rightarrow \frac{4}{7} \bigcirc \frac{5}{8}$

(2) $\left(\frac{17}{40}, \frac{7}{15}\right) \rightarrow \left(\frac{\square}{120}, \frac{\square}{120}\right)$
$\rightarrow \frac{17}{40} \bigcirc \frac{7}{15}$

06 두 분수를 다음과 같이 통분했습니다. ㉠, ㉡, ㉢에 들어갈 알맞은 수를 구하세요.

$$\left(\frac{8}{21}, \frac{5}{14}\right) \rightarrow \left(\frac{32}{㉠}, \frac{㉡}{㉢}\right)$$

㉠ (　　　　　　)
㉡ (　　　　　　)
㉢ (　　　　　　)

07 어떤 두 기약분수를 통분하였더니 $\frac{45}{54}$와 $\frac{42}{54}$가 되었습니다. 통분하기 전의 두 분수를 구하세요.

(　　　　　　)

08 은우네 집에서 우체국, 학교, 도서관까지의 거리는 각각 $1\frac{13}{18}$ km, $1\frac{7}{12}$ km, $1\frac{2}{3}$ km입니다. 은우네 집에서 가장 가까운 곳은 어디일까요?

(　　　　　　)

09 분수와 소수의 크기를 비교하여 큰 수부터 차례로 기호를 쓰세요.

㉠ $3\frac{4}{5}$　　㉡ 3.5　　㉢ 3.82　　㉣ $3\frac{5}{8}$

□－□－□－□

서술형

10 $\frac{5}{6}$와 크기가 같은 분수 중에서 분모와 분자의 합이 30보다 크고 60보다 작은 분수는 모두 몇 개인지 풀이 과정을 쓰고, 답을 구하세요.

[풀이] ______________________

____

____

[답] ______________________

20일 분수의 덧셈 (1)

받아올림이 없는 진분수의 덧셈

① 받아올림이 없는 진분수의 덧셈

두 분수를 통분한 다음 통분한 분모는 그대로 두고 분자끼리 더합니다.

예 $\frac{3}{4}+\frac{1}{6}$의 계산

방법 1 분모의 곱을 공통분모로 하여 통분한 후 계산하기

$$\frac{3}{4}+\frac{1}{6}=\frac{3\times6}{4\times6}+\frac{1\times4}{6\times4}=\frac{18}{24}+\frac{4}{24}=\frac{\overset{11}{\cancel{22}}}{\underset{12}{\cancel{24}}}=\frac{11}{12}$$

분모의 곱: 24

방법 2 분모의 최소공배수를 공통분모로 하여 통분한 후 계산하기

$$\frac{3}{4}+\frac{1}{6}=\frac{3\times3}{4\times3}+\frac{1\times2}{6\times2}=\frac{9}{12}+\frac{2}{12}=\frac{11}{12}$$

분모의 최소공배수: 12

받아올림이 없는 진분수의 덧셈 방법

두 분수를 통분합니다.

↓

분모는 그대로 두고 분자끼리 더합니다.

↓

기약분수로 나타냅니다.

방법 1은 공통분모를 구하기 쉽습니다.

방법 2는 분자끼리의 덧셈이 쉽고, 계산한 결과를 약분할 필요가 없거나 간단합니다.

개념+ 그림을 이용하여 $\frac{3}{4}+\frac{1}{6}$ 계산하기

$\frac{3}{4}$ $\frac{1}{6}$

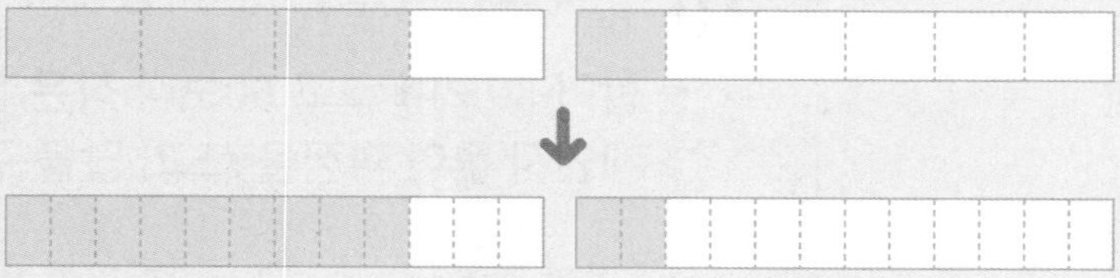

$\frac{9}{12}$ $\frac{2}{12}$

$$\frac{3}{4}+\frac{1}{6}=\frac{9}{12}+\frac{2}{12}=\frac{11}{12}$$

확인 1 $\frac{1}{3}+\frac{2}{9}$를 계산하려고 합니다. 분수만큼 색칠하고 □ 안에 알맞은 수를 써넣으세요.

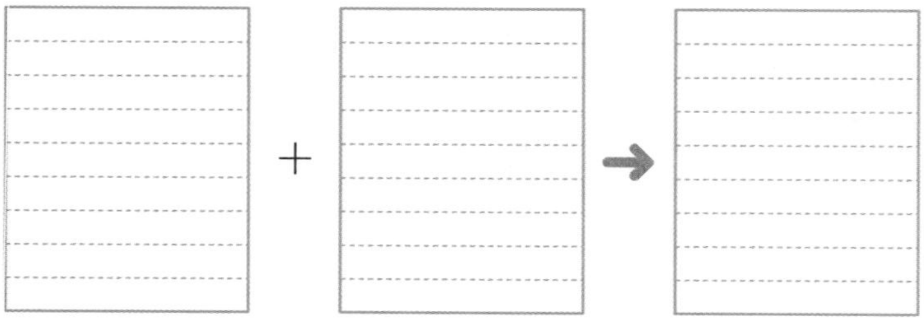

$\frac{1}{3}=\frac{\square}{9}$ $\frac{2}{9}$ $\frac{1}{3}+\frac{2}{9}=\frac{\square}{9}$

➜ $\frac{1}{3}+\frac{2}{9}=\frac{\square}{9}+\frac{2}{9}=\frac{\square}{9}$

기본기 다지는 교과서 문제

» 정답 · 풀이 29쪽

1 분모의 곱을 공통분모로 하여 통분한 후 계산하려고 합니다. □ 안에 알맞은 수를 써넣으세요.

$$\frac{1}{6}+\frac{2}{9}=\frac{1\times\square}{6\times\square}+\frac{2\times\square}{9\times\square}$$
$$=\frac{\square}{54}+\frac{\square}{54}$$
$$=\frac{\square}{54}=\frac{\square}{18}$$

2 $\frac{2}{7}+\frac{4}{9}$를 분모의 곱을 공통분모로 하여 통분한 후 계산해 보세요.

(　　　　　　　　)

3 분모의 최소공배수를 공통분모로 하여 통분한 후 계산하려고 합니다. □ 안에 알맞은 수를 써넣으세요.

$$\frac{1}{6}+\frac{3}{10}=\frac{1\times\square}{6\times\square}+\frac{3\times\square}{10\times\square}$$
$$=\frac{\square}{30}+\frac{\square}{30}$$
$$=\frac{\square}{30}=\frac{\square}{15}$$

4 $\frac{3}{8}+\frac{7}{12}$을 분모의 최소공배수를 공통분모로 하여 통분한 후 계산해 보세요.

(　　　　　　　　)

개념 따라쓰기

받아올림이 없는 진분수의 덧셈

분자끼리 더하기

$$\frac{3}{4}+\frac{1}{6}=\frac{9}{12}+\frac{2}{12}=\frac{11}{12}$$

분모는 그대로

두 분수를 통분한 다음 통분한 분모는 그대로 두고 분자끼리 더합니다.

5 단원

1 40쪽 이해

그림을 보고 □ 안에 알맞은 수를 써넣으세요.

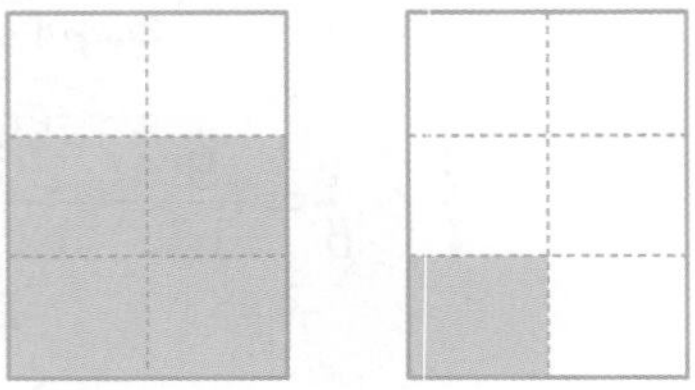

$\frac{2}{3}$ $\frac{1}{6}$

➜ $\frac{2}{3}+\frac{1}{6}=\frac{\square}{6}+\frac{\square}{6}=\frac{\square}{6}$

2 계산

〈보기〉와 같이 계산해 보세요.

〈보기〉

$\frac{1}{4}+\frac{3}{8}=\frac{1\times8}{4\times8}+\frac{3\times4}{8\times4}$

$=\frac{8}{32}+\frac{12}{32}=\frac{20}{32}=\frac{5}{8}$

$\frac{5}{8}+\frac{1}{10}=$ ____________________

____

3 계산

계산해 보세요.

(1) $\frac{5}{24}+\frac{3}{16}$

(2) $\frac{7}{20}+\frac{5}{12}$

4 40쪽 적용

그림을 보고 □ 안에 알맞은 분수를 써넣으세요.

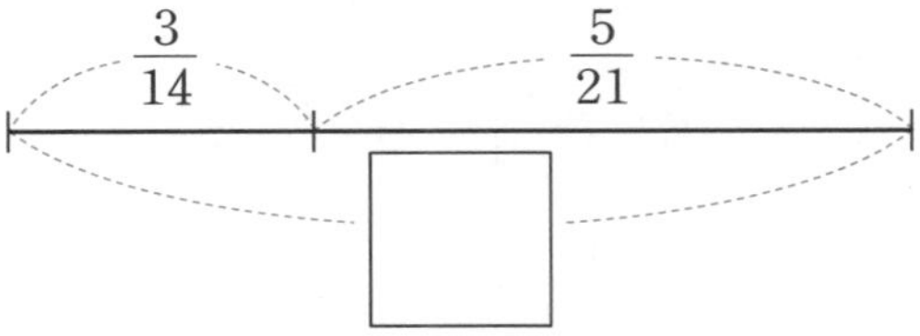

5 40쪽 의사 소통

다음 수를 구하세요.

$\frac{3}{20}$보다 $\frac{1}{15}$ 큰 수

(　　　　　　　)

6 40쪽 문제 해결

$\frac{1}{6}+\frac{5}{12}$를 계산할 때 공통분모가 될 수 없는 수를 모두 찾아 ○표 하세요.

6　　12　　16　　20　　24

7 41쪽 추론

계산 결과를 비교하여 ◯ 안에 $>$, $=$, $<$를 알맞게 써넣으세요.

$$\frac{2}{5}+\frac{1}{4} \bigcirc \frac{3}{10}+\frac{1}{5}$$

8 41쪽 추론

윤하가 다음과 같이 잘못 계산했습니다. 계산이 처음으로 잘못된 곳을 찾아 ◯표 하고, 바르게 고쳐 계산해 보세요.

$$\frac{1}{9}+\frac{5}{6}=\frac{1\times2}{9\times2}+\frac{5\times2}{6\times3}$$
$$=\frac{2}{18}+\frac{10}{18}=\frac{12}{18}=\frac{2}{3}$$

$\frac{1}{9}+\frac{5}{6}=$ ______________________

____

+9 41쪽 수학적 독해력

슬기는 다음과 같은 방법으로 오렌지 주스를 만들었습니다. 슬기가 만든 오렌지 주스는 몇 L일까요?

오렌지 주스 만드는 방법

① 컵에 오렌지 원액 $\frac{2}{9}$ L를 넣습니다.

② 오렌지 원액을 담은 컵에 물 $\frac{5}{12}$ L를 넣습니다.

③ 오렌지 원액과 물이 잘 섞이도록 젓습니다.

(　　　　　　　　)

+10 41쪽 수학적 표현력

슬기와 로운이가 각자 가지고 있는 수 카드를 한 번씩 사용하여 진분수를 만들었습니다. 두 사람이 만든 진분수의 합을 구하는 풀이 과정을 쓰고, 답을 구하세요.

슬기	로운
8　3	5　14

[풀이] ______________________

____

____

[답] ______________________

오늘 공부 어땠나요?

10개 중 맞힌 문제 ☐ 개 〉 틀린 문제는 힌트를 보고 다시 도전해 보세요. 〉 맞힌 문제는 힌트를 보고 자신의 생각과 비교해 보세요.

21일 분수의 덧셈 (2)

받아올림이 있는 진분수의 덧셈

❶ 받아올림이 있는 진분수의 덧셈

두 분수를 통분한 다음 통분한 분모는 그대로 두고 분자끼리 더한 후 가분수를 대분수로 고칩니다.

예 $\frac{7}{8}+\frac{9}{10}$의 계산

방법 1 두 분모의 곱을 공통분모로 하여 통분한 후 계산하기

$$\frac{7}{8}+\frac{9}{10}=\frac{7\times10}{8\times10}+\frac{9\times8}{10\times8}=\frac{70}{80}+\frac{72}{80}$$

분모의 곱: 80

$$=\frac{142}{80}=1\frac{\overset{31}{\cancel{62}}}{\underset{40}{\cancel{80}}}=1\frac{31}{40}$$

가분수를 대분수로

방법 2 분모의 최소공배수를 공통분모로 하여 통분한 후 계산하기

$$\frac{7}{8}+\frac{9}{10}=\frac{7\times5}{8\times5}+\frac{9\times4}{10\times4}=\frac{35}{40}+\frac{36}{40}=\frac{71}{40}=1\frac{31}{40}$$

분모의 최소공배수: 40

가분수를 대분수로

◐ 받아올림이 있는 진분수의 덧셈 방법

두 분수를 통분합니다.
↓
분모는 그대로 두고 분자끼리 더합니다.
↓
가분수를 대분수로 고칩니다.
↓
기약분수로 나타냅니다.

◐ 방법 1은 공통분모를 구하기 쉽습니다.

◐ 방법 2는 분자끼리의 덧셈이 쉽고, 계산한 결과를 약분할 필요가 없거나 간단합니다.

확인 1 $\frac{2}{3}+\frac{7}{9}$를 계산하려고 합니다. 분수만큼 색칠하고 □ 안에 알맞은 수를 써넣으세요.

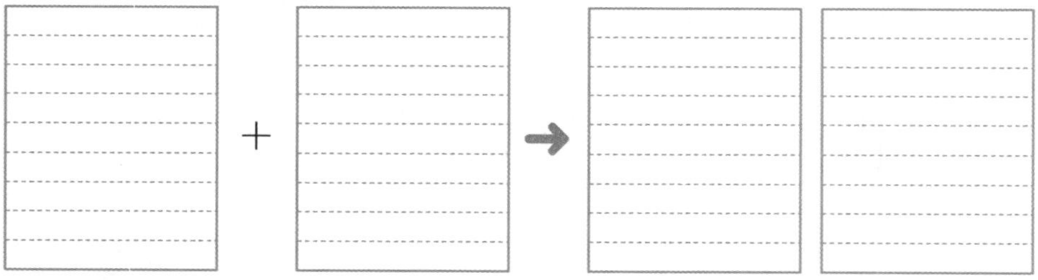

$\frac{2}{3}=\frac{\square}{9}$ $\frac{7}{9}$ $\frac{2}{3}+\frac{7}{9}=\square\frac{\square}{9}$

➜ $\frac{2}{3}+\frac{7}{9}=\frac{\square}{9}+\frac{\square}{9}=\frac{\square}{9}=\square\frac{\square}{9}$

기본기 다지는 교과서 문제

1 분모의 곱을 공통분모로 하여 통분한 후 계산하려고 합니다. □ 안에 알맞은 수를 써넣으세요.

$$\frac{3}{4}+\frac{5}{6}=\frac{3\times\square}{4\times\square}+\frac{5\times\square}{6\times\square}=\frac{\square}{24}+\frac{\square}{24}$$
$$=\frac{\square}{24}=\square\frac{\square}{24}=\square\frac{\square}{12}$$

2 $\frac{4}{5}+\frac{5}{6}$를 분모의 곱을 공통분모로 하여 통분한 후 계산해 보세요.

(　　　　　　　　)

3 분모의 최소공배수를 공통분모로 하여 통분한 후 계산하려고 합니다. □ 안에 알맞은 수를 써넣으세요.

$$\frac{5}{6}+\frac{7}{10}=\frac{5\times\square}{6\times\square}+\frac{7\times\square}{10\times\square}=\frac{\square}{30}+\frac{\square}{30}$$
$$=\frac{\square}{30}=\square\frac{\square}{30}=\square\frac{\square}{15}$$

4 $\frac{3}{8}+\frac{9}{10}$를 분모의 최소공배수를 공통분모로 하여 통분한 후 계산해 보세요.

(　　　　　　　　)

개념 따라쓰기

받아올림이 있는 진분수의 덧셈

분자끼리 더하기

$$\frac{7}{8}+\frac{9}{10}=\frac{35}{40}+\frac{36}{40}=\frac{71}{40}=1\frac{31}{40}$$

가분수를 대분수로

두 분수를 통분한 다음 통분한 분모는 그대로 두고 분자끼리 더한 후 가분수를 대분수로 고칩니다.

5단원

스스로 풀어내는 도전 10 문제

막힐 땐 힌트북

1

계산

〈보기〉와 같이 계산해 보세요.

〈보기〉

$$\frac{3}{4}+\frac{6}{7}=\frac{3\times7}{4\times7}\times\frac{6\times4}{7\times4}$$
$$=\frac{21}{28}+\frac{24}{28}=\frac{45}{28}=1\frac{17}{28}$$

$\frac{2}{3}+\frac{5}{8}=$ ____________________

____

2

계산

계산해 보세요.

(1) $\frac{4}{9}+\frac{5}{6}$

(2) $\frac{7}{12}+\frac{11}{15}$

3

42쪽

적용

두 분수의 합을 구하세요.

$\frac{5}{7}$ $\frac{4}{5}$

( )

4

42쪽

문제 해결

두 막대를 겹치지 않게 이어 붙인 전체 길이는 몇 m일까요?

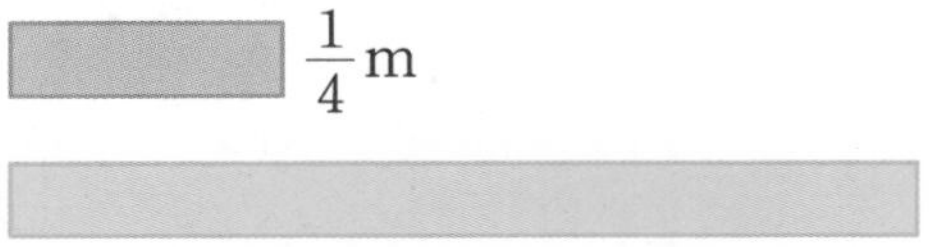

$\frac{1}{4}$ m

$\frac{5}{6}$ m

( )

5

42쪽

적용

빈칸에 알맞은 분수를 써넣으세요.

(→ + , ↓ +)

$\frac{13}{16}$	$\frac{11}{12}$	
$\frac{7}{8}$		

6

42쪽

계산

계산 결과를 찾아 선으로 이어 보세요.

$\frac{1}{3}+\frac{5}{6}$ •	• $1\frac{17}{24}$
$\frac{5}{6}+\frac{7}{8}$ •	• $1\frac{9}{20}$
$\frac{3}{4}+\frac{7}{10}$ •	• $1\frac{1}{6}$

» 정답 · 풀이 30쪽

7 43쪽 추론

계산 결과가 1보다 큰 것의 기호를 쓰세요.

㉠ $\frac{3}{8}+\frac{5}{9}$　㉡ $\frac{7}{12}+\frac{3}{10}$　㉢ $\frac{2}{7}+\frac{4}{5}$

(　　　　　)

8 43쪽 추론

가장 큰 수와 가장 작은 수의 합을 구하세요.

$\frac{4}{5}$　$\frac{5}{6}$　$\frac{9}{10}$

(　　　　　)

+9 43쪽 수학적 독해력

집에서 학교까지 가는 길이 2가지 있습니다. 도서관과 병원 중 어디를 거쳐 가는 것이 더 가까울까요?

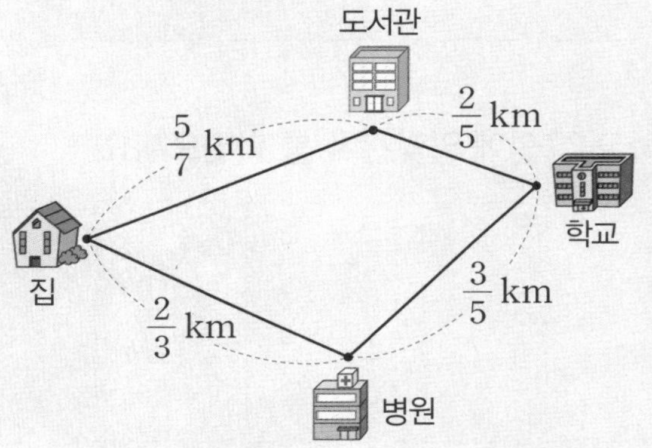

(　　　　　)

+10 43쪽 수학적 표현력

한 개에 $\frac{3}{5}$ kg인 사과와 한 개에 $\frac{1}{7}$ kg인 토마토가 있습니다. 사과 한 개와 토마토 여섯 개의 무게는 모두 몇 kg인지 풀이 과정을 쓰고, 답을 구하세요.

[풀이] ______________________

____

____

[답] ______________________

오늘 공부 어땠나요? 10개 중 맞힌 문제 ☐ 개 > 틀린 문제는 힌트를 보고 다시 도전해 보세요. > 맞힌 문제는 힌트를 보고 자신의 생각과 비교해 보세요.

공부한 날 (월) (일)

22일 분수의 덧셈 (3)

받아올림이 있는 대분수의 덧셈

❶ 받아올림이 있는 대분수의 덧셈

자연수는 자연수끼리, 분수는 분수끼리 더하거나 대분수를 가분수로 고쳐서 계산합니다.

예 $1\frac{2}{3}+2\frac{4}{5}$의 계산

방법 1 자연수는 자연수끼리, 분수는 분수끼리 계산하기

$$1\frac{2}{3}+2\frac{4}{5}=1\frac{10}{15}+2\frac{12}{15}=(1+2)+\left(\frac{10}{15}+\frac{12}{15}\right)$$

분모의 곱: 15

$$=3+\frac{22}{15}=3+1\frac{7}{15}=4\frac{7}{15}$$

방법 2 대분수를 가분수로 고쳐서 계산하기

$$1\frac{2}{3}+2\frac{4}{5}=\frac{5}{3}+\frac{14}{5}=\frac{25}{15}+\frac{42}{15}=\frac{67}{15}=4\frac{7}{15}$$

분모의 곱: 15

받아올림이 있는 대분수의 덧셈 방법

두 분수를 통분합니다.
↓
자연수는 자연수끼리 분수는 분수끼리 더합니다.
↓
가분수를 대분수로 고칩니다.
↓
기약분수로 나타냅니다.

방법 1 은 분수 부분의 계산이 간단합니다.

방법 2 는 자연수 부분과 분수 부분을 따로 떼어 계산하지 않아도 됩니다.

확인 1 $1\frac{1}{2}+1\frac{2}{3}$를 계산하려고 합니다. 분수만큼 색칠하고 □ 안에 알맞은 수를 써넣으세요.

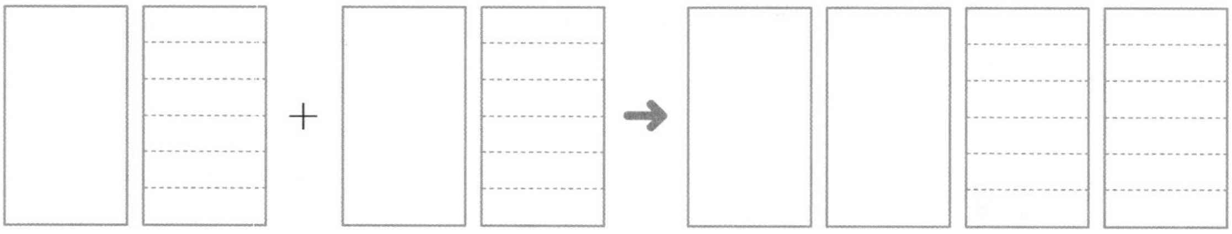

$1\frac{1}{2}=1\frac{\square}{6}$ $1\frac{2}{3}=1\frac{\square}{6}$ $1\frac{1}{2}+1\frac{2}{3}=\square\frac{\square}{6}$

→ $1\frac{1}{2}+1\frac{2}{3}=1\frac{\square}{6}+1\frac{\square}{6}=\square\frac{\square}{6}$

기본기 다지는 교과서 문제

» 정답 · 풀이 31쪽

1 자연수는 자연수끼리, 분수는 분수끼리 더해서 계산하려고 합니다. □ 안에 알맞은 수를 써넣으세요.

$$4\frac{3}{5}+1\frac{7}{9}=4\frac{\square}{45}+1\frac{\square}{45}$$
$$=(4+1)+\left(\frac{\square}{45}+\frac{\square}{45}\right)$$
$$=\square+\frac{\square}{45}=\square+\square\frac{\square}{45}=\square\frac{\square}{45}$$

2 $2\frac{6}{7}+3\frac{5}{6}$를 자연수는 자연수끼리, 분수는 분수끼리 더해서 계산해 보세요.

(　　　　　　　　)

3 대분수를 가분수로 고쳐서 계산하려고 합니다. □ 안에 알맞은 수를 써넣으세요.

$$2\frac{5}{6}+3\frac{8}{9}=\frac{\square}{6}+\frac{\square}{9}=\frac{\square}{18}+\frac{\square}{18}$$
$$=\frac{\square}{18}=\square\frac{\square}{18}$$

4 $1\frac{5}{8}+3\frac{7}{10}$을 대분수를 가분수로 고쳐서 계산해 보세요.

(　　　　　　　　)

개념 따라쓰기

받아올림이 있는 대분수의 덧셈 방법 ①

$$1\frac{2}{3}+2\frac{4}{5}=(1+2)+\left(\frac{10}{15}+\frac{12}{15}\right)$$

자연수끼리　분수끼리

자연수는 자연수끼리, 분수는 분수끼리 더해서 계산합니다.

받아올림이 있는 대분수의 덧셈 방법 ②

$$1\frac{2}{3}+2\frac{4}{5}=\frac{5}{3}+\frac{14}{5}$$

대분수 → 가분수

대분수를 가분수로 고쳐서 계산합니다.

5 단원

1

계산

〈보기〉와 같이 계산해 보세요.

〈보기〉

$$2\frac{3}{4}+3\frac{5}{6}=2\frac{9}{12}+3\frac{10}{12}$$
$$=(2+3)+\left(\frac{9}{12}+\frac{10}{12}\right)$$
$$=5+\frac{19}{12}=5+1\frac{7}{12}=6\frac{7}{12}$$

$3\frac{5}{8}+4\frac{11}{12}=$ ______________________

____

2

계산

계산해 보세요.

(1) $3\frac{1}{2}+3\frac{6}{7}$

(2) $4\frac{5}{6}+1\frac{3}{8}$

3 44쪽

적용

□ 안에 알맞은 분수를 써넣으세요.

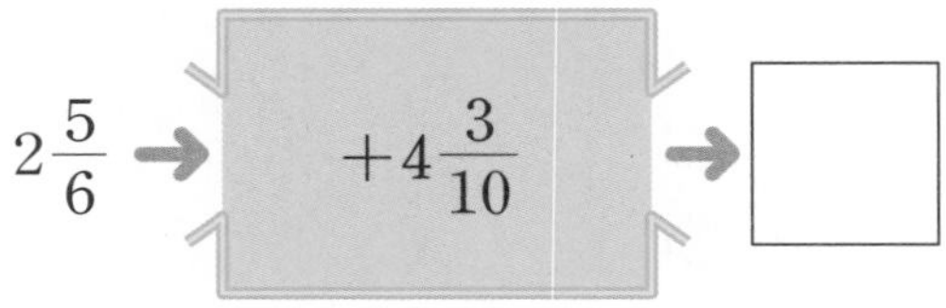

4 44쪽

적용

직사각형의 가로와 세로의 합은 몇 cm일까요?

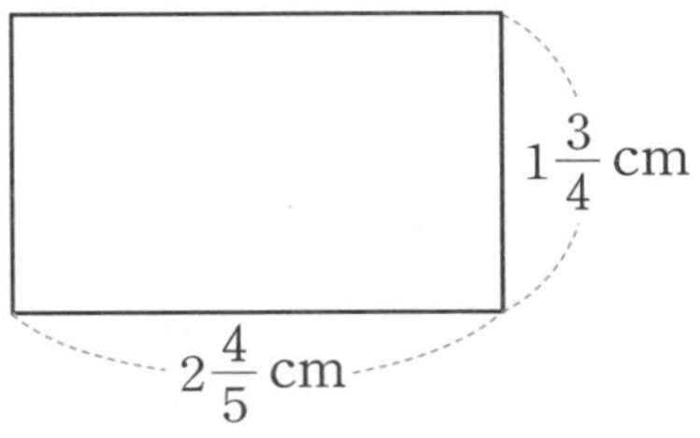

(   )

5 44쪽

문제 해결

가장 큰 분수와 가장 작은 분수의 합을 구하세요.

$2\frac{5}{6}$ $3\frac{1}{2}$ $2\frac{4}{5}$ $1\frac{7}{8}$

(   )

6 44쪽

문제 해결

무게가 $2\frac{3}{5}$ kg인 가방에 무게가 $1\frac{7}{10}$ kg인 책을 넣었습니다. 책을 넣은 가방의 무게는 몇 kg인지 구하세요.

(   )

» 정답 · 풀이 31쪽

7 45쪽 창의 융합

그림에서 빨간색 선의 길이는 몇 cm인지 구하세요.

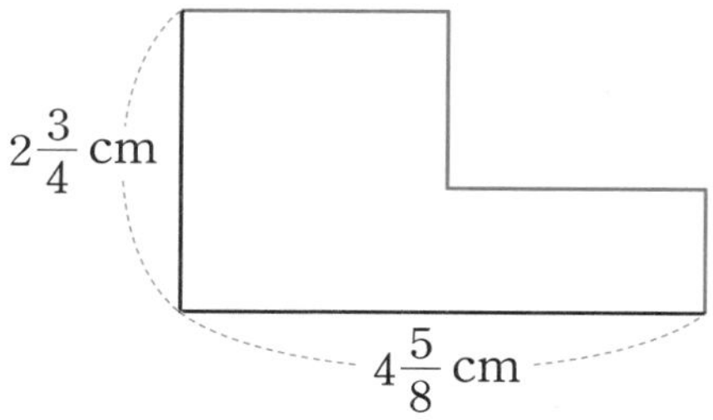

(　　　　　　　　)

8 45쪽 추론

3장의 수 카드를 모두 한 번씩 사용하여 만들 수 있는 대분수 중에서 가장 큰 수와 가장 작은 수의 합을 구하세요.

(　　　　　　　　)

5 단원

+9 45쪽 수학적 독해력

수현이 가족은 주스를 아침에 $1\frac{2}{3}$ L 마셨고, 낮에는 아침보다 $\frac{3}{4}$ L 더 많이 마셨습니다. 수현이 가족이 마신 주스는 모두 몇 L인지 구하세요.

(　　　　　　　　)

+10 45쪽 수학적 표현력

어떤 수에서 $2\frac{3}{5}$을 뺐더니 $1\frac{4}{7}$가 되었습니다. 어떤 수는 얼마인지 풀이 과정을 쓰고, 답을 구하세요.

[풀이] ______________________________

____

____

[답] ______________________________

오늘 공부 어땠나요?

10개 중 맞힌 문제 [　　] 개

틀린 문제는 힌트를 보고 다시 도전해 보세요.

맞힌 문제는 힌트를 보고 자신의 생각과 비교해 보세요.

23일 분수의 뺄셈 (1)

받아내림이 없는 진분수의 뺄셈

❶ 받아내림이 없는 진분수의 뺄셈

두 분수를 통분한 다음 통분한 분모는 그대로 두고 분자끼리 뺍니다.

예 $\frac{3}{4}-\frac{1}{6}$의 계산

방법 1 분모의 곱을 공통분모로 하여 통분한 후 계산하기

$$\frac{3}{4}-\frac{1}{6}=\frac{3\times6}{4\times6}-\frac{1\times4}{6\times4}=\frac{18}{24}-\frac{4}{24}=\frac{\overset{7}{\cancel{14}}}{\underset{12}{\cancel{24}}}=\frac{7}{12}$$

분모의 곱: 24

방법 2 분모의 최소공배수를 공통분모로 하여 통분한 후 계산하기

$$\frac{3}{4}-\frac{1}{6}=\frac{3\times3}{4\times3}-\frac{1\times2}{6\times2}=\frac{9}{12}-\frac{2}{12}=\frac{7}{12}$$

분모의 최소공배수: 12

◐ 받아내림이 없는 진분수의 뺄셈 방법

두 분수를 통분합니다.

↓

분모는 그대로 두고 분자끼리 뺍니다.

↓

기약분수로 나타냅니다.

◐ 방법 1은 공통분모를 구하기 쉽습니다.

◐ 방법 2는 분자끼리의 뺄셈이 쉽고, 계산한 결과를 약분할 필요가 없거나 간단합니다.

개념+ 그림을 이용하여 $\frac{3}{4}-\frac{1}{6}$ 계산하기

$\frac{3}{4}$ $\frac{1}{6}$

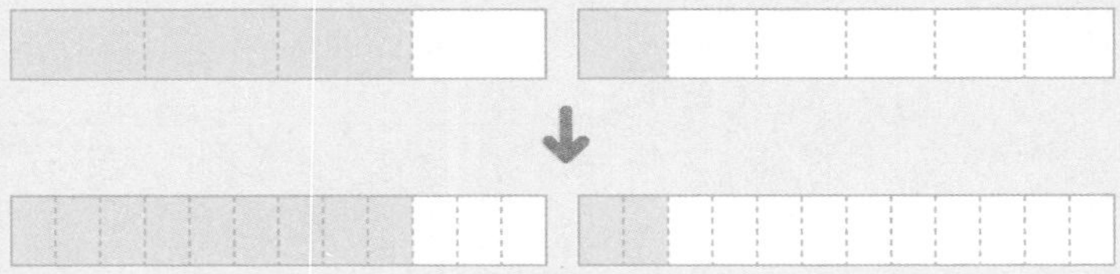

$\frac{9}{12}$ $\frac{2}{12}$

$$\frac{3}{4}-\frac{1}{6}=\frac{9}{12}-\frac{2}{12}=\frac{7}{12}$$

확인 1 $\frac{5}{9}-\frac{1}{3}$을 계산하려고 합니다. 분수만큼 색칠하고 □ 안에 알맞은 수를 써넣으세요.

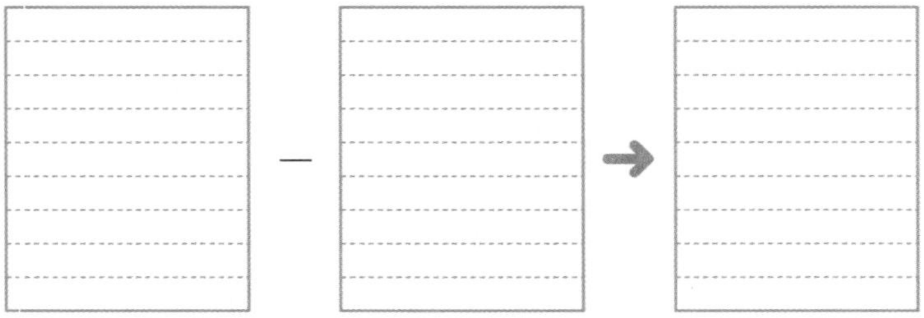

$\frac{5}{9}$ $\frac{1}{3}=\frac{\square}{9}$ $\frac{5}{9}-\frac{1}{3}=\frac{\square}{9}$

$$\rightarrow \frac{5}{9}-\frac{1}{3}=\frac{5}{9}-\frac{\square}{9}=\frac{\square}{9}$$

기본기 다지는 교과서 문제

» 정답 · 풀이 33쪽

1 분모의 곱을 공통분모로 하여 통분한 후 계산하려고 합니다. □ 안에 알맞은 수를 써넣으세요.

$$\frac{3}{4}-\frac{2}{5}=\frac{3\times\square}{4\times\square}-\frac{2\times\square}{5\times\square}$$
$$=\frac{\square}{20}-\frac{\square}{20}=\frac{\square}{20}$$

2 $\frac{5}{7}-\frac{1}{6}$을 분모의 곱을 공통분모로 하여 통분한 후 계산해 보세요.

( )

3 분모의 최소공배수를 공통분모로 하여 통분한 후 계산하려고 합니다. □ 안에 알맞은 수를 써넣으세요.

$$\frac{5}{6}-\frac{3}{10}=\frac{5\times\square}{6\times\square}-\frac{3\times\square}{10\times\square}$$
$$=\frac{\square}{30}-\frac{\square}{30}=\frac{\square}{30}=\frac{\square}{15}$$

4 $\frac{7}{8}-\frac{5}{12}$를 분모의 최소공배수를 공통분모로 하여 통분한 후 계산해 보세요.

( )

개념 따라쓰기

받아내림이 없는 진분수의 뺄셈

분자끼리 빼기

$$\frac{3}{8}-\frac{1}{6}=\frac{9}{24}-\frac{4}{24}=\frac{5}{24}$$

분모는 그대로

두 분수를 통분한 다음 통분한 분모는 그대로 두고 분자끼리 뺍니다.

5단원

1 46쪽

이해

그림을 보고 □ 안에 알맞은 수를 써넣으세요.

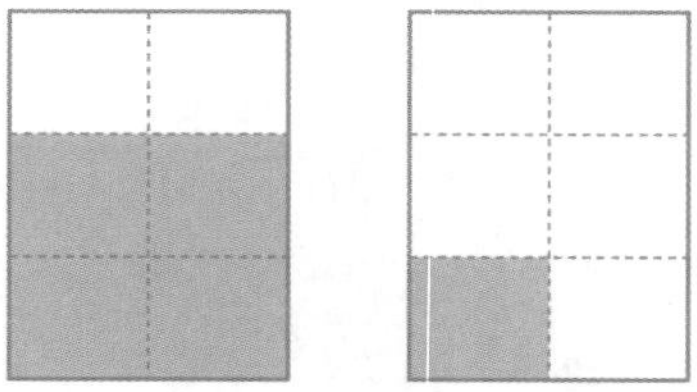

$\frac{2}{3}$　　　$\frac{1}{6}$

→ $\frac{2}{3}-\frac{1}{6}=\frac{\square}{6}-\frac{\square}{6}=\frac{\square}{6}=\frac{\square}{2}$

2

계산

〈보기〉와 같이 계산해 보세요.

〈보기〉

$$\frac{5}{6}-\frac{3}{4}=\frac{5\times4}{6\times4}-\frac{3\times6}{4\times6}$$
$$=\frac{20}{24}-\frac{18}{24}=\frac{2}{24}=\frac{1}{12}$$

$\frac{7}{10}-\frac{1}{4}=$ ______________________

____

3

계산

계산해 보세요.

(1) $\frac{9}{14}-\frac{2}{7}$

(2) $\frac{9}{16}-\frac{5}{12}$

4 46쪽

의사 소통

다음 수를 구하세요.

$\frac{11}{18}$보다 $\frac{2}{9}$ 작은 수

(　　　　　　)

5 46쪽

적용

□ 안에 알맞은 분수를 써넣으세요.

$\frac{11}{12}$

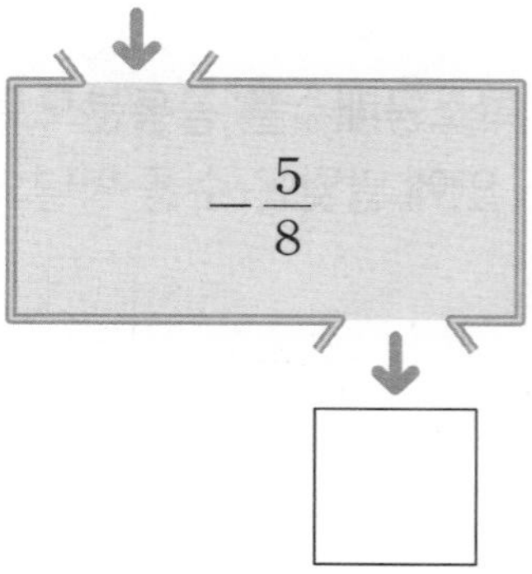

6 46쪽

문제 해결

빨간색 우산은 초록색 우산보다 몇 m 더 길까요?

빨간색 우산

초록색 우산

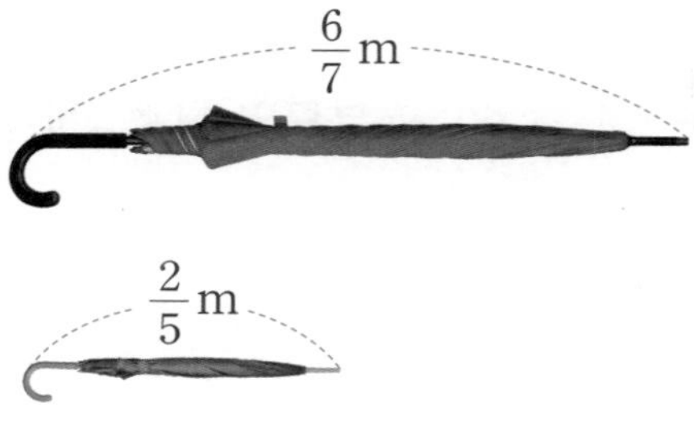

(　　　　　　)

» 정답 · 풀이 33쪽

7

47쪽

추론

계산 결과를 비교하여 ◯ 안에 >, =, <를 알맞게 써넣으세요.

$$\frac{7}{10}-\frac{2}{3} \bigcirc \frac{5}{8}-\frac{7}{12}$$

8

47쪽

추론

어떤 수에서 $\frac{1}{6}$을 뺄 것을 잘못하여 더하였더니 $\frac{7}{8}$이 되었습니다. 바르게 계산하면 얼마인지 구하세요.

(　　　　　　)

5 단원

+9

47쪽

수학적 독해력

음료수가 가득 들어 있는 병의 무게가 $\frac{13}{20}$ kg입니다. 음료수를 다 마신 후 빈 병의 무게를 재었더니 $\frac{8}{15}$ kg이었습니다. 마신 음료수의 무게는 얼마일까요?

(　　　　　　)

+10

47쪽

수학적 표현력

집에서 학교까지의 거리는 몇 km인지 풀이 과정을 쓰고, 답을 구하세요.

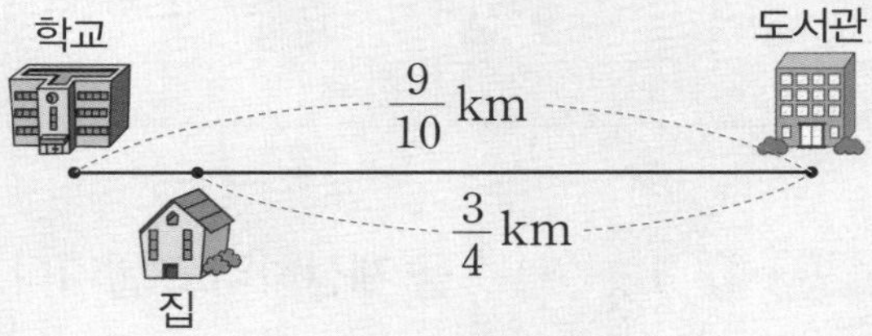

[풀이] ______________________

____

____

[답] ______________________

오늘 공부 어땠나요?

10개 중 맞힌 문제 ☐ 개 > **틀린 문제**는 힌트를 보고 다시 도전해 보세요. > **맞힌 문제**는 힌트를 보고 자신의 생각과 비교해 보세요.

공부한 날 월 일

24일 분수의 뺄셈 (2)

받아내림이 없는 대분수의 뺄셈

① 받아내림이 없는 대분수의 뺄셈

자연수는 자연수끼리, 분수는 분수끼리 빼거나 대분수를 가분수로 고쳐서 계산합니다.

예 $3\frac{5}{6}-2\frac{1}{4}$의 계산

방법 1 자연수는 자연수끼리, 분수는 분수끼리 계산하기

$$3\frac{5}{6}-2\frac{1}{4}=3\frac{10}{12}-2\frac{3}{12}=(3-2)+\left(\frac{10}{12}-\frac{3}{12}\right)$$

분모의 최소공배수: 12

$$=1+\frac{7}{12}=1\frac{7}{12}$$

방법 2 대분수를 가분수로 고쳐서 계산하기

$$3\frac{5}{6}-2\frac{1}{4}=\frac{23}{6}-\frac{9}{4}=\frac{46}{12}-\frac{27}{12}=\frac{19}{12}=1\frac{7}{12}$$

분모의 최소공배수: 12

- 방법 1 은 분수 부분의 계산이 간단합니다.
- 방법 2 는 자연수 부분과 분수 부분을 따로 떼어 계산하지 않아도 됩니다.
- 계산 결과가 가분수이면 대분수로 고치고 기약분수로 나타냅니다.

확인 1 $1\frac{2}{3}-1\frac{1}{2}$을 계산하려고 합니다. 분수만큼 색칠하고 □ 안에 알맞은 수를 써넣으세요.

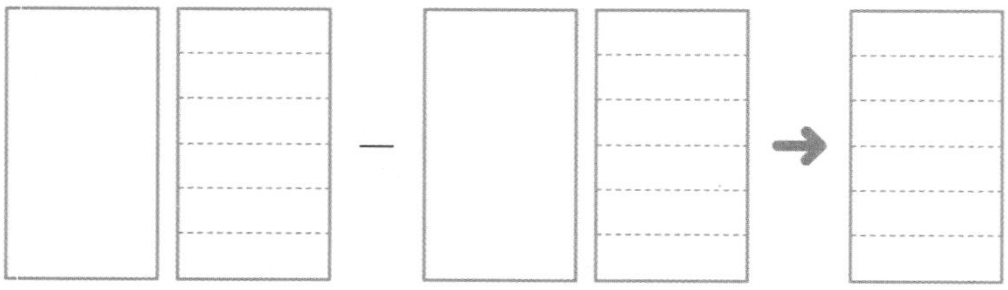

$1\frac{2}{3}=1\frac{\square}{6}$　　$1\frac{1}{2}=1\frac{\square}{6}$　　$1\frac{2}{3}-1\frac{1}{2}=\frac{\square}{6}$

→ $1\frac{2}{3}-1\frac{1}{2}=1\frac{\square}{6}-1\frac{\square}{6}=\frac{\square}{6}$

기본기 다지는 교과서 문제

» 정답 · 풀이 34쪽

1 자연수는 자연수끼리, 분수는 분수끼리 빼서 계산하려고 합니다. □ 안에 알맞은 수를 써넣으세요.

$$4\frac{3}{5}-1\frac{4}{9}=4\frac{\square}{45}-1\frac{\square}{45}$$
$$=(4-1)+\left(\frac{\square}{45}-\frac{\square}{45}\right)$$
$$=\square+\frac{\square}{45}=\square\frac{\square}{45}$$

개념 따라쓰기

받아내림이 없는 대분수의 뺄셈 방법 ①

$$3\frac{5}{6}-2\frac{1}{4}=(3-2)+\left(\frac{10}{12}-\frac{3}{12}\right)$$

자연수끼리 / 분수끼리

자연수는 자연수끼리, 분수는 분수끼리 빼서 계산합니다.

2 $3\frac{6}{7}-2\frac{5}{6}$를 자연수는 자연수끼리, 분수는 분수끼리 빼서 계산해 보세요.

( )

3 대분수를 가분수로 고쳐서 계산하려고 합니다. □ 안에 알맞은 수를 써넣으세요.

$$3\frac{8}{9}-2\frac{5}{6}=\frac{\square}{9}-\frac{\square}{6}$$
$$=\frac{\square}{18}-\frac{\square}{18}$$
$$=\frac{\square}{18}=\square\frac{\square}{18}$$

받아내림이 없는 대분수의 뺄셈 방법 ②

$$3\frac{5}{6}-2\frac{1}{4}=\frac{23}{6}-\frac{9}{4}$$

대분수 → 가분수

대분수를 가분수로 고쳐서 계산합니다.

4 $3\frac{7}{10}-1\frac{5}{8}$를 대분수를 가분수로 고쳐서 계산해 보세요.

( )

스스로 풀어내는 도전 10 문제

막힐 때 힌트북

1 계산

계산해 보세요.

(1) $3\frac{9}{14}-2\frac{3}{10}$

(2) $4\frac{11}{12}-1\frac{13}{16}$

2 의사 소통

다음 수를 구하세요.

$5\frac{4}{9}$보다 $2\frac{1}{6}$ 작은 수

(　　　　　　　　　)

3 48쪽 적용

두 동물의 무게의 차는 몇 kg일까요?

$2\frac{3}{5}$ kg

$4\frac{5}{7}$ kg

(　　　　　　　　　)

4 48쪽 문제 해결

직사각형 모양 버스카드의 가로는 세로보다 몇 cm 더 길까요?

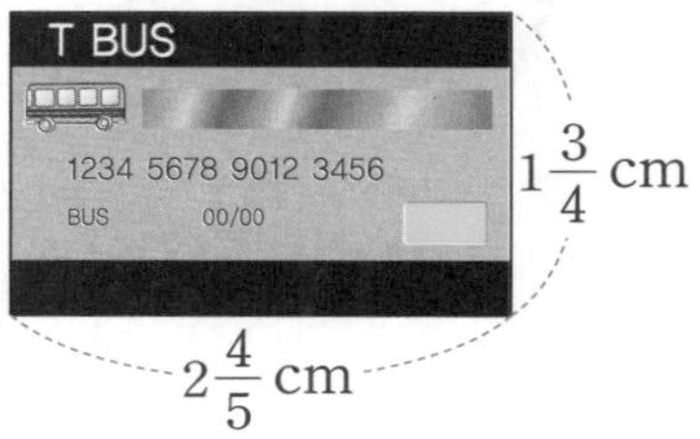

(　　　　　　　　　)

5 48쪽 문제 해결

□ 안에 알맞은 분수를 구하세요.

$\square+3\frac{3}{7}=6\frac{4}{5}$

(　　　　　　　　　)

6 48쪽 문제 해결

서연이네 가족은 소고기 $5\frac{2}{3}$ kg 중에서 $2\frac{1}{5}$ kg을 먹었습니다. 남은 소고기는 몇 kg인지 구하세요.

(　　　　　　　　　)

7
49쪽

창의 융합

두 분수를 골라 차가 가장 큰 뺄셈식을 만들려고 합니다. □ 안에 알맞은 수를 써넣고, 차를 구하세요.

$3\frac{2}{7}$ $\quad 4\frac{3}{5}$ $\quad 3\frac{1}{2}$

□ − □

(　　　　　　　　)

8
49쪽

추론

★에 알맞은 분수를 구하세요.

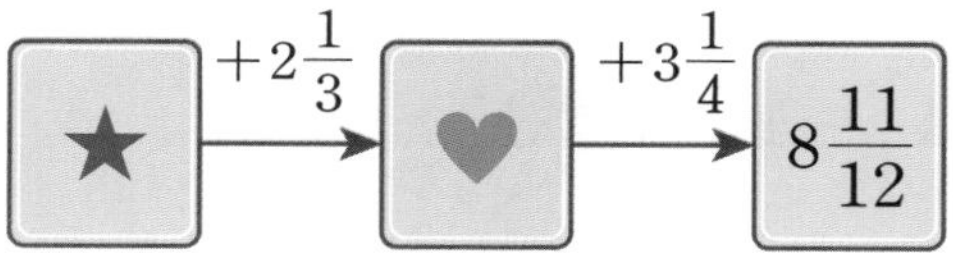

(　　　　　　　　)

5 단원

+9
49쪽

수학적 독해력

그림과 같이 색 테이프 2장을 겹치게 이어 붙였습니다. 이어 붙인 색 테이프의 전체 길이는 몇 cm일까요?

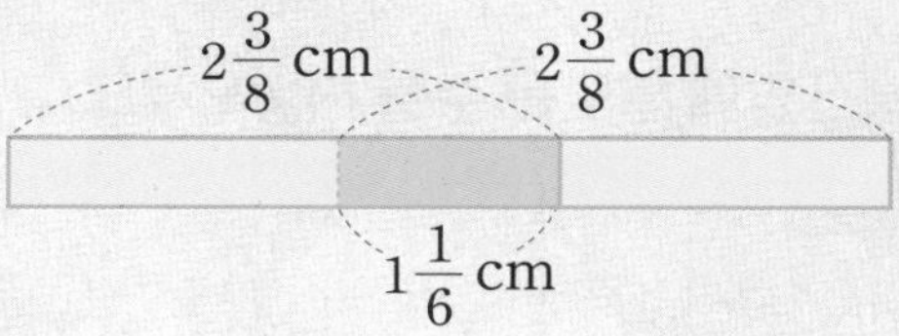

(　　　　　　　　)

+10
49쪽

수학적 표현력

□ 안에 들어갈 수 있는 가장 큰 자연수는 얼마인지 풀이 과정을 쓰고, 답을 구하세요.

$$6\frac{4}{5}-2\frac{1}{3}>4\frac{\square}{15}$$

〔풀이〕

〔답〕

오늘 공부 어땠나요?

10개 중 맞힌 문제 □ 개

틀린 문제는 힌트를 보고 다시 도전해 보세요.

맞힌 문제는 힌트를 보고 자신의 생각과 비교해 보세요.

25일 분수의 뺄셈 (3)

받아내림이 있는 대분수의 뺄셈

① 받아내림이 있는 대분수의 뺄셈

분수끼리 뺄 수 없을 때에는 자연수 부분에서 받아내림하여 계산합니다.

예 $3\frac{1}{4}-1\frac{5}{6}$의 계산

방법 1 자연수는 자연수끼리, 분수는 분수끼리 계산하기

$\frac{3}{12}$에서 $\frac{10}{12}$을 뺄 수 없으므로 자연수 부분에서 1을 받아내림합니다.

$$3\frac{1}{4}-1\frac{5}{6}=3\frac{3}{12}-1\frac{10}{12}=2\frac{15}{12}-1\frac{10}{12}$$
$$=(2-1)+\left(\frac{15}{12}-\frac{10}{12}\right)=1+\frac{5}{12}=1\frac{5}{12}$$

방법 2 대분수를 가분수로 고쳐서 계산하기

$$3\frac{1}{4}-1\frac{5}{6}=\frac{13}{4}-\frac{11}{6}=\frac{39}{12}-\frac{22}{12}=\frac{17}{12}=1\frac{5}{12}$$

◐ 빼지는 수의 분수 부분이 빼는 수의 분수 부분보다 작으면 자연수 부분에서 1을 받아내림하여 가분수로 바꾸어 계산합니다.

자연수 부분에서 1을 받아내림

$3\frac{1}{6}-1\frac{5}{6}=2\frac{7}{6}-1\frac{5}{6}$

◐ **방법 1** 분수 부분의 계산이 간단합니다.

◐ **방법 2** 자연수 부분과 분수 부분을 따로 떼거나 받아내림을 하지 않고 계산할 수 있습니다.

확인 1 $2\frac{1}{2}-1\frac{2}{3}$를 계산하려고 합니다. 분수만큼 색칠하고 □ 안에 알맞은 수를 써넣으세요.

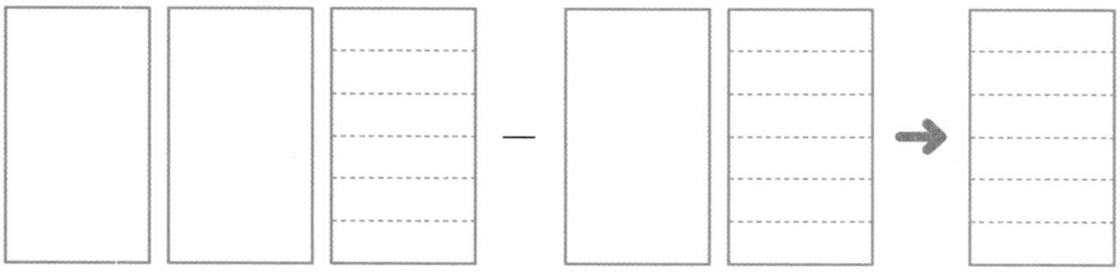

$2\frac{1}{2}=2\frac{\square}{6}$ $1\frac{2}{3}=1\frac{\square}{6}$ $2\frac{1}{2}-1\frac{2}{3}=\frac{\square}{6}$

→ $2\frac{1}{2}-1\frac{2}{3}=2\frac{\square}{6}-1\frac{\square}{6}=1\frac{\square}{6}-1\frac{\square}{6}=\frac{\square}{6}$

기본기 다지는 교과서 문제

» 정답 · 풀이 35쪽

1 자연수는 자연수끼리, 분수는 분수끼리 빼서 계산하려고 합니다. □ 안에 알맞은 수를 써넣으세요.

$$4\frac{3}{5}-1\frac{7}{9}=4\frac{\square}{45}-1\frac{\square}{45}=3\frac{\square}{45}-1\frac{\square}{45}$$

$$=(3-1)+\left(\frac{\square}{45}-\frac{\square}{45}\right)$$

$$=\square+\frac{\square}{45}=\square\frac{\square}{45}$$

2 $3\frac{5}{6}-2\frac{6}{7}$을 자연수는 자연수끼리, 분수는 분수끼리 빼서 계산해 보세요.

( )

3 대분수를 가분수로 고쳐서 계산하려고 합니다. □ 안에 알맞은 수를 써넣으세요.

$$3\frac{2}{9}-1\frac{5}{6}=\frac{\square}{9}-\frac{\square}{6}$$

$$=\frac{\square}{18}-\frac{\square}{18}$$

$$=\frac{\square}{18}=\square\frac{\square}{18}$$

4 $4\frac{3}{10}-2\frac{5}{8}$를 대분수를 가분수로 고쳐서 계산해 보세요.

( )

개념 따라쓰기

받아내림이 있는 대분수의 뺄셈 방법 ①

분수끼리 뺄 수 없음

$$3\frac{3}{12}-1\frac{10}{12}=2\frac{15}{12}-1\frac{10}{12}$$

자연수 부분에서 1을 받아내림

분수끼리 뺄 수 없을 때에는 자연수 부분에서 받아내림하여 계산합니다.

5단원

1

계산 $\frac{+-}{\times\div}$

계산해 보세요.

(1) $3\frac{9}{14}-2\frac{7}{10}$

(2) $4\frac{13}{16}-1\frac{11}{12}$

2

50쪽

문제 해결

가방은 신발보다 몇 kg 더 무거울까요?

$3\frac{7}{10}$ kg

$1\frac{5}{6}$ kg

(　　　　　　　　)

3

50쪽

적용

□ 안에 알맞은 분수를 써넣으세요.

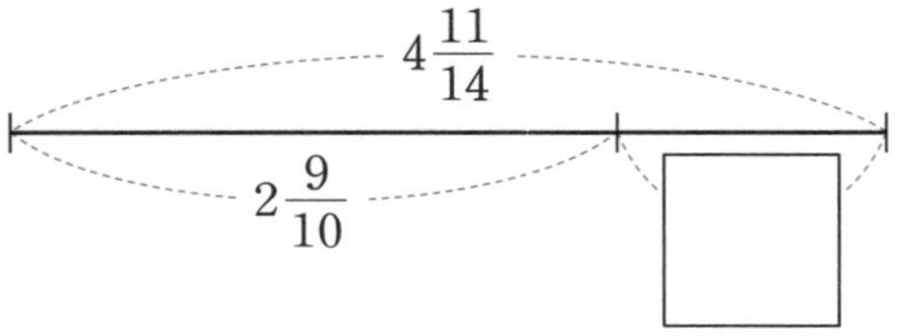

4

적용

빈칸에 알맞은 분수를 써넣으세요.

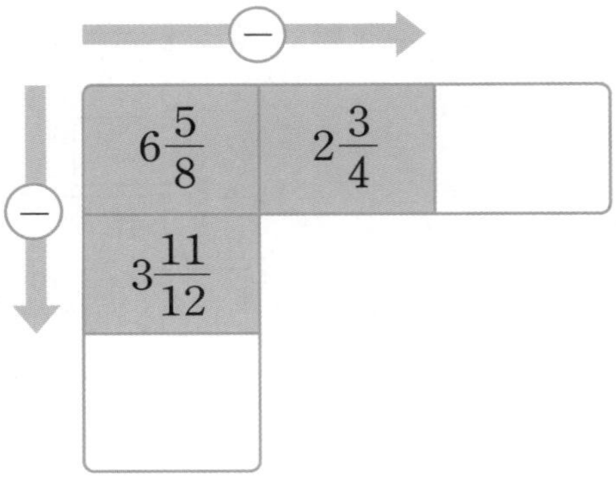

5

50쪽

문제 해결

잘못 계산한 사람은 누구인지 쓰세요.

슬기

$4\frac{4}{15}-2\frac{11}{30}=1\frac{9}{10}$

로운

$5\frac{3}{10}-1\frac{7}{15}=4\frac{5}{6}$

(　　　　　　　　)

6

50쪽

문제 해결

페인트가 $2\frac{1}{2}$ L 있었습니다. 벽을 칠하는 데 $1\frac{4}{5}$ L를 사용했습니다. 남은 페인트는 몇 L일까요?

(　　　　　　　　)

» 정답 · 풀이 35쪽

7 51쪽

창의 융합

가장 큰 수에서 나머지 두 수를 뺀 값은 얼마인지 구하세요.

$1\frac{5}{6}$ $5\frac{1}{3}$ $2\frac{3}{4}$

(   )

8 51쪽

추론

♣에 알맞은 분수를 구하세요.

$1\frac{3}{16}$ —(+♣)→ ♠ —($+1\frac{5}{8}$)→ $6\frac{5}{16}$

(   )

+9 51쪽

수학적 독해력

□ 안에 들어갈 수 있는 자연수를 모두 구하세요.

$4\frac{3}{10}-1\frac{3}{4}<\square<8\frac{2}{9}-2\frac{7}{12}$

(   )

+10 51쪽

수학적 표현력

계산이 처음으로 잘못된 곳을 찾아 이유를 쓰고, 바르게 계산해 보세요.

$$7\frac{4}{9}-2\frac{11}{12}=7\frac{16}{36}-2\frac{33}{36}$$
$$=7\frac{52}{36}-2\frac{33}{36}$$
$$=5\frac{19}{36}$$

[잘못된 이유] ____________________

____

____

[바른 계산] ____________________

오늘 공부 어땠나요?

10개 중 맞힌 문제 □ 개

틀린 문제는 힌트를 보고 다시 도전해 보세요.

맞힌 문제는 힌트를 보고 자신의 생각과 비교해 보세요.

01 $\frac{1}{4}$과 $\frac{5}{8}$를 각각 그림에 색칠하고 □ 안에 알맞은 수를 써넣으세요.

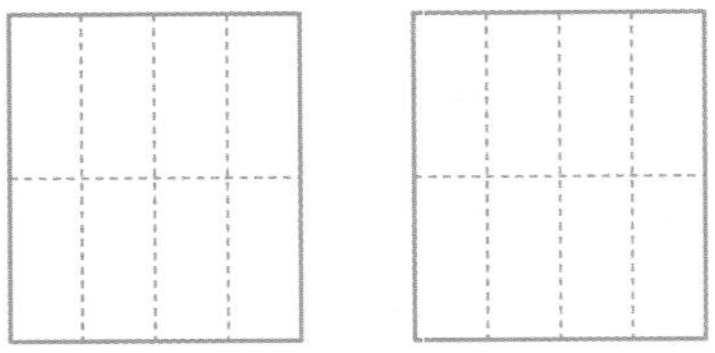

$\frac{1}{4}$ $\frac{5}{8}$

$\rightarrow \frac{1}{4}+\frac{5}{8}=\frac{\square}{8}+\frac{\square}{8}=\frac{\square}{8}$

02 〈보기〉와 같이 계산해 보세요.

〈보기〉

$\frac{5}{6}-\frac{3}{8}=\frac{5\times4}{6\times4}-\frac{3\times3}{8\times3}$

$=\frac{20}{24}-\frac{9}{24}=\frac{11}{24}$

$\frac{11}{15}-\frac{5}{9}=$ ________________

03 □ 안에 알맞은 분수를 써넣으세요.

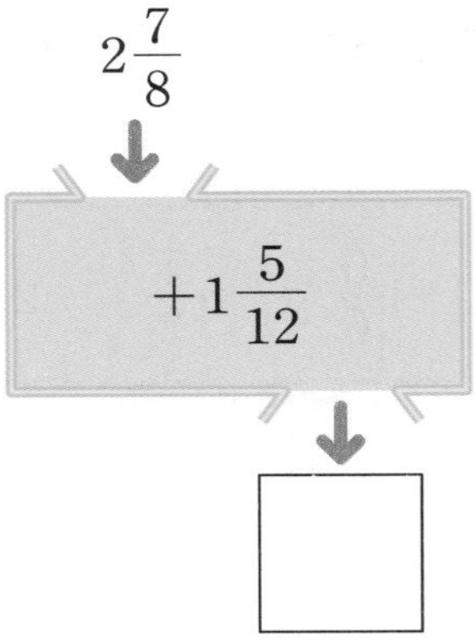

04 계산 결과가 1보다 큰 것의 기호를 쓰세요.

㉠ $\frac{4}{5}+\frac{1}{3}$ ㉡ $\frac{3}{7}+\frac{4}{9}$ ㉢ $\frac{2}{15}+\frac{5}{6}$

( )

05 계산이 처음으로 잘못된 곳을 찾아 ○표 하고, 바르게 계산해 보세요.

$5\frac{1}{6}-2\frac{3}{4}=5\frac{2}{12}-2\frac{9}{12}$

$=5\frac{14}{12}-2\frac{9}{12}$

$=3\frac{5}{12}$

06 두 분수를 골라 차가 가장 큰 뺄셈식을 만들려고 합니다. □ 안에 알맞은 수를 써넣고, 차를 구하세요.

$4\frac{7}{8}$ $3\frac{5}{14}$ $5\frac{7}{12}$

□ − □

(　　　　　　　)

07 어떤 수에 $\frac{2}{7}$를 더하였더니 $\frac{19}{21}$가 되었습니다. 어떤 수는 얼마일까요?

(　　　　　　　)

08 3장의 수 카드를 모두 한 번씩 사용하여 만들 수 있는 대분수 중에서 가장 큰 수와 가장 작은 수의 합을 구하세요.

3 5 6

(　　　　　　　)

09 그림과 같이 색 테이프 2장을 겹치게 이어 붙였습니다. 이어 붙인 색 테이프의 전체 길이는 몇 cm일까요?

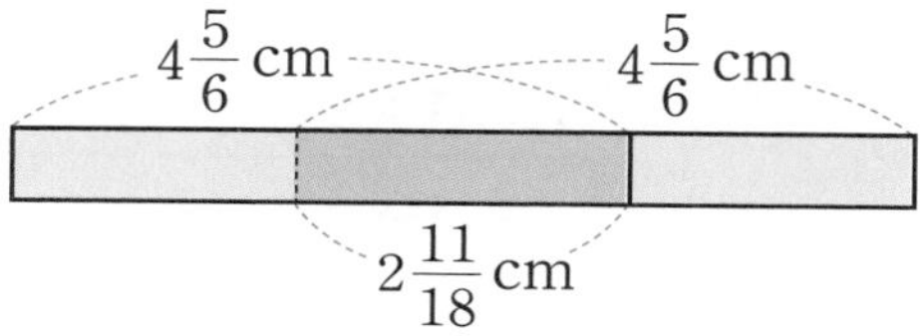

(　　　　　　　)

서술형

10 지훈이는 물을 오전에 $\frac{5}{8}$ L 마셨고, 오후에는 오전보다 $\frac{1}{6}$ L 더 많이 마셨습니다. 지훈이가 하루 동안 마신 물은 모두 몇 L인지 풀이 과정을 쓰고, 답을 구하세요.

풀이 ______________________

답 ______________________

26일 정다각형의 둘레

① 정다각형의 둘레 구하기

정다각형의 각 변의 길이는 모두 같으므로 둘레는 한 변의 길이에 변의 수를 곱하면 됩니다.

(정다각형의 둘레)=(한 변의 길이)×(변의 수)

예

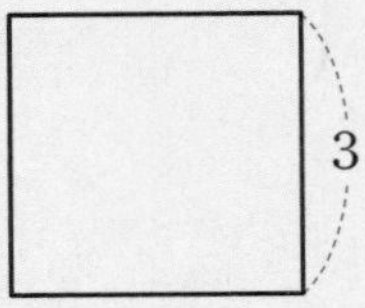

(정사각형의 둘레)=3×4=12 (cm)

한 변의 길이: 3, 변의 수: 4

◐ 둘레는 물건이나 도형의 가장 자리를 한 번 둘러싼 길이입니다.

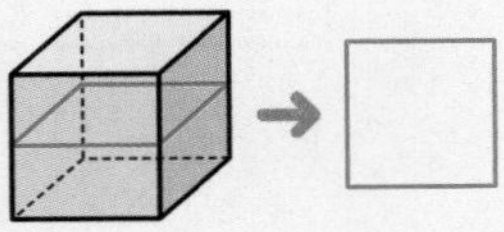

◐ 변의 길이를 모두 더하여 정사각형의 둘레를 구할 수도 있습니다.
(정사각형의 둘레)
=3+3+3+3=12 (cm)

◐ 한 변의 길이가 ■인 정●각형의 둘레
→ ■×●

개념+ 한 변의 길이가 2 cm인 정다각형의 둘레

정다각형	변의 수(개)	둘레(cm)
정삼각형 (2 cm)	3	2+2+2=2×3
정사각형 (2 cm)	4	2+2+2+2=2×4
정오각형 (2 cm)	5	2+2+2+2+2=2×5

확인 1 정사각형의 둘레를 구하려고 합니다. □ 안에 알맞은 수를 써넣으세요.

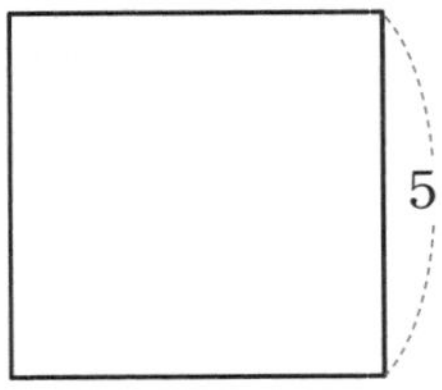

(1) 정사각형은 길이가 같은 변이 □개 있습니다.

(2) (정사각형의 둘레)=(한 변의 길이)×(변의 수)
=5×□=□ (cm)

확인 2 정다각형의 둘레를 구하려고 합니다. □ 안에 알맞은 수를 써넣으세요.

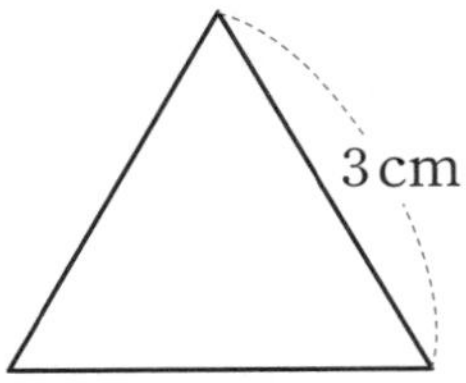

(정삼각형의 둘레)
=(한 변의 길이)×(변의 수)
=3×□=□ (cm)

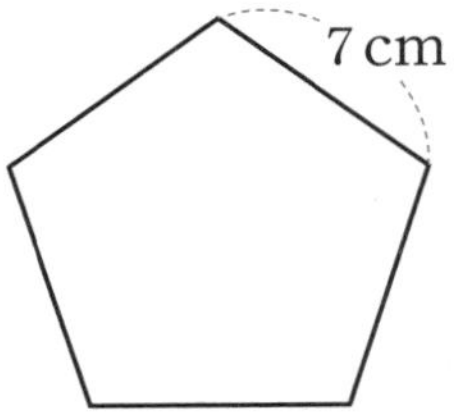

(정오각형의 둘레)
=(한 변의 길이)×(변의 수)
=7×□=□ (cm)

기본기 다지는 교과서 문제

» 정답 · 풀이 38쪽

1 정육각형의 둘레를 구하려고 합니다. □ 안에 알맞은 수를 써넣으세요.

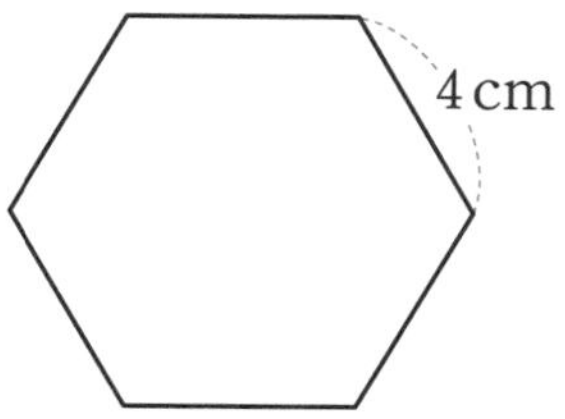

(1) (정육각형의 둘레) $=4+\square+\square+\square+\square+\square$

$=\square$ (cm)

(2) (정육각형의 둘레) $=$ (한 변의 길이) $\times$ (변의 수)

$=4\times\square=\square$ (cm)

개념 따라쓰기

정다각형의 둘레 구하는 방법

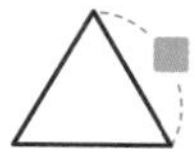

정삼각형 → ■+■+■ = ■×3

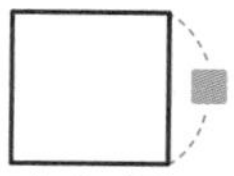

정사각형 → ■+■+■+■ = ■×4

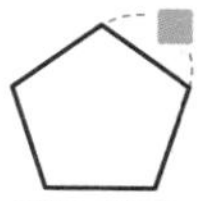

정오각형 → ■+■+■+■+■ = ■×5

(정다각형의 둘레)
=(한 변의 길이)×(변의 수)

6단원

2 정다각형의 둘레를 구하려고 합니다. □ 안에 알맞은 수를 써넣으세요.

(1)

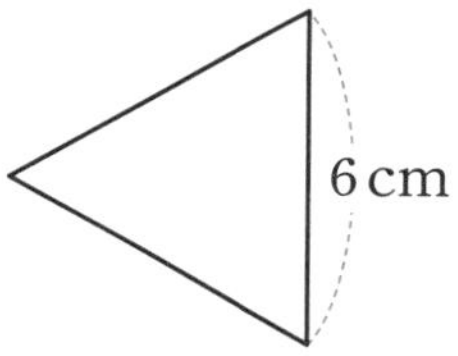

$6\times\square=\square$ (cm)

(2)

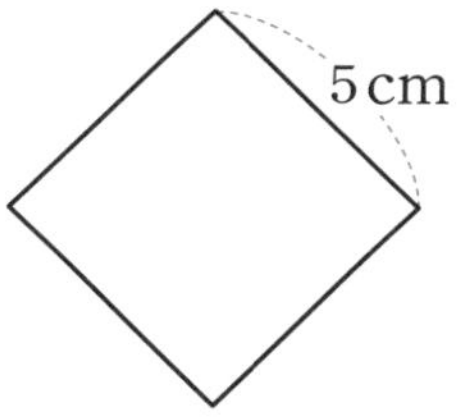

$5\times\square=\square$ (cm)

(3)

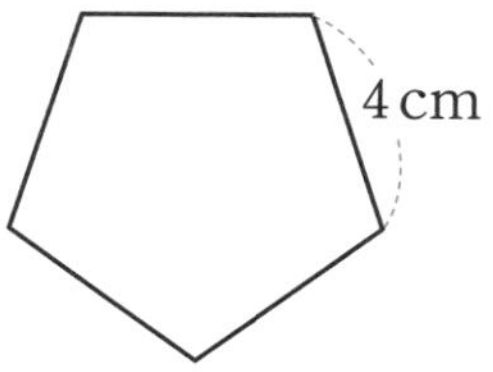

$4\times\square=\square$ (cm)

(4)

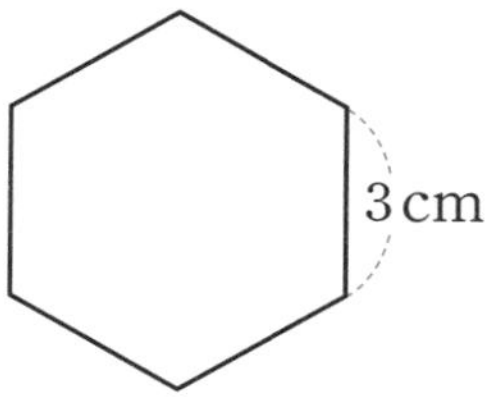

$3\times\square=\square$ (cm)

1

이해

□ 안에 알맞은 말을 써넣으세요.

(정다각형의 둘레)
=(한 변의 길이)×(□)

2

이해

정다각형의 둘레를 구하려고 합니다. □ 안에 알맞은 수를 써넣으세요.

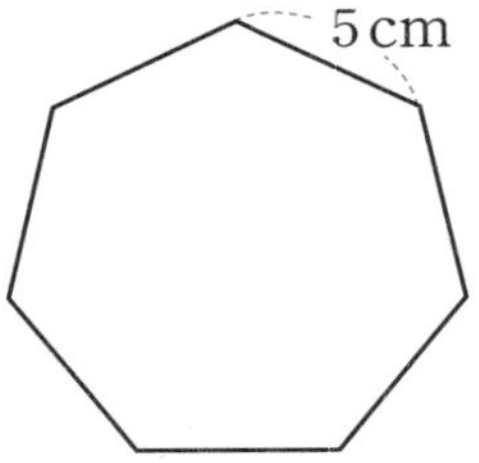

5×□=□ (cm)

3

52쪽

적용

한 변의 길이가 14 cm인 정사각형 모양의 액자가 있습니다. 액자의 둘레는 몇 cm일까요?

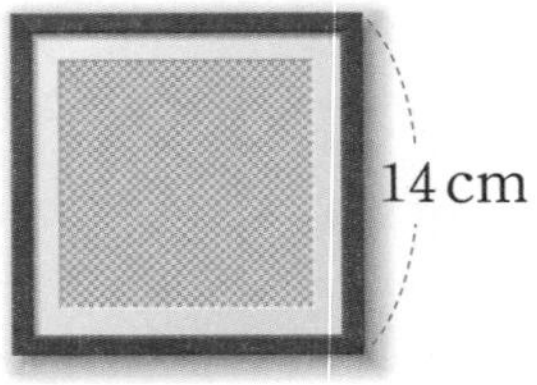

(   )

4

52쪽

적용

한 변의 길이가 8 cm인 정구각형의 둘레는 몇 cm 일까요?

(   )

5

52쪽

문제 해결

두 정다각형 중 둘레가 더 긴 것에 ○표 하세요.

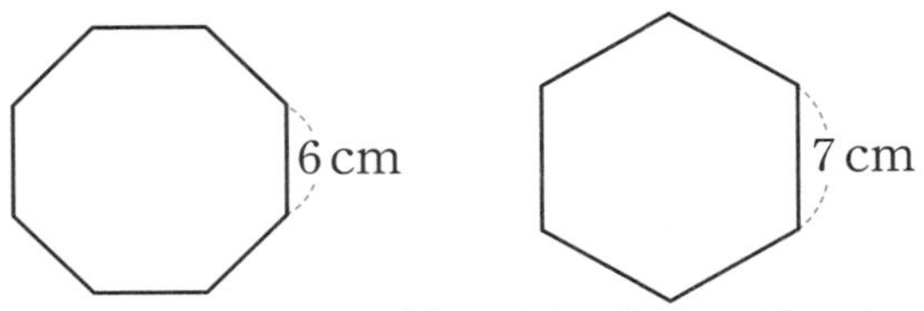

(   )   (   )

6

52쪽

문제 해결

두 정다각형의 둘레가 각각 28 cm일 때 □ 안에 알맞은 수를 써넣으세요.

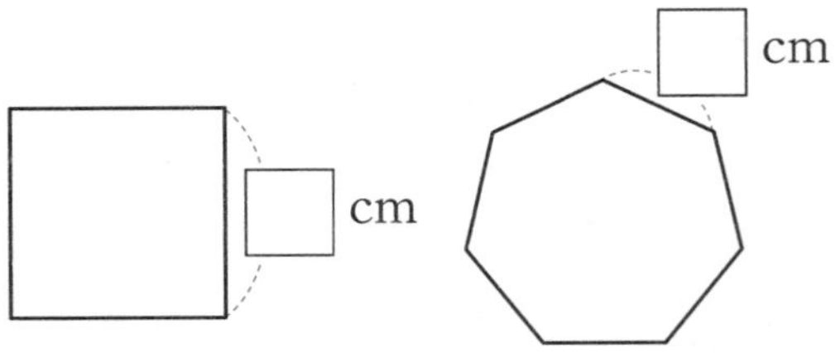

7 53쪽

창의 융합

정삼각형과 정오각형의 둘레가 같을 때 정삼각형의 □ 안에 알맞은 수를 구하세요.

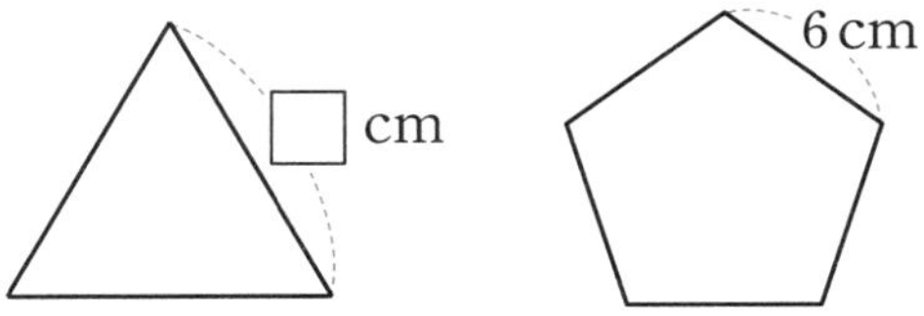

(   )

8 53쪽

추론

두 정다각형의 둘레가 다음과 같을 때, 한 변의 길이가 더 긴 것에 ○표 하세요.

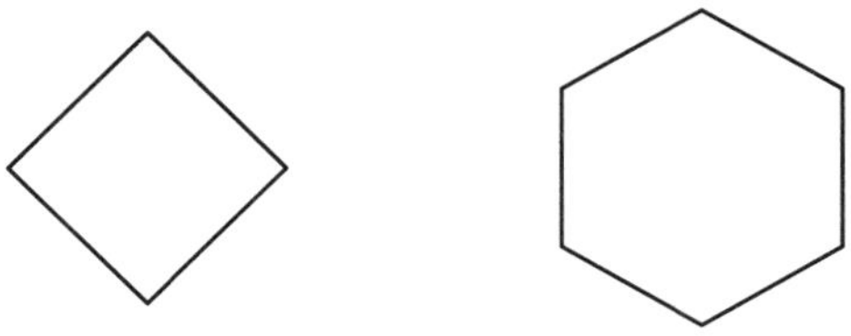

둘레: 68 cm　　　둘레: 84 cm

(   )　　　(   )

+9 53쪽

수학적 독해력

정다각형의 둘레가 다른 하나는 어느 것인지 찾아 기호를 쓰세요.

㉠ 한 변의 길이가 8 cm인 정십각형
㉡ 한 변의 길이가 16 cm인 정오각형
㉢ 한 변의 길이가 20 cm인 정사각형
㉣ 한 변의 길이가 30 cm인 정삼각형

(   )

+10 53쪽

수학적 표현력

둘레가 42 cm인 정육각형 모양의 색종이가 있습니다. 이 색종이의 한 변의 길이는 몇 cm인지 풀이 과정을 쓰고, 답을 구하세요.

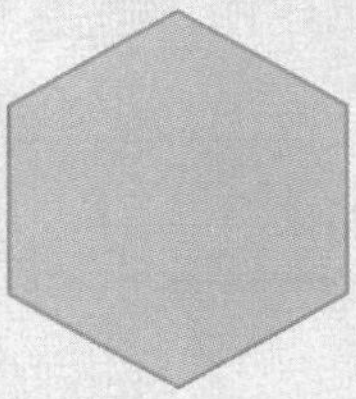

풀이 ____________________

____

____

답 ____________________

오늘 공부 어땠나요?

10개 중 맞힌 문제 □ 개

틀린 문제는 힌트를 보고 다시 도전해 보세요.

맞힌 문제는 힌트를 보고 자신의 생각과 비교해 보세요.

27일 사각형의 둘레

❶ 직사각형의 둘레 구하기

(직사각형의 둘레)=(가로)×2+(세로)×2
=((가로)+(세로))×2

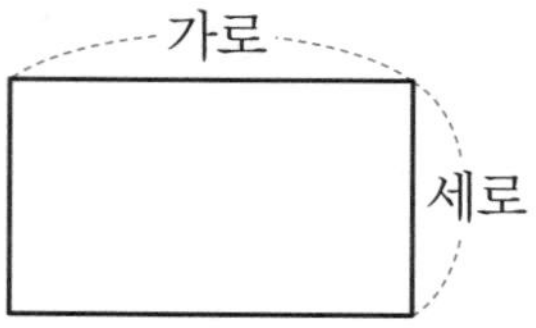

직사각형은 마주 보는 변의 길이가 각각 같으므로 가로를 2배 하고, 세로를 2배 하여 더합니다.

예

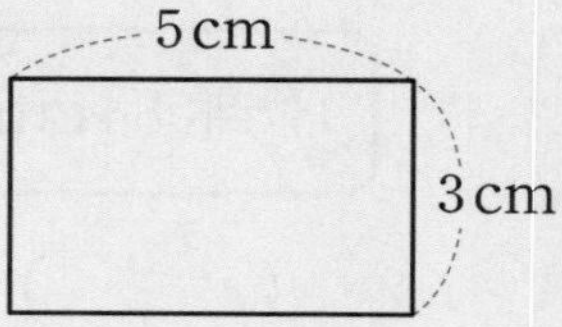

(직사각형의 둘레)=(5+3)×2=16 (cm)

❷ 평행사변형의 둘레 구하기

(평행사변형의 둘레)
=(한 변의 길이)×2+(다른 한 변의 길이)×2
=((한 변의 길이)+(다른 한 변의 길이))×2

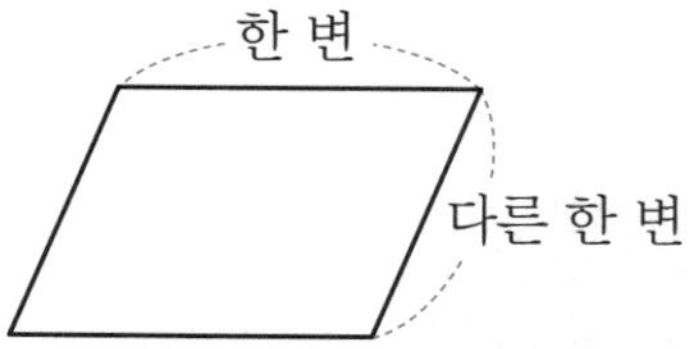

평행사변형은 마주 보는 변의 길이가 각각 같으므로 한 변의 길이를 2배 하고, 다른 한 변의 길이를 2배 하여 더합니다.

예

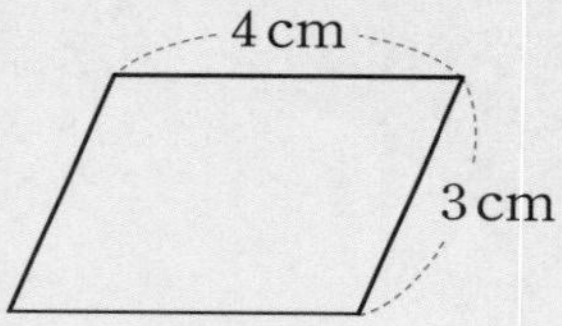

(평행사변형의 둘레)=(4+3)×2=14 (cm)

❸ 마름모의 둘레 구하기

(마름모의 둘레)=(한 변의 길이)×4

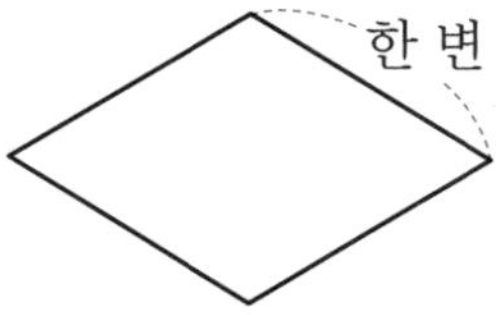

마름모는 네 변의 길이가 같으므로 한 변의 길이를 4배 합니다.

예

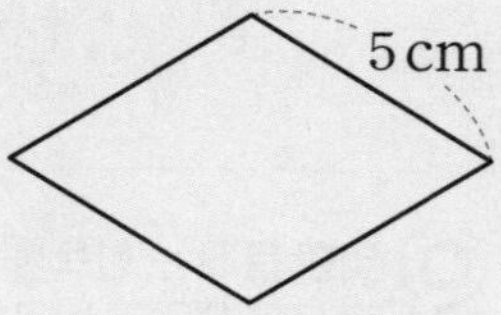

(마름모의 둘레)=5×4=20 (cm)

기본기 다지는 교과서 문제

» 정답 · 풀이 39쪽

1 직사각형의 둘레를 구하려고 합니다. □ 안에 알맞은 수를 써넣으세요.

(1)

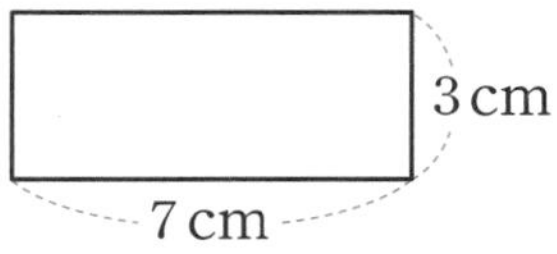

((가로)+(세로))×2

=(7+□)×2=□ (cm)

(2)

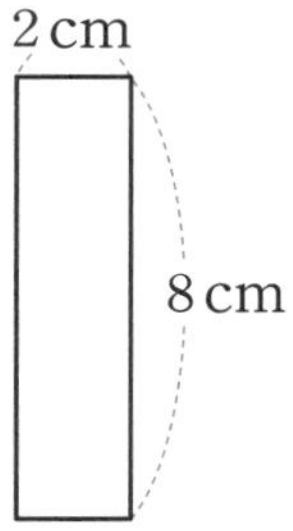

(2+□)×2=□ (cm)

2 평행사변형의 둘레를 구하려고 합니다. □ 안에 알맞은 수를 써넣으세요.

(1)

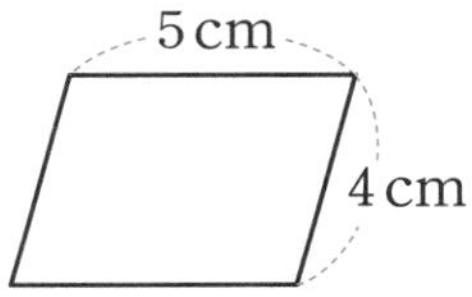

((한 변의 길이)

+(다른 한 변의 길이))×2

=(5+□)×2=□ (cm)

(2)

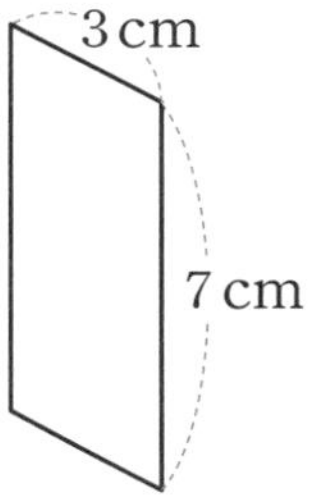

(□+7)×2=□ (cm)

3 마름모의 둘레를 구하려고 합니다. □ 안에 알맞은 수를 써넣으세요.

(1)

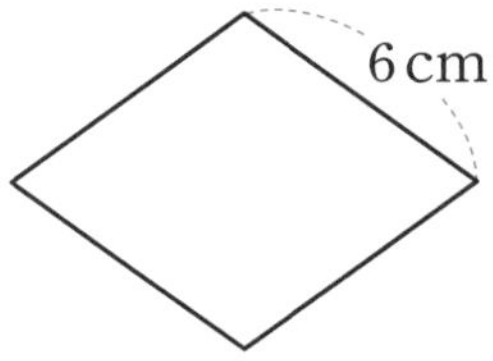

(한 변의 길이)×4

=□×4=□ (cm)

(2)

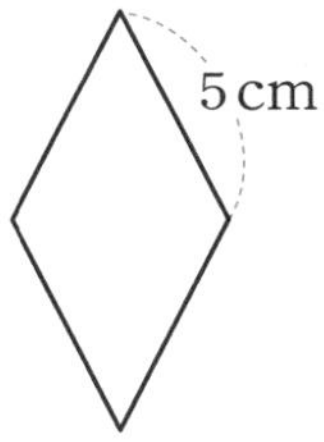

□×4=□ (cm)

개념 따라쓰기

직사각형의 둘레 구하기

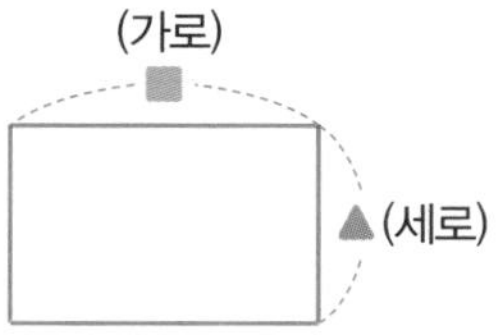

➜ (■+▲)×2

(직사각형의 둘레)

=((가로)+(세로))×2

평행사변형의 둘레 구하기

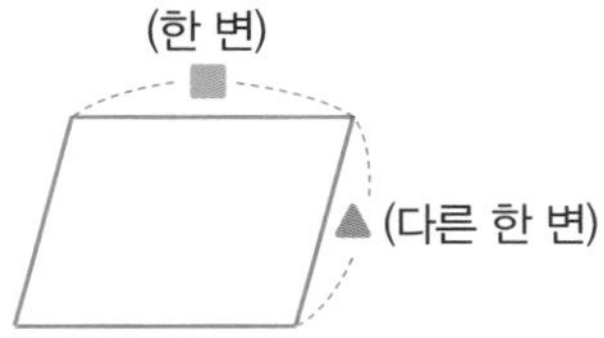

➜ (■+▲)×2

(평행사변형의 둘레)

=((한 변의 길이)+

(다른 한 변의 길이))

×2

마름모의 둘레 구하기

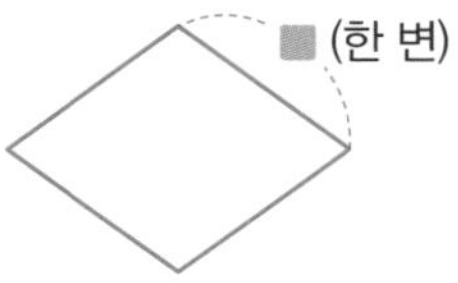

➜ ■×4

(마름모의 둘레)

=(한 변의 길이)×4

1 계산

직사각형의 둘레는 몇 cm인지 구하세요.

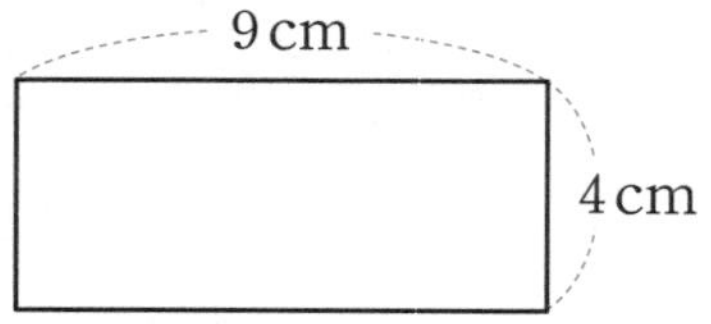

( )

2 54쪽 계산

평행사변형의 둘레는 몇 cm인지 구하세요.

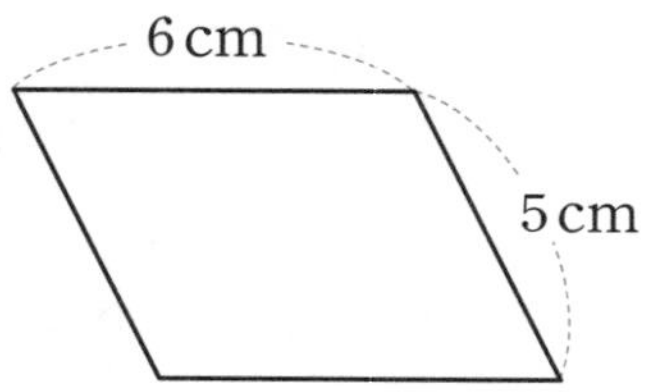

( )

3 계산

마름모의 둘레는 몇 cm인지 구하세요.

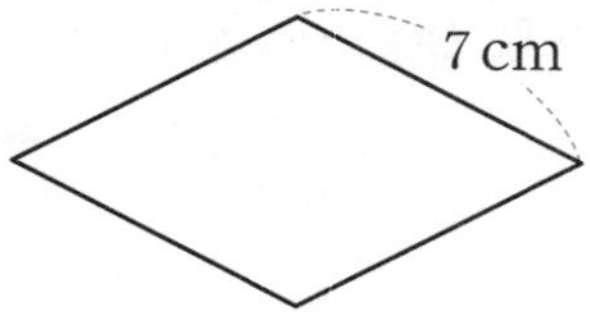

( )

4 54쪽 적용

직사각형의 둘레가 38 cm일 때 □ 안에 알맞은 수를 구하세요.

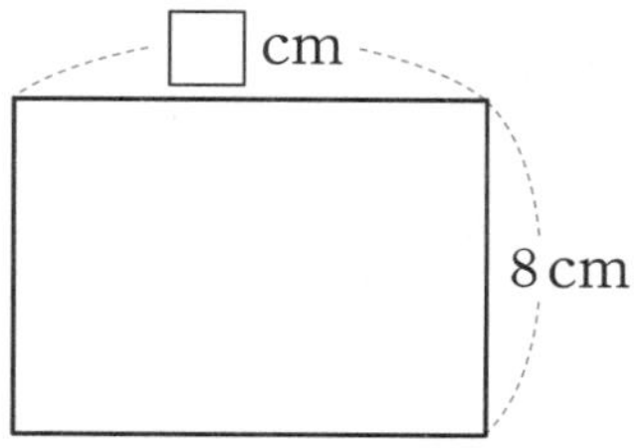

( )

5 54쪽 문제 해결

평행사변형 가와 마름모 나 중에서 둘레가 더 긴 것의 기호를 쓰세요.

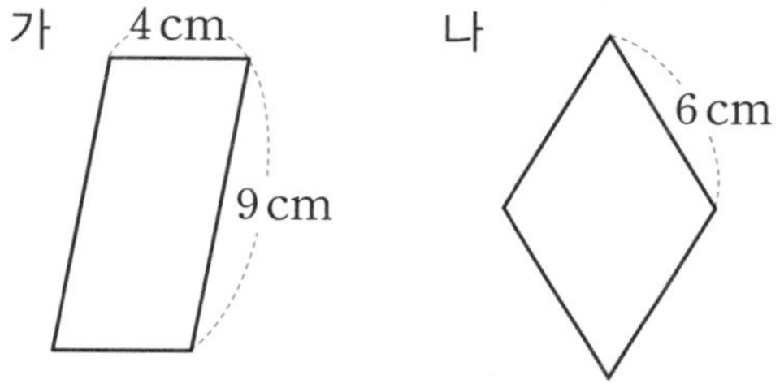

( )

6 54쪽 문제 해결

직사각형과 마름모의 둘레의 합은 몇 cm인지 구하세요.

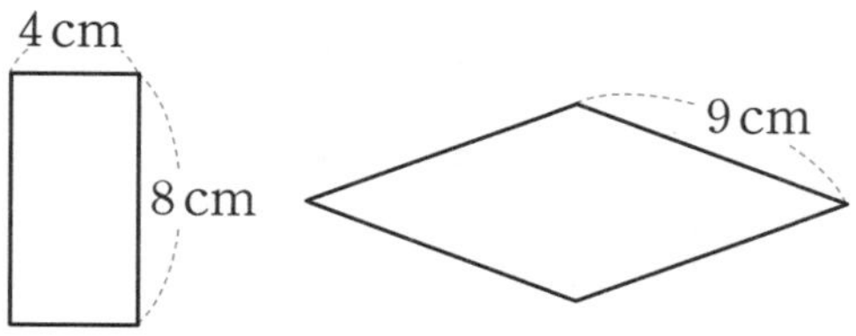

( )

≫ 정답 · 풀이 39쪽

7 55쪽

창의 융합

사각형의 둘레가 긴 것부터 차례로 기호를 쓰세요.

㉠ 가로가 14 cm, 세로가 10 cm인 직사각형
㉡ 한 변의 길이가 11 cm, 다른 한 변의 길이가 12 cm인 평행사변형
㉢ 한 변의 길이가 13 cm인 마름모

□ — □ — □

8 55쪽

추론

직사각형의 둘레가 평행사변형의 둘레의 2배일 때 □ 안에 알맞은 수를 구하세요.

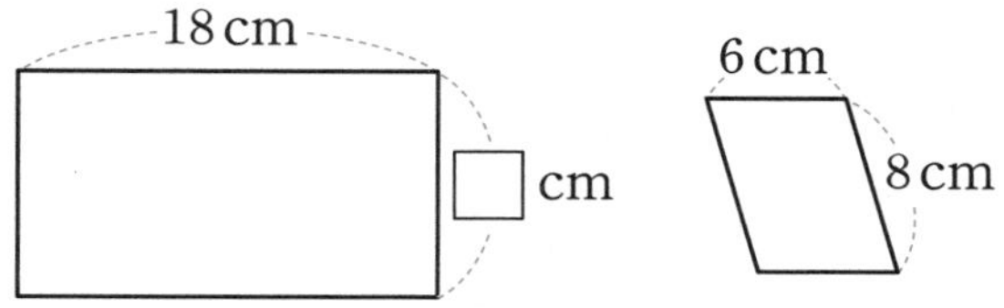

( )

+9 55쪽

수학적 독해력

슬기와 로운이는 끈을 사용하여 평행사변형을 만들었습니다. 두 사람 중 끈을 더 많이 사용한 사람은 누구일까요?

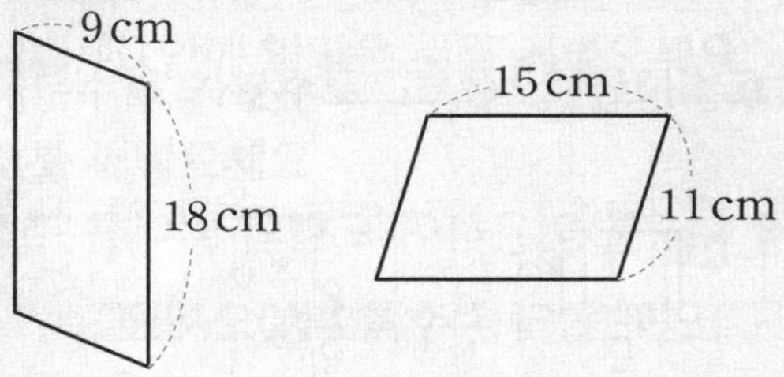

( )

+10 55쪽

수학적 표현력

직사각형과 마름모의 둘레가 같을 때 마름모의 한 변의 길이는 몇 cm인지 풀이 과정을 쓰고, 답을 구하세요.

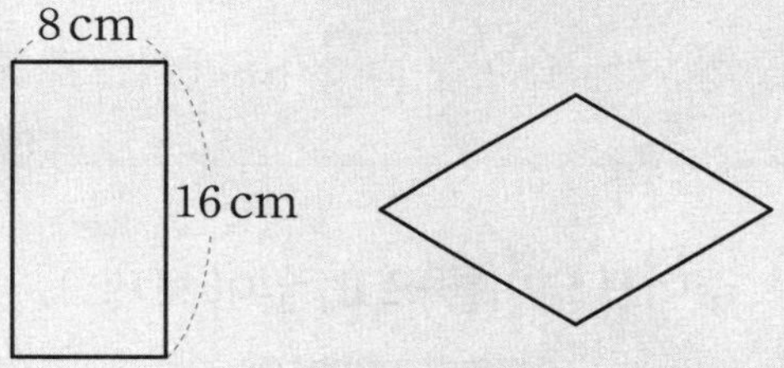

[풀이]

[답]

오늘 공부 어땠나요?

10개 중 맞힌 문제 □ 개

틀린 문제는 힌트를 보고 다시 도전해 보세요.

맞힌 문제는 힌트를 보고 자신의 생각과 비교해 보세요.

28일 $1\,cm^2$ 알아보기

① $1\,cm^2$ 알아보기

넓이를 나타낼 때에는 한 변의 길이가 1 cm인 정사각형의 넓이를 단위로 사용할 수 있습니다.
이 정사각형의 넓이를 **$1\,cm^2$**라 쓰고, **1 제곱센티미터**라고 읽습니다.

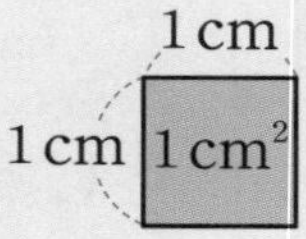

[쓰기] $1\,cm^2$

[읽기] 1 제곱센티미터

◐ 직접 맞대어 넓이를 비교하면 어느 도형이 얼마나 더 넓은지 정확하게 비교하기 어렵습니다.

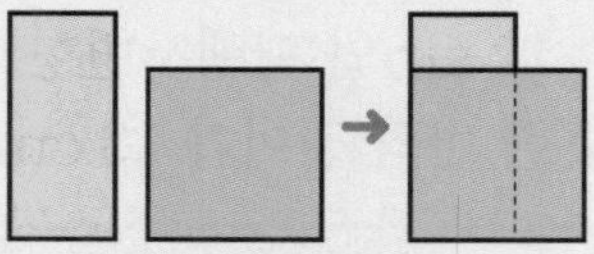

따라서 넓이를 정확하게 비교하려면 기준이 되는 넓이의 단위가 필요합니다.

② $1\,cm^2$를 이용하여 도형의 넓이 구하기

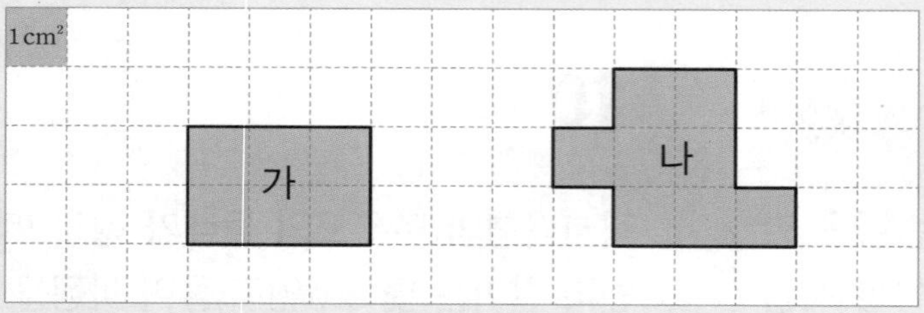

- 도형 가의 넓이는 $1\,cm^2$가 6개이므로 $6\,cm^2$입니다.
- 도형 나의 넓이는 $1\,cm^2$가 8개이므로 $8\,cm^2$입니다.

◐ $1\,cm^2$의 수를 세어 도형의 넓이를 구할 수 있습니다.

◐ 넓이를 구한 결과에는 단위의 수와 단위를 둘 다 써야 합니다.

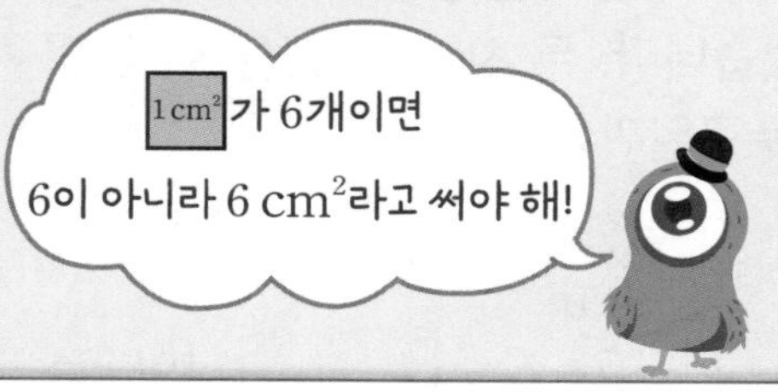

확인 1 주어진 넓이를 쓰고, 읽어 보세요.

$3\,cm^2$

[쓰기]

[읽기] (　　　　　　　　)

확인 2 $1\,cm^2$를 이용하여 도형의 넓이를 구하려고 합니다. □ 안에 알맞은 수를 써넣으세요.

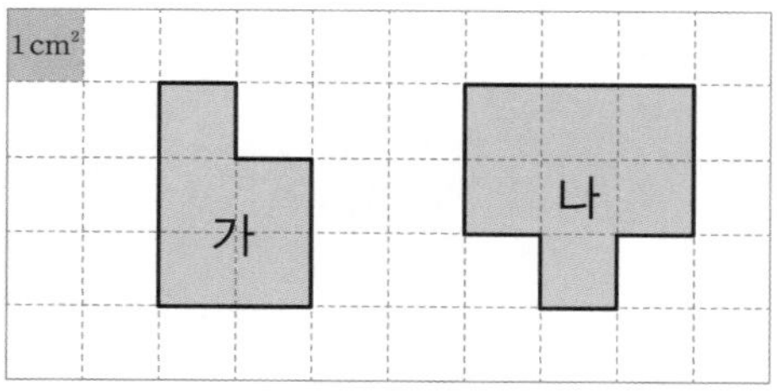

(1) 도형 가의 넓이는 $1\,cm^2$가 □개이므로 □ cm^2입니다.

(2) 도형 나의 넓이는 $1\,cm^2$가 □개이므로 □ cm^2입니다.

기본기 다지는 교과서 문제

1 도형의 넓이는 몇 cm^2인지 구하세요.

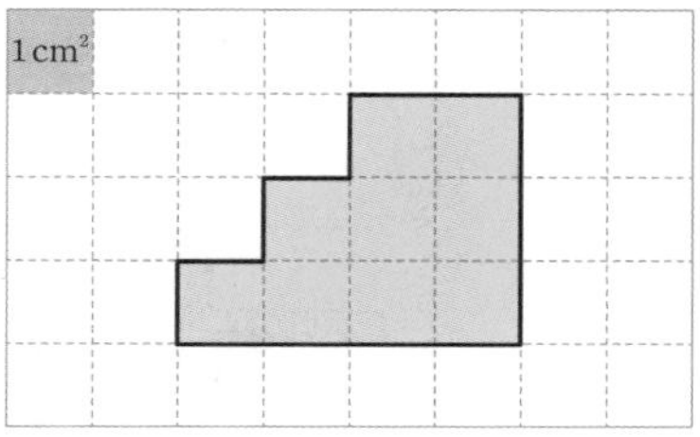

(　　　　　　　　)

2 넓이가 8 cm^2인 것을 모두 찾아 ○표 하세요.

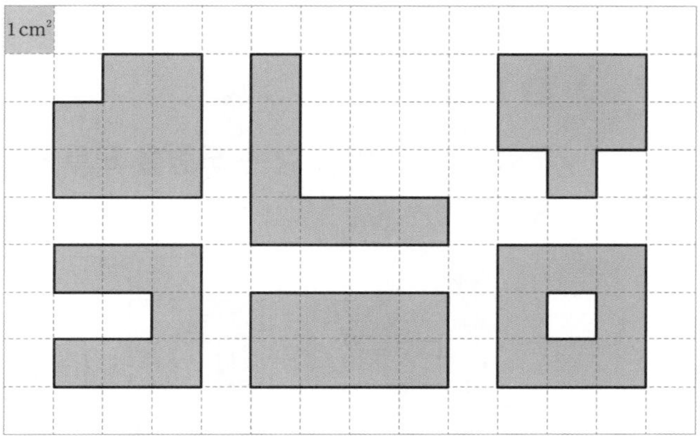

3 [1cm²]를 이용하여 도형의 넓이를 구하려고 합니다. □ 안에 알맞은 것을 써넣으세요.

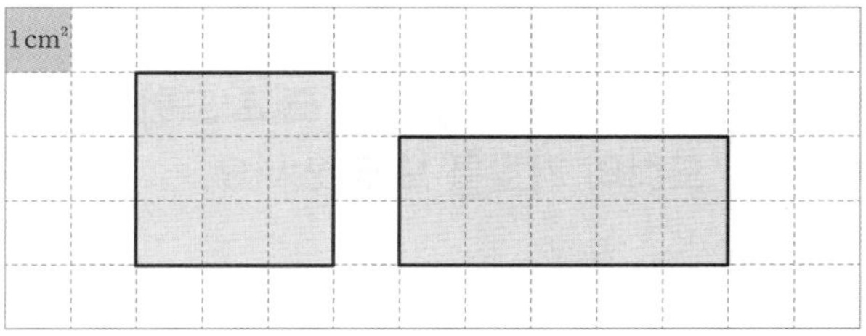

(1) 도형 가의 넓이는 □ cm^2입니다.

(2) 도형 나의 넓이는 □ cm^2입니다.

(3) 넓이가 더 넓은 것은 도형 □입니다.

개념 따라쓰기

$1 cm^2$ 알아보기

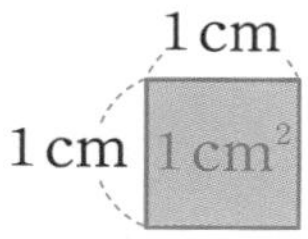

한 변의 길이가 1 cm인 정사각형의 넓이를 1 cm^2라 쓰고, 1 제곱센티미터라고 읽습니다.

도형의 넓이 구하기

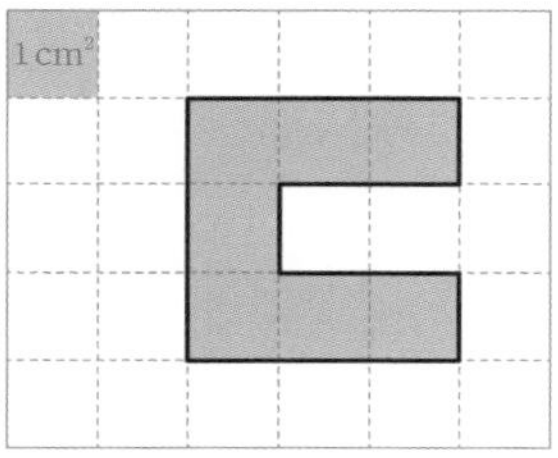

→ [1cm²]가 ★개 → ★ cm^2

1 cm^2의 수를 세어 도형의 넓이를 구할 수 있습니다.

6 단원

1

이해

□ 안에 알맞은 말을 써넣으세요.

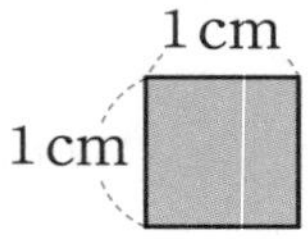

한 변의 길이가 1 cm인 정사각형의 넓이를 □라 쓰고, □라고 읽습니다.

2

56쪽

적용

도형의 넓이는 몇 cm^2인지 구하세요.

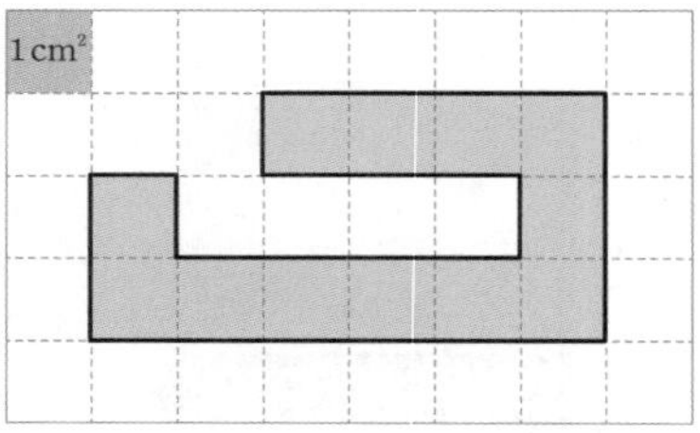

(　　　　　　　　)

3

적용

도형 가와 나의 넓이는 몇 cm^2인지 각각 구하세요.

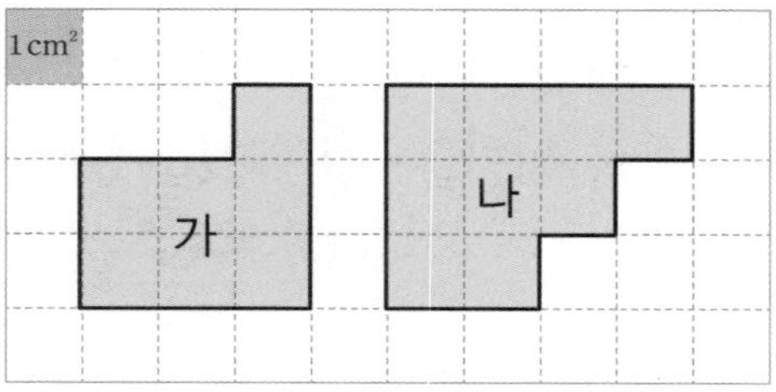

가 (　　　　　　　　)

나 (　　　　　　　　)

4

56쪽

이해

□ 안에 알맞은 수를 써넣으세요.

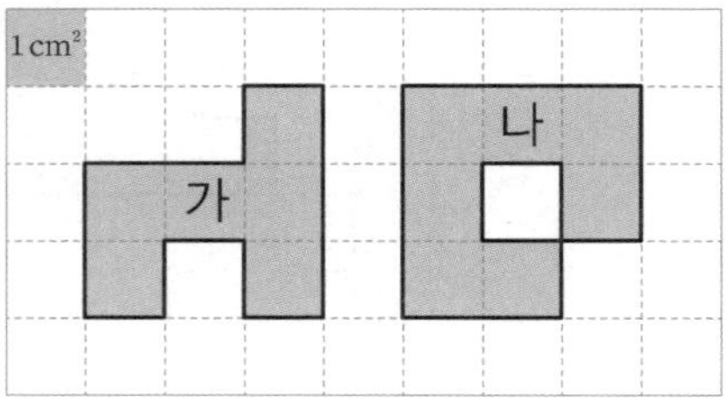

도형 나는 도형 가보다 넓이가 □ cm^2 더 넓습니다.

5

56쪽

문제 해결

도형 가와 넓이가 같은 도형을 모두 찾아 기호를 쓰세요.

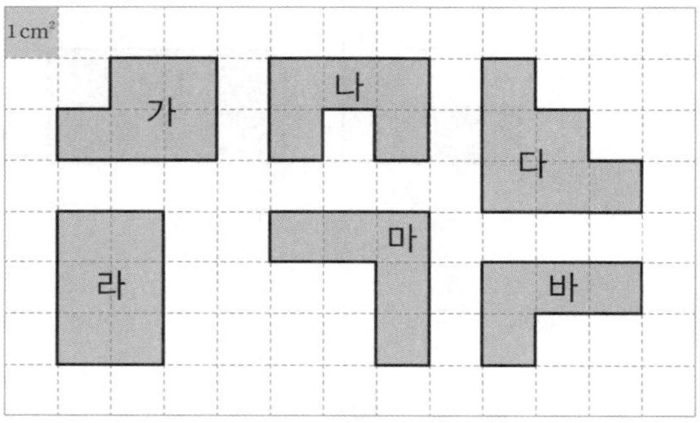

(　　　　　　　　)

6

56쪽

문제 해결

도형 가보다 넓이가 크고 도형 마보다 넓이가 작은 도형의 기호를 모두 쓰세요.

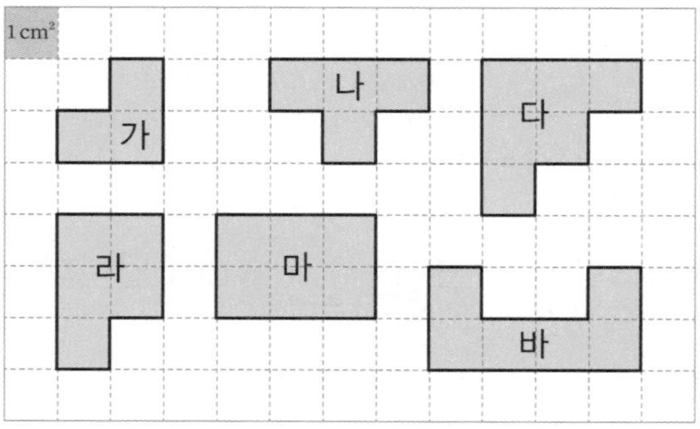

(　　　　　　　　)

[7~8] 조각 맞추기 놀이를 하고 있습니다. 물음에 답하세요.

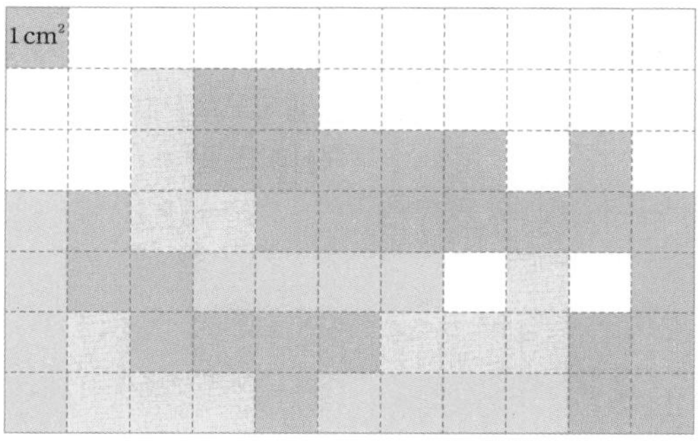

7 57쪽 추론

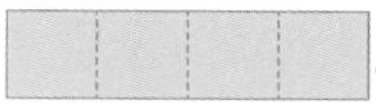으로 채워진 부분의 넓이는 모두 몇 cm^2일까요?

(　　　　　　　)

8 57쪽 추론

모양 조각이 차지하는 부분의 넓이는 몇 cm^2일까요?

(　　　　　　　)

+9 57쪽 수학적 독해력

도형의 넓이를 $2\,cm^2$씩 늘리며 규칙에 따라 그리려고 합니다. 빈칸에 알맞은 도형을 그려 보세요.

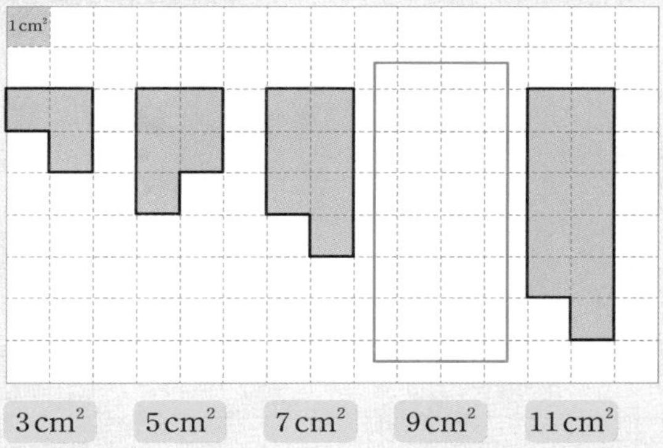

+10 57쪽 수학적 표현력

도형 가와 나 중에서 더 넓은 도형을 찾아 기호를 쓰려고 합니다. 더 넓은 도형은 무엇인지 풀이 과정을 쓰고, 답을 구하세요.

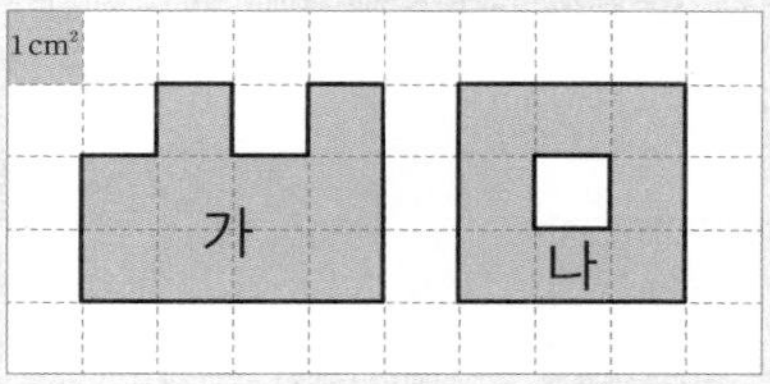

[풀이] ______________________

[답] ______________________

오늘 공부 어땠나요? 10개 중 맞힌 문제 □ 개 > 틀린 문제는 힌트를 보고 다시 도전해 보세요. > 맞힌 문제는 힌트를 보고 자신의 생각과 비교해 보세요.

29일 직사각형의 넓이

① 직사각형의 넓이 구하기

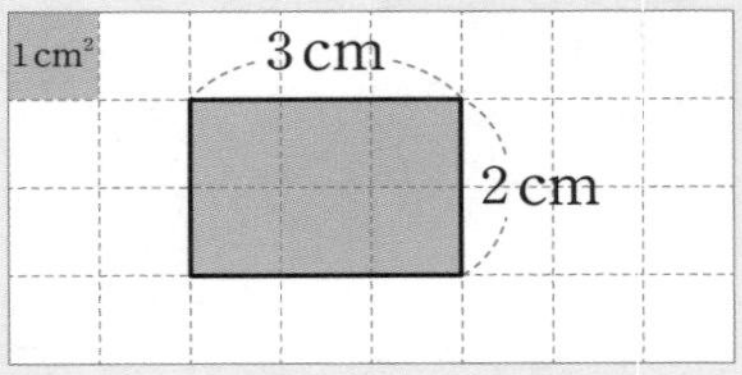

→ 1 cm²가 직사각형의 가로에 3개, 세로에 2개 있으므로 직사각형의 넓이는 $3\times2=6\ (cm^2)$입니다.

◐ 곱의 순서를 바꿔도 계산 결과는 같으므로 (세로)×(가로)로 계산해도 됩니다.

(직사각형의 넓이)=(가로)×(세로)

예
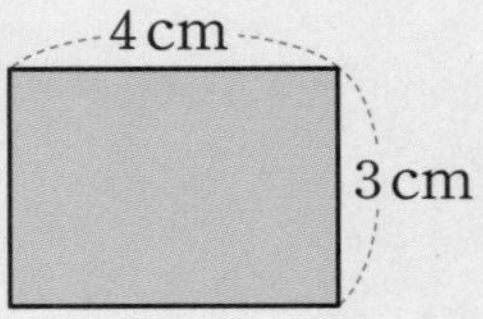

(직사각형의 넓이)$=4\times3=12\ (cm^2)$

② 정사각형의 넓이 구하기

정사각형은 직사각형이라고 할 수 있고, 정사각형은 네 변의 길이가 같으므로 '한 변의 길이'를 사용하여 나타냅니다.

(정사각형의 넓이)=(가로)×(세로)
=(한 변의 길이)×(한 변의 길이)

예
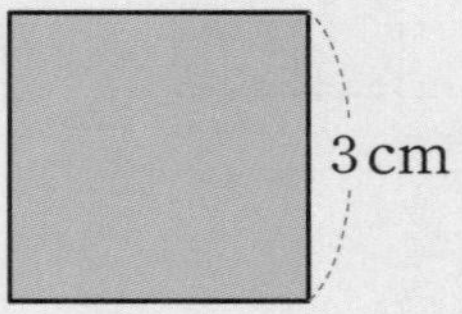

(정사각형의 넓이)$=3\times3=9\ (cm^2)$

확인 1 그림을 보고 □ 안에 알맞게 써넣으세요.

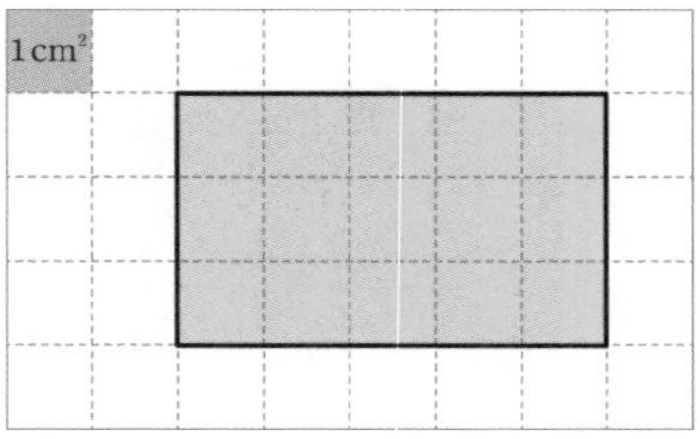

(1) 1 cm²가 가로에 □개, 세로에 □개 있습니다.

(2) (직사각형의 넓이)=(가로)×(□)
=□×□=□ (cm^2)

확인 2 그림을 보고 □ 안에 알맞게 써넣으세요.

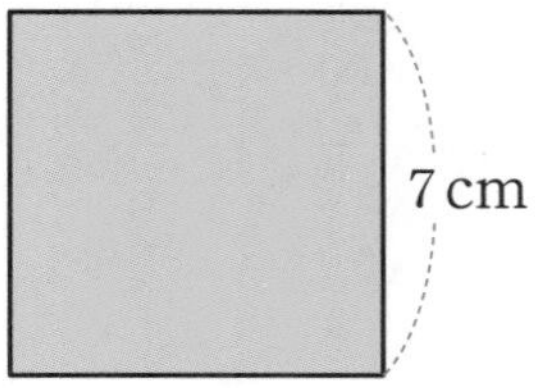

(정사각형의 넓이)
=(한 변의 길이)×(□)
=□×□=□ (cm^2)

» 정답 · 풀이 41쪽

1 직사각형과 정사각형의 넓이를 구하려고 합니다. □ 안에 알맞은 수를 써넣으세요.

(1)

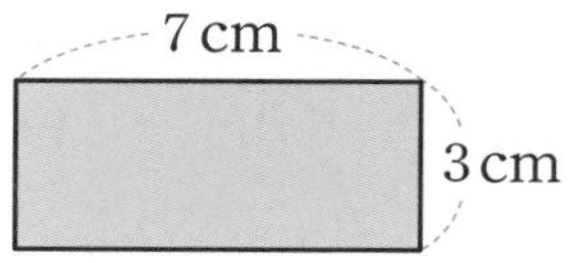

(직사각형의 넓이)
$= \square \times \square = \square$ (cm^2)

(2)

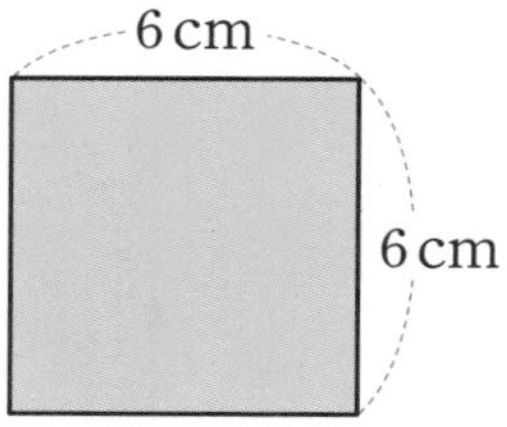

(정사각형의 넓이)
$= \square \times \square = \square$ (cm^2)

2 직사각형의 넓이는 몇 cm^2인지 구하세요.

(1)

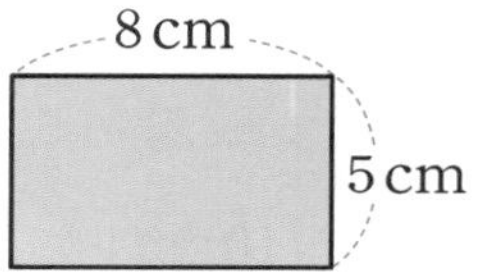

(　　　　　　)

(2)

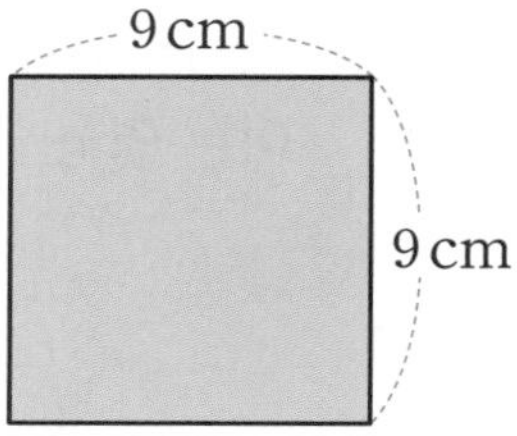

(　　　　　　)

3 표의 빈칸에 알맞은 수를 써넣으세요.

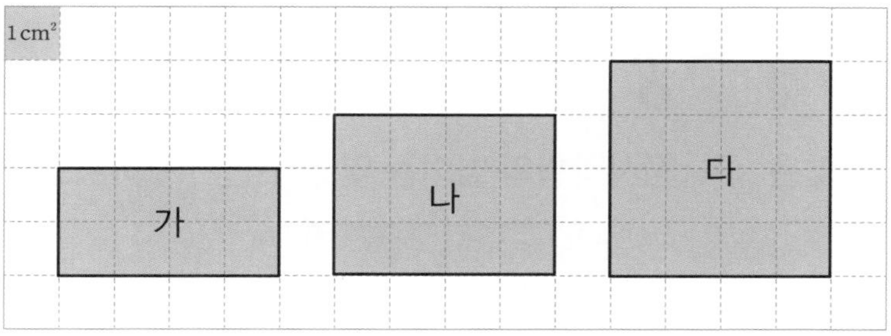

직사각형	가로(cm)	세로(cm)	넓이(cm^2)
가	4		
나	4		
다	4		

개념 따라쓰기

직사각형의 넓이 구하기

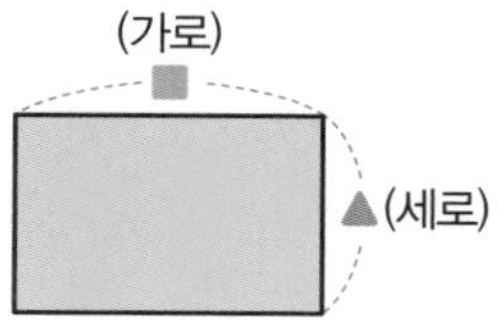

→ ■×▲

(직사각형의 넓이)
=(가로)×(세로)

정사각형의 넓이 구하기

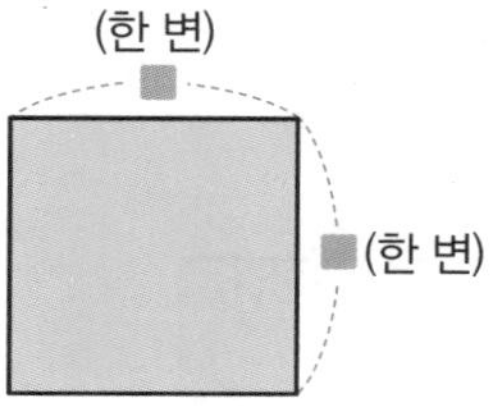

→ ■×■

(정사각형의 넓이)
=(한 변의 길이)
×(한 변의 길이)

6 단원

스스로 풀어내는 도전 10 문제

막힐 땐 힌트북

1

계산

직사각형의 넓이는 몇 cm^2인지 구하세요.

(1)

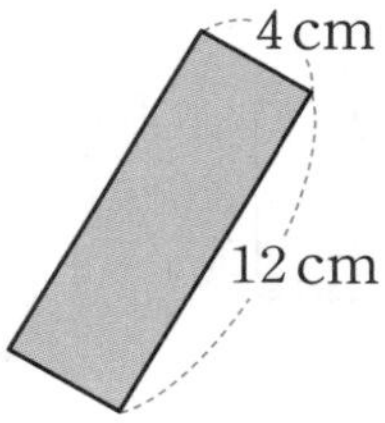

(　　　　　　)

(2)

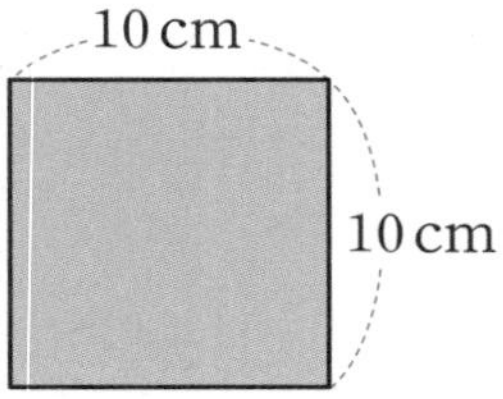

(　　　　　　)

2

이해

직사각형의 넓이가 더 넓은 것의 기호를 쓰세요.

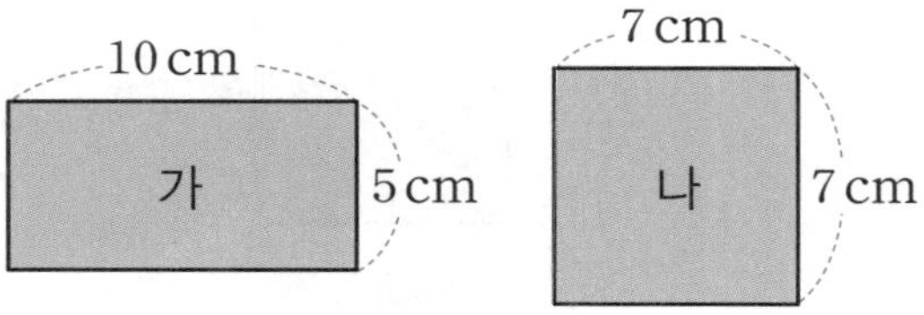

(　　　　　　)

3

58쪽

적용

직사각형의 넓이가 96 cm^2입니다. □ 안에 알맞은 수를 써넣으세요.

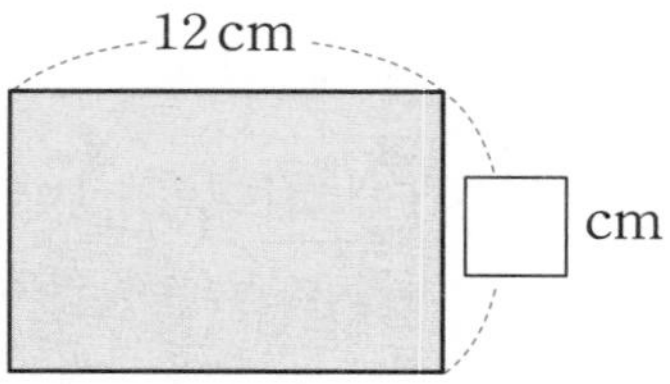

4

58쪽

적용

두 정사각형의 넓이의 차는 몇 cm^2인지 구하세요.

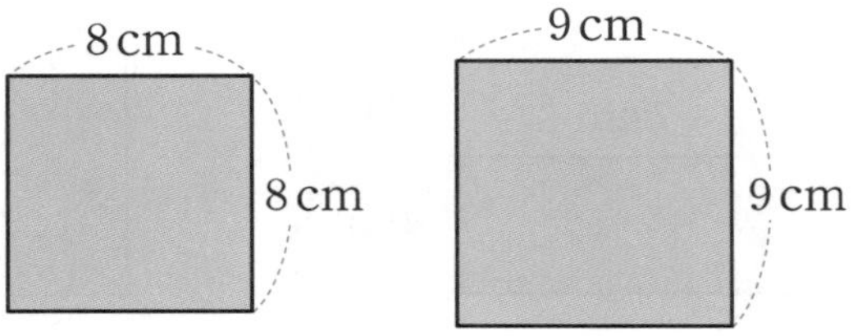

(　　　　　　)

5

58쪽

문제 해결

직사각형의 둘레는 48 cm입니다. 이 직사각형의 넓이는 몇 cm^2일까요?

(　　　　　　)

6

58쪽

문제 해결

정사각형의 넓이는 몇 cm^2인지 구하세요.

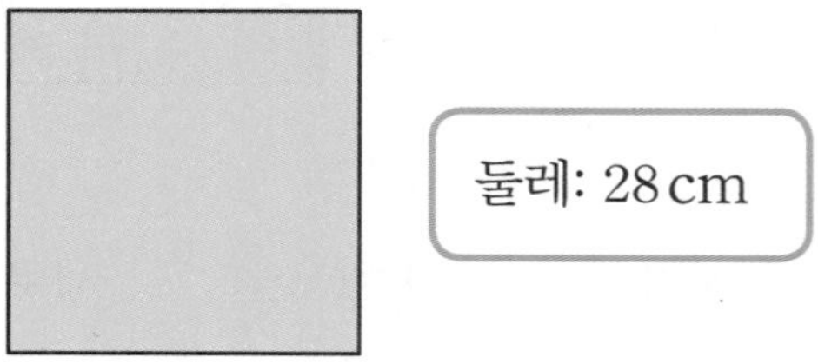

(　　　　　　)

» 정답 · 풀이 41쪽

7 59쪽 창의 융합

직사각형과 정사각형의 넓이가 같을 때 정사각형의 한 변의 길이는 몇 cm일까요?

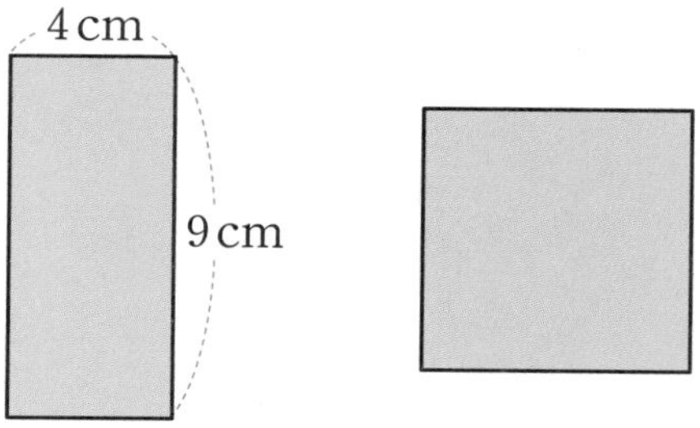

(　　　　　　　　)

8 59쪽 추론

크기가 다른 정사각형을 겹치지 않게 이어 붙여 만든 도형입니다. 만든 도형의 전체 넓이는 몇 cm^2일까요?

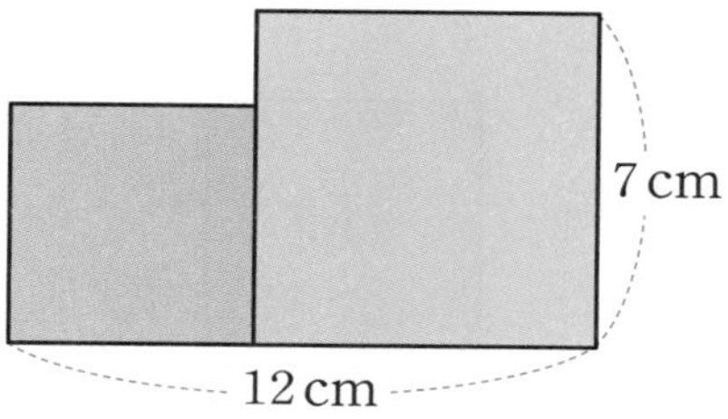

(　　　　　　　　)

+9 59쪽 수학적 독해력

정사각형의 네 변의 길이를 각각 2 cm씩 늘이면 정사각형의 넓이는 몇 cm^2 늘어나는지 구하세요.

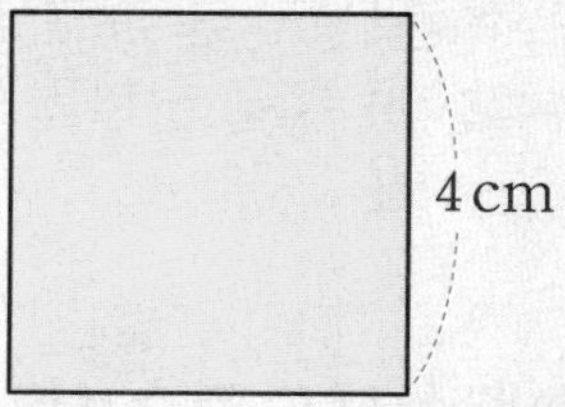

(　　　　　　　　)

+10 59쪽 수학적 표현력

슬기와 로운이가 직사각형의 넓이를 구하고 있습니다. 두 친구의 풀이에서 잘못된 곳을 찾아 밑줄을 긋고 바르게 고쳐 보세요.

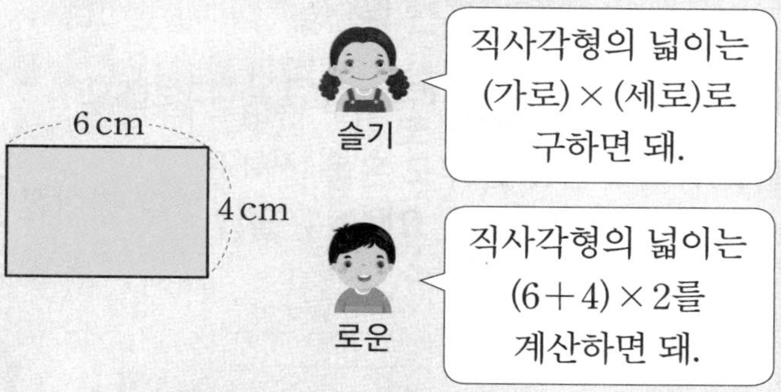

바르게 고치기 ______________________

____

____

오늘 공부 어땠나요? 10개 중 맞힌 문제 ☐ 개 › 틀린 문제는 힌트를 보고 다시 도전해 보세요. › 맞힌 문제는 힌트를 보고 자신의 생각과 비교해 보세요.

30일 $1\,cm^2$ 보다 더 큰 넓이의 단위

① $1\,m^2$ 알아보기

한 변의 길이가 $1\,m$인 정사각형의 넓이를 **$1\,m^2$**라 쓰고, **1 제곱미터**라고 읽습니다.

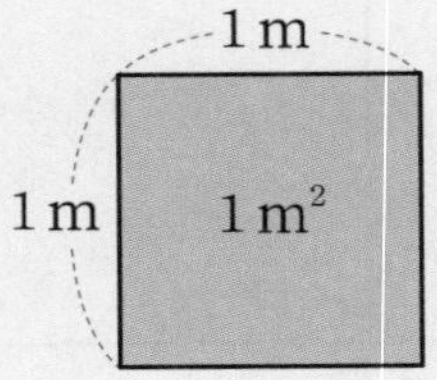

〔쓰기〕 $1\,m^2$

〔읽기〕 1 제곱미터

개념+ $1\,cm^2$와 $1\,m^2$ 사이의 관계

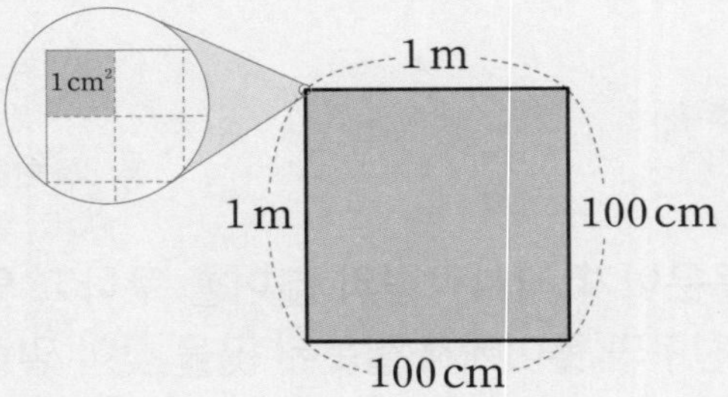

$1\,m = 100\,cm$이므로
$1\,m^2$는 $10000\,cm^2$와 같습니다.

$1\,m^2 = 10000\,cm^2$

◐ $1\,m^2$인 정사각형에는 $1\,cm^2$인 정사각형이 한 줄에 100개씩 100줄 들어갑니다.

① $1\,km^2$ 알아보기

한 변의 길이가 $1\,km$인 정사각형의 넓이를 **$1\,km^2$**라 쓰고, **1 제곱킬로미터**라고 읽습니다.

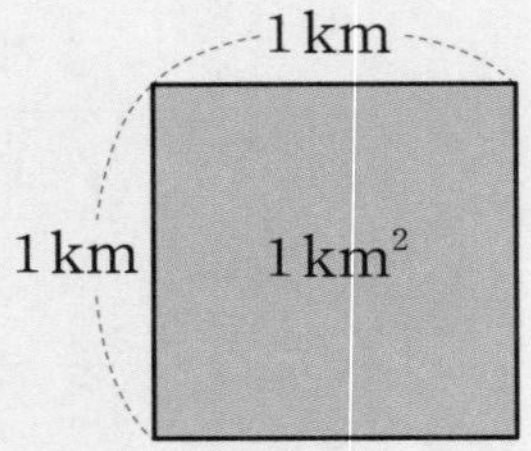

〔쓰기〕 $1\,km^2$

〔읽기〕 1 제곱킬로미터

개념+ $1\,m^2$와 $1\,km^2$ 사이의 관계

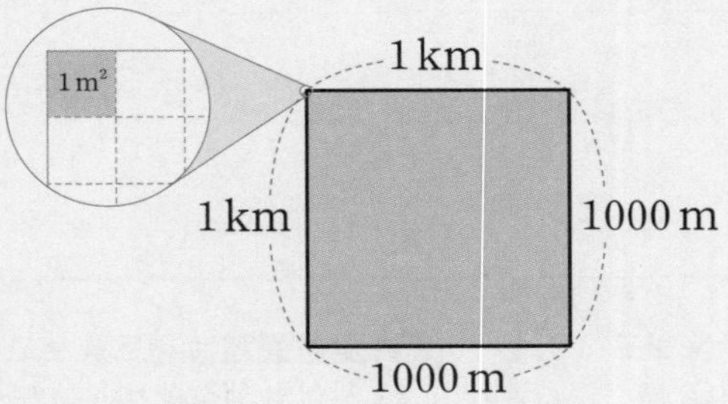

$1\,km = 1000\,m$이므로
$1\,km^2$는 $1000000\,cm^2$와 같습니다.

$1\,km^2 = 1000000\,m^2$

◐ $1\,km^2$인 정사각형에는 $1\,m^2$인 정사각형이 한 줄에 1000개씩 1000줄 들어갑니다.

» 정답 · 풀이 42쪽

1 □ 안에 알맞은 수를 써넣으세요.

(1)

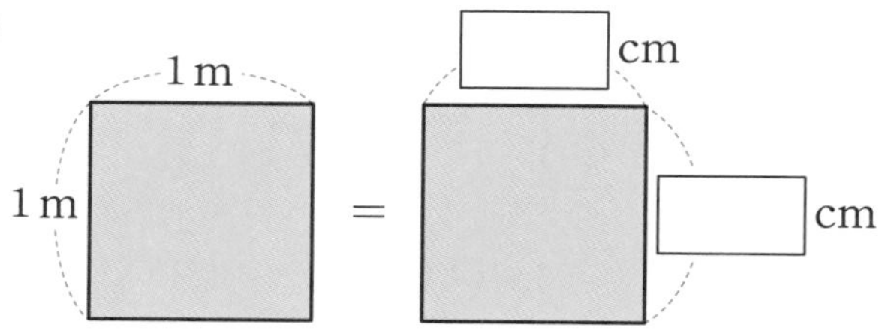

$1\ m^2=$ □ cm^2

(2)

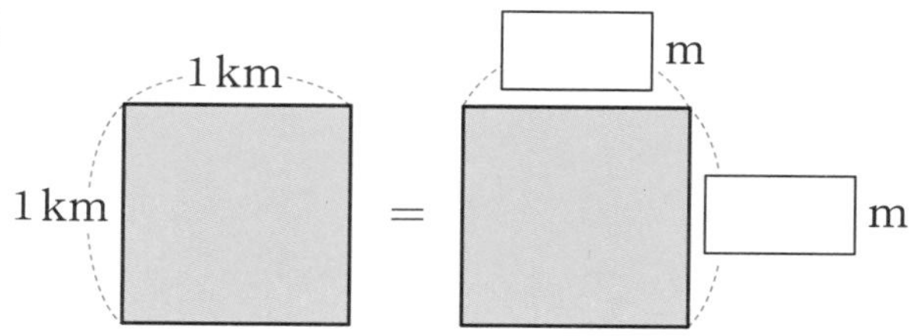

$1\ km^2=$ □ m^2

2 □ 안에 알맞은 수를 써넣으세요.

(1) $6\ m^2=$ □ cm^2

(2) $4000000\ m^2=$ □ km^2

(3) $12\ km^2=$ □ m^2

(4) $800000\ cm^2=$ □ m^2

3 $1\ km^2$가 몇 번 들어가는지 □ 안에 알맞은 수를 써넣으세요.

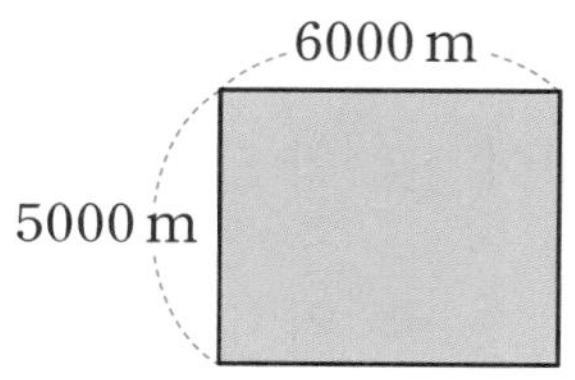

$1\ km^2$가 □ 번

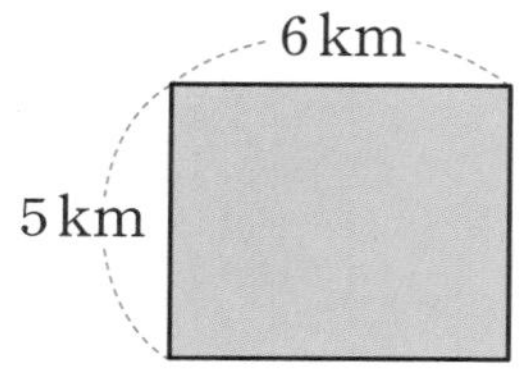

$1\ km^2$가 □ 번

개념 따라쓰기

$1\ m^2$ 알아보기

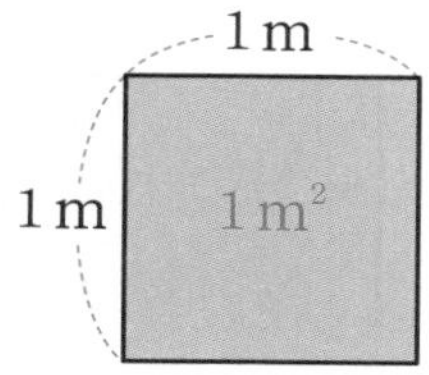

한 변의 길이가 1 m인 정사각형의 넓이를 $1\ m^2$라 쓰고, 1 제곱미터라고 읽습니다.

$1\ km^2$ 알아보기

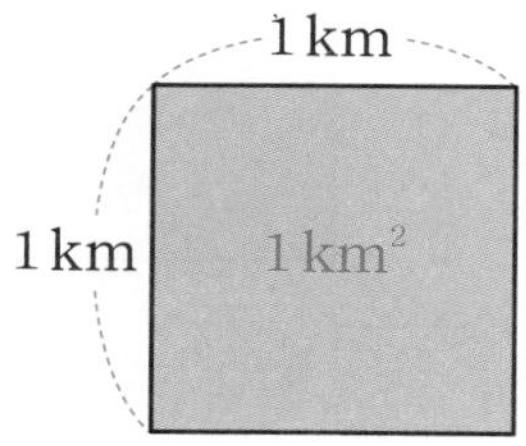

한 변의 길이가 1 km인 정사각형의 넓이를 $1\ km^2$라 쓰고, 1 제곱킬로미터라고 읽습니다.

$1\ m^2$와 $1\ km^2$ 사이의 관계

1 m=100 cm

→ $1\ m^2=10000\ cm^2$

1 km=1000 m

→ $1\ km^2=1000000\ m^2$

6 단원

1

계산

직사각형의 넓이를 구하세요.

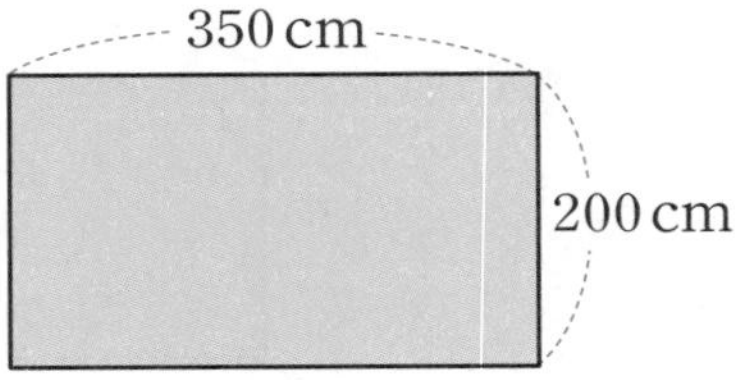

□ cm^2 = □ m^2

2

계산

정사각형의 넓이를 구하세요.

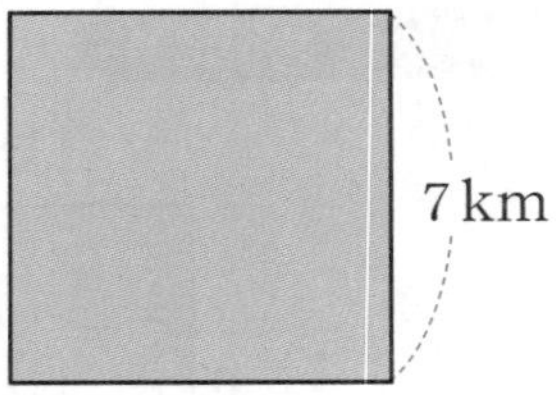

□ km^2 = □ m^2

3

60쪽

적용

여러 지역의 넓이를 m^2와 km^2로 나타낸 것입니다. 표를 완성하세요.

지역 \ 넓이	m^2	km^2
가	6000000	
나		7
다	35000000	
라		42

4

60쪽

적용

○ 안에 >, =, <를 알맞게 써넣으세요.

(1) 500000 cm^2 ○ 55 m^2

(2) 2 km^2 ○ 400000 m^2

5

60쪽

문제 해결

도형의 넓이는 몇 m^2인지 구하세요.

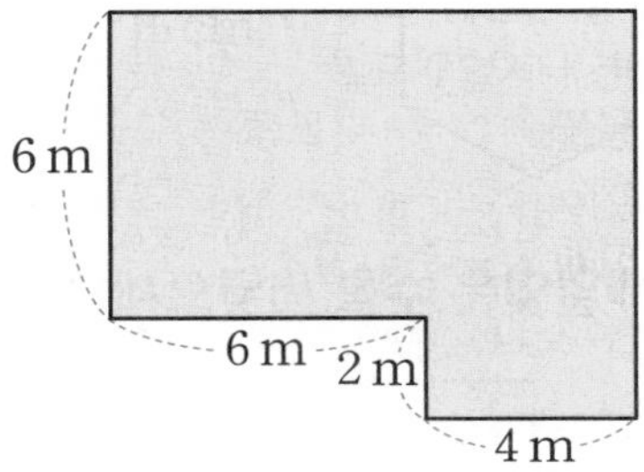

(　　　　　　)

6

60쪽

문제 해결

〈보기〉에서 알맞은 단위를 골라 □ 안에 써넣으세요.

〈보기〉
cm^2　　m^2　　km^2

(1) 서울특별시의 넓이 → 약 600 □

(2) 수학교과서의 넓이 → 약 550 □

(3) 교실의 넓이 → 약 68 □

» 정답 · 풀이 42쪽

7 61쪽 창의 융합

정사각형과 직사각형의 넓이가 같을 때 정사각형의 한 변의 길이는 몇 km인지 구하세요.

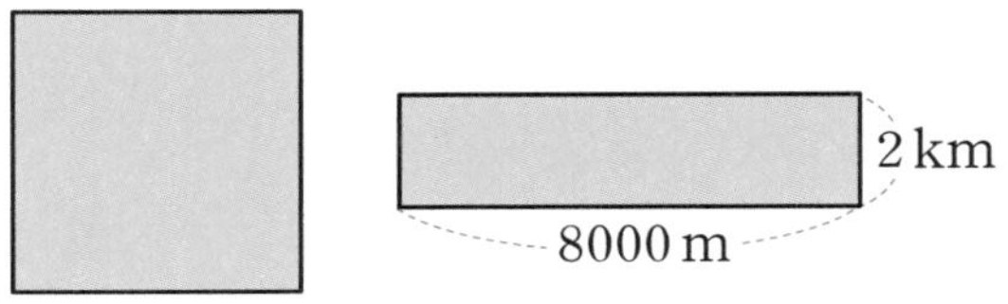

(   )

8 61쪽 추론

색칠한 부분의 넓이는 몇 km^2인지 구하세요.

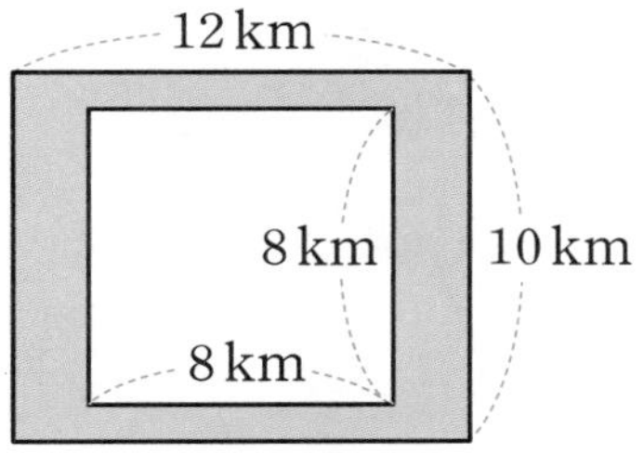

(   )

+9 61쪽 수학적 독해력

한 변의 길이가 6 km인 정사각형 모양의 땅에는 100 m^2가 몇 번 들어가는지 구하세요.

(   )

+10 61쪽 수학적 표현력

영준이네 동네는 가로가 1200 m, 세로가 5000 m인 직사각형 모양입니다. 영준이네 동네의 넓이는 몇 km^2인지 풀이 과정을 쓰고, 답을 구하세요.

풀이 ____________________

____

____

답 ____________________

6 단원

오늘 공부 어땠나요?

10개 중 맞힌 문제 ☐ 개 › **틀린 문제**는 힌트를 보고 다시 도전해 보세요. › **맞힌 문제**는 힌트를 보고 자신의 생각과 비교해 보세요.

31일 평행사변형의 넓이

① 평행사변형의 밑변과 높이

평행사변형에서 평행한 두 변을 **밑변**이라 하고, 두 밑변 사이의 거리를 **높이**라고 합니다.

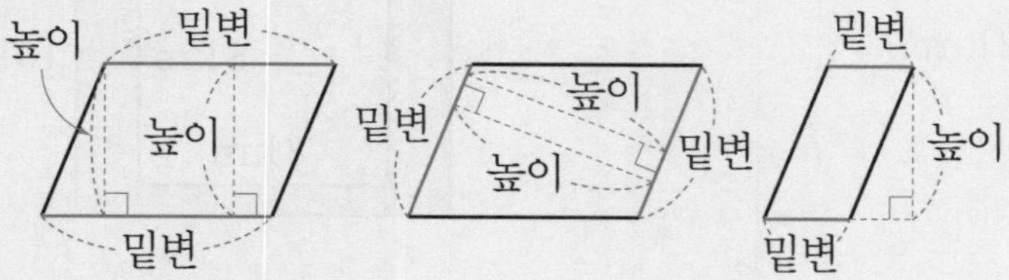

◐ 평행사변형의 밑변은 밑에 있는 변이나 고정된 변이 아닌 기준이 되는 변이며, 높이는 밑변에 따라 정해집니다.

② 평행사변형의 넓이 구하기

평행사변형을 잘라 직사각형을 만들면 평행사변형의 넓이를 구할 수 있습니다.

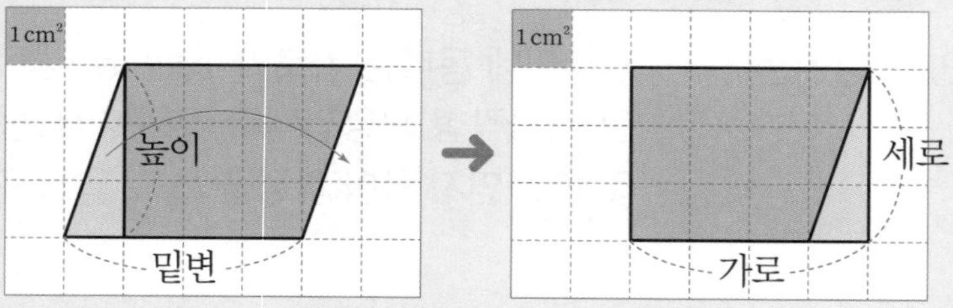

(평행사변형의 넓이)=(직사각형의 넓이)
=(가로)×(세로)
= (밑변의 길이)×(높이)

(평행사변형의 넓이)=(밑변의 길이)×(높이)

예

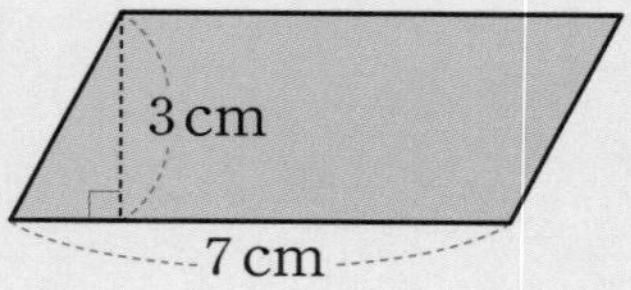

(평행사변형의 넓이)$=7\times3=21$ (cm^2)

개념+ 평행사변형의 모양이 달라도 밑변의 길이와 높이가 같으면 넓이가 모두 같습니다.

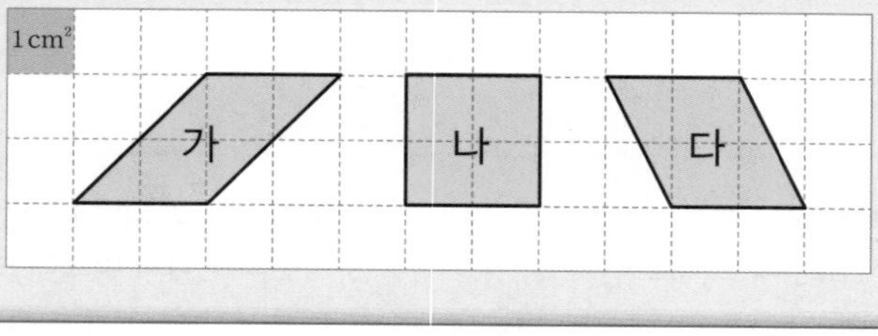

(가의 넓이)=(나의 넓이)=(다의 넓이)
$=2\times2=4$ (cm^2)

기본기 다지는 교과서 문제

» 정답 · 풀이 44쪽

1 〈보기〉와 같이 평행사변형의 높이를 나타내세요.

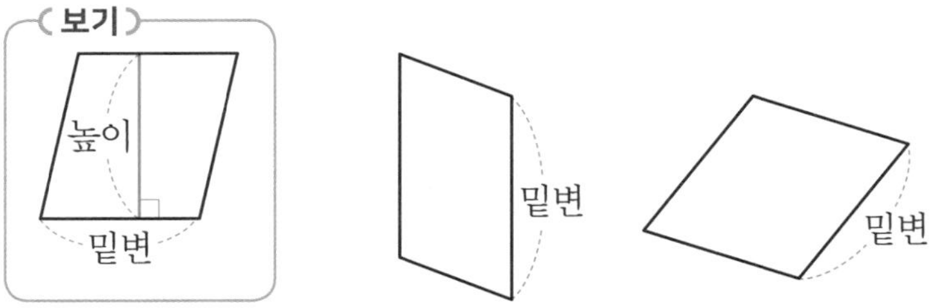

2 직사각형의 넓이를 이용하여 평행사변형의 넓이를 구하려고 합니다. □ 안에 알맞은 수를 써넣으세요.

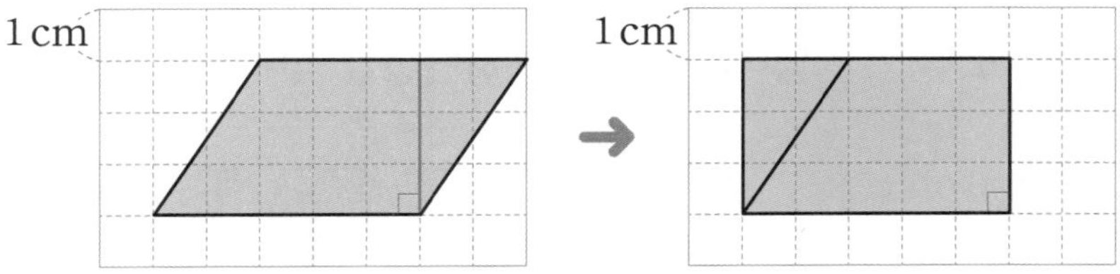

(평행사변형의 넓이)=(직사각형의 넓이)

=5×□=□ (cm^2)

3 □ 안에 알맞은 수를 써넣으세요.

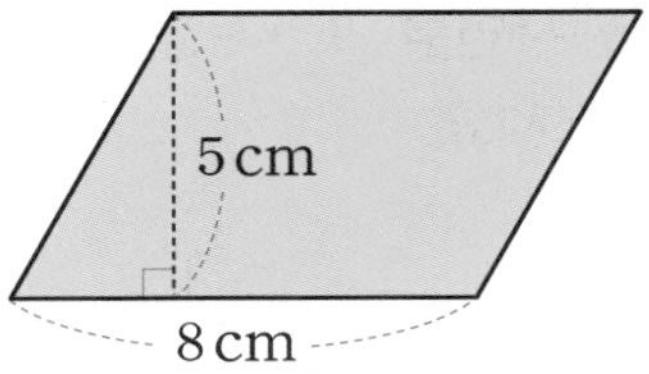

(평행사변형의 넓이)=(밑변의 길이)×(높이)

=8×□=□ (cm^2)

개념 따라쓰기

평행사변형의 밑변과 높이

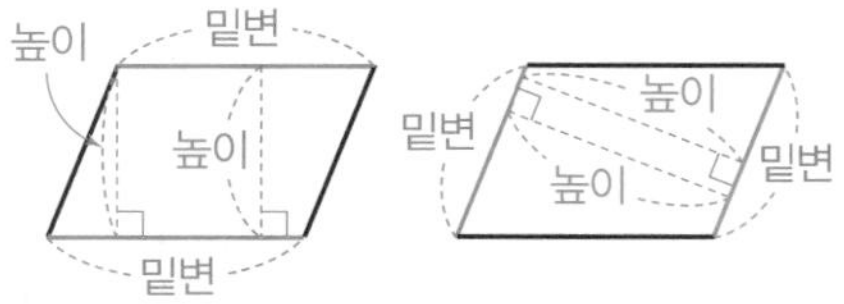

평행사변형에서 평행한 두 변을 밑변이라 하고, 두 밑변 사이의 거리를 높이라고 합니다.

평행사변형의 넓이 구하기

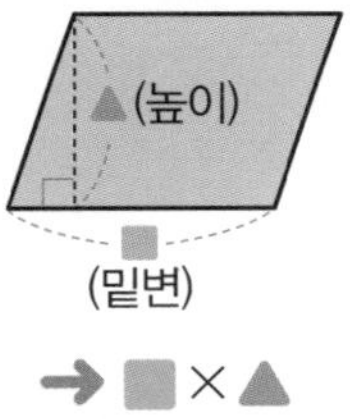

(평행사변형의 넓이)
=(밑변의 길이)×(높이)

6 단원

1

이해

평행사변형 가와 나의 높이는 각각 몇 cm인지 구하세요.

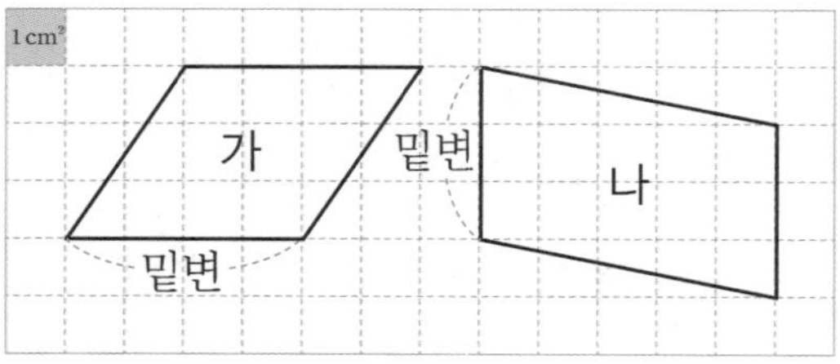

가 (   )
나 (   )

2

62쪽

이해

평행사변형의 넓이를 구하는 데 필요한 길이에 모두 ○표 하고 넓이는 몇 cm^2인지 구하세요.

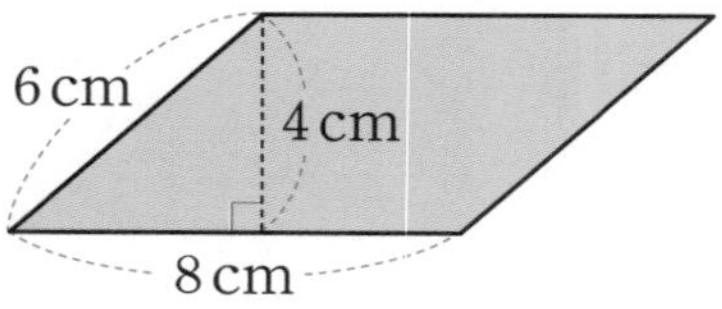

(   )

3

적용

평행사변형의 넓이는 몇 cm^2인지 구하세요.

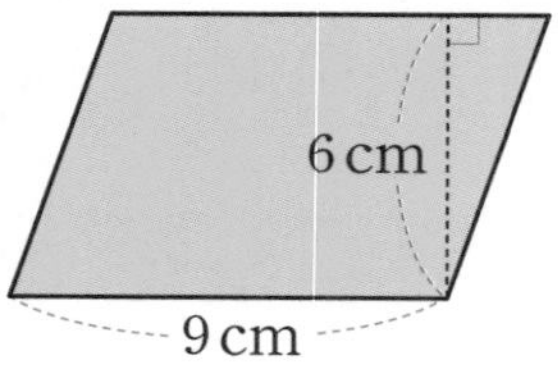

(   )

4

62쪽

적용

□ 안에 알맞은 수를 써넣으세요.

(1)

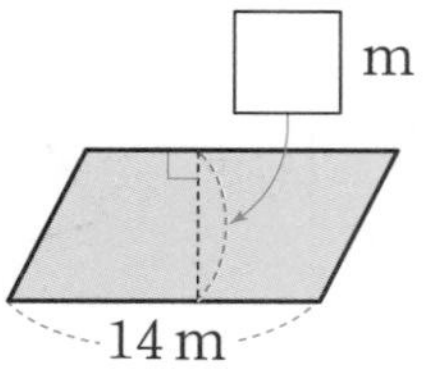

넓이: 98 m^2

(2)

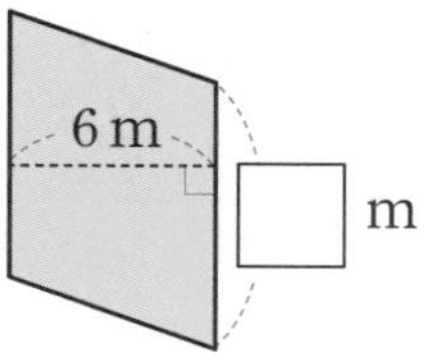

넓이: 48 m^2

5

62쪽

문제 해결

넓이가 다른 평행사변형을 찾아 기호를 쓰세요.

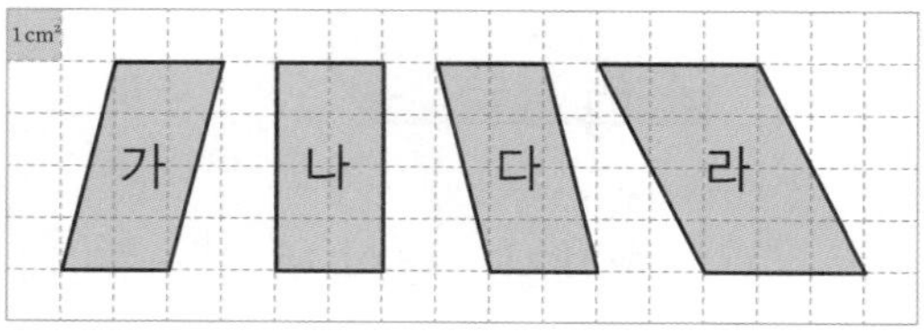

(   )

6

62쪽

문제 해결

평행사변형 가, 나 중에서 넓이가 더 넓은 것의 기호를 쓰세요.

가

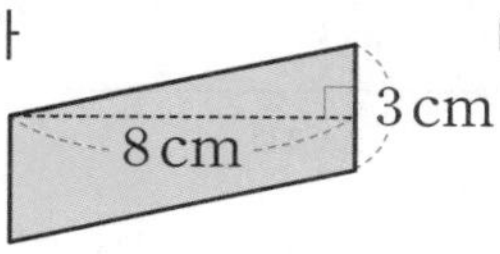

나

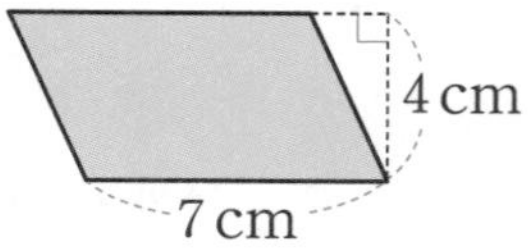

(   )

7 63쪽 창의 융합

평행사변형 가와 나의 넓이가 같을 때 □ 안에 알맞은 수를 써넣으세요.

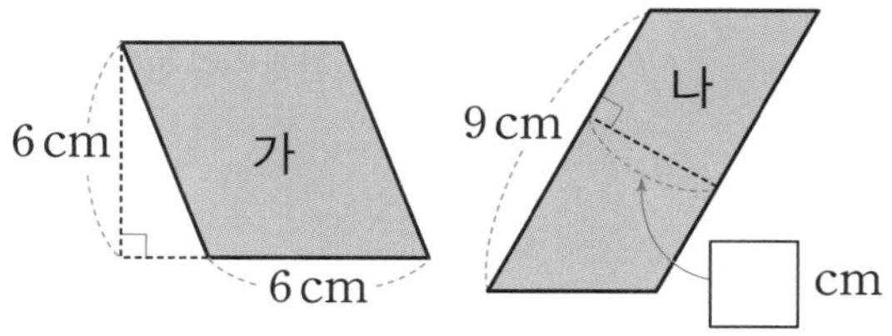

8 63쪽 추론

평행사변형 ㄱㄴㄷㄹ에서 색칠한 부분의 넓이는 몇 cm^2인지 구하세요.

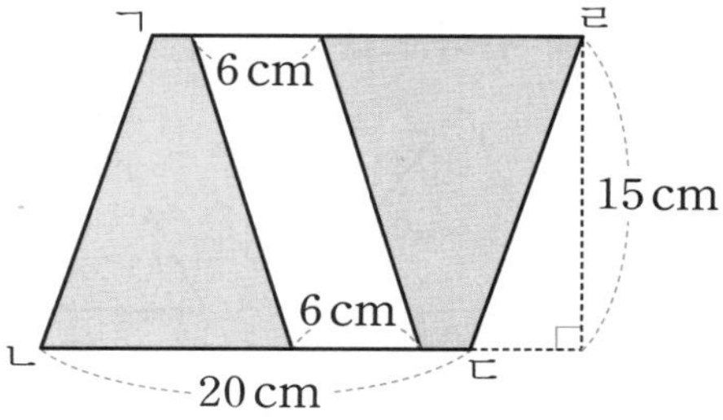

(　　　　　　　)

+9 63쪽 수학적 독해력

평행사변형 ㄱㄴㄷㄹ에서 변 ㄱㄴ이 밑변일 때 높이는 몇 cm인지 구하세요.

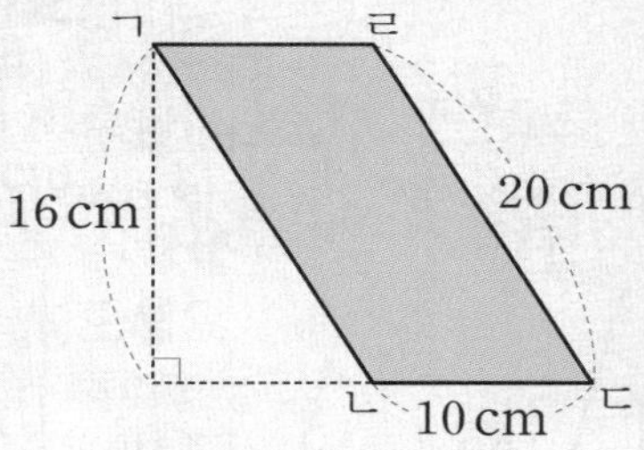

(　　　　　　　)

+10 63쪽 수학적 표현력

평행사변형을 보고 문장을 완성해 보세요.

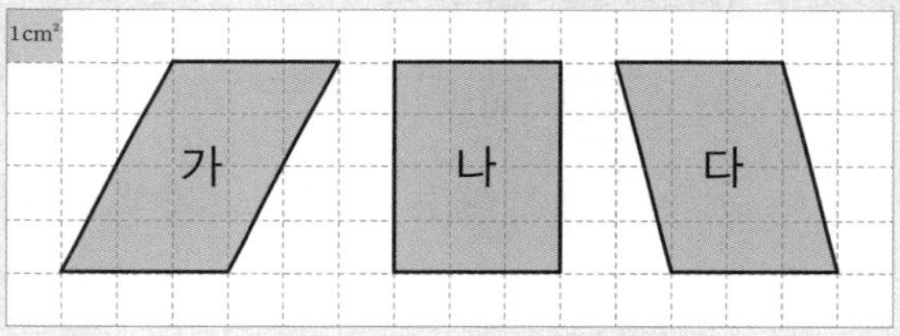

평행사변형 가, 나, 다의 넓이는 모두 같습니다. 왜냐하면

____

____

오늘 공부 어땠나요? 10개 중 맞힌 문제 □ 개

틀린 문제는 힌트를 보고 다시 도전해 보세요.

맞힌 문제는 힌트를 보고 자신의 생각과 비교해 보세요.

공부한 날 월 일

32일 삼각형의 넓이

① 삼각형의 밑변과 높이

삼각형에서 어느 한 변을 **밑변**이라고 하면, 그 밑변과 마주 보는 꼭짓점에서 밑변에 수직으로 그은 선분의 길이를 **높이**라고 합니다.

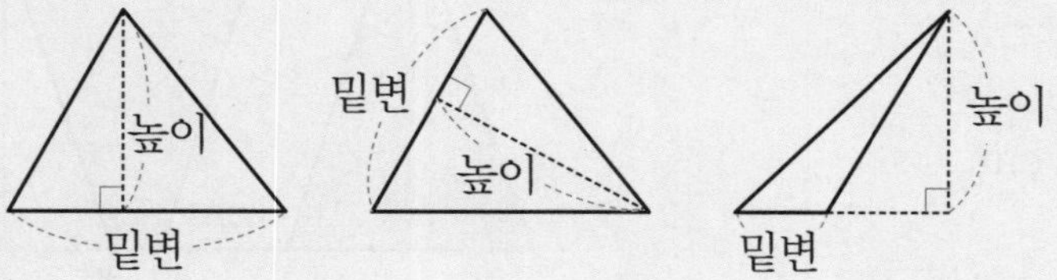

삼각형에서 밑변은 고정된 변이 아닌 기준이 되는 변이며, 높이는 밑변에 따라 정해집니다.

② 삼각형의 넓이 구하기

삼각형 2개를 붙여 평행사변형을 만들면 삼각형의 넓이를 구할 수 있습니다.

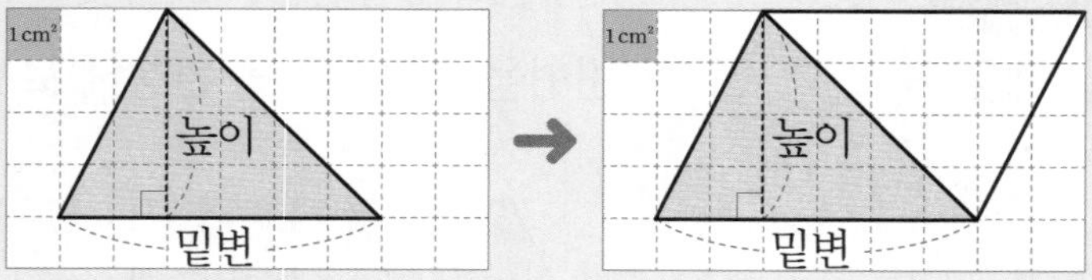

(삼각형의 넓이)＝(평행사변형의 넓이)÷2

＝(밑변의 길이)×(높이)÷2

> (삼각형의 넓이)＝(밑변의 길이)×(높이)÷2

삼각형의 밑변의 길이와 높이가 같으면 모양이 달라도 넓이는 같습니다.

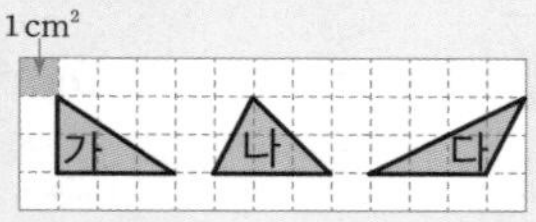

(가의 넓이)
＝(나의 넓이)
＝(다의 넓이)
＝3×2÷2＝3 (cm^2)

예

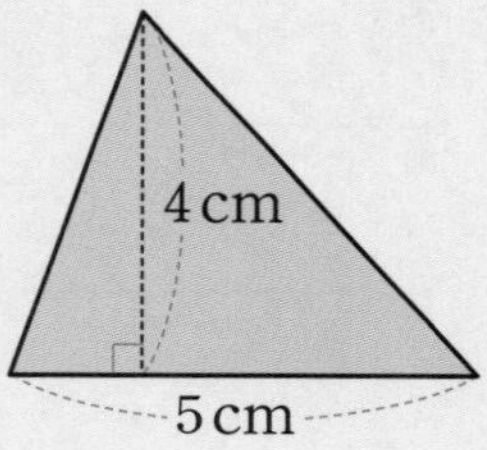

(삼각형의 넓이)＝5×4÷2＝10 (cm^2)

개념+ 삼각형을 잘라서 넓이 구하기

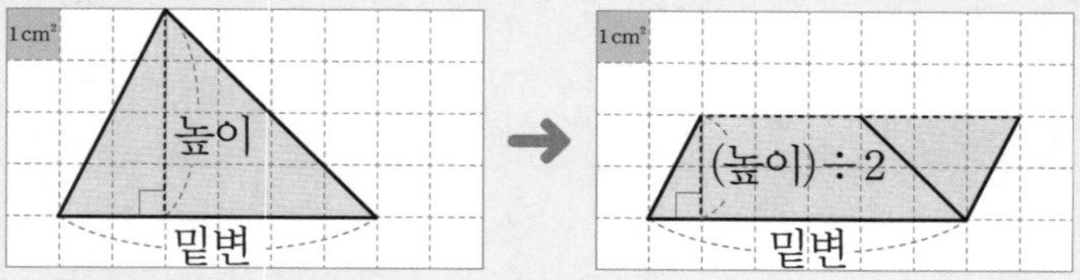

(삼각형의 넓이)＝(평행사변형의 넓이)

＝(밑변의 길이)×(높이)÷2

평행사변형의 밑변의 길이는 삼각형의 밑변의 길이와 같고, 높이는 삼각형의 높이의 반과 같습니다.

기본기 다지는 교과서 문제

1 〈보기〉와 같이 삼각형의 높이를 나타내세요.

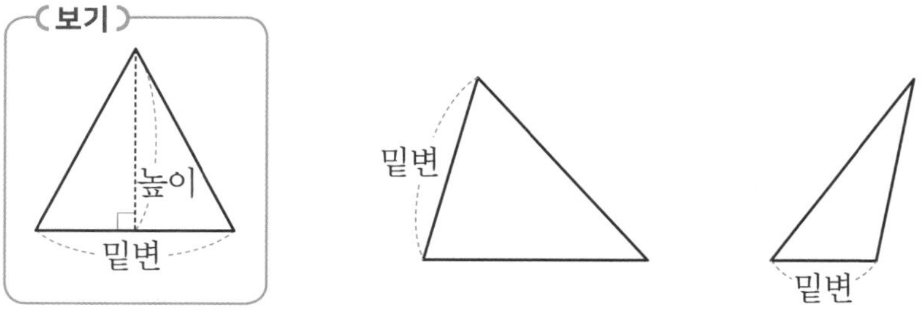

개념 따라쓰기

삼각형의 밑변과 높이

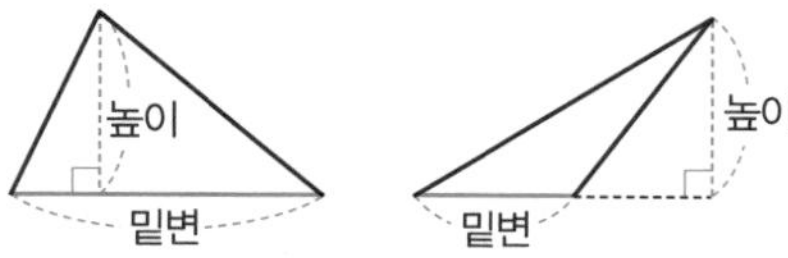

밑변과 마주 보는 꼭짓점에서 밑변에 수직으로 그은 선분의 길이를 높이라고 합니다.

2 삼각형 2개로 평행사변형을 만들어 삼각형의 넓이를 구하려고 합니다. □ 안에 알맞은 수를 써넣으세요.

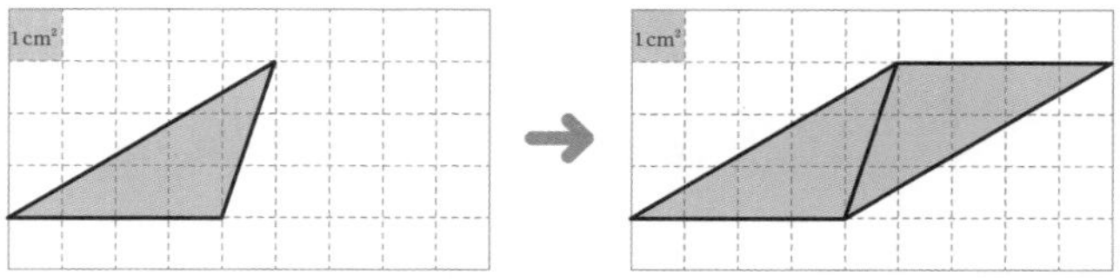

(삼각형의 넓이)＝(평행사변형의 넓이)÷2

＝4×□÷2＝□ (cm^2)

삼각형의 넓이

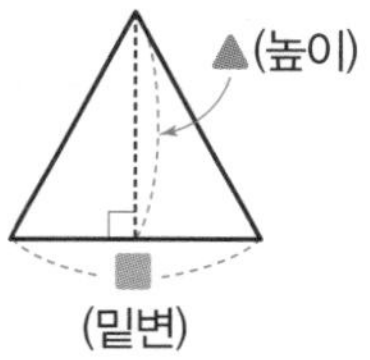

➜ ■×▲÷2

(삼각형의 넓이)
＝(밑변의 길이)×(높이)÷2

3 삼각형의 넓이를 구하려고 합니다. □ 안에 알맞은 수를 써넣으세요.

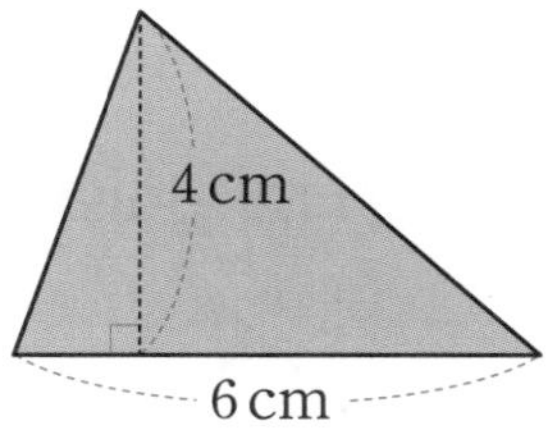

(삼각형의 넓이)＝(밑변의 길이)×(높이)÷2

＝6×□÷□＝□ (cm^2)

1

이해

삼각형의 밑변과 높이를 잘못 나타낸 것을 찾아 기호를 쓰세요.

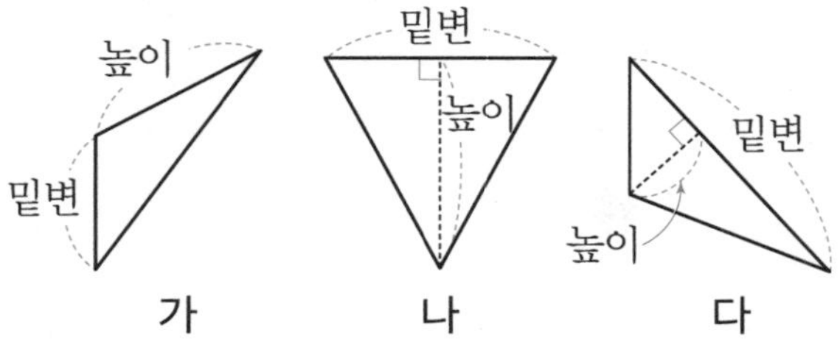

(　　　　　　　　　)

2

64쪽

이해

삼각형의 넓이를 구하는 데 필요한 길이에 모두 ○표 하고, 넓이는 몇 cm^2인지 구하세요.

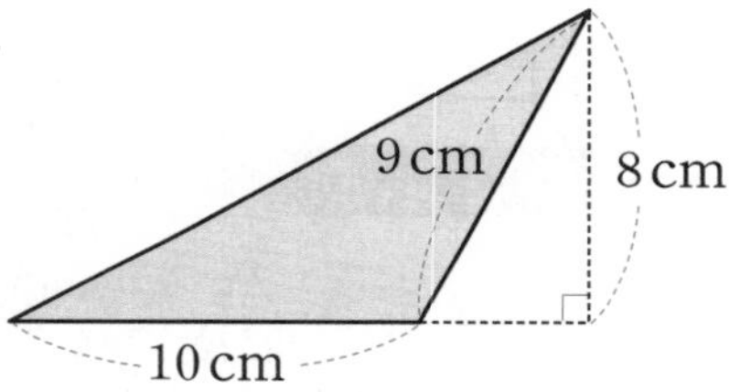

(　　　　　　　　　)

3

적용

삼각형의 넓이는 몇 cm^2인지 구하세요.

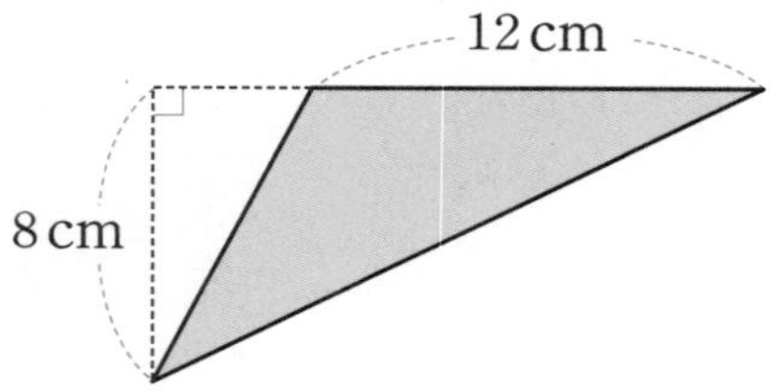

(　　　　　　　　　)

4

64쪽

문제 해결

삼각형 가와 나 중에서 넓이가 더 넓은 것의 기호를 쓰세요.

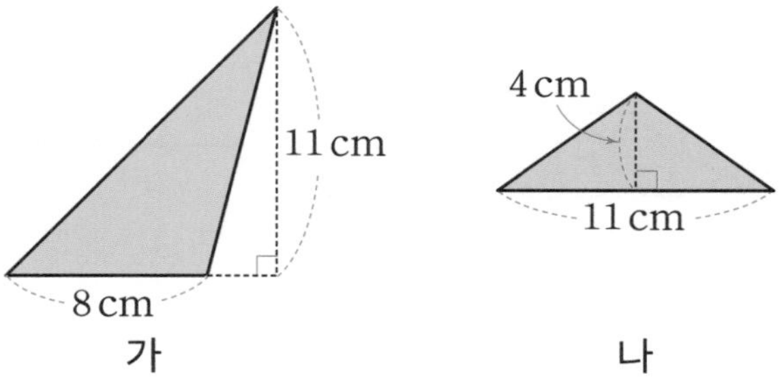

(　　　　　　　　　)

5

64쪽

문제 해결

□ 안에 알맞은 수를 써넣으세요.

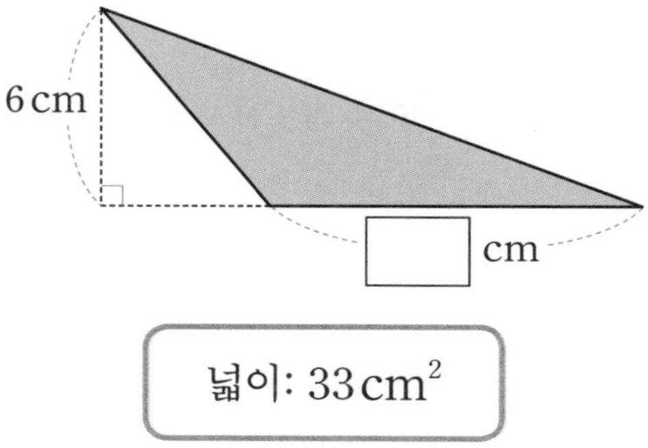

6

64쪽

문제 해결

삼각형 가와 나의 넓이의 합은 몇 cm^2인지 구하세요.

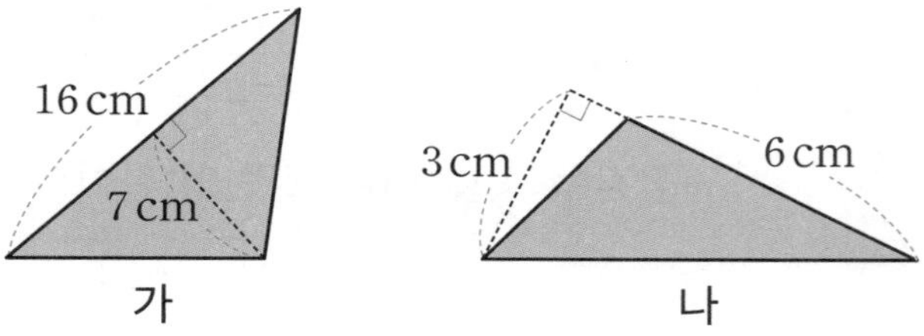

(　　　　　　　　　)

7 65쪽 창의 융합

삼각형 가와 나의 넓이가 같을 때 □ 안에 알맞은 수를 써넣으세요.

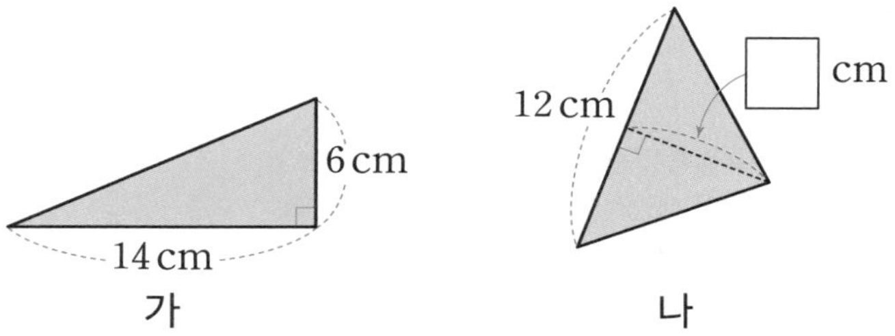

8 65쪽 추론

삼각형에서 ㉠의 길이는 몇 cm일까요?

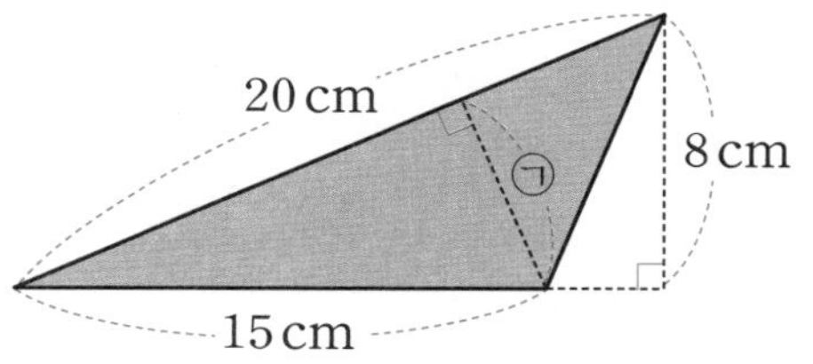

(　　　　　)

+9 65쪽 수학적 독해력

삼각형을 잘라서 평행사변형을 만들었습니다. 잘못 말한 사람의 이름을 쓰세요.

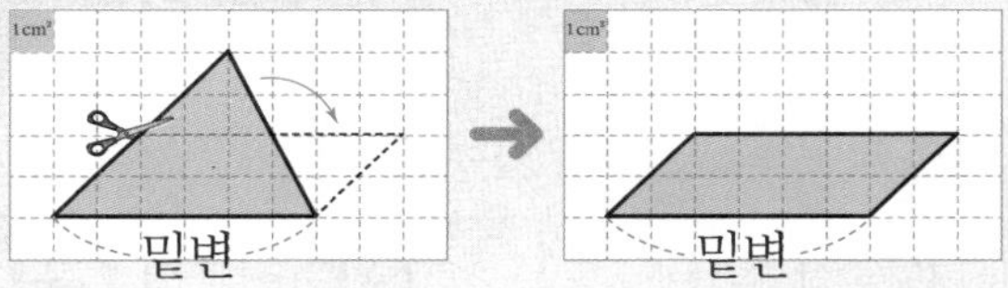

지혜: 삼각형의 넓이는 (밑변의 길이) × (높이) ÷ 2야.

영민: 삼각형과 평행사변형의 밑변의 길이는 같아.

수현: 삼각형과 평행사변형의 높이도 같아.

(　　　　　)

+10 65쪽 수학적 표현력

삼각형을 보고 문장을 완성해 보세요.

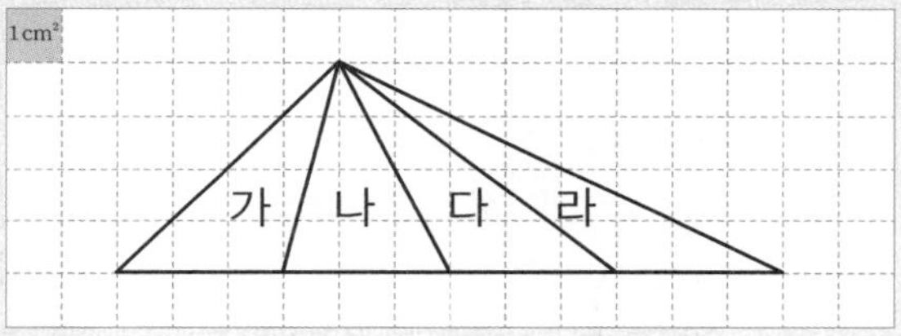

삼각형 가, 나, 다, 라의 넓이는 모두 같습니다. 왜냐하면

____

____

오늘 공부 어땠나요? 10개 중 맞힌 문제 □ 개 > **틀린 문제**는 힌트를 보고 다시 도전해 보세요. > **맞힌 문제**는 힌트를 보고 자신의 생각과 비교해 보세요.

33일 마름모의 넓이

① 마름모의 넓이 구하기

삼각형으로 잘라서 평행사변형을 만들면 마름모의 넓이를 구할 수 있습니다.

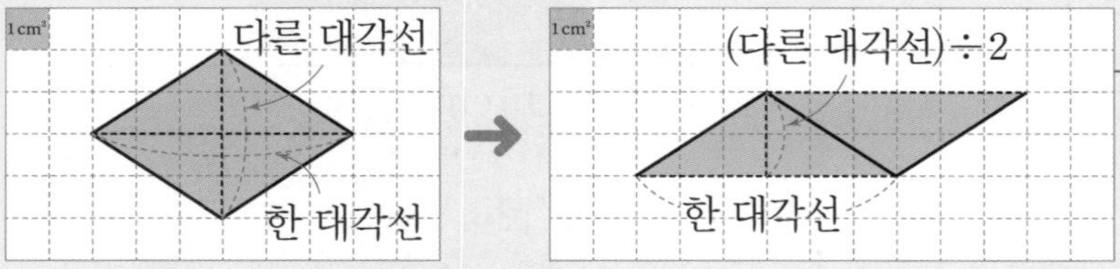

평행사변형의 밑변의 길이는 마름모의 한 대각선의 길이와 같고 높이는 다른 대각선의 길이의 반과 같습니다.

(마름모의 넓이)=(평행사변형의 넓이)
=(밑변의 길이)×(높이)
=(한 대각선의 길이)×(다른 대각선의 길이)÷2

(마름모의 넓이)=(한 대각선의 길이)×(다른 대각선의 길이)÷2

예

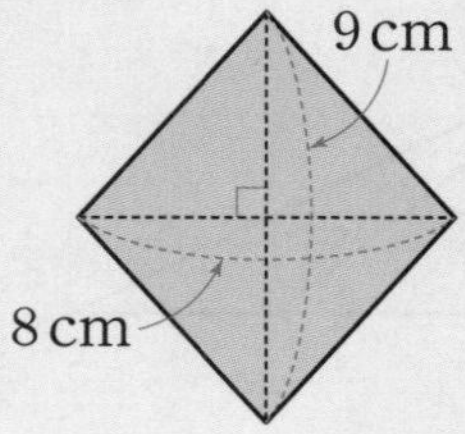

(마름모의 넓이)$=8\times9\div2=36$ (cm^2)

개념+ 직사각형을 이용하여 마름모의 넓이 구하기

마름모의 한 대각선의 길이는 직사각형의 가로와 같고, 다른 대각선의 길이는 직사각형의 세로와 같습니다.

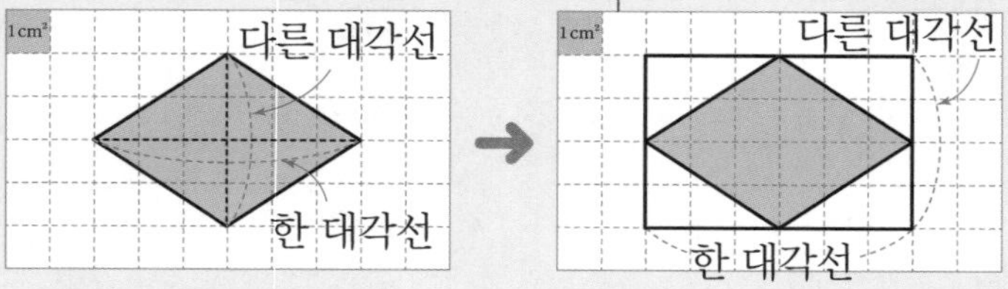

(마름모의 넓이)=(직사각형의 넓이)÷2
=(한 대각선의 길이)×(다른 대각선의 길이)÷2

삼각형으로 나누어 마름모의 넓이 구하기

(삼각형 가의 넓이)×2

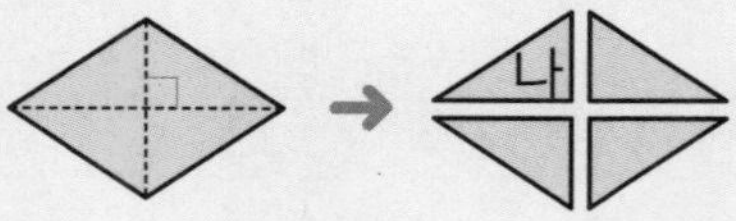

(삼각형 나의 넓이)×4

기본기 다지는 교과서 문제

» 정답 · 풀이 46쪽

1 마름모의 대각선을 모두 표시하세요.

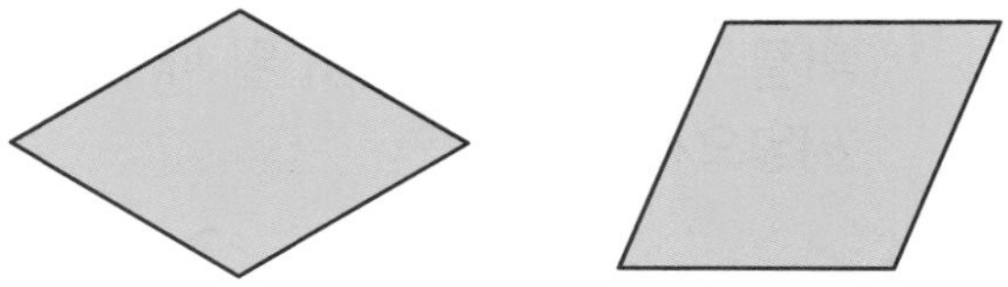

2 직사각형의 넓이를 이용하여 마름모의 넓이를 구하려고 합니다. □ 안에 알맞은 수를 써넣으세요.

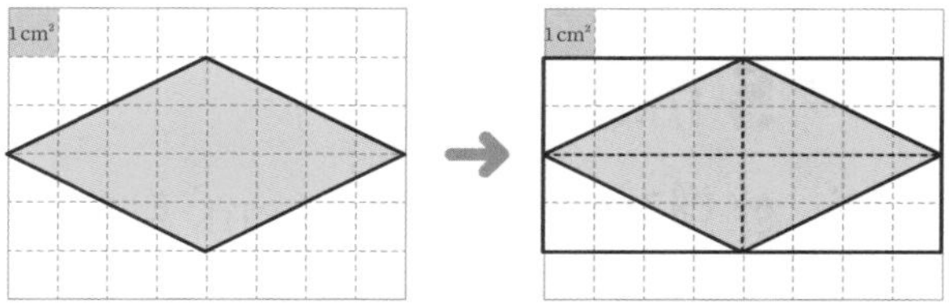

(마름모의 넓이)=(직사각형의 넓이)÷2

=8×□÷2=□ (cm^2)

3 마름모의 넓이를 구하려고 합니다. □ 안에 알맞은 수를 써넣으세요.

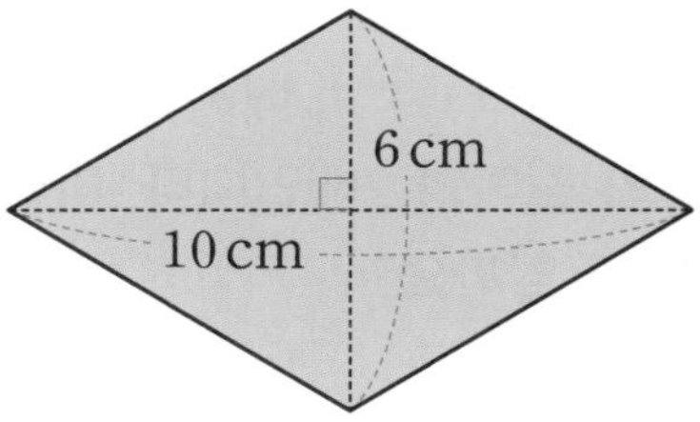

(마름모의 넓이)=(한 대각선의 길이)×(다른 대각선의 길이)÷2

=6×□÷2=□ (cm^2)

개념 따라쓰기

마름모의 넓이 구하기

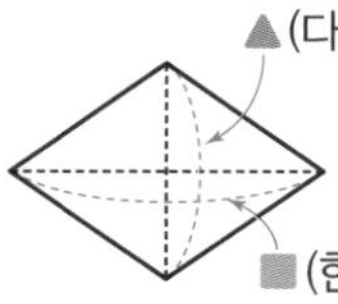

→ ■×▲÷2

(마름모의 넓이)

=(한 대각선의 길이)

×(다른 대각선의 길이)

÷2

6 단원

1 이해

마름모의 대각선의 길이를 구하려고 합니다. □ 안에 알맞은 수를 써넣으세요.

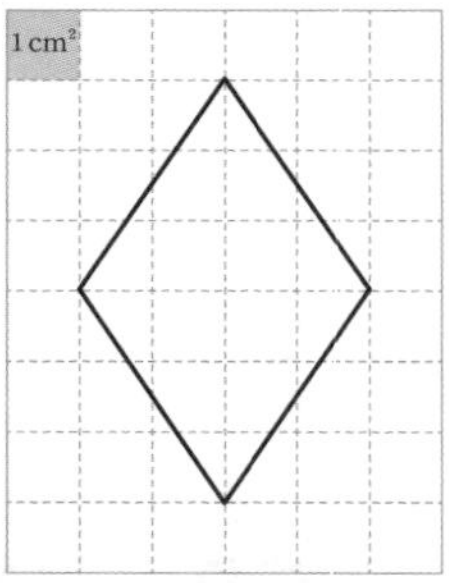

□ cm, □ cm

2 계산

마름모의 넓이는 몇 cm^2인지 구하세요.

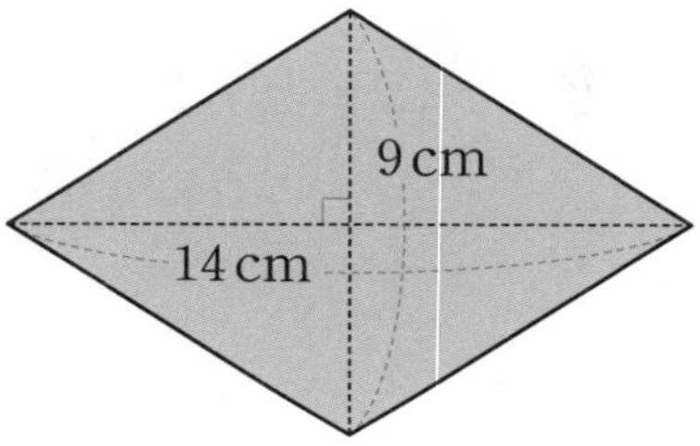

(　　　　　　)

3 66쪽 계산

마름모의 넓이는 몇 cm^2인지 구하세요.

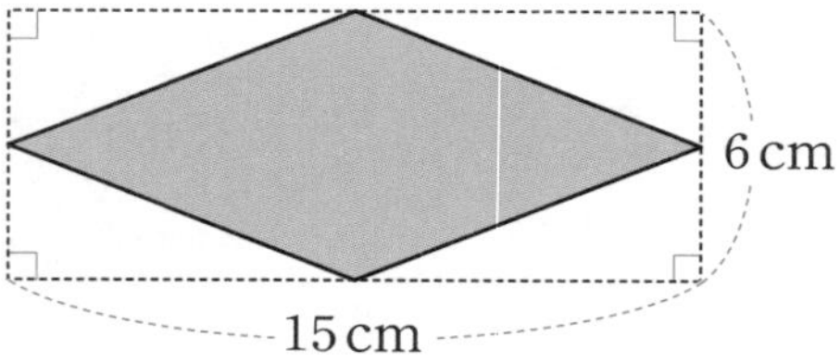

(　　　　　　)

4 66쪽 문제 해결

마름모의 넓이가 $48\ m^2$일 때 □ 안에 알맞은 수를 써넣으세요.

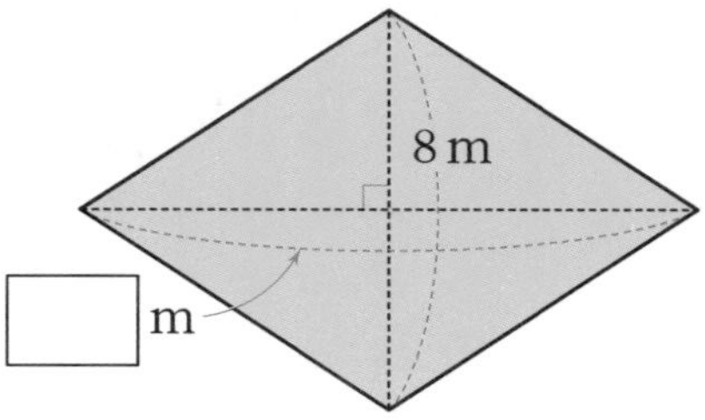

5 66쪽 문제 해결

한 대각선의 길이가 14 cm, 다른 대각선의 길이가 18 cm인 마름모가 있습니다. 이 마름모의 넓이는 몇 cm^2일까요?

(　　　　　　)

6 66쪽 문제 해결

마름모 ㄱㄴㄷㄹ에서 선분 ㄴㅇ의 길이는 선분 ㄱㅇ의 길이의 2배입니다. 마름모 ㄱㄴㄷㄹ의 넓이는 몇 m^2일까요?

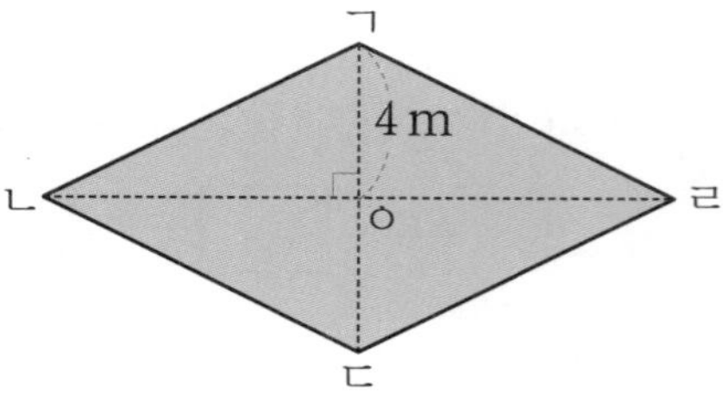

(　　　　　　)

» 정답 · 풀이 46쪽

7 67쪽 추론

주어진 마름모와 넓이가 같고 한 대각선의 길이가 40 cm인 마름모의 다른 대각선의 길이는 몇 cm인지 구하세요.

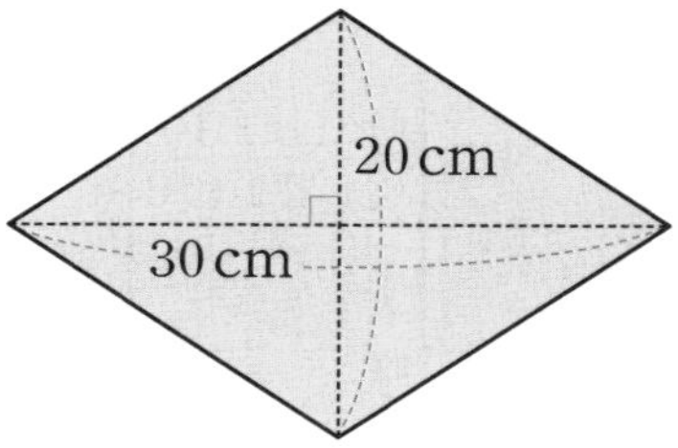

( )

8 67쪽 추론

마름모 나의 넓이는 가의 넓이의 2배입니다. □ 안에 알맞은 수를 써넣으세요.

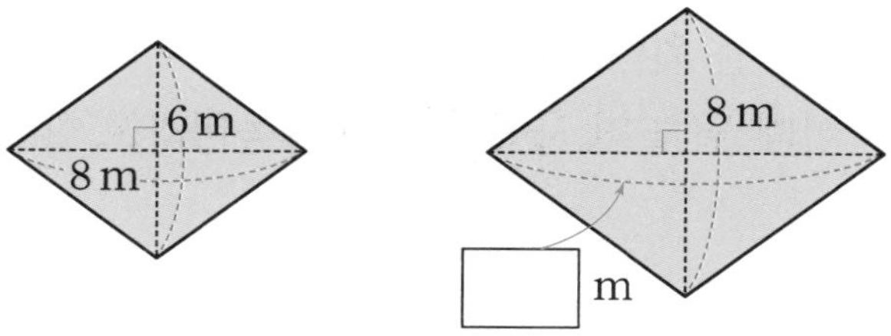

+9 67쪽 수학적 독해력

반지름이 7 cm인 원 안에 가장 큰 마름모를 그렸습니다. 마름모의 넓이는 몇 cm^2인지 구하세요.

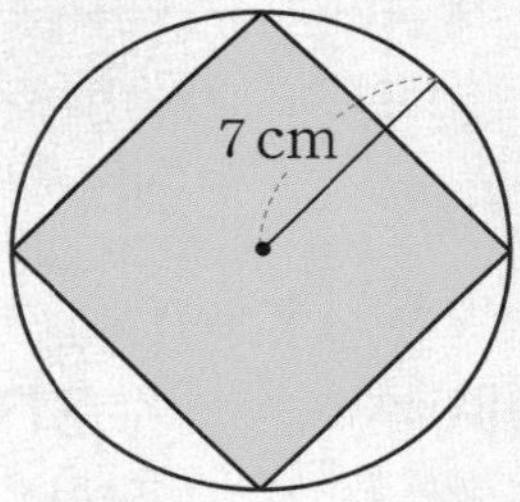

( )

+10 67쪽 수학적 표현력

넓이가 54 m^2인 마름모 모양의 땅이 있습니다. 이 땅의 한 대각선의 길이가 12 m일 때 다른 대각선의 길이는 몇 m인지 풀이 과정을 쓰고, 답을 구하세요.

풀이

답

오늘 공부 어땠나요? 10개 중 맞힌 문제 □ 개 > 틀린 문제는 힌트를 보고 다시 도전해 보세요. > 맞힌 문제는 힌트를 보고 자신의 생각과 비교해 보세요.

34일 사다리꼴의 넓이

① 사다리꼴의 밑변과 높이

사다리꼴에서 평행한 두 변을 **밑변**이라 하고, 한 밑변을 **윗변**, 다른 밑변을 **아랫변**이라고 합니다. 이때 두 밑변 사이의 거리를 **높이**라고 합니다.

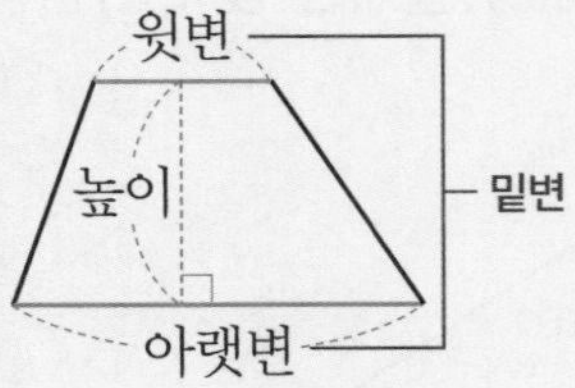

◐ 사다리꼴에서 평행한 두 변이 밑변입니다.

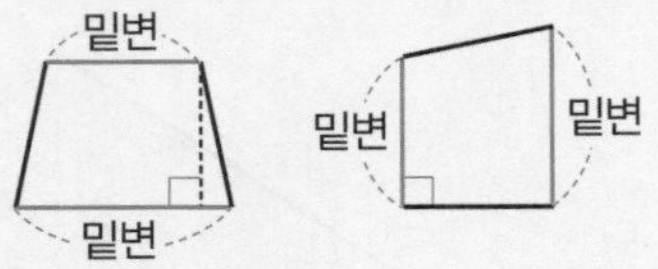

② 사다리꼴의 넓이 구하기

사다리꼴 2개를 붙여 평행사변형을 만들면 사다리꼴의 넓이를 구할 수 있습니다.

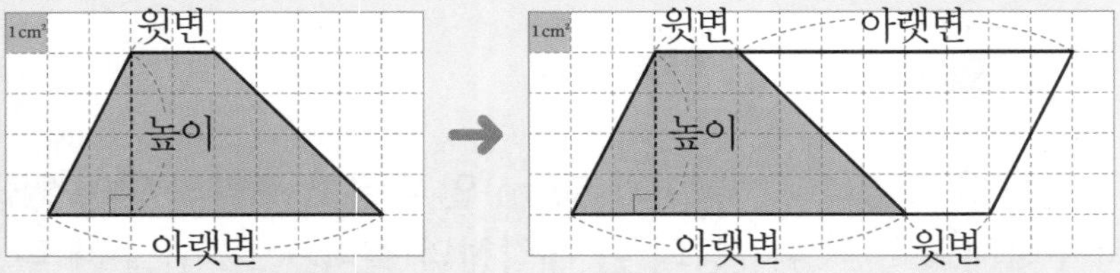

(사다리꼴의 넓이)＝(평행사변형의 넓이)÷2
＝((윗변의 길이)＋(아랫변의 길이))×(높이)÷2

(사다리꼴의 넓이)＝((윗변의 길이)＋(아랫변의 길이))×(높이)÷2

◐ 사다리꼴의 모양이 달라도 윗변의 길이와 아랫변의 길이의 합이 같고 높이가 같으면 넓이는 같습니다.

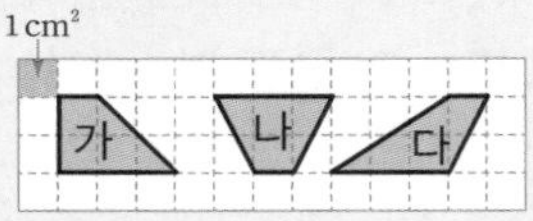

(가의 넓이)
＝(나의 넓이)
＝(다의 넓이)
＝(1＋3)×2÷2＝4 (cm²)

예

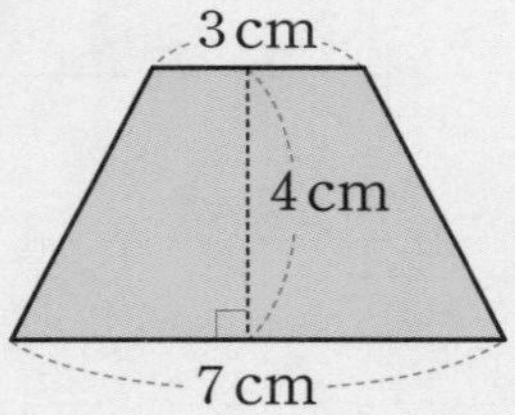

(사다리꼴의 넓이)＝(3＋7)×4÷2 (cm²)

◐ 여러 도형으로 나누어 사다리꼴의 넓이 구하는 방법

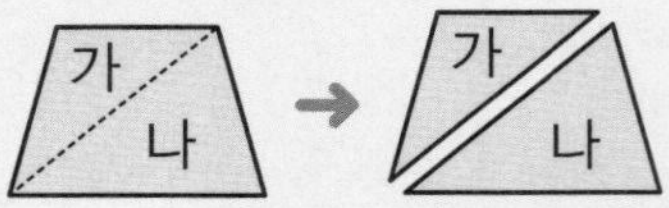

(삼각형 가의 넓이)
＋(삼각형 나의 넓이)

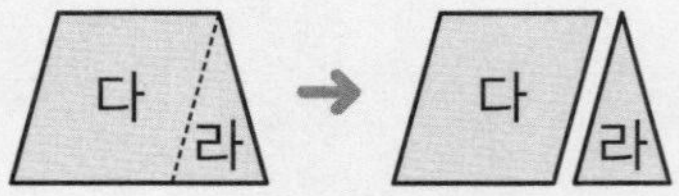

(평행사변형 다의 넓이)
＋(삼각형 라의 넓이)

개념＋ 사다리꼴을 잘라서 넓이 구하기

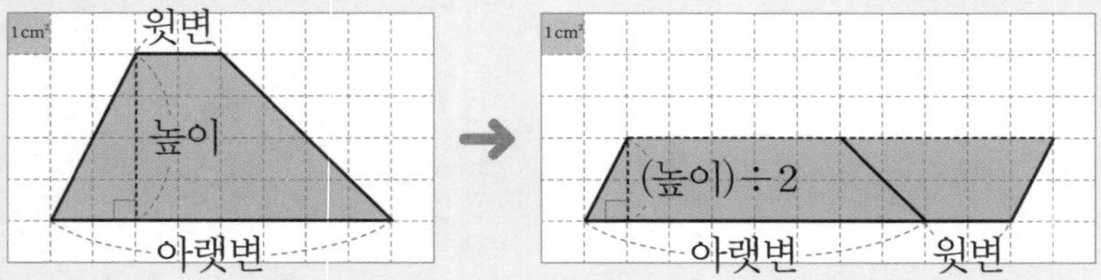

(사다리꼴의 넓이)＝(평행사변형의 넓이)
＝(평행사변형의 밑변의 길이)×(평행사변형의 높이)
＝((윗변의 길이)＋(아랫변의 길이))×(높이)÷2

» 정답 · 풀이 47쪽

1 〈보기〉와 같이 사다리꼴의 윗변, 아랫변, 높이를 표시하세요.

〈보기〉

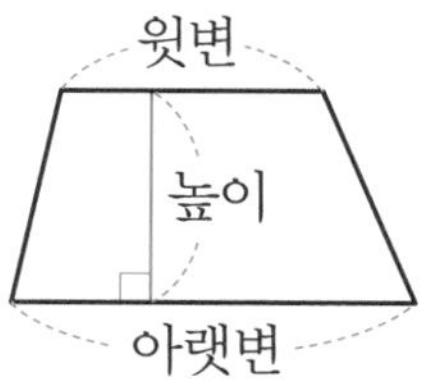

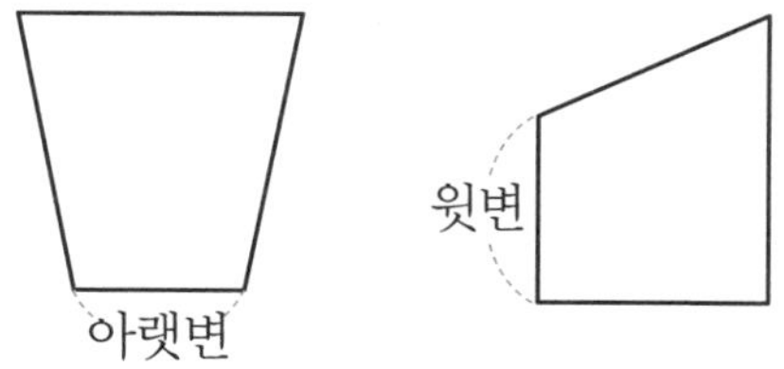

2 사다리꼴을 잘라서 평행사변형으로 바꾸어 넓이를 구하려고 합니다. □ 안에 알맞은 수를 써넣으세요.

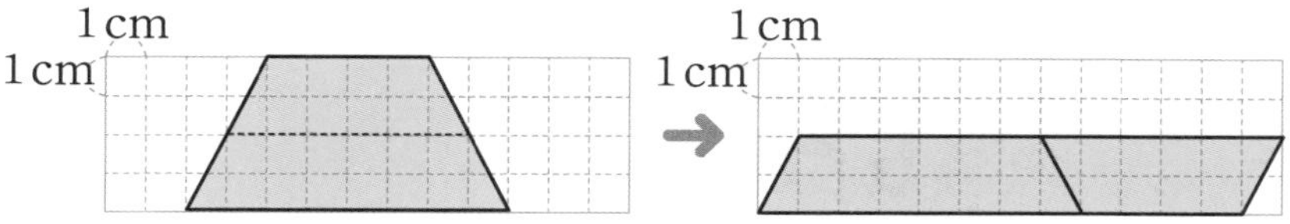

(사다리꼴의 넓이)=(평행사변형의 넓이)

$=(8+4)\times 4\div\square=\square\ (cm^2)$

3 사다리꼴의 넓이를 구하려고 합니다. □ 안에 알맞은 수를 써넣으세요.

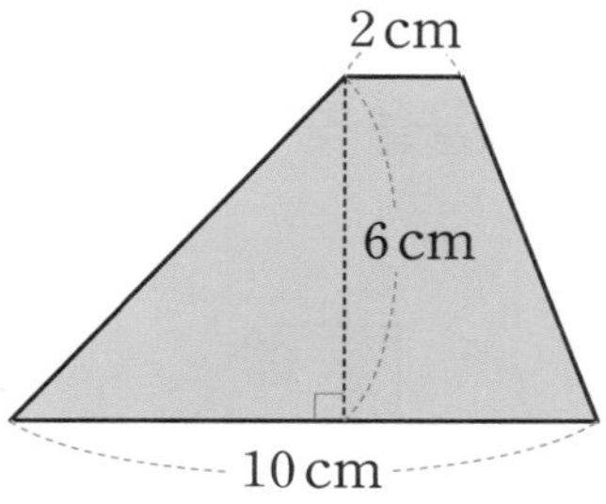

(사다리꼴의 넓이)=((윗변의 길이)+(아랫변의 길이))×(높이)÷2

$=(2+\square)\times\square\div 2=\square\ (cm^2)$

개념 따라쓰기

사다리꼴의 밑변과 높이

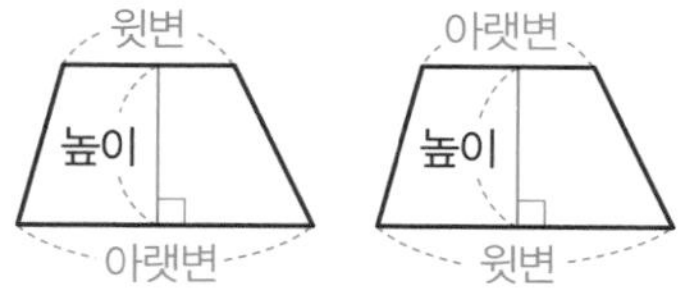

사다리꼴의 한 밑변을 윗변, 다른 밑변을 아랫변이라 하고 두 밑변 사이의 거리를 높이라고 합니다.

사다리꼴의 넓이 구하기

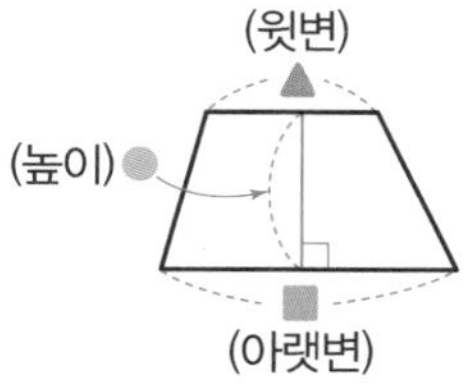

→ (▲+■)×●÷2

(사다리꼴의 넓이)
=((윗변의 길이)
+(아랫변의 길이))
×(높이)÷2

6단원

1

이해

사다리꼴의 각 부분의 길이는 몇 cm인지 구하세요.

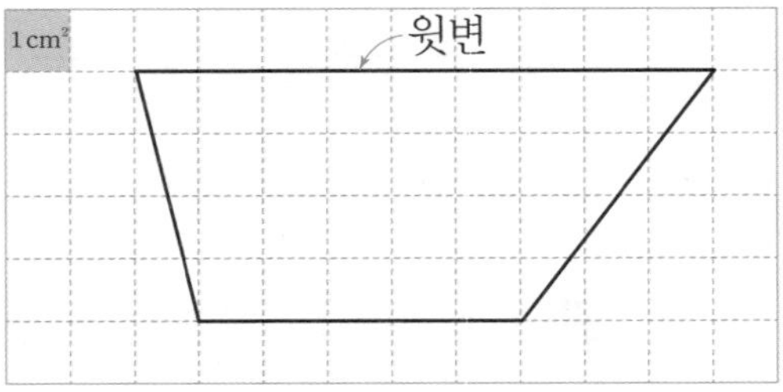

윗변의 길이(cm)	아랫변의 길이(cm)	높이(cm)

2

계산

사다리꼴의 넓이는 몇 cm^2인지 구하세요.

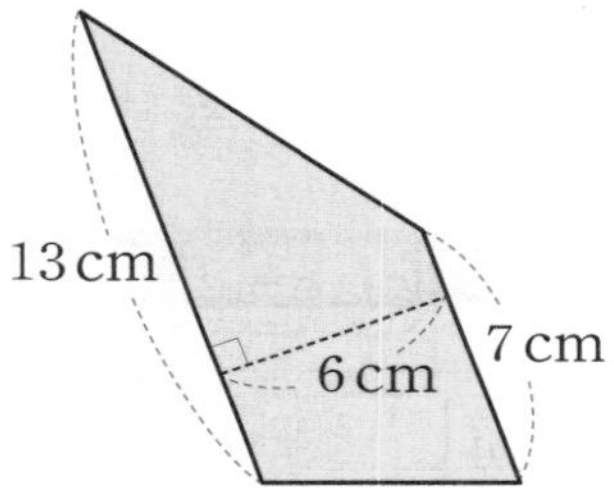

( )

3 68쪽

적용

사다리꼴을 보고 □ 안에 알맞은 수를 써넣으세요.

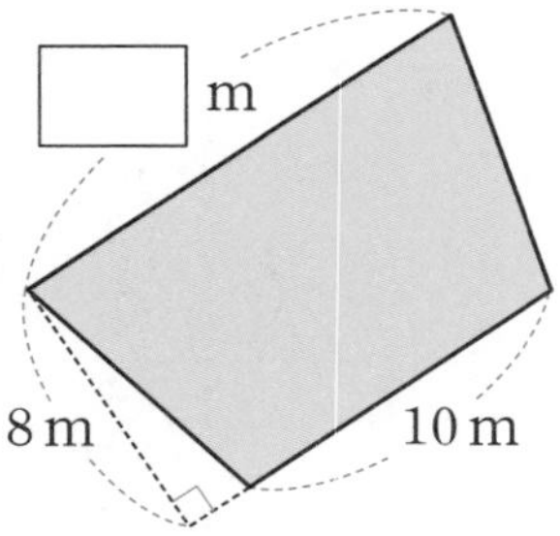

넓이: 96 m^2

4 68쪽

문제 해결

사다리꼴의 넓이를 2개의 삼각형으로 나누어 구하려고 합니다. 물음에 답하세요.

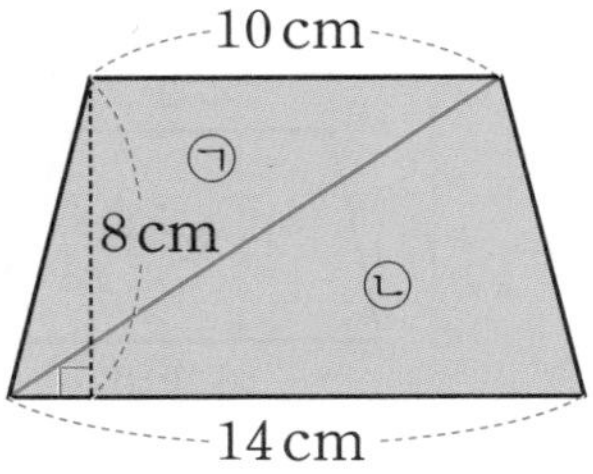

(1) 삼각형 ㉠과 ㉡의 넓이는 각각 몇 cm^2인지 구하세요.

㉠ ( ), ㉡ ( )

(2) 사다리꼴의 넓이는 몇 cm^2인지 구하세요.

( )

5 68쪽

문제 해결

윗변의 길이가 25 m이고 아랫변의 길이가 15 m인 사다리꼴 모양의 운동장이 있습니다. 두 밑변 사이의 거리가 9 m일 때 운동장의 넓이는 몇 m^2인지 구하세요.

( )

6 68쪽

문제 해결

다음 사다리꼴의 높이가 모두 같을 때, 넓이가 같은 사다리꼴을 찾아 기호를 쓰세요.

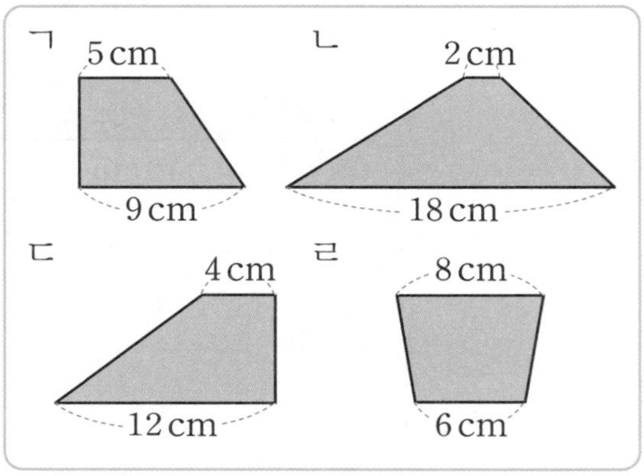

( )

7 69쪽 창의 융합

사다리꼴의 둘레가 34 cm일 때 넓이는 몇 cm^2인지 구하세요.

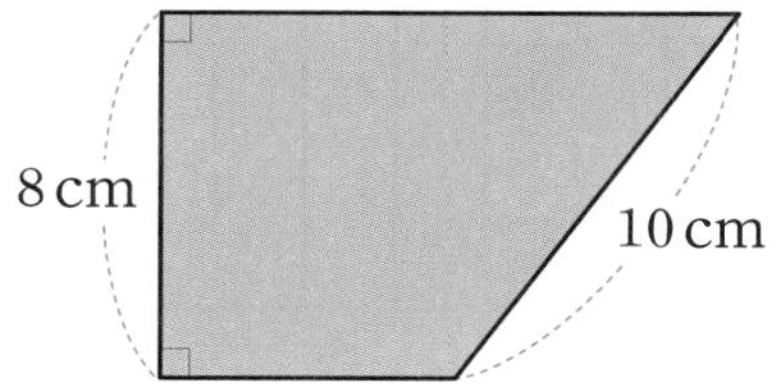

(   )

8 69쪽 문제 해결

색칠한 삼각형의 넓이가 80 cm^2일 때 사다리꼴 ㄱㄴㄷㄹ의 넓이는 몇 cm^2인지 구하세요.

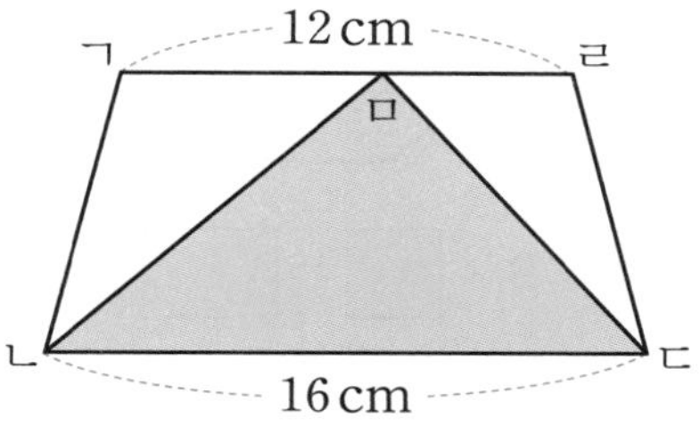

(   )

+9 69쪽 수학적 독해력

사다리꼴 가, 나, 다는 넓이가 모두 같습니다. 사다리꼴 가, 나, 다의 같은 점을 모두 고르세요.

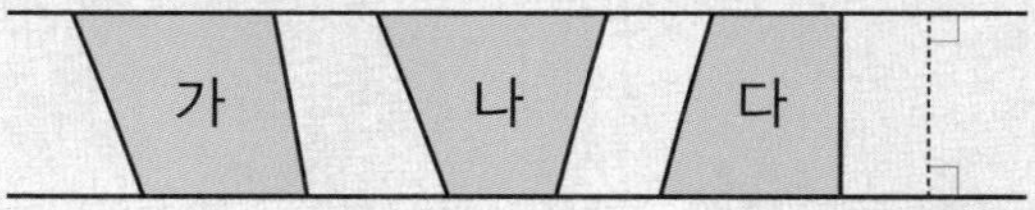

㉠ 아랫변의 길이
㉡ 윗변의 길이
㉢ 높이
㉣ 윗변과 아랫변의 길이의 합

(   )

+10 69쪽 수학적 표현력

윗변이 아랫변보다 3 cm 짧은 사다리꼴이 있습니다. 이 사다리꼴의 아랫변의 길이가 7 cm, 높이가 6 cm라면 넓이는 몇 cm^2인지 풀이 과정을 쓰고, 답을 구하세요.

풀이 ______________________

____

____

답 ______________________

6 단원

오늘 공부 어땠나요? 10개 중 맞힌 문제 [   ]개 › 틀린 문제는 힌트를 보고 다시 도전해 보세요. › 맞힌 문제는 힌트를 보고 자신의 생각과 비교해 보세요.

01 정다각형의 둘레를 구하려고 합니다. □ 안에 알맞은 수를 써넣으세요.

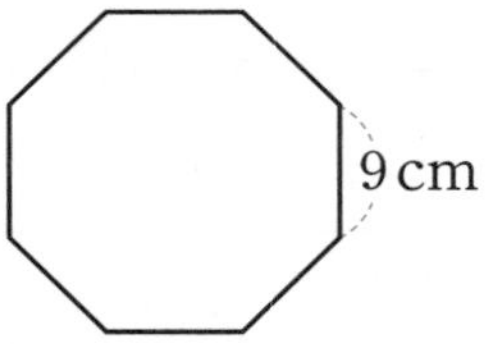

$9 \times \square = \square$ (cm)

02 평행사변형의 둘레는 몇 cm인지 구하세요.

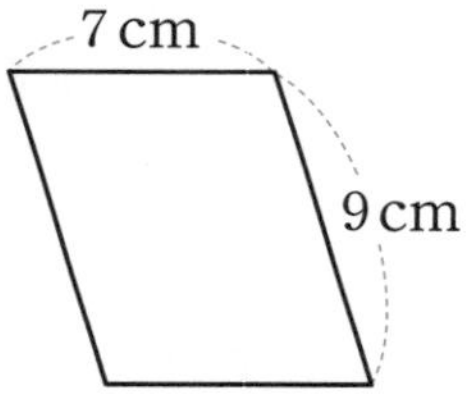

(　　　　　　)

03 도형 가와 나 중에서 넓이가 더 넓은 것의 기호를 쓰세요.

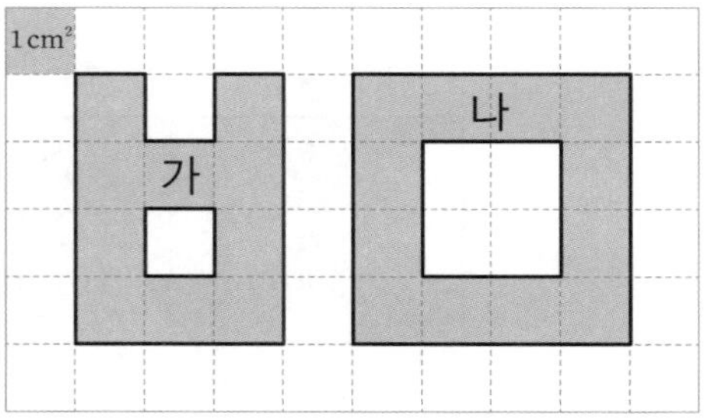

(　　　　　　)

04 ◯ 안에 >, =, <를 알맞게 써넣으세요.

(1) $80\,\text{m}^2$ ◯ $700000\,\text{cm}^2$

(2) $900000\,\text{m}^2$ ◯ $6\,\text{km}^2$

05 한 대각선의 길이가 11 m, 다른 대각선의 길이가 16 m인 마름모 모양의 밭이 있습니다. 이 밭의 넓이는 몇 m^2일까요?

(　　　　　　)

06 직사각형의 둘레가 36 cm일 때 넓이는 몇 cm^2인지 구하세요.

(　　　　　　　　)

07 평행사변형 가와 나의 넓이가 같을 때 □ 안에 알맞은 수를 써넣으세요.

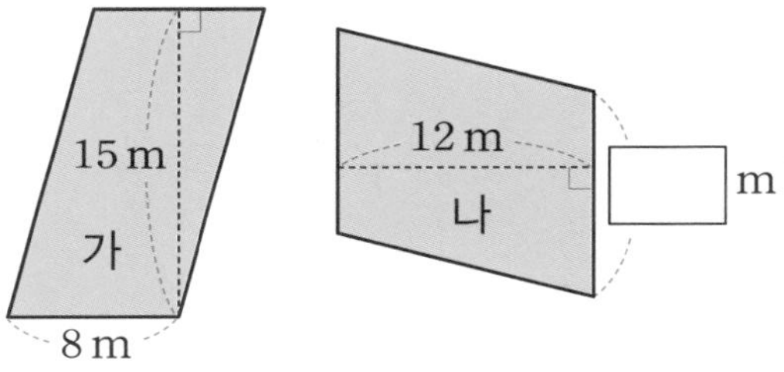

08 삼각형에서 선분 ㄷㄹ의 길이는 몇 cm인지 구하세요.

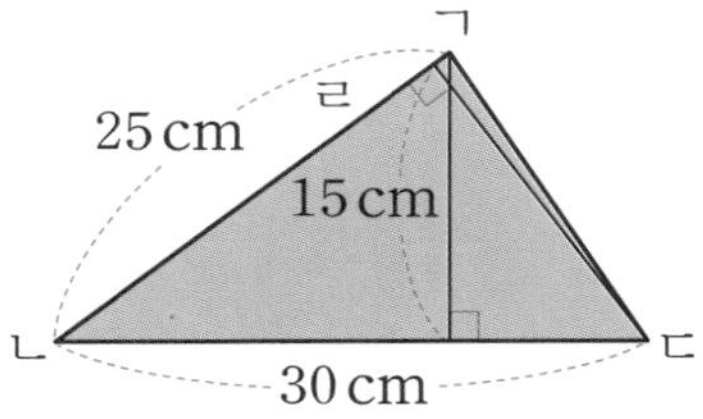

(　　　　　　　　)

09 색칠한 삼각형의 넓이가 24 cm^2일 때 사다리꼴 ㄱㄴㄷㄹ의 넓이는 몇 cm^2인지 구하세요.

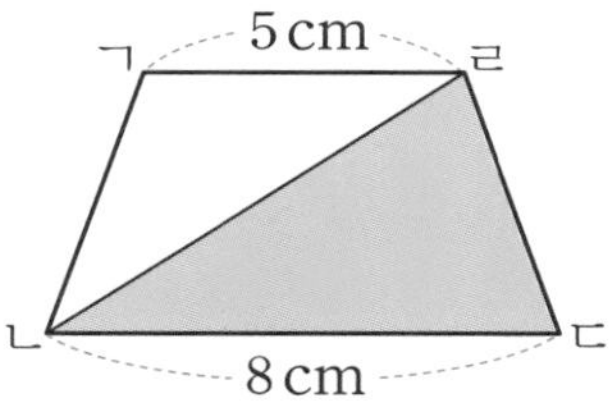

(　　　　　　　　)

서술형

10 철사를 사용하여 정사각형과 정오각형을 만들었습니다. 두 사람 중 철사를 더 많이 사용한 사람은 누구인지 풀이 과정을 쓰고, 답을 구하세요.

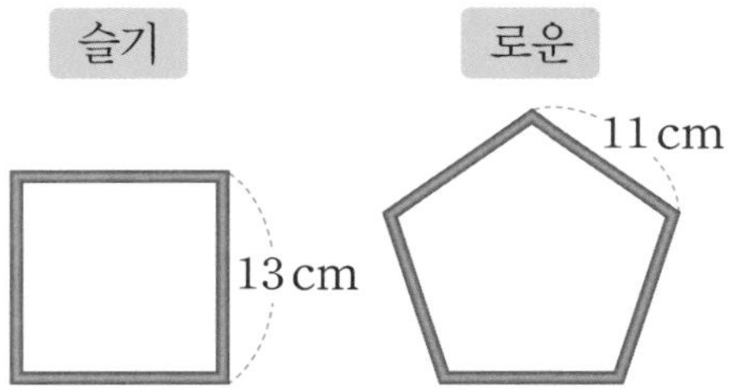

풀이 ______________________

____

____

답 ______________________

memo

memo

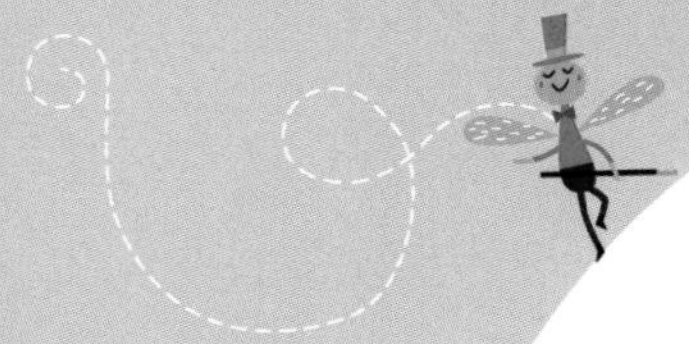

memo

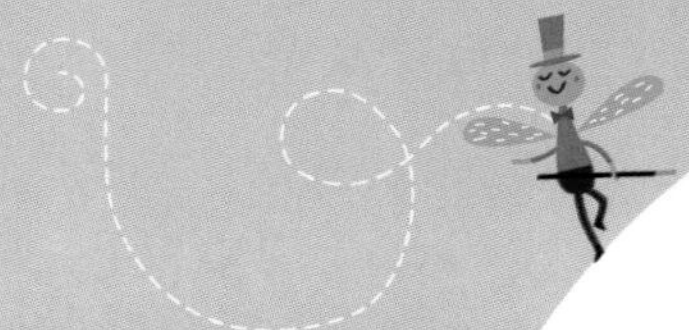

memo

memo

모든 문제의 첫 번째 힌트는
문제를 다시 읽는 것입니다.

새 교과서 분석 반영
초등 1등 공부 비법

막힐 땐

힌트북

초등수학 5-1

막힐 때 찾아보는 힌트북

슬기로운공부

힌트 = 개념

막힐 땐

힌트북

초등수학 **5-1**

막힐 때 찾아보는 **힌트북**

01일 덧셈과 뺄셈이 섞여 있는 식 계산하기

+, −가 섞여 있는 식은 앞에서부터 차례로 계산해!

(　)가 있는 식은 (　) 안을 먼저 계산해!

■−●+▲

■−(●+▲)

먼저 계산해야 하는 부분은 (　)로 묶어서 나타내!

먼저 계산해야 하는 부분

64에서 40과 17의 합을 뺀 수

+, −가 섞여 있는 식은 앞에서부터 차례로 계산해!

(　)가 있는 식은 (　) 안을 먼저 계산해!

■−●+▲

■−(●+▲)

버스에 27명이 타고 있었습니다. 이번 정류장에서 남자 10명과 여자 8명이 내렸습니다. 지금 버스에 타고 있는 사람은 몇 명일까요?

버스에 타고 있는 사람의 수 → **처음에 타고 있던 사람의 수** − **내린 사람의 수**

1 계산 순서를 바르게 나타낸 것에 ○표 하세요.

32−8+11 (① 8+11, ② 32−)	32−(8+11) (① 8+11, ② 32−)
(　　　)	(　　　)

4 하나의 식으로 나타내고 계산해 보세요.

64에서 40과 17의 합을 뺀 수

5 계산 결과를 찾아 선으로 이어 보세요.

60+34−15 •	• 11
60−34+15 •	• 79
60−(34+15) •	• 41

6 다음 문장을 하나의 식으로 바르게 나타낸 것을 찾아 기호를 쓰세요.

버스에 27명이 타고 있었습니다. 이번 정류장에서 남자 10명과 여자 8명이 내렸습니다. 지금 버스에 타고 있는 사람은 몇 명일까요?

㉠ 27+10+8　　㉡ 27+10−8
㉢ 27−10+8　　㉣ 27−(10+8)

7 계산 결과가 가장 큰 것부터 차례로 기호를 쓰세요.

㉠ 90−(35+26)	㉡ 56−28+17
㉢ 38+24−15	㉣ 59−(12+23)

+, −가 섞여 있는 식은 앞에서부터 차례로 계산해!

■−●+▲

( )가 있는 식은 ( ) 안을 먼저 계산해!

■−(●+▲)

8 계산 결과가 더 큰 것에 ○표 하세요.

(1) 32−14+9 | 32−(14+9)

(2) 72−(16+8) | 72−16+8

+, −가 섞여 있는 식은 앞에서부터 차례로 계산해!

■−●+▲

( )가 있는 식은 ( ) 안을 먼저 계산해!

■−(●+▲)

수학적 독해력

+9 문구점에 있는 학용품의 가격을 나타낸 것입니다. 서연이는 연필깎이를 샀고, 종욱이는 가위와 풀을 샀습니다. 서연이는 종욱이보다 얼마를 더 내야 하는지 하나의 식으로 나타내어 구하세요.

학용품	 연필깎이	 가위	 풀
가격(원)	7000	3500	1000

학용품			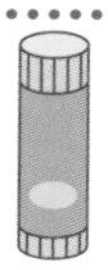
가격(원)	7000	3500	1000

서연이가 종욱이보다 더 내야 할 돈 → 서연이가 내야 할 돈 − 종이가 내야 할 돈

수학적 표현력

+10 학교 체육관에 야구공 45개와 축구공 23개가 있습니다. 그 중에서 30개를 운동장으로 가져갔습니다. 체육관에 남은 공은 몇 개인지 하나의 식으로 나타내어 구하려고 합니다. 풀이 과정을 쓰고, 답을 구하세요.

학교 체육관에 야구공 45개와 축구공 23개가 있습니다. 그 중에서 30개를 운동장으로 가져갔습니다. 체육관에 남은 공은 몇 개인지 하나의 식으로 나타내어 구하세요.

체육관에 남은 공의 수 → 처음에 있던 공의 수 − 가져간 공의 수

02일 곱셈과 나눗셈이 섞여 있는 식 계산하기

×, ÷가 섞여 있는 식은 앞에서부터 차례로 계산해!

■÷●×▲

(　)가 있는 식은 (　) 안을 먼저 계산해!

■÷(●×▲)

먼저 계산해야 하는 부분은 (　)로 묶어서 나타내!

먼저 계산해야 하는 부분

56을 4와 7의 곱으로 나눈 수

×, ÷가 섞여 있는 식은 앞에서부터 차례로 계산해!

■÷●×▲

(　)가 있는 식은 (　) 안을 먼저 계산해!

■÷(●×▲)

윤하는 한 상자에 24개씩 들어 있는 초콜릿 2상자를 사서 3명의 친구에게 똑같이 나누어 주었습니다. 한 명의 친구가 받은 초콜릿은 몇 개일까요?

한 명의 친구가 받은 초콜릿의 수 ➜ 산 초콜릿의 수 ÷ 나누어 준 친구의 수

1 계산 순서를 바르게 나타낸 것의 기호를 쓰세요.

㉠ $60 \div 5 \times 4$ (① 5×4, ② $60 \div$)

㉡ $60 \div (5 \times 4)$ (① 5×4, ② $60 \div$)

4 하나의 식으로 나타내고 계산해 보세요.

56을 4와 7의 곱으로 나눈 수

5 계산 결과를 찾아 선으로 이어 보세요.

$30 \times 2 \div 5$	3
$30 \div 2 \times 5$	12
$30 \div (2 \times 5)$	75

6 다음 문장을 하나의 식으로 바르게 나타낸 것을 찾아 기호를 쓰세요.

윤하는 한 상자에 24개씩 들어 있는 초콜릿 2상자를 사서 3명의 친구에게 똑같이 나누어 주었습니다. 한 명의 친구가 받은 초콜릿은 몇 개일까요?

㉠ $24 \times 2 \times 3$　　㉡ $24 \div 2 \div 3$

㉢ $24 \times 2 \div 3$　　㉣ $24 \div (2 \times 3)$

7 계산 결과가 가장 작은 것의 기호를 쓰세요.

㉠ $90 \div (6 \times 5)$	㉡ $60 \div 12 \times 2$
㉢ $15 \times 4 \div 5$	㉣ $32 \div (2 \times 4)$

×, ÷가 섞여 있는 식은 앞에서부터 차례로 계산해!

■÷●×▲

( )가 있는 식은 ( ) 안을 먼저 계산해!

■÷(●×▲)

8 계산 결과를 비교하여 ◯ 안에 >, =, <를 알맞게 써넣으세요.

(1) $36 \div 3 \times 2$ ◯ $36 \div (3 \times 2)$

(2) $72 \div (6 \times 4)$ ◯ $72 \div 6 \times 4$

×, ÷가 섞여 있는 식은 앞에서부터 차례로 계산해!

■÷●×▲

( )가 있는 식은 ( ) 안을 먼저 계산해!

■÷(●×▲)

수학적 독해력

9 한 명이 1분에 종이비행기를 3개씩 만들 수 있습니다. 같은 빠르기로 4명이 종이비행기 60개를 만들려면 몇 분이 걸리는지 하나의 식으로 나타내어 구하세요.

"한 명이 1분에 종이비행기를 3개씩 만들 수 있습니다."

한 명 → 4명

3개씩 → □개씩

먼저 4명이 1분에 몇 개씩 만들 수 있는지 생각해 봐.

수학적 표현력

10 지혜는 쿠키를 한 판에 15개씩 3판 구워서 남김없이 5상자에 똑같이 나누어 담았습니다. 한 상자에 든 쿠키는 몇 개인지 하나의 식으로 나타내어 구하려고 합니다. 풀이 과정을 쓰고, 답을 구하세요.

지혜는 쿠키를 한 판에 15개씩 3판 구워서 남김없이 5상자에 똑같이 나누어 담았습니다. 한 상자에 든 쿠키는 몇 개인지 구하세요.

한 상자에 든 쿠키의 수 → 구운 쿠키의 수 ÷ 나누어 담은 상자의 수

덧셈, 뺄셈, 곱셈이 섞여 있는 식 계산하기

1 계산 순서에 맞게 기호를 쓰세요.

17＋6×3－5 ↑ ↑ ↑ ㉠ ㉡ ㉢

＋, －, ×가 섞여 있는 식은
×를 먼저 계산해!

■＋●×▲－★

4 하나의 식으로 나타내고 계산해 보세요.

64에서 8과 5의 합을 4배 한 수를 뺀 값

먼저 계산해야 하는 부분은
( )로 묶어서 나타내!

먼저 계산해야 하는 부분

64에서 8과 5의 합을 4배 한 수를 뺀 값

5 계산 결과가 더 작은 것의 기호를 쓰세요.

㉠ 71－4×2＋13 ㉡ 71－4×(2＋13)

×, －, ×가 섞여 있는 식은
×를 먼저 계산해.

단, ( )가 있는 식은
( ) 안을 먼저 계산해.

㉠ 71－4×2＋13
㉡ 71－4×(2＋13)

6 계산이 잘못된 곳을 찾아 바르게 계산하세요.

48－18×2＋25＝30×2＋25 ＝60＋25 ＝85

↓

48－18×2＋25

＋, －, ×가 섞여 있는 식은
×를 먼저 계산해!

48－18×2＋25

7 세 친구가 계산을 한 것입니다. 바르게 계산한 사람은 누구일까요?

지혜: $17+3-4\times5=80$
민호: $5\times18-12\times2=60$
종욱: $63-4\times(5+2)=35$

×, −, ×가 섞여 있는 식은 ×를 먼저 계산해.

단, ( )가 있는 식은 ( ) 안을 먼저 계산해.

지혜: $17+3-4\times5=80$
민호: $5\times18-12\times2=60$
종욱: $63-4\times(5+2)=35$

8 □ 안에 들어갈 수 있는 가장 작은 자연수를 구하세요.

$37+2\times(21-6)<\square$

■ 안에 들어갈 수 있는 가장 작은 자연수는 ● 보다 1 큰 수야.

● < ■

수학적 독해력

+9 대화를 보고 유미와 재경이가 일주일 동안 줄넘기를 모두 몇 번 했는지 하나의 식으로 나타내어 구하세요.

난 일주일 동안 줄넘기를 매일 40번씩 했어

난 일주일 중 2일은 쉬고 나머지 날은 줄넘기를 매일 60번씩 했어.

난 일주일 동안 줄넘기를 매일 40번씩 했어

난 일주일 중 2일은 쉬고 나머지 날은 줄넘기를 매일 60번씩 했어.

일주일 동안 줄넘기 한 횟수 → 유미가 줄넘기 한 횟수 + 재경이가 줄넘기 한 횟수

수학적 표현력

+10 사탕이 68개 있습니다. 남학생 4명과 여학생 3명이 각각 5개씩 먹었습니다. 남은 사탕이 몇 개인지 하나의 식으로 나타내어 구하려고 합니다. 풀이 과정을 쓰고, 답을 구하세요.

사탕이 68개 **있습니다.** 남학생 4명과 여학생 3명이 각각 5개씩 **먹었습니다.** 남은 사탕이 몇 개**인지 구하세요.**

남은 사탕의 수 → 처음 사탕의 수 − 먹은 사탕의 수

먼저 계산해야 하는 부분은 ( )로 묶어서 나타내!

04일 덧셈, 뺄셈, 나눗셈이 섞여 있는 식 계산하기

+, −, ÷가 섞여 있는 식은
÷를 먼저 계산해!

■+●−▲÷★

먼저 계산해야 하는 부분은
( )로 묶어서 나타내!

먼저 계산해야 하는 부분

48을 31에서 23을 뺀 수로 나누고 5를 더한 수

×, −, ÷가 섞여 있는 식은
÷를 먼저 계산해.

단, ( )가 있는 식은
( ) 안을 먼저 계산해.

㉠ $54\div9-3+13$

㉡ $54\div(9-3)+13$

( ) 안을 먼저 계산하고
÷를 계산해.

$48+(37-25)\div4$

1 가장 마지막에 계산해야 할 곳의 기호를 쓰세요.

$45+3-40\div8$ (㉠: +, ㉡: −, ㉢: ÷)

4 하나의 식으로 나타내고 계산해 보세요.

48을 31에서 23을 뺀 수로 나누고 5를 더한 수

5 계산 결과가 더 큰 것의 기호를 쓰세요.

㉠ $54\div9-3+13$

㉡ $54\div(9-3)+13$

6 계산이 잘못된 곳을 찾아 바르게 계산하세요.

$48+(37-25)\div4=48+12\div4$

$=60\div4$

$=15$

↓

$48+(37-25)\div4$

7 □ 안에 들어갈 수 있는 가장 큰 자연수를 구하세요.

$84 \div (16-4) + 23 > \square$

8 다음 식이 성립하도록 ( )로 묶어 보세요.

$18+24 \div 6-2=24$

$(18+24) \div 6-2=24$

$18+(24 \div 6)-2=24$

$18+24 \div (6-2)=24$

수학적 독해력

+9 지구에서 잰 무게는 화성에서 잰 무게의 약 3배입니다. 세 사람이 모두 화성에서 몸무게를 잰다면 서준이와 윤하의 몸무게를 합한 무게가 선생님의 몸무게보다 약 몇 kg 더 무거운지 하나의 식으로 나타내어 구하세요.

수학적 표현력

+10 서연이는 사탕 30개를 한 상자에 5개씩 담고 초콜릿 28개를 한 상자에 4개씩 담았습니다. 이 중에서 10개의 상자를 친구에게 선물했다면 남아 있는 상자는 모두 몇 개인지 하나의 식으로 나타내어 구하려고 합니다. 풀이 과정을 쓰고, 답을 구하세요.

서연이는 사탕 30개를 한 상자에 5개씩 담고 초콜릿 28개를 한 상자에 4개씩 **담았습니다. 이 중에서** 10개의 상자**를 친구에게 선물했다면** 남아 있는 상자**는 모두 몇 개인지 구하세요.**

남아 있는 상자의 수 → 사탕과 초콜릿을 담은 상자의 수 − 친구에게 선물한 상자의 수

덧셈, 뺄셈, 곱셈, 나눗셈이 섞여 있는 식 계산하기

+, −, ×, ÷가 섞여 있는 식은 ×, ÷를 먼저 계산해.

단, ( )가 있는 식은 ( ) 안을 먼저 계산해.

■+●÷(▲+◆)×★−♥

1 계산 순서에 맞게 □ 안에 번호를 써넣으세요.

$45+19\div(5+3)\times6-12$

□ □ □ □ □

먼저 계산해야 하는 부분은 ( )로 묶어서 나타내!

40과 8의 차에 81을 9로 나눈 몫의 3배만큼을 더한 값

먼저 계산해야 하는 부분

4 하나의 식으로 나타내고 계산해 보세요.

40과 8의 차에 81을 9로 나눈 몫의 3배만큼을 더한 값

( )가 있는 식은 ( ) 안을 먼저 계산해!

+, −, ×, ÷가 섞여 있는 식은 ×, ÷를 먼저 계산해!

$23+2\times(18-9)\div3$ ◯ $23+2\times18-9\div3$

5 계산 결과를 비교하여 ◯ 안에 >, =, <를 알맞게 써넣으세요.

$23+2\times(18-9)\div3$ ◯ $23+2\times18-9\div3$

( )가 있는 식은 ( ) 안을 먼저 계산해!

$65\div5+(42-28)\times2$

$18\times4+(24-6)\div3$

□

\\ 주의해! //

차를 구할 땐 큰 수에서 작은 수를 빼야 해!

6 □ 안에 두 식의 계산 결과의 차를 써넣으세요.

$65\div5+(42-28)\times2$

$18\times4+(24-6)\div3$

□

7 다음 식이 성립하도록 ( )로 묶어 보세요.

$12+36\div6\times2-1=14$

$(12+36)\div6\times2-1=24$

$12+(36\div6)\times2-1=24$

$12+36\div(6\times2)-1=24$

8 □ 안에 알맞은 수는 얼마인지 구하세요.

$\square-24\div(3\times2)+10=40$

계산 순서에 맞춰서 식을 계산한 다음 □의 값을 구해.

단, ( )가 있는 식은 ( ) 안을 먼저 계산해.

$\square-24\div(3\times2)+10=40$

수학적 독해력

+9 스파게티 3인분을 만들기 위해 7000원으로 필요한 채소를 사고 남은 돈이 얼마인지 하나의 식으로 나타내어 구하세요.

재료	가격(원)
토마토(1인분)	900
양파(3인분)	3000
버섯(6인분)	2400

3인분 재료의 가격을 먼저 구해.

재료	가격(원)	
토마토(1인분)	900	→ (900×3)원
양파(3인분)	3000	
버섯(6인분)	2400	→ $(2400\div2)$원

수학적 표현력

+10 온도를 나타내는 단위에는 섭씨(°C)와 화씨(°F)가 있습니다. 대화를 보고 현재 기온을 섭씨로 나타내면 몇 도(°C)인지 하나의 식으로 나타내어 구하려고 합니다. 풀이 과정을 쓰고, 답을 구하세요.

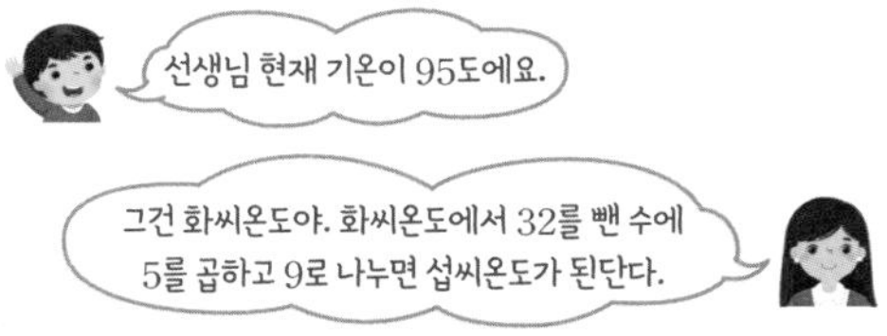

섭씨온도 = (화씨온도 −32) ×5÷9

06일 약수와 배수

어떤 수의 약수 중 가장 작은 수는 1이야.

어떤 수의 약수 중 가장 큰 수는 자기 자신이야.

■의 약수 → (1), ……, (■)

■의 배수 → ■를 1배, 2배, 3배……한 수

\ 중요해! /

▲의 배수 중 가장 작은 수는 ▲야!

배수 중 가장 작은 수가 9이므로 9의 배수야.

9	18	27	36	……	
1번째	2번째	3번째	4번째		12번째

■를 남김없이 똑같이 나눌 수 있는 수

↓

■를 나누어떨어지게 하는 수

↓

■의 약수

3 16의 약수 중에서 가장 작은 수와 가장 큰 수의 합을 구하세요.

4 수 배열표를 보고 5의 배수에는 ○표, 8의 배수에는 △표 하세요.

1	2	3	4	5	6	7	8	9	10
11	12	13	14	15	16	17	18	19	20
21	22	23	24	25	26	27	28	29	30

5 다음은 어떤 수의 배수를 가장 작은 수부터 차례로 쓴 것입니다. 12번째 수를 구하세요.

9, 18, 27, 36 ……

6 수현이는 사탕 20개를 친구들에게 남김없이 똑같이 나누어 주려고 합니다. 다음 중 나누어 줄 수 있는 친구의 수가 아닌 것에 모두 ○표 하세요.

2　4　5　6　10　12

7 약수의 수가 많은 수부터 차례로 기호를 쓰세요.

㉠ 6　　㉡ 12　　㉢ 25

각각의 약수를 구하고, 개수를 세어 봐!

6	12	25
□개	□개	□개

주의해!

수가 크다고 해서 약수가 많은 건 아니야.

8 다음을 만족하는 수를 모두 구하세요.

- 30의 약수입니다.
- 6의 배수입니다.

30의 약수 중 6의 배수를 모두 찾아.

- 30의 약수입니다. → 1, 2, 3, 5, 6, 10, 15, 30, ……
- 6의 배수입니다.

수학적 독해력

+9 초콜릿 27개를 친구들에게 남김없이 똑같이 나누어 주려고 합니다. 나누어 줄 수 있는 방법은 모두 몇 가지인지 구하세요. (단, 한 사람에게 모두 주는 것은 제외합니다.)

초콜릿 27개를 친구들에게 남김없이 똑같이 나누어 주려고 합니다.

→ 27의 약수

주의해!

한 사람에게 모두 주는 것은 제외하니까 약수가 1일 땐 빼고 생각해!

수학적 표현력

+10 터미널에서 버스가 7분 간격으로 출발합니다. 첫차가 오전 8시에 출발한다면 오전 9시까지 버스는 모두 몇 번 출발하는지 풀이 과정을 쓰고, 답을 구하세요.

첫차

7분 간격으로 출발하니까 7의 배수야.

8시 → 8시 7분 → 8시 14분 → 8시 □분

→ …… → 8시 □분 → 9시

07일 약수와 배수의 관계

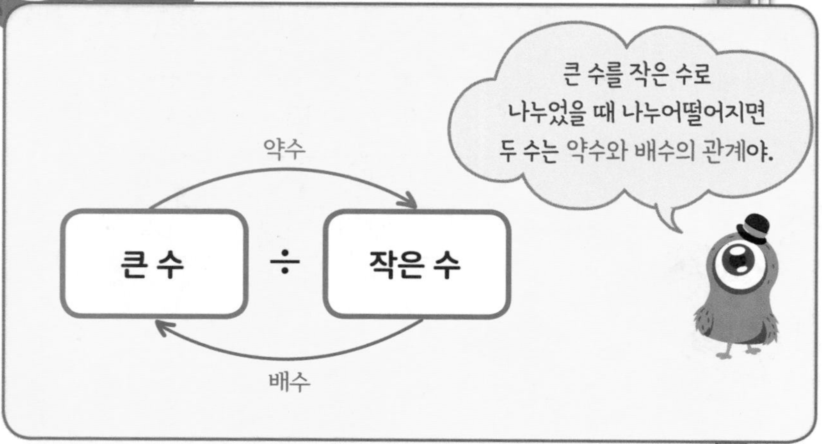

3 두 수가 약수와 배수의 관계인 것을 모두 찾아 기호를 쓰세요.

㉠ (3, 16)	㉡ (18, 9)
㉢ (24, 36)	㉣ (7, 35)

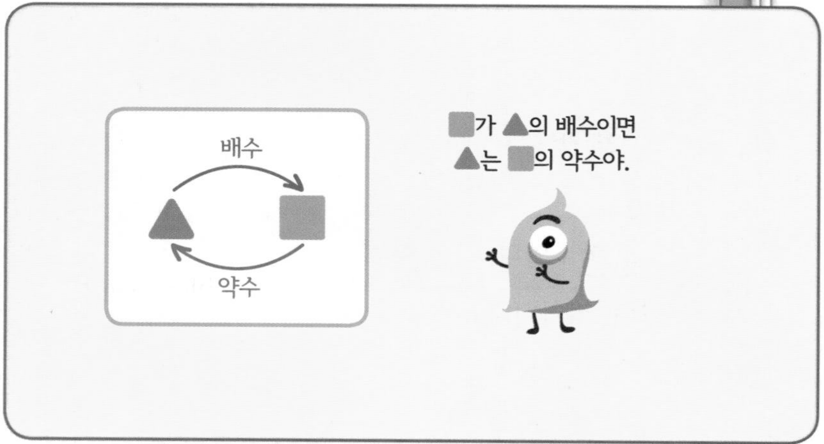

4 오른쪽 수가 왼쪽 수의 배수일 때 □ 안에 들어갈 수 있는 수를 모두 찾아 ○표 하세요.

(□, 28)

(4 , 6 , 12 , 14 , 16)

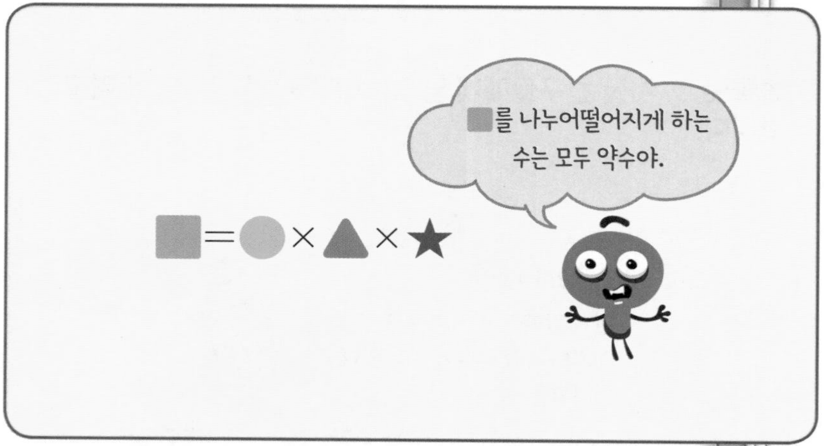

5 식을 보고 바르게 설명한 것의 기호를 모두 쓰세요.

$42=2\times3\times7$

㉠ 42는 2의 약수입니다.
㉡ 3×7은 42의 약수입니다.
㉢ 42는 2×7의 배수입니다.
㉣ 42의 약수는 2, 3, 7뿐입니다.

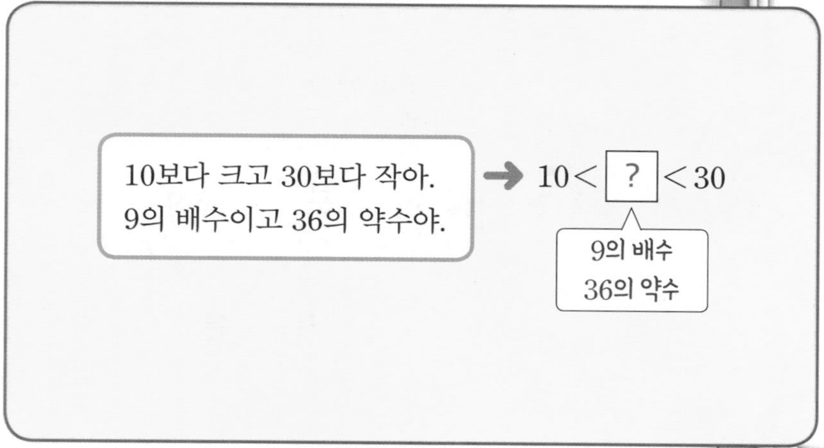

6 지혜와 서준이가 카드의 수를 맞히는 놀이를 하고 있습니다. 대화를 보고 어떤 수인지 쓰세요.

지혜: 내 카드의 수를 맞혀 봐. 이 수는 10보다 크고 30보다 작아.
서준: 또 다른 힌트는 없어?
지혜: 9의 배수이고 36의 약수야.

7 다음 중 약수와 배수의 관계인 수를 모두 찾아 쓰세요.

3	8	12	16	36

약수	배수
(	,)
(	,)
(	,)
(	,)

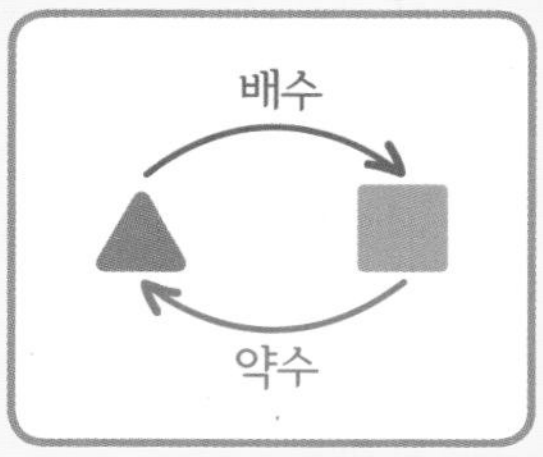

■가 ▲의 배수이면
▲는 ■의 약수야.

8 □ 안에 공통으로 들어갈 수 있는 수를 모두 찾아 기호를 쓰세요.

- 4와 6은 □의 약수입니다.
- □은/는 4와 6의 배수입니다.

㉠ 2　　㉡ 12　　㉢ 24　　㉣ 30

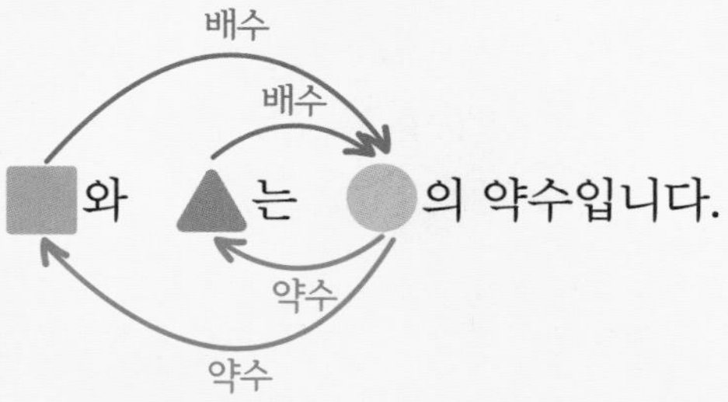

수학적 독해력

+9 7의 배수인 어떤 수가 있습니다. 이 수의 약수를 모두 더하였더니 32가 되었습니다. 어떤 수는 얼마일까요?

7의 배수 중 약수의 합이 32인 수를 찾아.

7의 배수		약수의 합
7	→	$1+7=8$
14	→	$1+2+7+14=24$
⋮		⋮
어떤 수	→	□ $=32$

수학적 표현력

+10 다음을 모두 만족하는 수를 구하려고 합니다. 풀이 과정을 쓰고, 답을 구하세요.

- 20보다 크고 40보다 작습니다.
- 8의 배수입니다.
- 12를 약수로 가지고 있습니다.

- 20보다 크고 40보다 작습니다.
- 8의 배수입니다.
- 12를 약수로 가지고 있습니다.

→ $20<$? <40

8의 배수
12의 배수

\ 알아둬! /

■를 약수로 가진 수 → ■의 배수

08일 공약수와 최대공약수

먼저 두 수의 약수를 각각 구한 다음 공약수를 구해 봐.

21, 35

공약수 ➜ 공통된 약수
최대공약수 ➜ 공통된 약수 중 가장 큰 수

두 수의 최대공약수를 알면 공약수를 구할 수 있어.

두 수의 공약수 = 두 수의 최대공약수의 약수

■와 ▲의 공약수

↓

■의 약수이면서 ▲의 약수인 수

45와 54를 어떤 수로 나누면 두 수가 모두 나누어떨어집니다. 어떤 수 중에서 가장 큰 수를 구하세요.

45와 54의 최대 공약수

2 두 수의 공약수와 최대공약수를 각각 구하세요.

21, 35

공약수 (　　　　　　)
최대공약수 (　　　　　　)

4 어떤 두 수의 최대공약수가 다음과 같을 때 두 수의 공약수를 모두 구하세요.

33 ➜ (　　　　　　)

5 두 수의 공약수는 모두 몇 개인지 구하세요.

27, 45

6 45와 54를 어떤 수로 나누면 두 수가 모두 나누어떨어집니다. 어떤 수 중에서 가장 큰 수를 구하세요.

7 40과 52의 공약수 중에서 가장 큰 수와 가장 작은 수의 합을 구하세요.

가장 큰 수		가장 작은 수		
☐	+	☐	=	☐

■와 ▲의 공약수
- 가장 큰 수 → 최대공약수
- 가장 작은 수 → 1

8 ■와 ▲의 최대공약수는 28입니다. 다음 중 ■와 ▲의 공약수인 것을 모두 찾아 기호를 쓰세요.

㉠ 4　　㉡ 6
㉢ 9　　㉣ 14

■와 ▲의 공약수 = ■와 ▲의 최대공약수의 약수

수학적 독해력

+9 쿠키 40개와 사탕 56개를 최대한 많은 친구에게 남김없이 똑같이 나누어 주려고 합니다. 쿠키와 사탕을 최대 몇 명의 친구에게 나누어 줄 수 있는지 구하세요.

쿠키 40개와 사탕 56개를 최대한 많은 친구에게 남김없이 똑같이 나누어 주려고 합니다. 쿠키와 사탕을 최대 몇 명의 친구에게 나누어 줄 수 있는지 구하세요.

40과 56의　최대　공약수

수학적 표현력

+10 대화를 읽고 잘못 말한 친구를 찾고, 그 이유를 설명해 보세요.

수현: 36과 48의 공약수 중에서 가장 작은 수는 1이야.

민호: 36과 48의 공약수는 두 수를 모두 나누어 떨어지게 해.

윤하: 36과 48의 공약수 중에서 가장 큰 수는 18이야.

두 수를 모두 나누어 떨어지게 하는 수

공약수

1, ……, 최대공약수

- 1 → 공약수 중에서 가장 작은 수
- 최대공약수 → 공약수 중에서 가장 큰 수

09일 최대공약수 구하는 방법

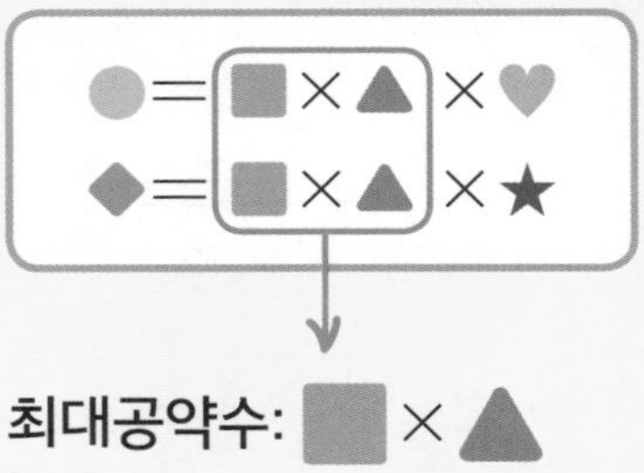

```
2 ) 54   72
3 ) 27   36
3 )  9   12
      3    4
```

(×) 최대공약수

```
2 ) 18   24          2 ) 20   28
□ ) □    □           □ ) □    □
    □    □               □    □
```

(×) 최대공약수　　　(×) 최대공약수

길이가 각각 48 cm, 56 cm 인 두 철사를 똑같은 길이로 남김없이 자르려고 합니다. 한 도막의 길이를 최대한 길게 자르면 철사는 몇 cm가 되는지 구하세요.

48과 56의　최대　공약수

2 36과 60을 여러 수의 곱으로 나타낸 곱셈식을 보고 최대공약수를 구하세요.

$36=2\times2\times3\times3$
$60=2\times2\times3\times5$

3 54와 72의 최대공약수를 구하려고 합니다. □ 안에 알맞은 수를 써넣으세요.

```
2 ) 54   72
3 ) 27   36
3 )  9   12
      3    4
```

최대공약수: 2×□×□=□

5 두 수의 최대공약수가 더 큰 것의 기호를 쓰세요.

㉠ (18, 24)　　㉡ (20, 28)

6 길이가 각각 48 cm, 56 cm 인 두 철사를 똑같은 길이로 남김없이 자르려고 합니다. 한 도막의 길이를 최대한 길게 자르면 철사는 몇 cm가 되는지 구하세요.

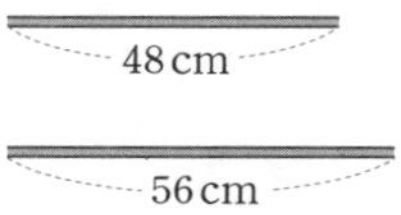

7 ㉠, ㉡의 최대공약수가 21일 때, ㉠, ㉡에 알맞은 수를 각각 구하세요.

$$\begin{array}{r|rr} \square & ㉠ & ㉡ \\ \hline 7 & 21 & 28 \\ \hline & 3 & 4 \end{array}$$

$$\begin{array}{r|rr} ★ & ㉠ & ㉡ \\ \hline 7 & 21 & 28 \\ \hline \times & 3 & 4 \end{array}$$

㉠÷★=21
㉡÷★=28

★을 먼저 구해.

최대공약수
★×7=21

8 두 수를 여러 수의 곱으로 나타낸 것입니다. 두 수의 최대공약수가 15일 때 □ 안에 들어갈 수 <u>없는</u> 수에 ○표 하세요.

$2\times2\times3\times5$ $\quad$ $3\times\square\times7$

5 $\quad$ 2×5 $\quad$ 3×5

공통으로 들어 있는 곱셈식이 최대공약수야.

$2\times2\times3\times5$ $\quad$ $3\times\square\times7$

수학적 독해력

9 사탕 63개와 초콜릿 27개를 최대한 많은 모둠에게 남김없이 똑같이 나누어 주려고 합니다. 한 모둠이 사탕과 초콜릿을 각각 몇 개씩 받을 수 있는지 구하세요.

사탕 63개와 초콜릿 27개를 최대한 많은 모둠에게 남김없이 똑같이 나누어 주려고 **합니다.** 한 모둠이 사탕과 초콜릿을 각각 몇 개씩 받을 수 있는지 **구하세요.**

두 수를 각각 최대공약수로 나눈 몫 $\quad$ 두 수의 최대공약수

수학적 표현력

10 연필 70개와 지우개 40개를 최대한 많은 친구에게 남김없이 똑같이 나누어 주려고 합니다. 최대 몇 명에게 나누어 줄 수 있는지 풀이 과정을 쓰고, 답을 구하세요.

연필 70개와 지우개 40개**를** 최대한 많은 친구에게 남김없이 똑같이 나누어 주려고 **합니다. 최대 몇 명에게 나누어 줄 수 있는지 구하세요.**

70과 40**의** $\quad$ 최대 $\quad$ 공약수

10일 공배수와 최소공배수

두 수의 최소공배수를 알면 공배수를 구할 수 있어.

두 수의 공배수 = 두 수의 최소공배수의 배수

■의 배수이면서 ▲의 배수인 수

↓

■와 ▲의 공배수

어떤 수를 9로 나누어도 나누어떨어지고, 15로 나누어도 나누어떨어집니다. 어떤 수 중에서 가장 작은 수는 얼마인지 구하세요.

9와 15의 최소 공배수

3 어떤 두 수의 최소공배수가 14일 때 두 수의 공배수를 가장 작은 수부터 차례로 5개 쓰세요.

4 50보다 작은 수 중에서 8의 배수이면서 12의 배수인 수를 모두 쓰세요.

5 어떤 수를 9로 나누어도 나누어떨어지고, 15로 나누어도 나누어떨어집니다. 어떤 수 중에서 가장 작은 수는 얼마인지 구하세요.

6 두 수의 공배수를 찾아 선으로 이어 보세요.

(9, 6) •	• 24
(4, 12) •	• 54
(10, 4) •	• 80

7 어떤 두 수의 최소공배수는 18입니다. 두 수의 공배수 중에서 가장 큰 두 자리 수를 구하세요.

\\ 주의해! //

두 수의 공배수 중에서 가장 큰 두 자리 수를 구해야 해.

두 수의 공배수 = 두 수의 최소공배수의 배수

8 ■와 ▲의 최소공배수는 12입니다. 1부터 100까지의 수 중에서 ■와 ▲의 공배수는 모두 몇 개일까요?

1부터 100까지의 수 중에서 공배수가 몇 개인지 세어봐.

■와 ▲의 공배수 = ■와 ▲의 최소공배수의 배수

수학적 독해력

+9 종욱이가 설명하는 것을 모두 만족하는 수는 얼마인지 구하세요.

- 6과 8의 공배수야.
- 40보다 크고 100보다 작아.
- 9의 배수이기도 해.

- 6과 8의 공배수야.
- 40보다 크고 100보다 작아.
- 9의 배수이기도 해.

➜ $40 < \boxed{?} < 100$

(? : 6과 8의 공배수, 9의 배수)

수학적 표현력

+10 윤하는 1부터 50까지의 수를 차례로 말하면서 다음 규칙으로 놀이를 하였습니다. 손뼉을 치면서 동시에 만세를 외쳐야 하는 수 중에서 두 번째 수를 구하려고 합니다. 풀이 과정을 쓰고, 답을 구하세요.

- 8의 배수에서는 말하는 대신 손뼉을 칩니다.
- 12의 배수에서는 말하는 대신 만세를 외칩니다.

'손뼉을 치면서 동시에 만세를 외치는 수'

(손뼉을 치면서: 8의 배수, 만세를 외치는: 12의 배수, 동시에: 8과 12의 공배수)

11일

최소공배수 구하는 방법

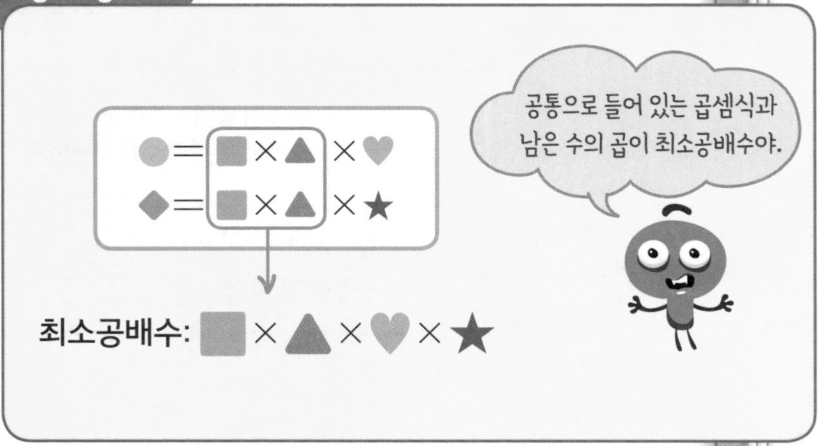

2 12와 42를 여러 수의 곱으로 나타낸 곱셈식을 보고 최소공배수를 구하세요.

$12=2\times2\times3$
$42=2\times3\times7$

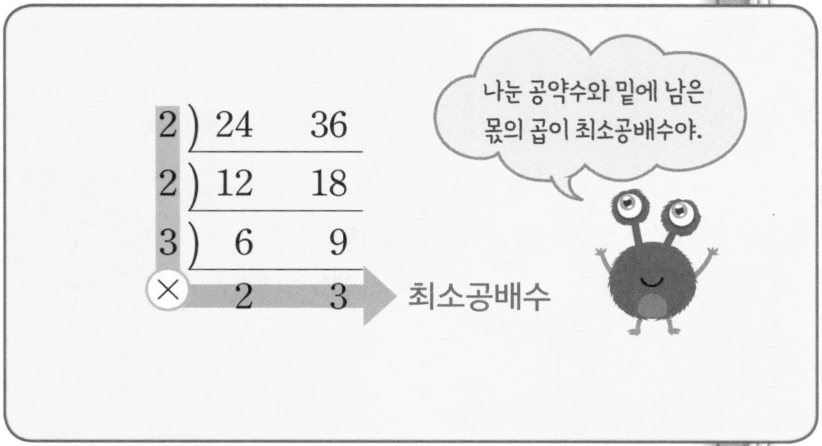

3 24와 36의 최소공배수를 구하려고 합니다. □ 안에 알맞은 수를 써넣으세요.

```
2) 24  36
2) 12  18
3)  6   9
    2   3
```

최소공배수: □×□×□×□×□
=□

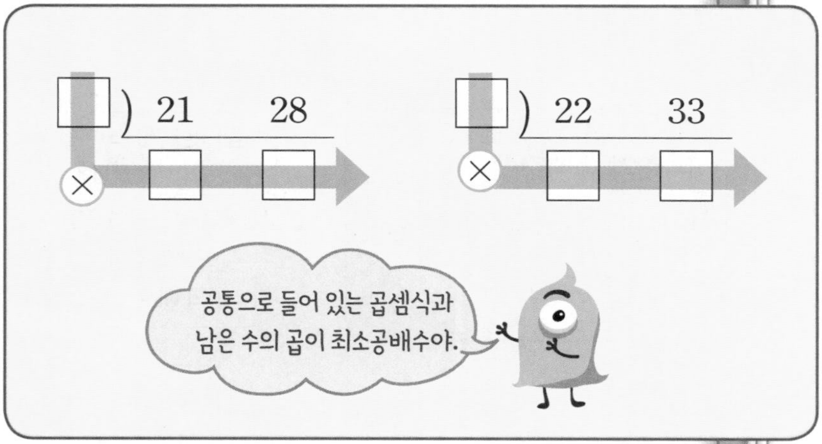

5 두 수의 최소공배수가 더 큰 것의 기호를 쓰세요.

㉠ (21, 28)　　㉡ (22, 33)

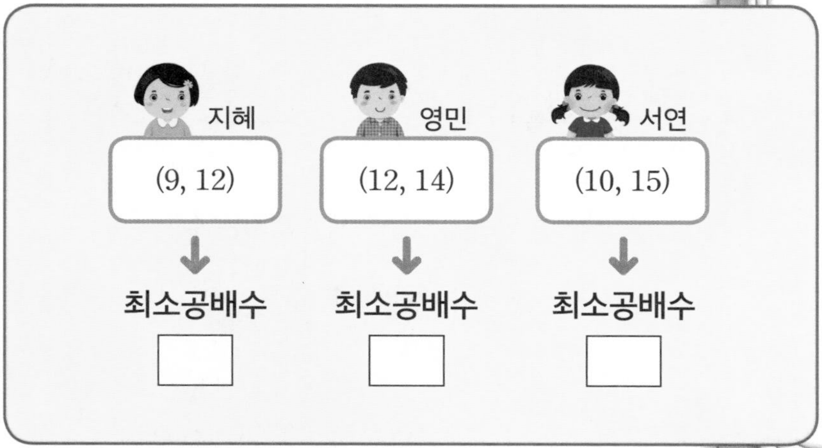

6 가지고 있는 두 수의 최소공배수가 가장 작은 사람부터 차례로 이름을 쓰세요.

지혜	영민	서연
(9, 12)	(12, 14)	(10, 15)

7 두 수 ㉠과 ㉡을 여러 수의 곱으로 나타낸 것입니다. ㉠과 ㉡의 최소공배수가 210일 때 두 수 ㉠과 ㉡을 각각 구하세요. (단, 같은 모양의 기호는 같은 수를 나타냅니다.)

㉠=2×■×▲　　㉡=■×▲×7

공통으로 들어 있는 곱셈식과 남은 수의 곱이 최소공배수야.

"최소공배수가 210일 때"

2×■×▲　　■×▲×7

8 ●, ★의 최소공배수가 72일 때, ●, ★에 알맞은 수를 각각 구하세요.

□) ●　★
3) 9　12
　　3　4

● (　　　　)
★ (　　　　)

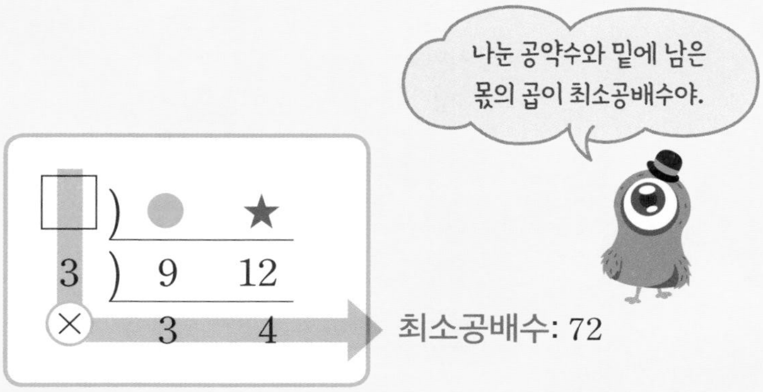

수학적 독해력

+9 한 직선 위에 시작점을 같이 하여 같은 방향으로 노란색 점은 20 cm, 파란색 점은 24 cm 간격으로 찍어 나가려고 합니다. 두 가지 색의 점이 시작점 다음으로 같이 찍히는 곳은 시작점에서 몇 cm 떨어진 곳일까요?

같은 방향으로 노란색 점은 20 cm(20의 배수), 파란색 점은 24 cm(24의 배수) 간격으로 찍어 나가려고 합니다. 두 가지 색의 점이 시작점 다음으로 같이 찍히는 곳은(20과 24의 최소공배수)

수학적 표현력

+10 슬기와 로운이가 다음과 같이 규칙에 따라 각각 카드 30개를 놓을 때, 같은 자리에 파란색 카드가 놓이는 경우는 모두 몇 번인지 풀이 과정을 쓰고, 답을 구하세요.

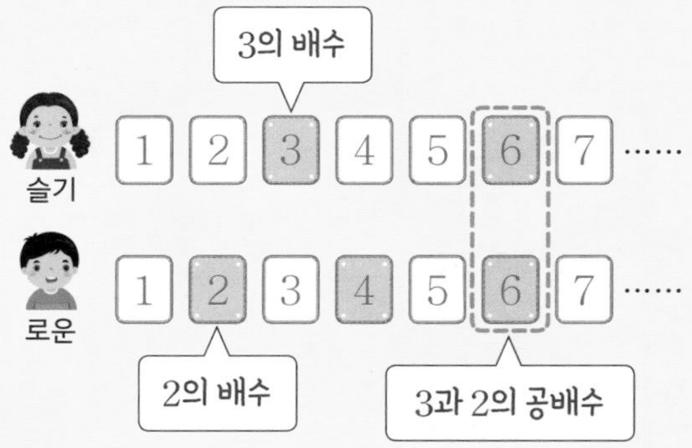

12일 두 양 사이의 관계

개미 1마리의 다리는 6개야.

개미의 수의 6배는 개미 다리의 수와 같아.

개미의 수 $\xrightarrow{\times 6}$ 개미 다리의 수

개미 다리의 수 $\xrightarrow{\div 6}$ 개미의 수

두 양 사이의 관계를 두 가지로 생각할 수 있어.

- 개미의 수는 ______________
- 개미 다리의 수는 ______________

개미의 수 $\xrightarrow{\times 6}$ 개미 다리의 수

개미 다리의 수 $\xrightarrow{\div 6}$ 개미의 수

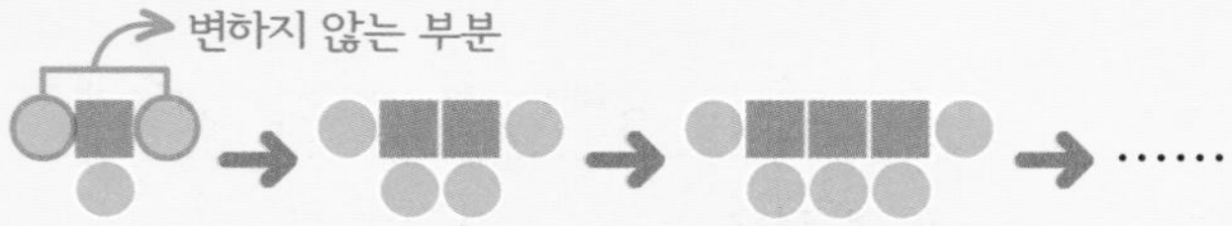

사각형의 수 $\xrightarrow{+2}$ 원의 수

원의 수 $\xrightarrow{-2}$ 사각형의 수

두 양 사이의 관계를 두 가지로 생각할 수 있어.

- 사각형의 수는 ______________
- 원의 수는 ______________

사각형의 수 $\xrightarrow{+2}$ 원의 수

원의 수 $\xrightarrow{-2}$ 사각형의 수

2 개미의 수와 개미 다리의 수 사이의 대응 관계를 생각하며 □ 안에 알맞은 수를 써넣으세요.

(1) 개미가 10마리일 때 개미 다리는 □개입니다.

(2) 개미가 □마리일 때 개미 다리는 120개입니다.

3 개미의 수와 개미 다리의 수 사이의 대응 관계를 쓰세요.

____

5 사각형의 수와 원의 수 사이의 대응 관계를 생각하며 □ 안에 알맞은 수를 써넣으세요.

(1) 사각형이 10개일 때 원은 □개입니다.

(2) 사각형이 □개일 때 원은 30개입니다.

6 사각형의 수와 원의 수 사이의 대응 관계를 쓰세요.

____

7 의자의 수와 팔걸이의 수 사이의 대응 관계를 생각하며 □ 안에 알맞은 수를 써넣으세요.

의자가 5개일 때 팔걸이는 □개입니다.

의자의 수 ⇄ 팔걸이의 수 (+1 / −1)

8 모양에서 변하는 부분과 변하지 않는 부분을 생각하며, ㉠과 ㉡에 들어갈 알맞은 수를 구하세요.

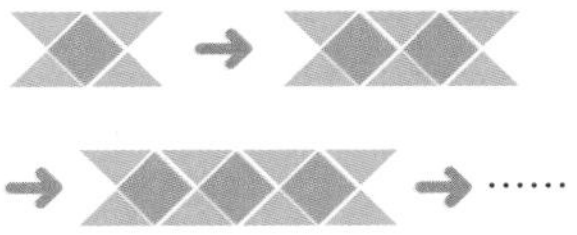

사각형의 수(개)	1	2	3	㉠	8	12	……
삼각형의 수(개)	4	6	8	12	18	㉡	……

사각형의 수(개)	1	2	3	㉠	8	12	……
삼각형의 수(개)	4	6	8	12	18	㉡	……

$(\times 2)+2$

수학적 독해력

+9 윤하와 영민이가 오각형의 수와 꼭짓점의 수 사이의 대응 관계를 말한 것입니다. 잘못 말한 사람의 이름을 쓰세요.

윤하: 꼭짓점의 수를 5로 나누면 오각형의 수와 같아.

영민: 꼭짓점이 25개면 오각형은 125개가 되겠네.

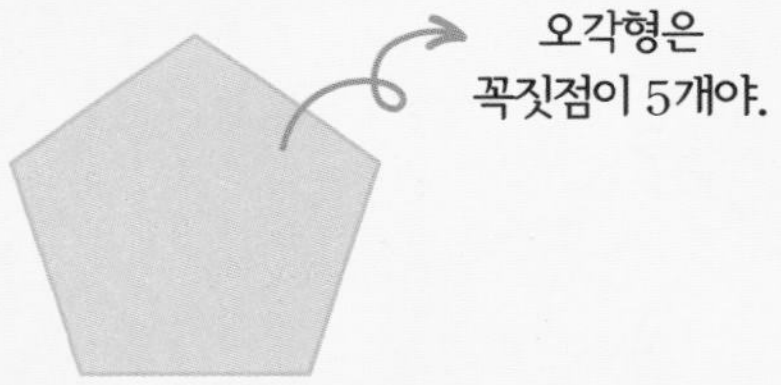

오각형의 수 ⇄ 꼭짓점의 수 (×5 / ÷5)

수학적 표현력

+10 단추의 수와 단추 구멍의 수 사이의 대응 관계를 설명해 보세요.

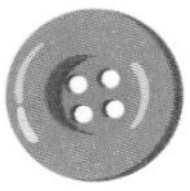

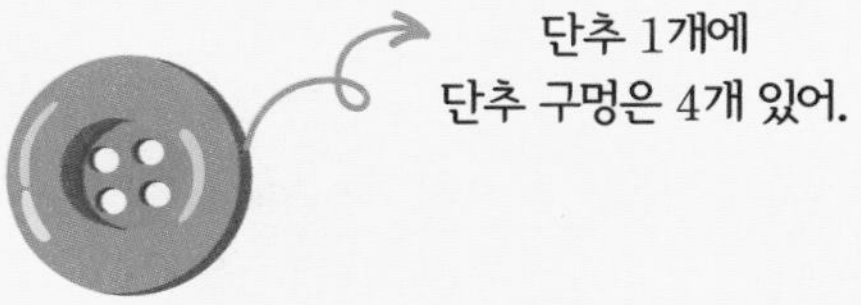

단추의 수 ⇄ 단추 구멍의 수 (×4 / ÷4)

13일 대응 관계를 식으로 나타내기

▲	1	2	3	4
★	3	6	9	12

×3 •   • ▲+3=★

▲	5	6	7	8
★	8	9	10	11

+3 •   • ▲−3=★

▲	10	11	12	13
★	7	8	9	10

−3 •   • ▲×3=★

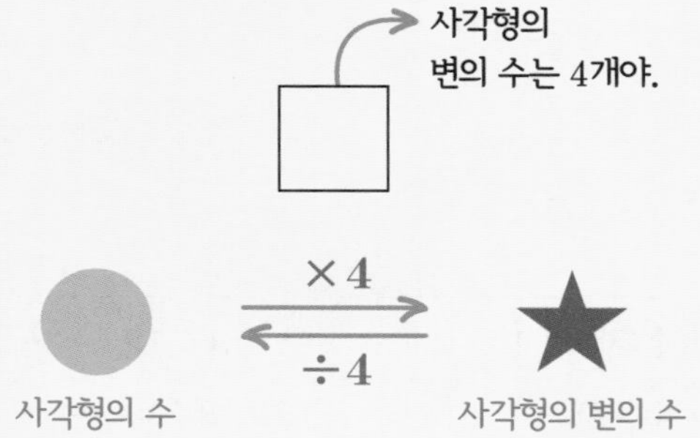

■ (자른 횟수)	+1 →	▲ (조각의 수)
0		1
1		2
2		3
3		4

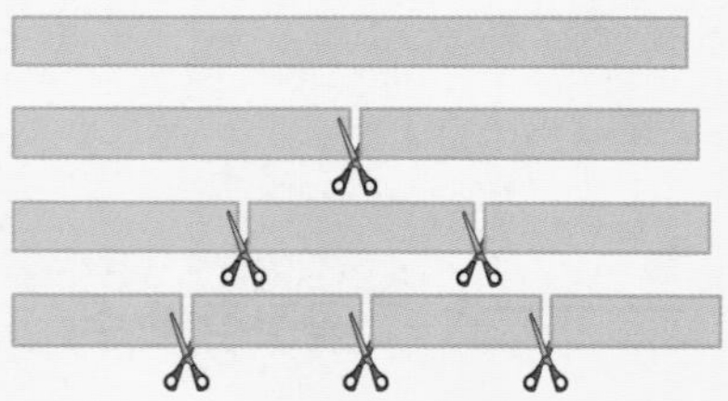

■ (자른 횟수)	+1 →	▲ (조각의 수)
0		1
1		2
2		3
3		4
⋮		⋮
?		15

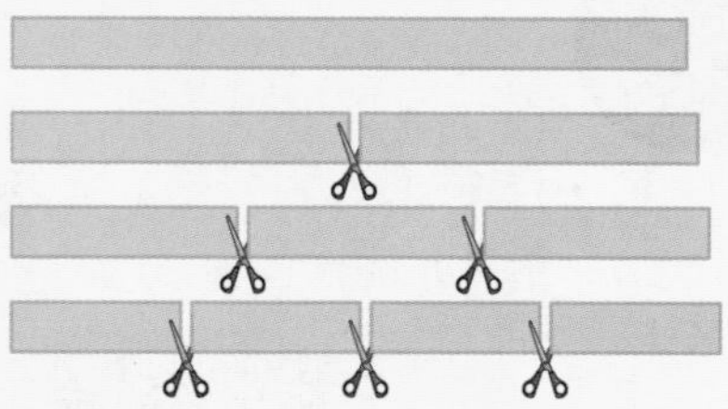

3 관계있는 것끼리 선으로 이어 보세요.

▲	1	2	3	4
★	3	6	9	12

•   • ▲+3=★

▲	5	6	7	8
★	8	9	10	11

•   • ▲−3=★

▲	10	11	12	13
★	7	8	9	10

•   • ▲×3=★

4 사각형의 수를 ●, 사각형의 변의 수를 ★이라고 할 때, 두 양 사이의 대응 관계를 식으로 바르게 나타낸 것의 기호를 모두 고르세요.

㉠ ●×4=★   ㉡ ★×4=●
㉢ ●÷4=★   ㉣ ★÷4=●

5 종이테이프를 자른 횟수를 ■, 조각의 수를 ▲라고 할 때, 두 양 사이의 대응 관계를 식으로 나타내어 보세요.

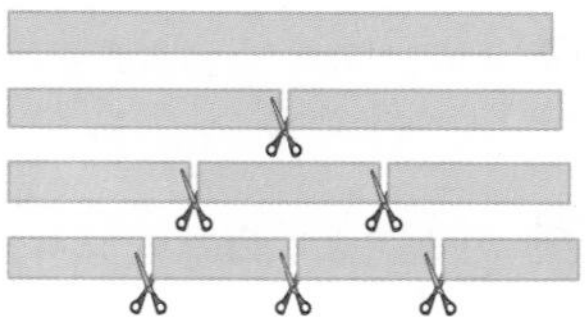

〔식〕 ____________________

6 종이테이프를 15조각으로 나누기 위해서는 몇 번을 잘라야 하는지 구하세요.

7 ●, ▲, ★ 사이의 대응 관계를 나타낸 표입니다. ●와 ★ 사이의 대응 관계를 식으로 나타내세요.

●	2	3	4	5	6
▲	8	12	16	20	24
★	10	14	18	22	26

\\ 주의해! //

●와 ★ 사이의 대응 관계를 나타내야 하므로 식에 ▲를 사용하면 안돼!

●	2	3	4	5	6
▲	8	12	16	20	24
★	10	14	18	22	26

×4, +2

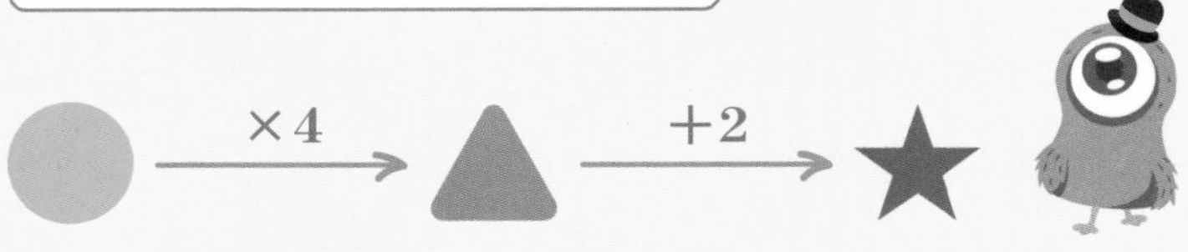

8 배열 순서에 맞게 수 카드를 놓고 블록으로 규칙적인 배열을 만들고 있습니다. 사용한 블록이 64개일 때 배열 순서는 몇째일까요?

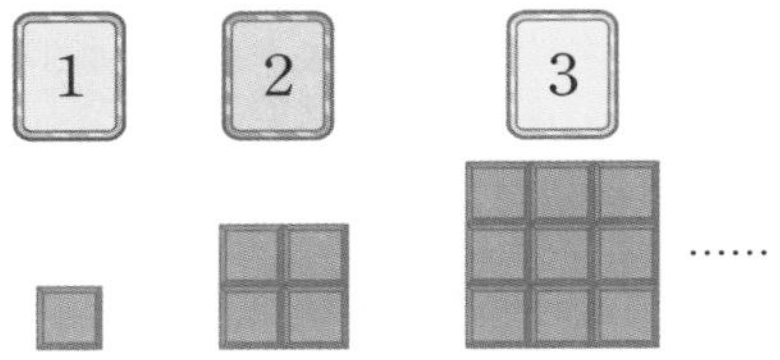

수학적 독해력

+9 잠자리 한 마리의 날개는 4개입니다. 잠자리의 수와 날개의 수 사이의 대응 관계에 대해 잘못 이야기한 친구는 누구일까요?

서준: 잠자리의 수와 날개의 수 사이의 대응 관계는 항상 일정해.

지혜: 잠자리의 수를 ●, 날개의 수를 ▲라고 할 때, 두 양 사이의 대응 관계는 ▲×4=●로 나타낼 수 있어.

(잠자리의 수) ● ×4 → / ← ÷4 (날개의 수) ▲

수학적 표현력

+10 봉지 한 개에 키위가 8개씩 들어 있습니다. 봉지의 수를 ●, 키위의 수를 ▲라 할 때, 두 양 사이의 대응 관계를 식으로 나타내려고 합니다. 풀이 과정을 쓰고, 답을 구하세요.

"봉지 한 개에 키위가 8개씩 들어 있습니다."

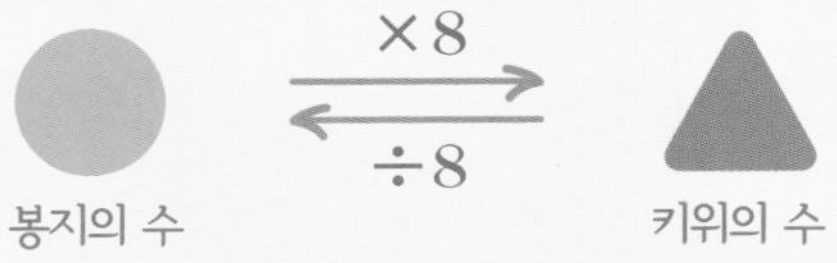

14일 생활 속에서 대응 관계를 식으로 나타내기

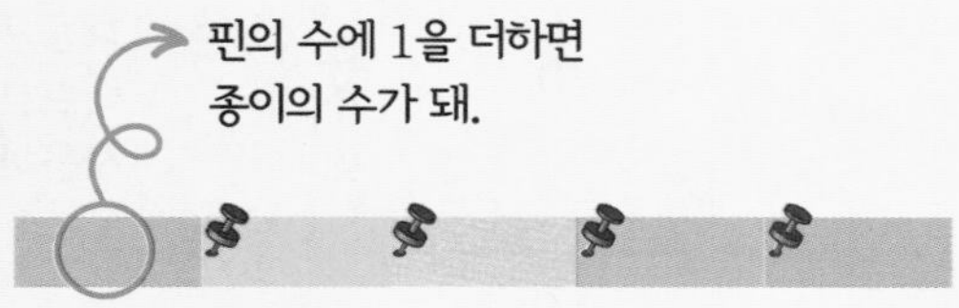

시작 시각	오전 9시	오후 1시	오후 3시	오후 6시
끝나는 시각	오전 11시	오후 3시	오후 5시	오후 8시

+★

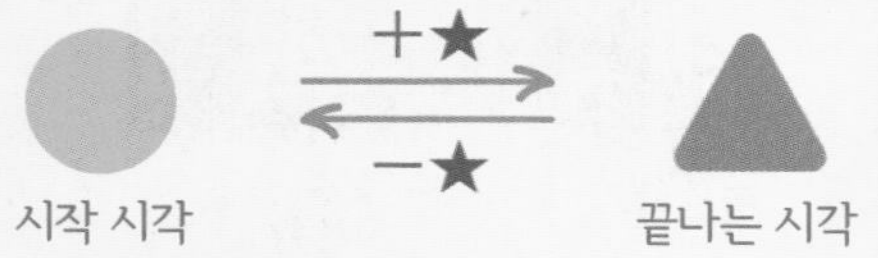

"자동차는 1시간에 약 50 km를 이동합니다"

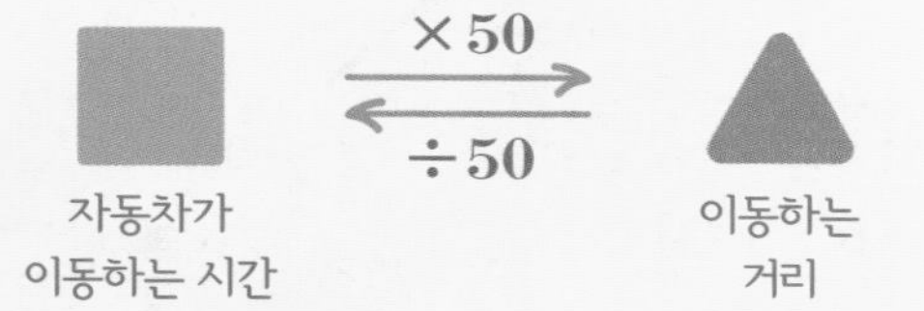

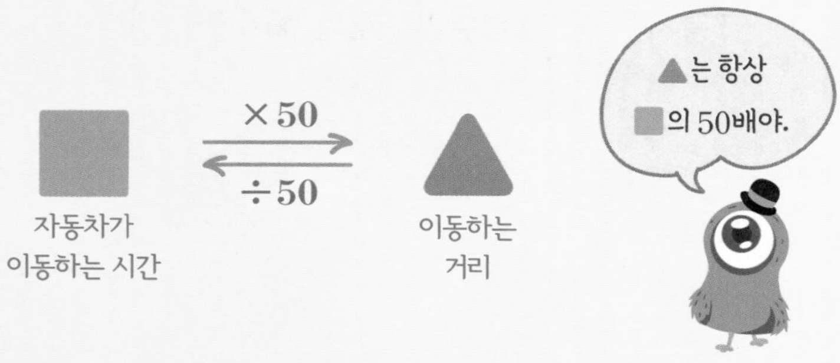

2 서로 다른 색의 종이를 핀으로 연결하려고 합니다. 핀의 수를 ▲, 종이의 수를 ★이라고 할 때, 두 양 사이의 대응 관계를 식으로 나타내세요.

〔식〕 ______________________

4 어느 연극의 상영 시간표입니다. 연극의 시작 시각을 ●, 끝나는 시각을 ▲라고 할 때, 두 양 사이의 대응 관계를 식으로 나타내세요.

시작 시각	오전 9시	오후 1시	오후 3시	오후 6시
끝나는 시각	오전 11시	오후 3시	오후 5시	오후 8시

〔식〕 ______________________

5 자동차는 1시간에 약 50 km를 이동합니다. 자동차가 이동하는 시간을 ■(시간), 이동하는 거리를 ▲(km)라고 할 때, 두 양 사이의 대응 관계를 식으로 나타내세요.

〔식〕 ______________________

6 5의 식에 대한 설명입니다. 잘못 설명한 친구의 이름을 쓰세요.

로운: ■는 분수나 소수도 될 수 있어.

슬기: 자동차가 이동하는 시간을 ●, 이동하는 거리를 ★로 바꿔서 나타낼 수도 있어.

지혜: ▲는 ■와 관계없이 변할 수 있어.

7 민호는 하루에 책을 오전에 20분, 오후에 30분을 읽습니다. 책을 읽는 날 수를 ■, 책을 읽는 시간을 ●라고 할 때, 두 양 사이의 대응 관계를 식으로 나타내세요.

〔식〕 ______________________

"민호는 하루에 책을 오전에 20분, 오후에 30분을 읽습니다."

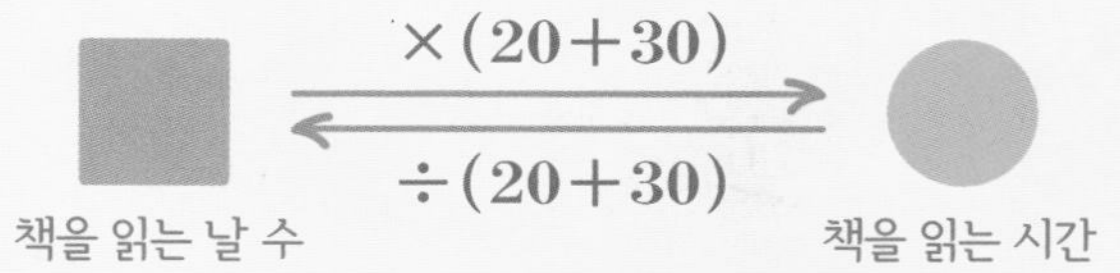

8 서연이가 수를 말하면 종욱이가 대응 관계에 따라 답을 하고 있습니다. □ 안에 알맞은 수를 써넣으세요.

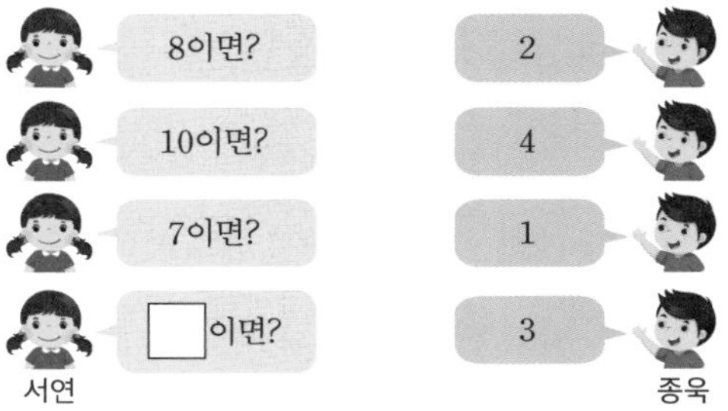

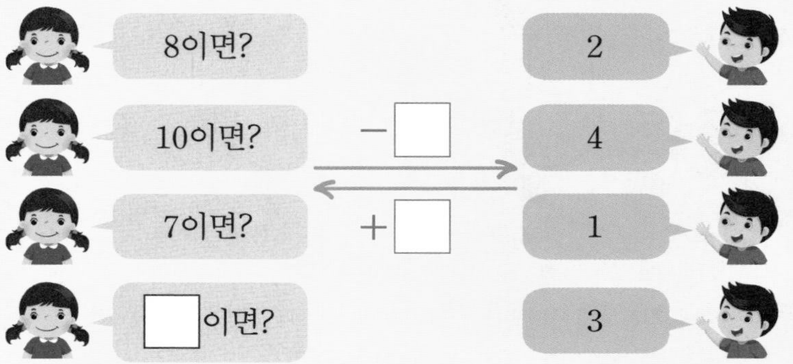

수학적 독해력

+9 서울의 시각은 방콕의 시각보다 2시간 빠릅니다. 서울의 시각과 방콕의 시각 사이의 대응 관계를 기호를 사용하여 식으로 나타내고, 서울이 오후 1시일 때 방콕은 오전 몇 시인지 구하세요.

〔식〕 ______________________

〔답〕 오전 ________ 시

"서울의 시각은 방콕의 시각보다 2시간 빠릅니다."

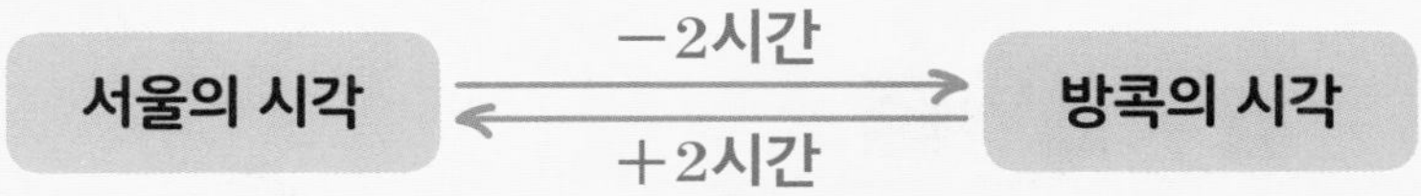

수학적 표현력

+10 사과 2개로 사과주스 6병을 만들 수 있습니다. 사과의 수를 ●, 사과주스 병의 수를 ▲라고 할 때, 두 양 사이의 대응 관계를 식으로 나타내고 사과주스 21병을 만들려면 사과가 몇 개 필요한지 풀이 과정을 쓰고, 답을 구하세요.

"사과 2개로 사과주스 6병을 만들 수 있습니다"

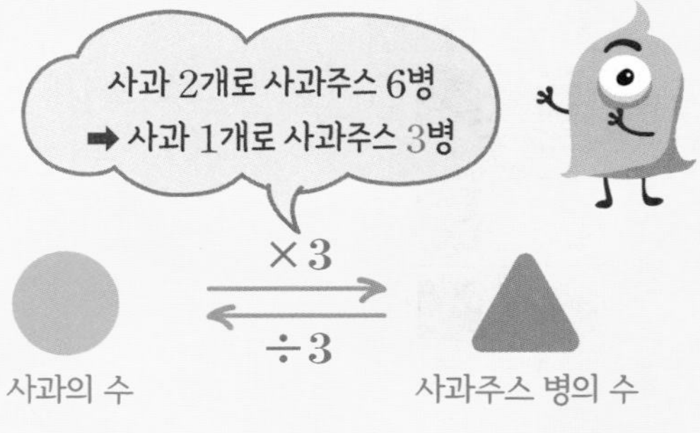

15일 크기가 같은 분수

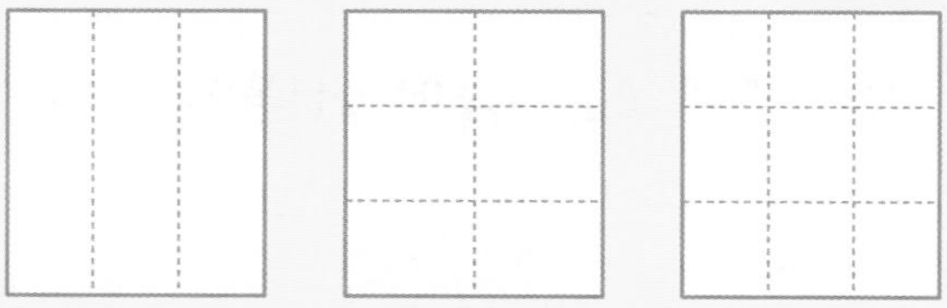

$\frac{1}{3}$ $\frac{3}{6}$ $\frac{3}{9}$ → 분자가 색칠할 칸의 수야.

$\frac{4}{9}=\frac{\square}{18}$ (×■) $\frac{32}{40}=\frac{\square}{20}$ (÷▲)

분모와 분자에 각각 0이 아닌 같은 수를 곱하면 크기가 같은 분수가 돼.

분모와 분자를 각각 0이 아닌 같은 수로 나누면 크기가 같은 분수가 돼.

$\frac{▲}{●}=\frac{▲\times■}{●\times■}$

$\frac{▲}{●}=\frac{▲\div■}{●\div■}$

$\frac{▲}{●}=\frac{▲\times■}{●\times■}$

$\frac{▲}{●}=\frac{▲\div■}{●\div■}$

1 분수만큼 색칠하고 크기가 같은 두 분수에 ○표 하세요.

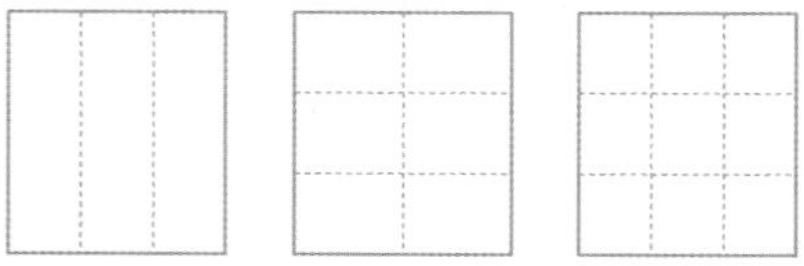

$\frac{1}{3}$ $\frac{3}{6}$ $\frac{3}{9}$

( ) ( ) ( )

3 □ 안에 알맞은 수를 써넣어 크기가 같은 분수를 만들어 보세요.

(1) $\frac{4}{9}=\frac{\square}{18}=\frac{12}{\square}=\frac{\square}{36}$

(2) $\frac{32}{40}=\frac{\square}{20}=\frac{8}{\square}=\frac{\square}{5}$

4 주어진 분수와 크기가 같은 분수를 모두 찾아 ○표 하세요.

(1) $\frac{3}{7}$ | $\frac{6}{14}$ $\frac{6}{21}$ $\frac{12}{28}$ $\frac{18}{35}$

(2) $\frac{20}{36}$ | $\frac{4}{6}$ $\frac{5}{9}$ $\frac{6}{12}$ $\frac{10}{18}$

6 세 사람 중에서 크기가 같은 분수를 만든 방법이 다른 한 사람은 누구일까요?

윤하: $\frac{7}{9}$과 크기가 같은 분수에는 $\frac{21}{27}$이 있어.

민호: $\frac{16}{18}$과 크기가 같은 분수에는 $\frac{8}{9}$이 있어.

서연: $\frac{9}{14}$와 크기가 같은 분수에는 $\frac{18}{28}$이 있어.

7 모양과 크기가 같은 컵에 주스가 담겨 있습니다. 그림을 보고 같은 양이 담긴 주스를 찾아 쓰세요.

주스가 채워진 눈금의 수 → □ □ □

전체 눈금의 수 → 5, 4, 8

$\frac{\square}{5}$ $\frac{\square}{4}$ $\frac{\square}{8}$

컵에 담긴 주스를 분수로 나타낸 다음 크기를 비교해.

4단원

8 $\frac{2}{3}$와 크기가 같은 분수 중에서 분모와 분자의 합이 15보다 크고 30보다 작은 분수를 모두 쓰세요.

$\frac{2}{3}$와 크기가 같은 분수를 구한 다음 찾아.

$$\frac{2}{3}=\frac{4}{6}=\frac{6}{9}=\frac{8}{12}=\cdots\cdots$$

(분모, 분자에 각각 ×2, ×3, ×4)

수학적 독해력

+9 $\frac{4}{12}$와 크기가 같은 분수를 만든 방법을 잘못 말한 사람은 누구일까요?

서준: 분모와 분자에 각각 5를 곱하면 크기가 같은 분수인 $\frac{20}{60}$을 만들 수 있어.

수현: 분모와 분자를 각각 2로 나눈 수인 $\frac{2}{6}$와 크기가 같아.

종욱: 분모와 분자를 각각 어떤 수든지 같은 수로 나누면 크기가 같은 분수를 만들 수 있어.

크기가 같은 분수를 만들려면 분모, 분자에 각각 0이 아닌 같은 수를 곱하거나 나누어야 해.

서준: 분모와 분자에 각각 5를 곱하면 …

수현: 분모와 분자를 각각 2로 나눈 수인 …

종욱: 분모와 분자를 각각 어떤 수든지 같은 수로 나누면 …

수학적 표현력

+10 슬기는 케이크를 똑같이 8조각으로 나누어 2조각을 먹었습니다. 민호가 같은 크기의 케이크를 똑같이 16조각으로 나누었을 때 몇 조각을 먹어야 슬기가 먹은 양과 같아지는지 풀이 과정을 쓰고, 답을 구하세요.

슬기와 민호가 먹은 양이 같아지려면 두 양을 나타내는 분수의 크기가 같아야 해.

슬기 $\frac{2}{8}=\frac{\square}{16}$ 민호

(분모, 분자에 각각 ×■)

16일 분수를 간단하게 나타내기

약분할 때 분모와 분자를
나눌 수 있는 수는
1을 제외한 두 수의 공약수야.

$\frac{24}{36}$ → 24의 약수: 1, 2, 3, 4, 6, 8, 12, 24
→ 36의 약수: 1, 2, 3, 4, 6, 9, 12, 36

1 $\frac{24}{36}$를 약분하려고 합니다. 분모와 분자를 나눌 수 없는 수를 모두 찾아 ○표 하세요.

3 4 6 8 9 12

㉠ $\frac{6}{14}$ ㉡ $\frac{9}{11}$ ㉢ $\frac{5}{12}$ ㉣ $\frac{18}{20}$

㉠ 공약수: 1, 2 ➡ 기약분수 ×

㉡ 공약수: 1 ➡ 기약분수 ○

중요해!

기약분수는 분모와 분자의 공약수가 1뿐인 분수야.

4 기약분수를 모두 찾아 기호를 쓰세요.

㉠ $\frac{6}{14}$ ㉡ $\frac{9}{11}$ ㉢ $\frac{5}{12}$ ㉣ $\frac{18}{20}$

$\frac{10}{12}$ • → $\frac{10 \div 2}{12 \div 2}$ → • $\frac{5}{6}$

$\frac{16}{28}$ • • $\frac{4}{7}$

$\frac{18}{54}$ • • $\frac{1}{3}$

약분은 1을 제외한 공약수로 분모와 분자를 나누어 간단한 분수로 만드는 거야.

5 왼쪽의 분수를 바르게 약분한 것을 찾아 선으로 이어 보세요.

$\frac{10}{12}$ •		• $\frac{4}{7}$
$\frac{16}{28}$ •		• $\frac{1}{3}$
$\frac{18}{54}$ •		• $\frac{5}{6}$

분모를 8로 나누었으니까
분자도 8로 나누어야 해.

$\frac{\square}{72} \xrightarrow{\text{약분}} \frac{5}{9}$ (분모 ÷8, 분자 ÷8)

6 분모가 72인 진분수 중에서 약분하면 $\frac{5}{9}$가 되는 분수를 쓰세요.

7 진분수 $\frac{\square}{12}$가 기약분수라고 할 때, □ 안에 들어갈 수 있는 수를 모두 쓰세요.

기약분수이므로 분모와 분자의 공약수가 1뿐이어야 해!

진분수 $\frac{\square}{12}$

주의해!

진분수는 분자가 분모보다 작은 분수니까 □는 12보다 작은 수야.

8 어떤 분수 $\frac{▲}{●}$를 기약분수로 나타내면 $\frac{9}{14}$가 됩니다. ●와 ▲의 공약수가 1, 2, 3, 6일 때 분수 $\frac{▲}{●}$를 구하세요.

분모와 분자의 최대공약수로 나누면 한번에 기약분수로 나타낼 수 있어.

$\frac{▲}{●}$ —기약분수로 나타내면→ $\frac{9}{14}$

▲와 ●의 최대공약수로 나누면

수학적 독해력

+9 $\frac{24}{40}$에 대해 틀리게 말한 사람은 누구일까요?

서연: $\frac{24}{40}$를 기약분수로 나타내면 $\frac{3}{5}$이야.

영민: $\frac{24}{40}$를 약분하여 만들 수 있는 분수 중에서 분모가 두 번째로 큰 수는 $\frac{6}{10}$이야.

슬기: $\frac{24}{40}$를 약분하여 만들 수 있는 분수는 모두 4개야.

분모와 분자를 공약수로 나누어 약분한 다음 틀린 것을 찾아봐!

$\frac{24}{40}$ → 24와 40의 공약수: 1, 2, 4, 8

주의해!

분모와 분자를 1로 나누면 자기 자신이 되므로 약분이 아니야.

수학적 표현력

+10 종욱이네 집에 있는 볼펜 30개 중에서 12개가 검은색 볼펜입니다. 검은색 볼펜은 전체의 얼마인지 기약분수로 나타내려고 합니다. 풀이 과정을 쓰고, 답을 구하세요.

"볼펜 30개 중에서 12개가 검은색 볼펜입니다."

분모와 분자의 최대공약수로 나누면 기약분수로 나타낼 수 있어.

기약분수

$$\frac{(\text{검은색 볼펜의 수})}{(\text{전체 볼펜의 수})} = \frac{12}{30} = \frac{\square}{\square}$$

17일 분모가 같은 분수로 나타내기

$\frac{4}{9}, \frac{5}{12}$

통분할 때 공통분모가
될 수 있는 수는 두 분모의 공배수야.

$\left(\frac{7}{8}, \frac{7}{12}\right)$

공통분모가 될 수 있는 수는
두 분모의 공배수이고,

가장 작은 공통분모는
두 분모의 최소공배수야.

통분할 때 공통분모가 될 수 있는 수는
두 분모의 공배수야.

중요해!

통분한 분수는
통분하기 전의 분수와
크기가 같은 분수여야 해.

$\left(\frac{2}{3}, \frac{1}{4}\right)$

$\left(\frac{7}{9}, \frac{8}{15}\right)$

통분할 때 공통분모가
될 수 있는 수는
두 분모의 공배수야.

1 $\frac{4}{9}$와 $\frac{5}{12}$를 통분하려고 합니다. 공통분모가 될 수 있는 수를 모두 찾아 쓰세요.

18	36	60	72	90

4 두 분수를 가장 작은 공통분모로 통분하세요.

$\left(\frac{7}{8}, \frac{7}{12}\right) \rightarrow ($ $\qquad$, $\qquad$ $)$

5 $\frac{2}{3}$와 $\frac{1}{4}$을 바르게 통분한 것을 찾아 기호를 쓰세요.

㉠ $\left(\frac{8}{12}, \frac{4}{12}\right)$ ㉡ $\left(\frac{12}{24}, \frac{6}{24}\right)$

㉢ $\left(\frac{24}{36}, \frac{12}{36}\right)$ ㉣ $\left(\frac{32}{48}, \frac{12}{48}\right)$

6 두 분수를 통분하려고 합니다. 공통분모가 될 수 있는 수 중에서 100보다 작은 수를 모두 찾아 쓰세요.

$\left(\frac{7}{9}, \frac{8}{15}\right)$

본책 080~081 쪽

7 두 분수를 다음과 같이 통분했습니다. ●, ▲, ★에 들어갈 알맞은 수를 구하세요.

$$\left(\frac{13}{18}, \frac{7}{12}\right) \rightarrow \left(\frac{26}{●}, \frac{▲}{★}\right)$$

통분한 분수는 통분하기 전의 분수와 크기가 같은 분수여야 해.

$$\left(\frac{13}{18}, \frac{7}{12}\right) \xrightarrow{\text{통분}} \left(\frac{26}{●}, \frac{▲}{★}\right)$$

×2 (분자), ×2 (분모)

통분했으니까 공통분모야.

8 $\frac{11}{40}$과 $\frac{5}{16}$ 사이의 수 중에서 분모가 80인 분수를 모두쓰세요.

$\frac{11}{40}$ …… $\frac{5}{16}$

↓ ↓

$\frac{\square}{80}$ …… $\frac{\square}{80}$

두 수의 분모를 80으로 통분한 후 두 분수 사이의 수를 모두 써 봐!

수학적 독해력

+9 어떤 두 기약분수를 통분하였더니 $\frac{24}{36}$와 $\frac{27}{36}$이 되었습니다. 통분하기 전의 두 분수를 구하세요.

통분한 분수를 분모와 분자의 최대공약수로 약분하면 통분하기 전의 기약분수가 돼.

기약분수

$$\left(\frac{\square}{\square}, \frac{\square}{\square}\right) \xrightarrow{\text{통분}} \left(\frac{24}{36}, \frac{27}{36}\right)$$

← 약분 (최대공약수로)

수학적 표현력

+10 $\frac{1}{12}$과 $\frac{5}{9}$를 100에 가장 가까운 수를 공통분모로 하여 통분하려고 합니다. 풀이 과정을 쓰고, 답을 구하세요.

통분할 때 공통분모가 될 수 있는 수는 두 분모의 공배수야.

$$\left(\frac{1}{12}, \frac{5}{9}\right)$$

공배수 중에서 100에 가장 가까운 수를 공통분모로 통분해.

4단원

18일 분수의 크기 비교

분모가 같도록 통분했을 때
분자가 클수록 큰 수야.

$\frac{1}{2}$ 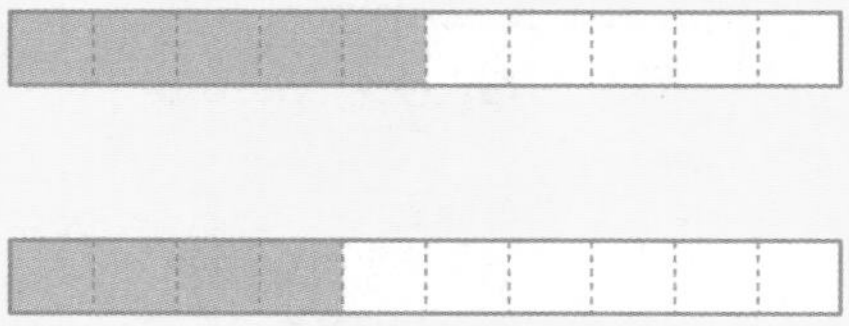 $\frac{\square}{10}$ → 색칠한 칸의 수 / 10 → 전체 칸의 수

$\frac{2}{5}$ $\frac{\square}{10}$

$\frac{7}{10}$ $\frac{5}{6}$ $\frac{3}{5}$

↓ 통분

$\frac{\square}{30}$ $\frac{\square}{30}$ $\frac{\square}{30}$

세 분수를 한꺼번에
통분하여 크기를
비교할 수도 있어.

세 분수의 크기를
비교할 땐 두 분수씩
차례로 통분하여 비교해.

통분 ③

$\frac{9}{16}$, $\frac{7}{12}$, $\frac{5}{8}$

통분 ① 통분 ②

$\frac{2}{3}$ $\frac{2}{4}$ $\frac{2}{5}$

$$\frac{2}{3}>\frac{2}{4}>\frac{2}{5}$$

알아둬!

분자가 같은 분수는
분모가 작을수록 큰 수야.

1 그림을 보고 통분한 분수를 □ 안에 써넣고, ◯ 안에 >, =, <를 알맞게 써넣으세요.

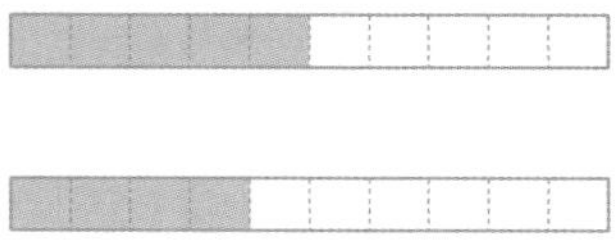

$\frac{1}{2}$ $\frac{\square}{10}$

$\frac{2}{5}$ $\frac{\square}{10}$

→ $\frac{1}{2}$ ◯ $\frac{2}{5}$

4 가장 큰 분수에 ◯표, 가장 작은 분수에 △표 하세요.

$\frac{7}{10}$ $\frac{5}{6}$ $\frac{3}{5}$

5 세 분수의 크기를 비교하여 큰 수부터 차례로 쓰세요.

$\left(\frac{9}{16}, \frac{7}{12}, \frac{5}{8}\right)$ → □, □, □

6 분자가 모두 같은 세 분수입니다. 가장 큰 분수부터 차례로 쓰세요.

$\frac{4}{13}$ $\frac{4}{7}$ $\frac{4}{11}$

7 두 분수의 크기를 비교하여 더 큰 분수를 위의 빈 곳에 써넣으세요.

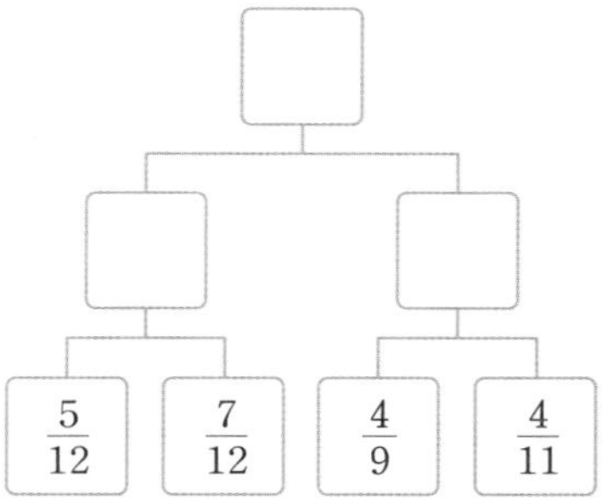

$\frac{5}{12}$ $\frac{7}{12}$ $\frac{4}{9}$ $\frac{4}{11}$

분모가 같을 땐 분자가 클수록 큰 수

분자가 같을 땐 분모가 작을수록 큰 수

8 □ 안에 들어갈 수 있는 자연수를 모두 구하세요.

$\frac{\square}{4} < \frac{13}{16}$

통분한 다음 분자의 크기를 비교해.

$\frac{\square}{4} < \frac{13}{16}$ —통분→ $\frac{\square \times 4}{4 \times 4} < \frac{13}{16}$

수학적 독해력

+9 〈조건〉을 모두 만족하는 분수를 구하세요.

$\frac{2}{4}$ $\frac{3}{8}$ $\frac{9}{12}$ $\frac{13}{24}$

〈조건〉
- $\frac{1}{2}$보다 큽니다.
- $\frac{4}{6}$보다 작습니다.

$\frac{2}{4}$ $\frac{3}{8}$ $\frac{9}{12}$ $\frac{13}{24}$

〈조건〉
- $\frac{1}{2}$보다 큽니다.
- $\frac{4}{6}$보다 작습니다.

분모가 모두 24의 약수이므로 모두 24를 공통분모로 통분한 다음 조건에 맞는 분수를 찾아.

수학적 표현력

+10 수현이는 빨간색 끈을 $\frac{5}{8}$ m, 파란색 끈을 $\frac{7}{10}$ m 가지고 있습니다. 빨간색 끈과 파란색 끈 중 어느 것이 더 긴지 풀이 과정을 쓰고, 답을 구하세요.

분수의 크기를 비교할 땐 통분한 다음 분자의 크기를 비교해!

빨간색 끈	파란색 끈			
$\frac{5}{8}$	$\frac{7}{10}$	통분 →	$\frac{\square}{40}$	$\frac{\square}{40}$

19일 분수와 소수의 크기 비교

수직선에 나타냈을 때 오른쪽에 있을수록 큰 수야.

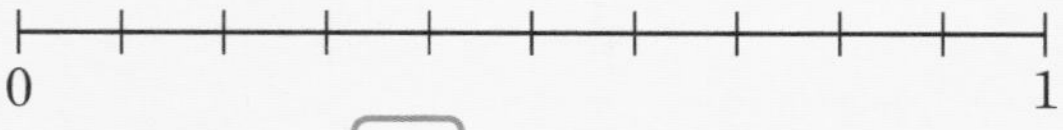

$\frac{3}{5}$ ◯ 0.7

분모가 10인 분수로 바꾼 다음 수직선에 나타내!

1 두 수를 수직선에 나타내고, ◯ 안에 >, =, <를 알맞게 써넣으세요.

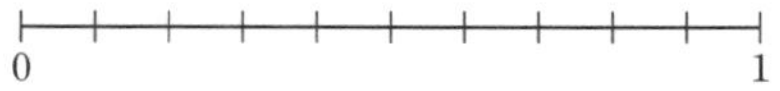

$\frac{3}{5}$ ◯ 0.7

분수를 소수로 나타내거나 소수를 분수로 나타내어 크기를 비교해 봐!

난 $\frac{21}{50}$ L 마셨어.

난 0.39 L 마셨어.

분수를 소수로 나타내면

$\frac{21}{50}=\frac{\square}{100}=0.\square$ (×2, ×2)

4 마신 물의 양이 더 많은 사람은 누구인지 쓰세요.

분수를 소수로 나타내거나 소수를 분수로 나타내어 크기를 비교해 봐!

책	음료수	필통
0.4 kg	$\frac{3}{5}$ kg	$\frac{1}{2}$ kg

분수를 소수로 나타내려면 분모를 10, 100, 1000으로 고친 다음 소수로 나타내!

5 무게가 무거운 것부터 차례로 써넣으세요.

책	음료수	필통
0.4 kg	$\frac{3}{5}$ kg	$\frac{1}{2}$ kg

소수를 분수로 나타내거나 분수를 소수로 나타내어 크기를 비교해.

0.6 | $\frac{2}{5}$ | $\frac{3}{4}$ | 0.4

분모를 10, 100, 1000으로 고친 다음 소수로 나타내!

6 두 수의 크기를 비교하여 더 큰 수를 위의 빈 곳에 써넣으세요.

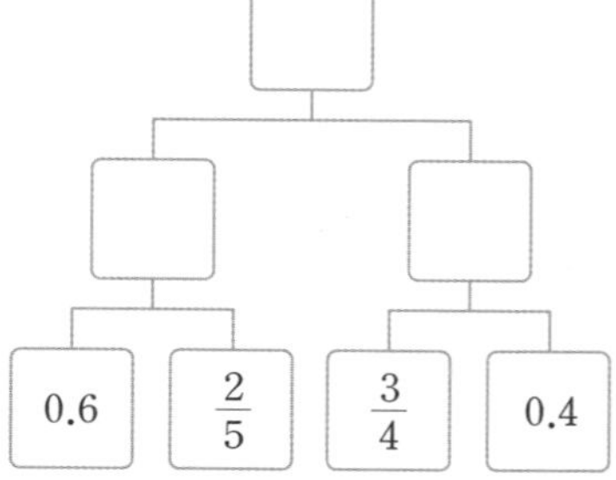

7 분수와 소수의 크기를 비교하여 큰 수부터 차례로 쓰세요.

$2\frac{1}{4}$　　2.26　　$2\frac{3}{8}$　　2.3

$2\frac{1}{4}$　　2.26　　$2\frac{3}{8}$　　2.3

대분수를 소수로 바꿀 때
자연수 부분은 소수점 앞에 쓰면 돼.

$■\frac{▲}{10}=■.▲$

분수를 소수로 나타내거나 소수를 분수로 나타내어 크기를 비교해 봐!

8 □ 안에 들어갈 수 있는 소수 한 자리 수를 모두 구하세요.

$\frac{1}{4}<\square<\frac{3}{5}$

$\frac{1}{4}<\square<\frac{3}{5}$

'소수 한 자리 수'를 구해야 하므로 분수를 소수로 나타낸 다음 크기를 비교해야 해!

알아둬!

소수 한 자리 수는 0.■에서 ■가 한 자리인 수를 말해.

수학적 독해력

+9 수 카드가 3장 있습니다. 이 중에서 2장을 뽑아 진분수를 만들려고 합니다. 만들 수 있는 진분수 중 가장 큰 수를 소수로 나타내세요.

2　5　8

진분수 → 분자가 분모보다 작은 분수

$\frac{2}{5}$　$\frac{2}{8}$　$\frac{5}{8}$

주어진 수 카드로 만들 수 있는 진분수는 3가지야.

통분한 다음 가장 큰 분수를 소수로 나타내.

수학적 표현력

+10 학교와 도서관 중 집에서 더 먼 곳은 어디인지 풀이 과정을 쓰고, 답을 구하세요.

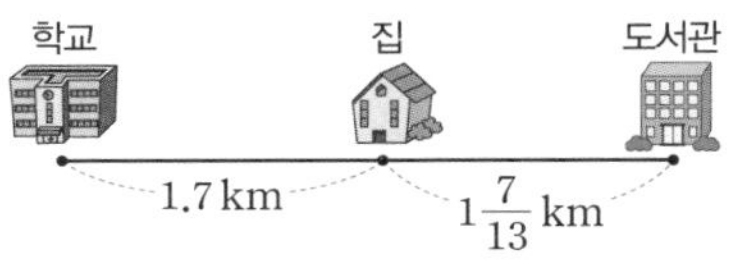

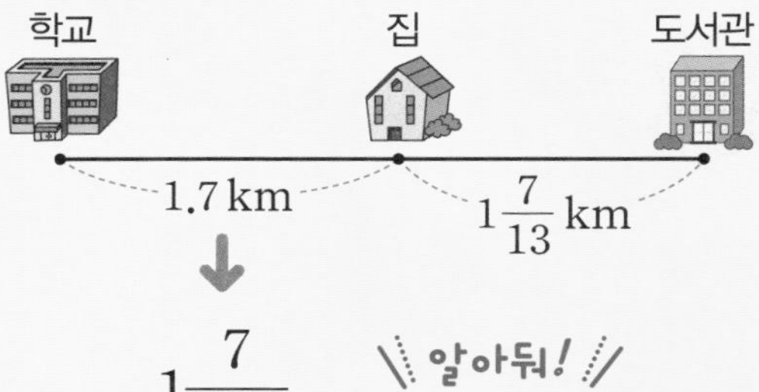

분수를 소수로 나타낼 수 없을 땐 소수를 분수로 나타내어 비교해.

알아둬!

분자가 같을 땐 분모가 작을수록 더 큰 수야.

20일 분수의 덧셈 (1)

받아올림이 없는 진분수의 덧셈

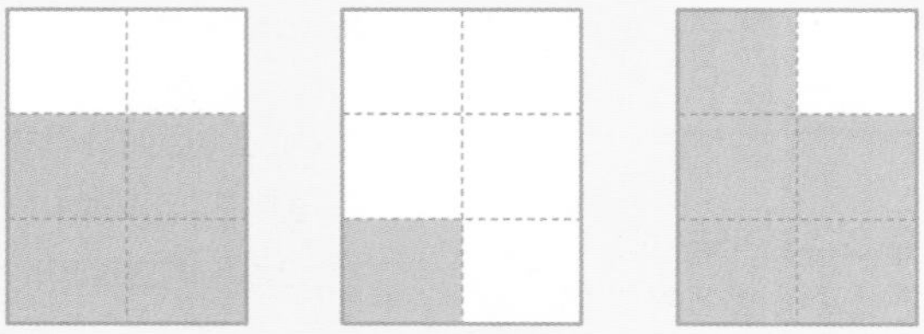

$\frac{2}{3} + \frac{1}{6} = \frac{\square}{6}$ → 색칠한 칸의 수 / → 전체 칸의 수

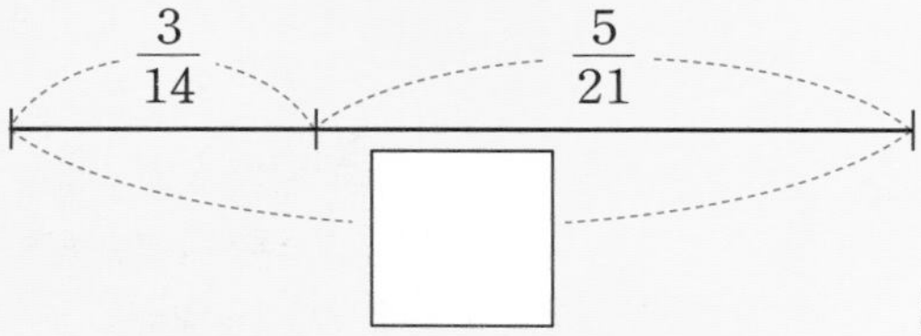

$\frac{3}{14} + \frac{5}{21}$ 통분→ $\frac{▲}{■} + \frac{●}{■}$

최소공배수: ■

$\frac{3}{20}$ 보다 $\frac{1}{15}$ 큰 수

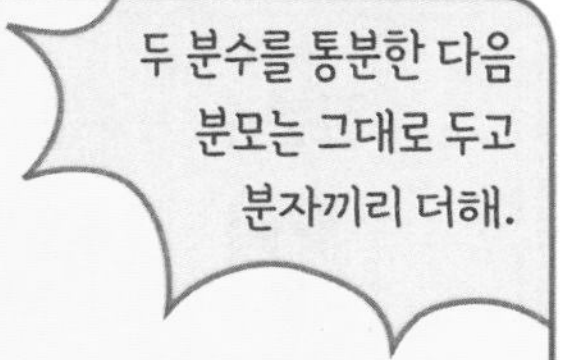

$\frac{3}{20} + \frac{1}{15}$ 통분→ $\frac{▲}{■} + \frac{●}{■}$

최소공배수: ■

$\frac{1}{6} + \frac{5}{12}$

1 그림을 보고 □ 안에 알맞은 수를 써넣으세요.

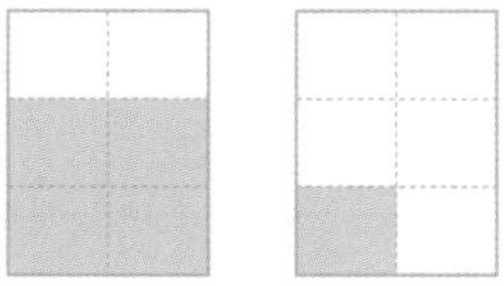

$\frac{2}{3}$ $\frac{1}{6}$

➜ $\frac{2}{3} + \frac{1}{6} = \frac{\square}{6} + \frac{\square}{6} = \frac{\square}{6}$

4 그림을 보고 안에 알맞은 수를 써넣으세요.

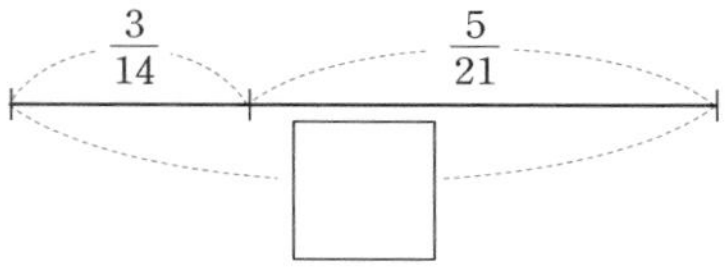

5 다음 수를 구하세요.

$\frac{3}{20}$ 보다 $\frac{1}{15}$ 큰 수

6 $\frac{1}{6} + \frac{5}{12}$ 를 계산할 때 공통분모가 될 수 없는 수를 모두 찾아 ○표 하세요.

6	12	16	20	24

7 계산 결과를 비교하여 ◯ 안에 >, =, <를 알맞게 써넣으세요.

$$\frac{2}{5}+\frac{1}{4} \bigcirc \frac{3}{10}+\frac{1}{5}$$

분모가 모두 20의 약수이므로 20을 공통분모로 통분한 다음 크기를 비교해.

$$\frac{2}{5}+\frac{1}{4} \bigcirc \frac{3}{10}+\frac{1}{5}$$

8 윤하가 다음과 같이 잘못 계산했습니다. 계산이 처음으로 잘못된 곳을 찾아 ○표 하고, 바르게 고쳐 계산해 보세요.

$$\frac{1}{9}+\frac{5}{6}=\frac{1\times2}{9\times2}+\frac{5\times2}{6\times3}$$
$$=\frac{2}{18}+\frac{10}{18}=\frac{12}{18}=\frac{2}{3}$$

통분할 때에는 분수의 분모와 분자에 각각 0이 아닌 같은 수를 곱해야 해.

$$\frac{1}{9}+\frac{5}{6}=\frac{1\times2}{9\times2}+\frac{5\times2}{6\times3}$$

최소공배수: 18

수학적 독해력

+9 슬기는 다음과 같은 방법으로 오렌지 주스를 만들었습니다. 슬기가 만든 오렌지 주스는 몇 L일까요?

오렌지 주스 만드는 방법

① 컵에 오렌지 원액 $\frac{2}{9}$ L를 넣습니다.

② 오렌지 원액을 담은 컵에 물 $\frac{5}{12}$ L를 넣습니다.

③ 오렌지 원액과 물이 잘 섞이도록 젓습니다.

오렌지 주스의 양 ➜ 오렌지 원액의 양 + 넣은 물의 양

$\frac{2}{9}$ L $\qquad$ $\frac{5}{12}$ L

수학적 표현력

+10 슬기와 로운이가 각자 가지고 있는 수 카드를 한 번씩 사용하여 진분수를 만들었습니다. 두 사람이 만든 진분수의 합을 구하는 풀이 과정을 쓰고, 답을 구하세요.

슬기	로운
8 3	5 14

슬기: $\frac{3}{8}$ + 로운: $\frac{5}{14}$

진분수는 분자가 분모보다 작은 분수야.

21일 분수의 덧셈 (2)

받아올림이 있는 진분수의 덧셈

두 분수를 통분한 다음
분모는 그대로 두고
분자끼리 더해.

$\frac{5}{7} + \frac{4}{5}$

단, 계산 결과가 가분수이면
대분수로 고쳐.

두 막대를 이어 붙인 전체 길이는
막대의 길이의 합과 같아.

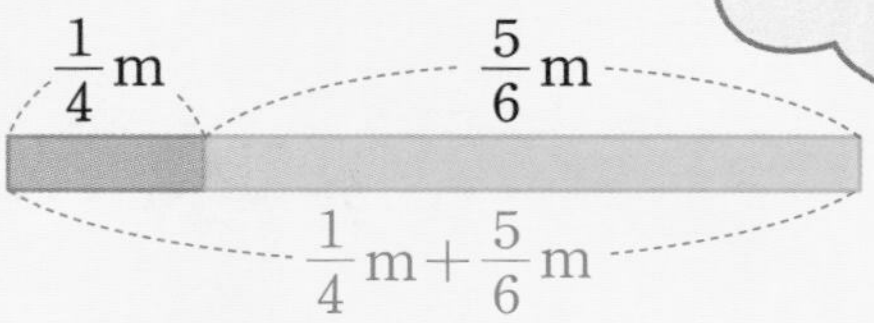

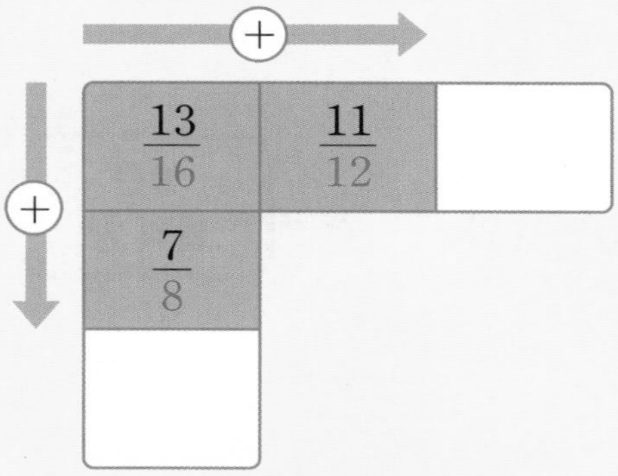

두 분수를 통분하여 계산한 후
계산 결과가 가분수이면
대분수로 나타내.

두 분수를 통분하여
계산한 후 계산 결과가
가분수이면 대분수로
나타내.

$\frac{1}{3}+\frac{5}{6}$ •	• $1\frac{17}{24}$
$\frac{5}{6}+\frac{7}{8}$ •	• $1\frac{9}{20}$
$\frac{3}{4}+\frac{7}{10}$ •	• $1\frac{1}{6}$

3 두 분수의 합을 구하세요.

$\frac{5}{7}$ $\frac{4}{5}$

4 두 막대를 겹치지 않게 이어 붙인 전체 길이는 몇 m일까요?

5 빈칸에 알맞은 분수를 써넣으세요.

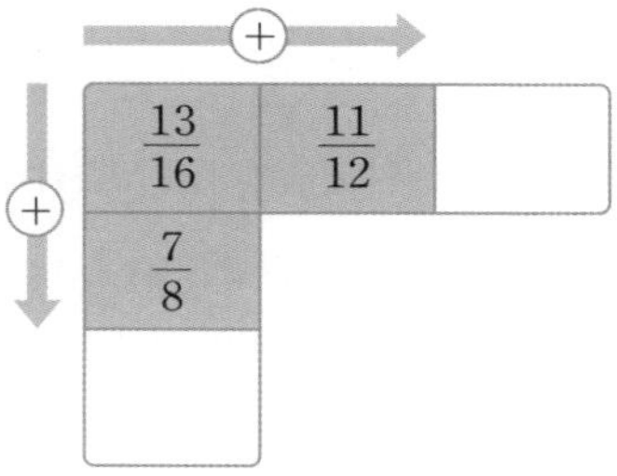

6 계산 결과를 찾아 선으로 이어 보세요.

$\frac{1}{3}+\frac{5}{6}$ •	• $1\frac{17}{24}$
$\frac{5}{6}+\frac{7}{8}$ •	• $1\frac{9}{20}$
$\frac{3}{4}+\frac{7}{10}$ •	• $1\frac{1}{6}$

7 계산 결과가 1보다 큰 것의 기호를 쓰세요.

㉠ $\frac{3}{8}+\frac{5}{9}$	㉡ $\frac{7}{12}+\frac{3}{10}$	㉢ $\frac{2}{7}+\frac{4}{5}$

"계산 결과가 1보다 큰 것의 기호를 쓰세요."

↓

▲가 ■보다 크면

$\frac{▲}{■}>1$

통분하여 계산한 결과가 가분수이면 1보다 큰 수야.

8 가장 큰 수와 가장 작은 수의 합을 구하세요.

$\frac{4}{5}$	$\frac{5}{6}$	$\frac{9}{10}$

$\frac{4}{5}$ $\frac{5}{6}$ $\frac{9}{10}$

최소공배수: 30

↓ 통분

$\frac{\square}{30}$ $\frac{\square}{30}$ $\frac{\square}{30}$

세 분수를 한꺼번에 통분하여 가장 큰 수와 가장 작은 수를 찾아 합을 구해.

수학적 독해력

9 집에서 학교까지 가는 길이 2가지 있습니다. 도서관과 병원 중 어디를 거쳐 가는 것이 더 가까울까요?

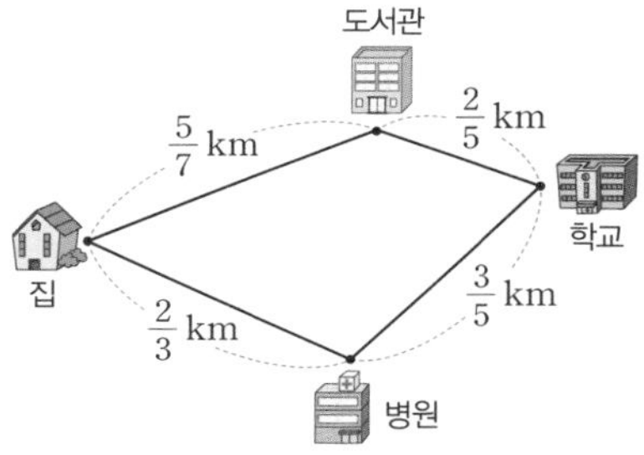

계산 결과가 작을수록 거리가 더 가까워!

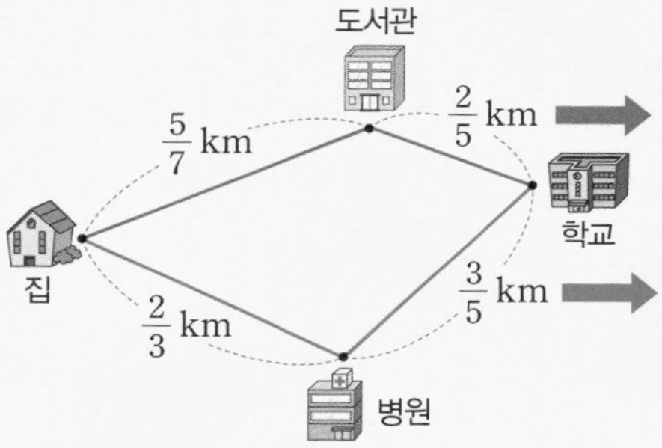

$\frac{5}{7}+\frac{2}{5}$

$\frac{2}{3}+\frac{3}{5}$

수학적 표현력

10 한 개에 $\frac{3}{5}$ kg인 사과와 한 개에 $\frac{1}{7}$ kg인 토마토가 있습니다. 사과 한 개와 토마토 여섯 개의 무게는 모두 몇 kg인지 풀이 과정을 쓰고, 답을 구하세요.

"한 개에 $\frac{1}{7}$ kg인 토마토"

↓

토마토 여섯 개의 무게

$$\frac{1}{7}+\frac{1}{7}+\frac{1}{7}+\frac{1}{7}+\frac{1}{7}+\frac{1}{7}=\frac{6}{7}\,(\text{kg})$$

5단원

22일 분수의 덧셈 (3)

받아올림이 있는 대분수의 덧셈

통분한 다음 자연수는 자연수끼리 분수는 분수끼리 계산해.

$2\frac{5}{6}+4\frac{3}{10}$ →통분→ $2\frac{▲}{■}+4\frac{●}{■}$

최소공배수: ■

자연수끼리 / 분수끼리

통분한 다음 자연수는 자연수끼리 분수는 분수끼리 계산해.

$2\frac{4}{5}+1\frac{3}{4}$ →통분→ $2\frac{▲}{■}+1\frac{●}{■}$

최소공배수: ■

자연수끼리 / 분수끼리

자연수 부분이 클수록 더 큰 분수야.

자연수의 크기가 같을 땐 분수의 크기를 비교해!

$2\frac{5}{6}$ $3\frac{1}{2}$ $2\frac{4}{5}$ $1\frac{7}{8}$

무게가 $2\frac{3}{5}$ kg인 가방에 무게가 $1\frac{7}{10}$ kg인 책을 넣었습니다. 책을 넣은 가방의 무게는 몇 kg인지 구하세요.

책을 넣은 가방의 무게 → 가방의 무게 + 책의 무게

3 □ 안에 알맞은 분수를 써넣으세요.

$2\frac{5}{6}$ → $+4\frac{3}{10}$ → □

4 직사각형의 가로와 세로의 합은 몇 cm일까요?

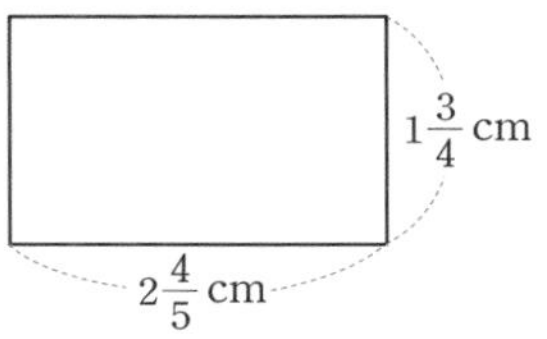

5 가장 큰 분수와 가장 작은 분수의 합을 구하세요.

$2\frac{5}{6}$ $3\frac{1}{2}$ $2\frac{4}{5}$ $1\frac{7}{8}$

6 무게가 $2\frac{3}{5}$ kg인 가방에 무게가 $1\frac{7}{10}$ kg인 책을 넣었습니다. 책을 넣은 가방의 무게는 몇 kg인지 구하세요.

7 그림에서 빨간색 선의 길이는 몇 cm인지 구하세요.

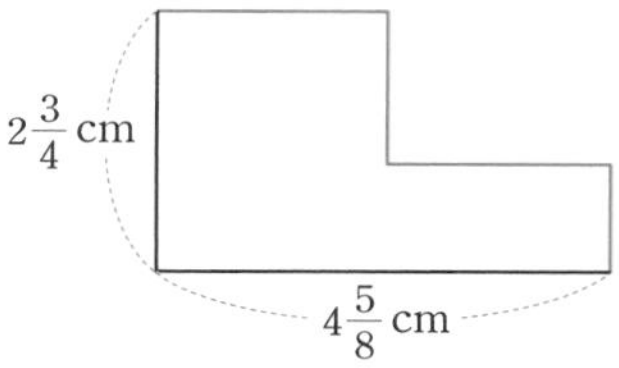

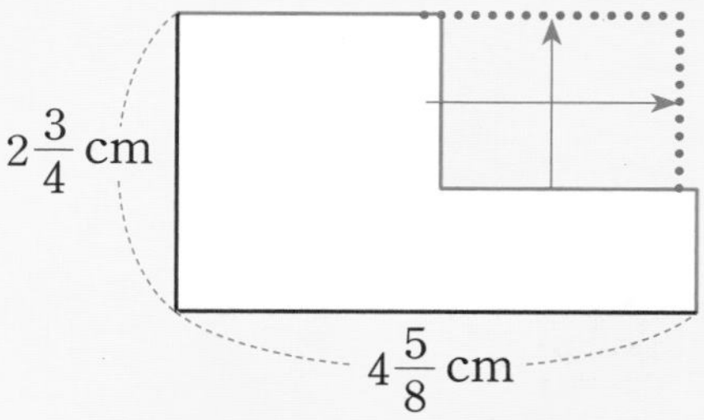

빨간색 선의 길이는 직사각형의 가로와 세로의 합과 같아.

8 3장의 수 카드를 모두 한 번씩 사용하여 만들 수 있는 대분수 중에서 가장 큰 수와 가장 작은 수의 합을 구하세요.

2 3 5

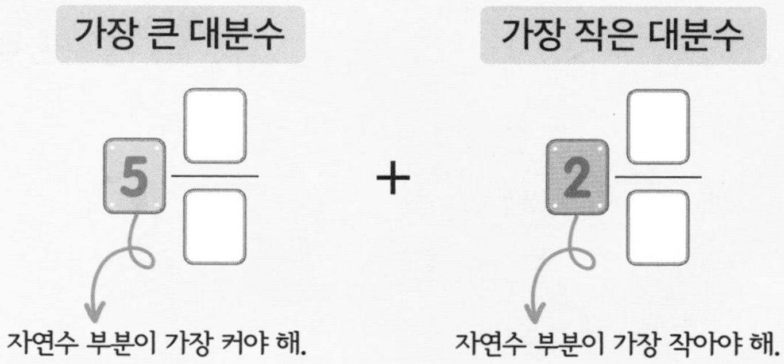

수학적 독해력

+9 수현이 가족은 주스를 아침에 $1\frac{2}{3}$ L 마셨고, 낮에는 아침보다 $\frac{3}{4}$ L 더 많이 마셨습니다. 수현이 가족이 마신 주스는 모두 몇 L인지 구하세요.

수현이 가족은 주스를 아침에 $1\frac{2}{3}$ L **마셨고,** 낮에는 아침보다 $\frac{3}{4}$ L 더 많이 **마셨습니다.** 수현이 가족이 마신 주스는 모두 몇 L 인지 구하세요.

수현이 가족이 마신 주스의 양 → 아침에 마신 주스의 양 + 낮에 마신 주스의 양 $\left(1\frac{2}{3}+\frac{3}{4}\right)$

수학적 표현력

+10 어떤 수에서 $2\frac{3}{5}$을 뺐더니 $1\frac{4}{7}$가 되었습니다. 어떤 수는 얼마인지 풀이 과정을 쓰고, 답을 구하세요.

"어떤 수에서 $2\frac{3}{5}$을 뺐더니 $1\frac{4}{7}$가 되었습니다."

$\boxed{?}-2\frac{3}{5}=1\frac{4}{7}$

→ $1\frac{4}{7}+2\frac{3}{5}=\boxed{?}$

23일 분수의 뺄셈 (1)

받아내림이 없는 진분수의 뺄셈

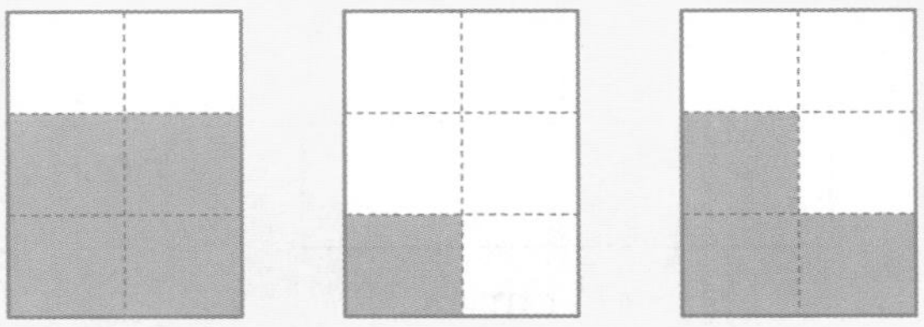

$\frac{2}{3} - \frac{1}{6} = \frac{\square}{6}$ → 색칠한 칸의 수 / → 전체 칸의 수

$\frac{11}{18}$보다 $\frac{2}{9}$ 작은 수

$\frac{11}{18} - \frac{2}{9}$ —통분→ $\frac{▲}{■} - \frac{●}{■}$

최소공배수: ■

두 분수를 통분한 다음 분자끼리 빼.

$\frac{11}{12} - \frac{5}{8} = \frac{▲}{■} - \frac{●}{■}$

최소공배수: ■

두 분수를 통분한 다음 분자끼리 빼.

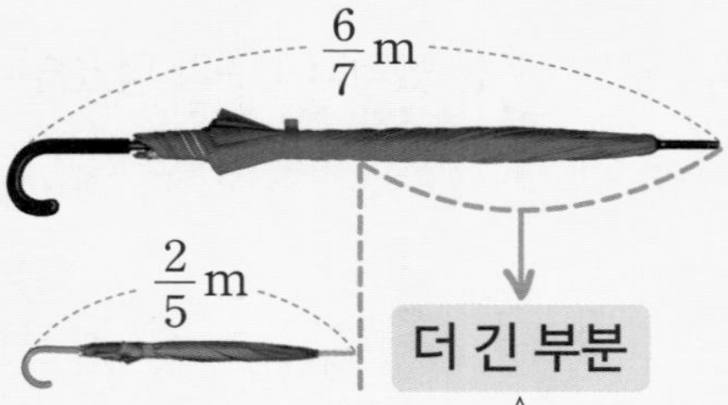

$\frac{6}{7} - \frac{2}{5}$

1 그림을 보고 □ 안에 알맞은 수를 써넣으세요.

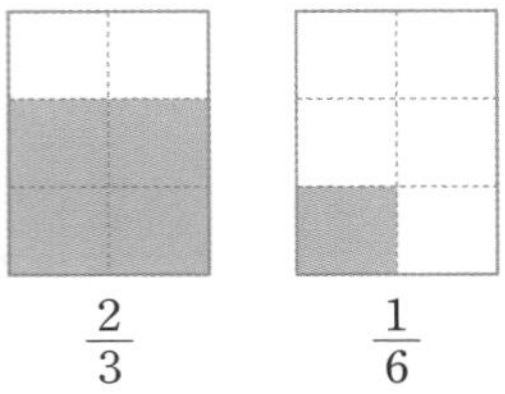

→ $\frac{2}{3} - \frac{1}{6} = \frac{\square}{6} - \frac{\square}{6} = \frac{\square}{6} = \frac{\square}{2}$

4 다음 수를 구하세요.

$\frac{11}{18}$보다 $\frac{2}{9}$ 작은 수

5 □ 안에 알맞은 분수를 써넣으세요.

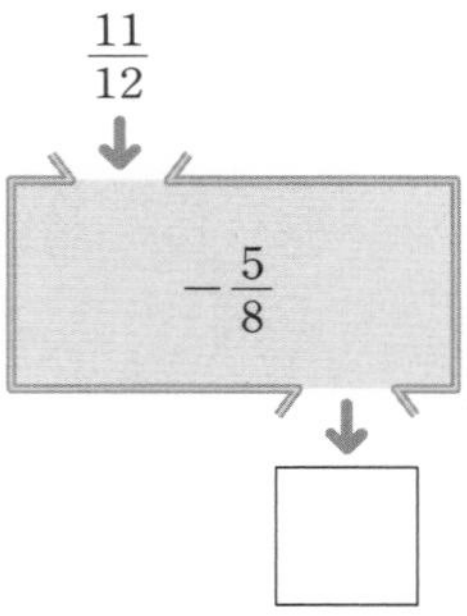

6 빨간색 우산은 초록색 우산보다 몇 m 더 길까요?

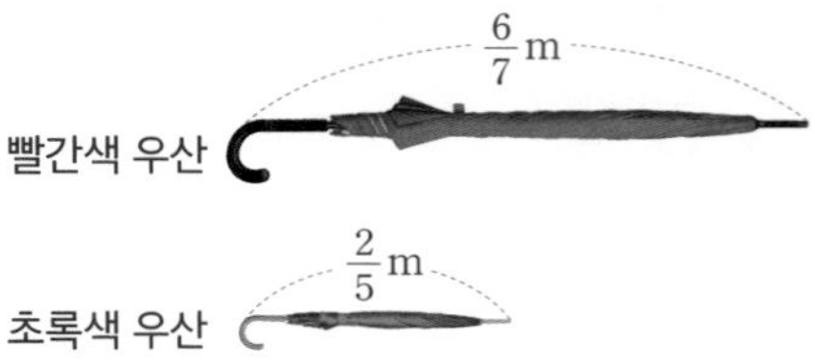

7 계산 결과를 비교하여 ◯ 안에 $>$, $=$, $<$를 알맞게 써넣으세요.

$$\frac{7}{10}-\frac{2}{3} \bigcirc \frac{5}{8}-\frac{7}{12}$$

각각 최소공배수를 공통분모로 통분하여 계산한 다음 크기를 비교해.

$$\frac{7}{10}-\frac{2}{3} \bigcirc \frac{5}{8}-\frac{7}{12}$$

알아둬!

분자가 같은 분수는 분모가 작을수록 **큰 수야.**

8 어떤 수에서 $\frac{1}{6}$을 뺄 것을 잘못하여 더하였더니 $\frac{7}{8}$이 되었습니다. 바르게 계산하면 얼마인지 구하세요.

(어떤 수) $+ \frac{1}{6} = \frac{7}{8}$

↓

(어떤 수) $- \frac{1}{6} =$?

잘못 계산한 식에서 (어떤 수)를 먼저 구한 후 바르게 계산해 봐!

수학적 독해력

+9 음료수가 가득 들어 있는 병의 무게가 $\frac{13}{20}$ kg입니다. 음료수를 다 마신 후 빈 병의 무게를 재었더니 $\frac{8}{15}$ kg이었습니다. 마신 음료수의 무게는 얼마일까요?

음료수가 가득 들어 있는 병의 무게가 $\frac{13}{20}$ kg입니다. 음료수를 다 마신 후 빈 병의 무게를 재었더니 $\frac{8}{15}$ kg이었습니다. 마신 음료수의 무게는 얼마일까요?

마신 음료수의 무게 → 음료수가 가득 든 병의 무게 − 빈 병의 무게

수학적 표현력

+10 집에서 학교까지의 거리는 몇 km인지 풀이 과정을 쓰고, 답을 구하세요.

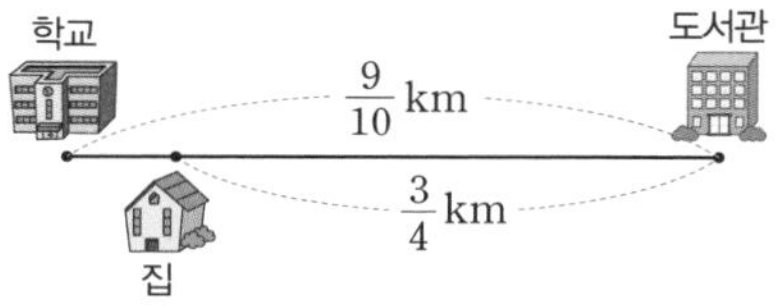

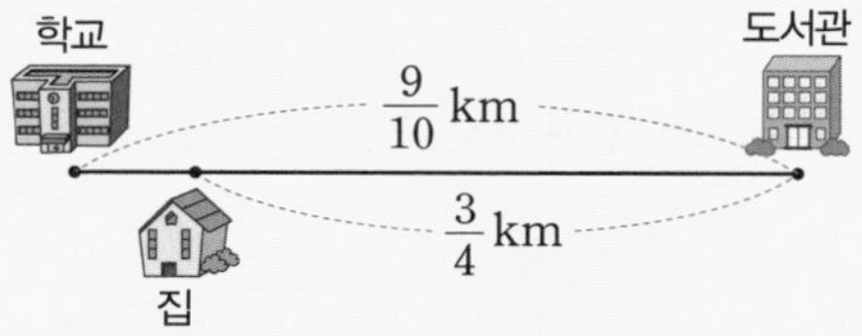

집에서 학교까지의 거리 → 학교에서 도서관까지의 거리 − 집에서 도서관까지의 거리

5단원

24일 분수의 뺄셈 (2)

받아내림이 없는 대분수의 뺄셈

$2\frac{3}{5}$ kg　　$4\frac{5}{7}$ kg

차를 구할 땐 큰 수에서 작은 수를 빼.

↓

자연수 부분이 더 크니까 큰 수야. ← $4\frac{5}{7}-2\frac{3}{5}$

"가로는 세로보다 몇 cm 더 길까요?"

↓

가로 − 세로 는 얼마일까요?

통분한 다음 자연수는 자연수끼리, 분수는 분수끼리 빼서 계산해.

$\square+3\frac{3}{7}=6\frac{4}{5}$

→ $\square=6\frac{4}{5}-3\frac{3}{7}$

덧셈식을 뺄셈식으로 바꿔서 계산해.

서연이네 가족은 소고기 $5\frac{2}{3}$ kg 중에서 $2\frac{1}{5}$ kg을 먹었습니다. 남은 소고기는 몇 kg인지 구하세요.

남은 소고기의 양 → 처음 소고기의 양 − 먹은 소고기의 양

---

3 두 동물의 무게의 차는 몇 kg일까요?

$2\frac{3}{5}$ kg　　$4\frac{5}{7}$ kg

4 직사각형 모양 버스카드의 가로는 세로보다 몇 cm 더 길까요?

5 □ 안에 알맞은 분수를 구하세요.

$\square+3\frac{3}{7}=6\frac{4}{5}$

6 서연이네 가족은 소고기 $5\frac{2}{3}$ kg 중에서 $2\frac{1}{5}$ kg을 먹었습니다. 남은 소고기는 몇 kg인지 구하세요.

7 두 분수를 골라 차가 가장 큰 뺄셈식을 만들려고 합니다. □ 안에 알맞은 수를 써넣고, 차를 구하세요.

$3\frac{2}{7}$ $4\frac{3}{5}$ $3\frac{1}{2}$

$\square - \square$

자연수부분이 클수록 더 큰 수야.

$3\frac{2}{7}$ $4\frac{3}{5}$ $3\frac{1}{2}$

8 ★에 알맞은 분수를 구하세요.

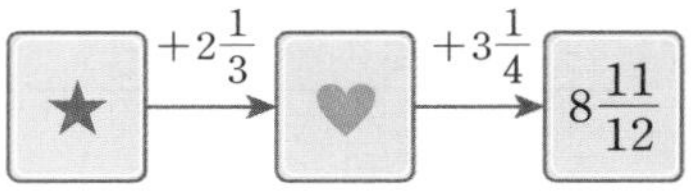

수학적 독해력

+9 그림과 같이 색 테이프 2장을 겹치게 이어 붙였습니다. 이어 붙인 색 테이프의 전체 길이는 몇 cm일까요?

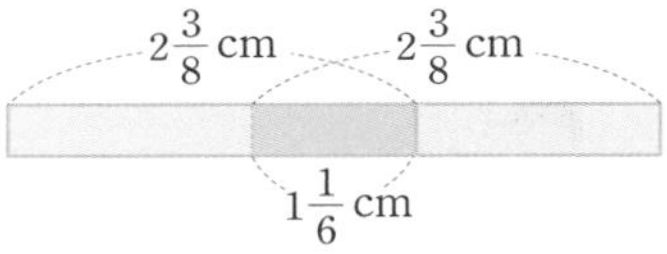

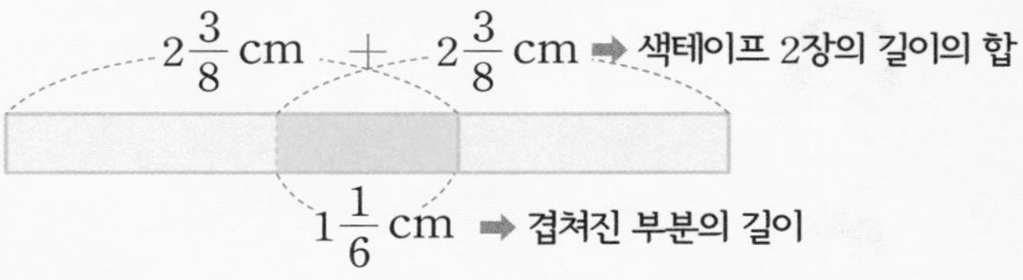

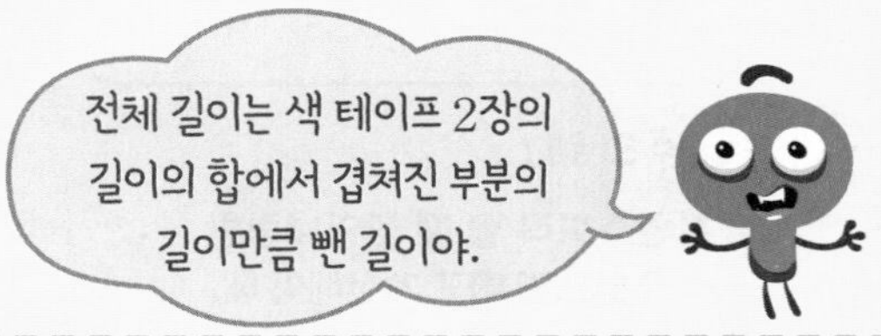

수학적 표현력

+10 □ 안에 들어갈 수 있는 가장 큰 자연수는 얼마인지 풀이 과정을 쓰고, 답을 구하세요.

$$6\frac{4}{5}-2\frac{1}{3}>4\frac{\square}{15}$$

$$6\frac{4}{5}-2\frac{1}{3}>4\frac{\square}{15}$$

5단원

분수의 뺄셈 (3)

받아내림이 있는 대분수의 뺄셈

분수끼리 뺄 수 없을 땐 자연수 부분에서 1을 받아내림 해!

"가방은 신발보다 몇 kg 더 무거울까요?"

↓

[가방의 무게] − [신발의 무게] 는 얼마일까요?

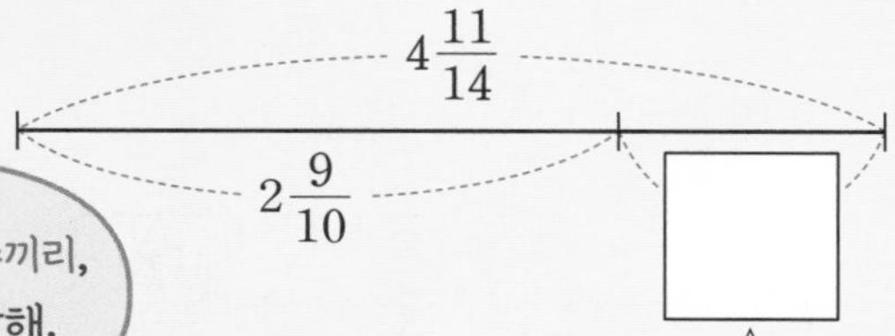

통분한 다음 자연수는 자연수끼리, 분수는 분수끼리 빼서 계산해.

$4\frac{11}{14}-2\frac{9}{10}$

슬기: $4\frac{4}{15}-2\frac{11}{30}=1\frac{9}{10}$

로운: $5\frac{3}{10}-1\frac{7}{15}=4\frac{5}{6}$

주의해!

자연수끼리 뺄 때 받아내림한 수가 있으면 빼고 계산해야 해.

페인트가 $2\frac{1}{2}$ L 있었습니다. 벽을 칠하는 데 $1\frac{4}{5}$ L를 사용했습니다. 남은 페인트는 몇 L인지 구하세요.

남은 페인트의 양 → [처음 페인트의 양] − [사용한 페인트의 양]

2 가방은 신발보다 몇 kg 더 무거울까요?

$3\frac{7}{10}$ kg

$1\frac{5}{6}$ kg

3 □ 안에 알맞은 분수를 써넣으세요.

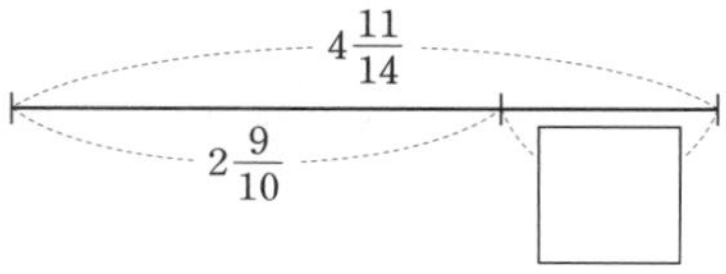

5 잘못 계산한 사람은 누구인지 쓰세요.

슬기: $4\frac{4}{15}-2\frac{11}{30}=1\frac{9}{10}$

로운: $5\frac{3}{10}-1\frac{7}{15}=4\frac{5}{6}$

6 페인트가 $2\frac{1}{2}$ L 있었습니다. 벽을 칠하는 데 $1\frac{4}{5}$ L를 사용했습니다. 남은 페인트는 몇 L일까요?

7 가장 큰 수에서 나머지 두 수를 뺀 값은 얼마인지 구하세요.

$1\frac{5}{6}$ $5\frac{1}{3}$ $2\frac{3}{4}$

가장 큰 수를 찾은 다음
나머지 두 수를 차례로 빼.

자연수 부분이 클수록
더 큰 수야.

$1\frac{5}{6}$ $5\frac{1}{3}$ $2\frac{3}{4}$

8 ♣에 알맞은 분수를 구하세요.

$1\frac{3}{16}$ —(+♣)→ ♠ —($+1\frac{5}{8}$)→ $6\frac{5}{16}$

더한만큼 차례로 빼면
♣를 구할 수 있어.

$1\frac{3}{16}$ —(+♣)→ ♠ —($+1\frac{5}{8}$)→ $6\frac{5}{16}$

$6\frac{5}{16}$ —($-1\frac{5}{8}$)→ ♠ —(−♣)→ $1\frac{3}{16}$

수학적 독해력

9 □ 안에 들어갈 수 있는 자연수를 모두 구하세요.

$4\frac{3}{10}-1\frac{3}{4}<\square<8\frac{2}{9}-2\frac{7}{12}$

먼저 식을 간단하게
정리한 후 생각해 봐.

$4\frac{3}{10}-1\frac{3}{4}<\square<8\frac{2}{9}-2\frac{7}{12}$

주의해!

●$\frac{\square}{\square}$보다 크고 ★$\frac{\square}{\square}$보다 작은 자연수는 ●+1부터 ★까지야.

수학적 표현력

10 계산이 처음으로 잘못된 곳을 찾아 이유를 쓰고, 바르게 계산해 보세요.

$7\frac{4}{9}-2\frac{11}{12}=7\frac{16}{36}-2\frac{33}{36}$

$=7\frac{52}{36}-2\frac{33}{36}$

$=5\frac{19}{36}$

자연수 부분에서 1을 받아내림하면
자연수 부분에서 1을 빼고 계산해야 해!

$7\frac{4}{9}-2\frac{11}{12}=7\frac{16}{36}-2\frac{33}{36}$

$=7\frac{52}{36}-2\frac{33}{36}$

자연수 부분에서 1을
받아내림했어.

5단원

26일 정다각형의 둘레

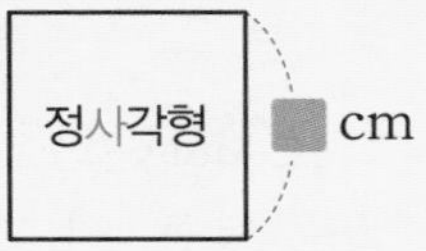

정사각형의 둘레 → ■+■+■+■ → ■×4

정■각형의 둘레 → 한 변의 길이 × ■ (변의 수)

정■각형은 변의 길이가 모두 같으니까 둘레는 한 변의 길이에 변의 수를 곱해서 구해.

정다각형은 모든 변의 길이가 같아.

정■각형의 둘레 → 한 변의 길이 × ■ (변의 수)

정■각형의 둘레 → 한 변의 길이 × ■ (변의 수)

정다각형은 둘레를 알면 한 변의 길이를 알 수 있어.

3 한 변의 길이가 14 cm인 정사각형 모양의 액자가 있습니다. 액자의 둘레는 몇 cm일까요?

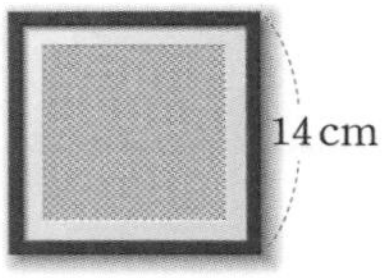

4 한 변의 길이가 8 cm인 정구각형의 둘레는 몇 cm 일까요?

5 두 정다각형 중 둘레가 더 긴 것에 ○표 하세요.

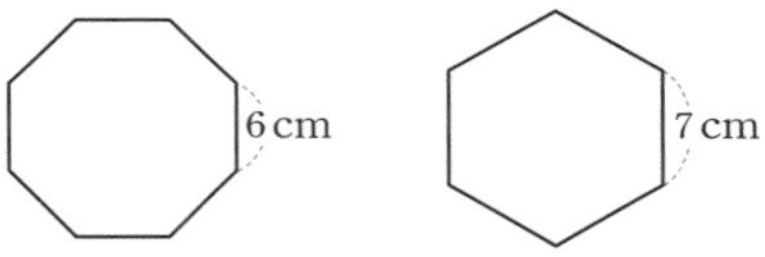

(　　　)　　(　　　)

6 두 정다각형의 둘레가 각각 28 cm일 때 □ 안에 알맞은 수를 써넣으세요.

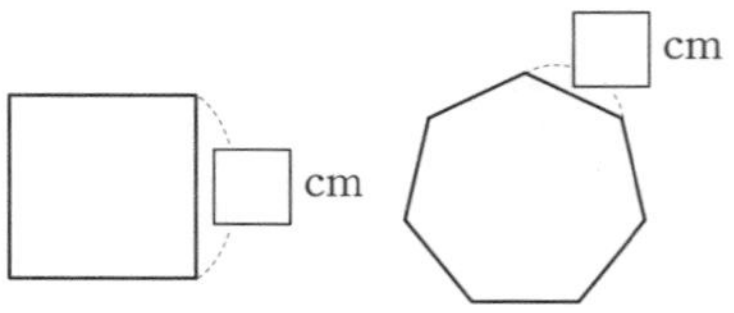

7 정삼각형과 정오각형의 둘레가 같을 때 정삼각형의 □ 안에 알맞은 수를 구하세요.

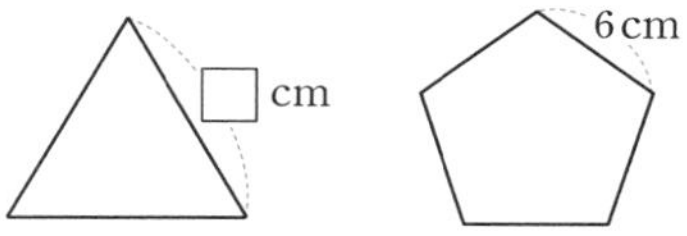

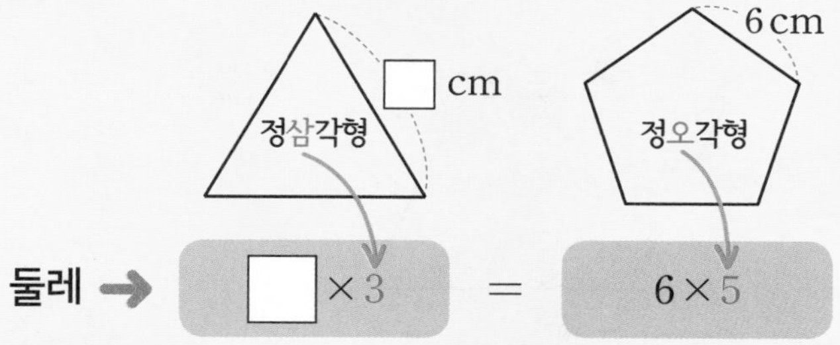

8 두 정다각형의 둘레가 다음과 같을 때, 한 변의 길이가 더 긴 것에 ○표 하세요.

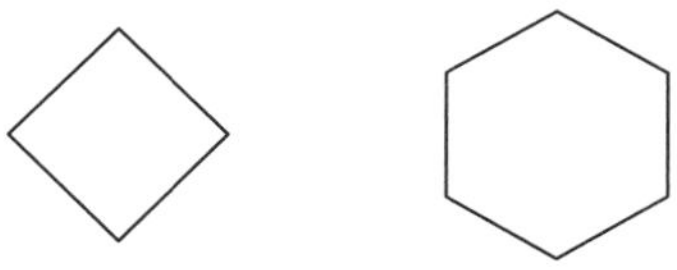

둘레: 68 cm　　둘레: 84 cm

(　　　)　　(　　　)

정■각형의 둘레 → 한 변의 길이 × ■

변의 수

정다각형은 둘레를 알면 한 변의 길이를 알 수 있어.

수학적 독해력

+9 정다각형의 둘레가 다른 하나는 어느 것인지 찾아 기호를 쓰세요.

㉠ 한 변의 길이가 8 cm인 정십각형
㉡ 한 변의 길이가 16 cm인 정오각형
㉢ 한 변의 길이가 20 cm인 정사각형
㉣ 한 변의 길이가 30 cm인 정삼각형

㉠ 한 변의 길이가 8 cm인 정십각형
㉡ 한 변의 길이가 16 cm인 정오각형
㉢ 한 변의 길이가 20 cm인 정사각형
㉣ 한 변의 길이가 30 cm인 정삼각형

정다각형의 둘레 → 한 변의 길이 × 변의 수

수학적 표현력

+10 둘레가 42 cm인 정육각형 모양의 색종이가 있습니다. 이 색종이의 한 변의 길이는 몇 cm인지 풀이 과정을 쓰고, 답을 구하세요.

정다각형의 둘레는 한 변의 길이에 변의 수를 곱해서 구해.

둘레: 42 cm → 한 변의 길이 × 6

6단원

27일 사각형의 둘레

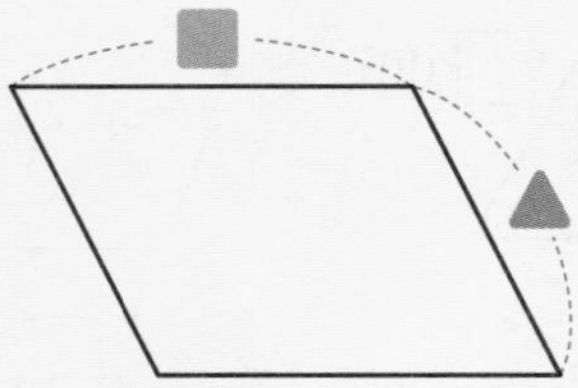

평행사변형의 둘레 → (■+▲)×2

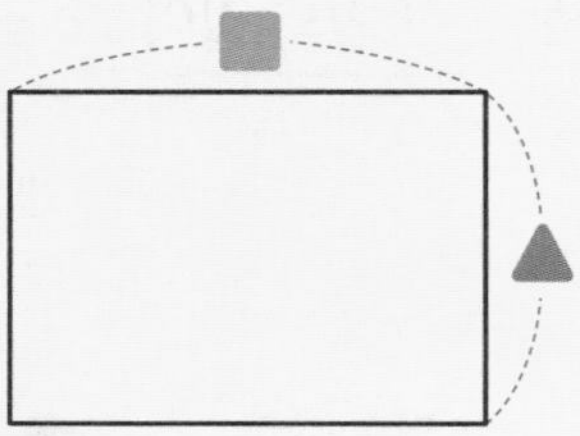

직사각형의 둘레 → (■+▲)×2

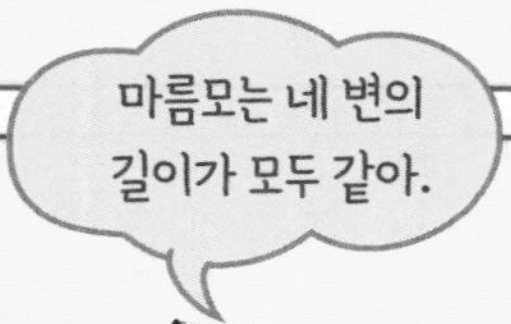

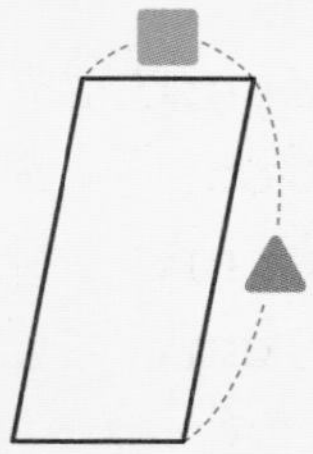
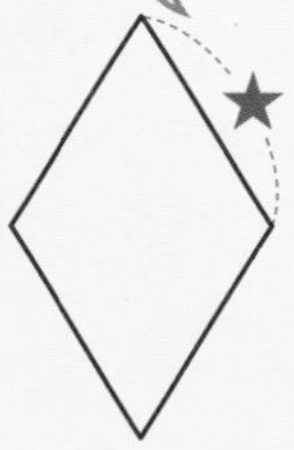

평행사변형의 둘레
→ (■+▲)×2

마름모의 둘레
→ ★×4

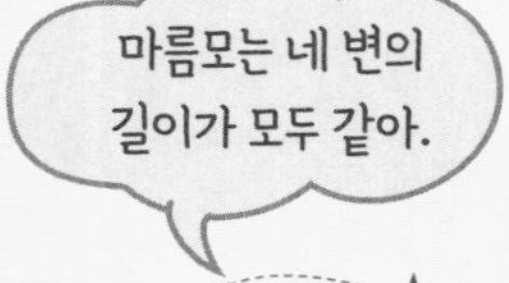

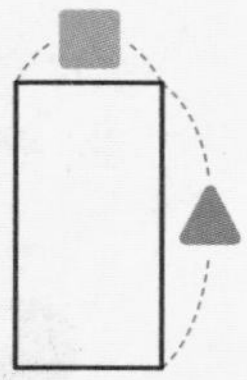
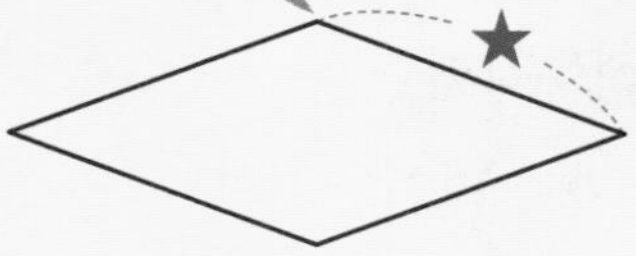

직사각형의 둘레
→ (■+▲)×2

마름모의 둘레
→ ★×4

2 평행사변형의 둘레는 몇 cm인지 구하세요.

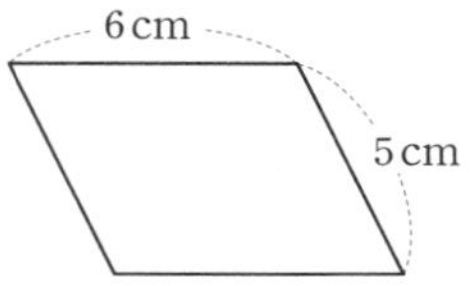

4 직사각형의 둘레가 38 cm일 때 □ 안에 알맞은 수를 구하세요.

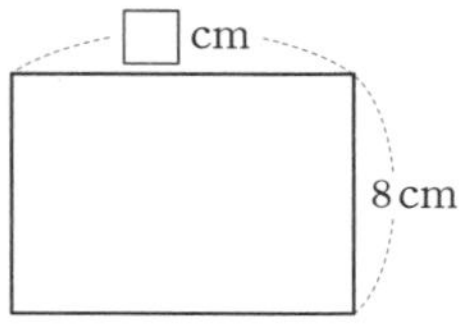

5 평행사변형 가와 마름모 나 중에서 둘레가 더 긴 것의 기호를 쓰세요.

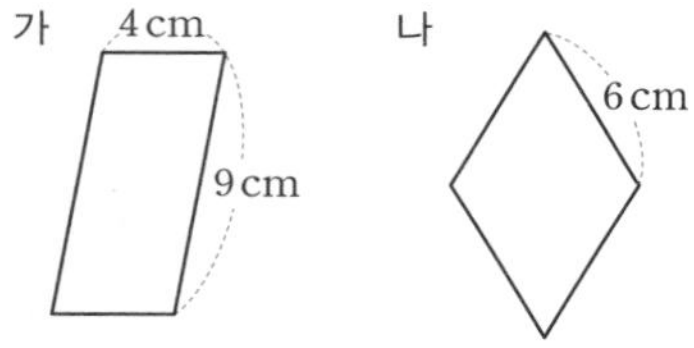

6 직사각형과 마름모의 둘레의 합은 몇 cm인지 구하세요.

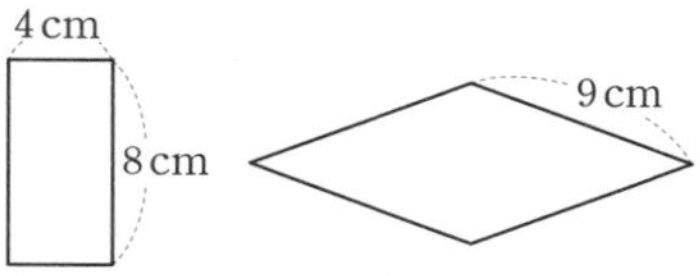

7 사각형의 둘레가 긴 것부터 차례로 기호를 쓰세요.

> ㉠ 가로가 14 cm, 세로가 10 cm인 직사각형
> ㉡ 한 변의 길이가 11 cm, 다른 한 변의 길이가 12 cm인 평행사변형
> ㉢ 한 변의 길이가 13 cm인 마름모

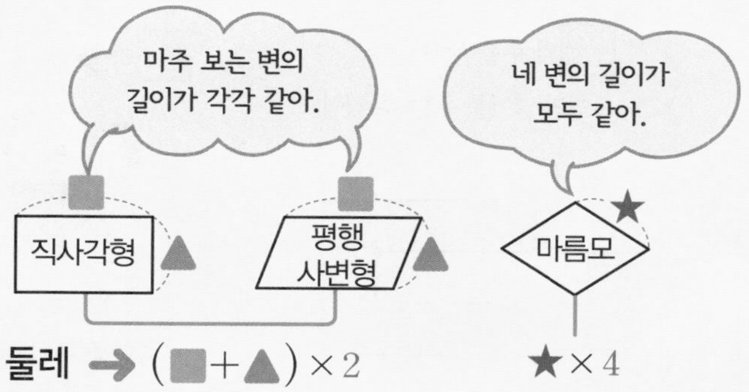

8 직사각형의 둘레가 평행사변형의 둘레의 2배일 때 □ 안에 알맞은 수를 구하세요.

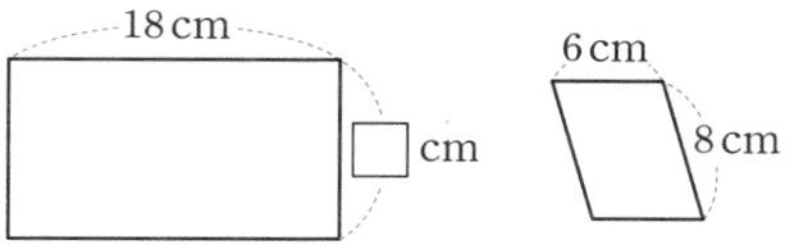

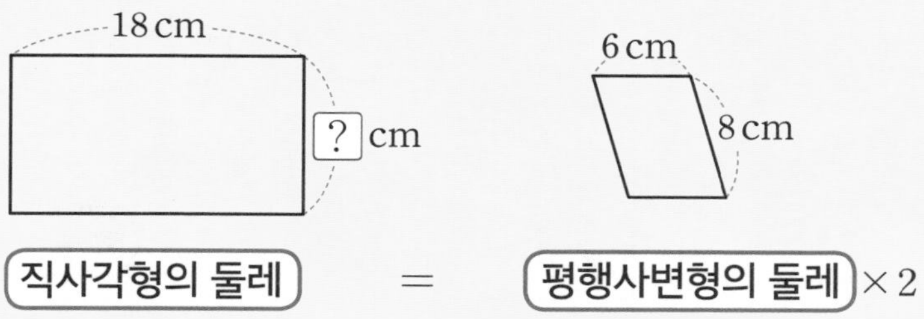

수학적 독해력

+9 슬기와 로운이는 끈을 사용하여 평행사변형을 만들었습니다. 두 사람 중 끈을 더 많이 사용한 사람은 누구일까요?

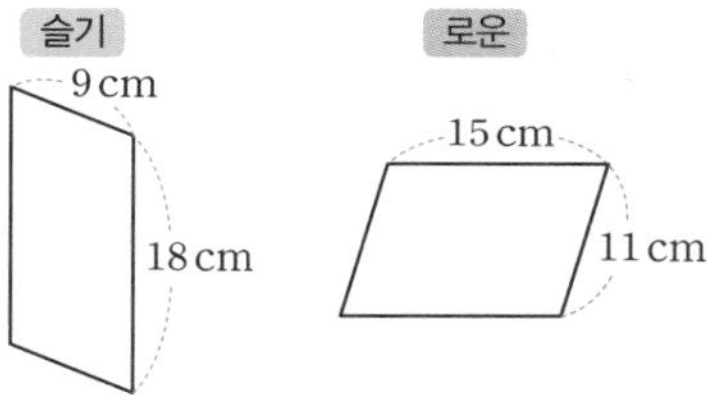

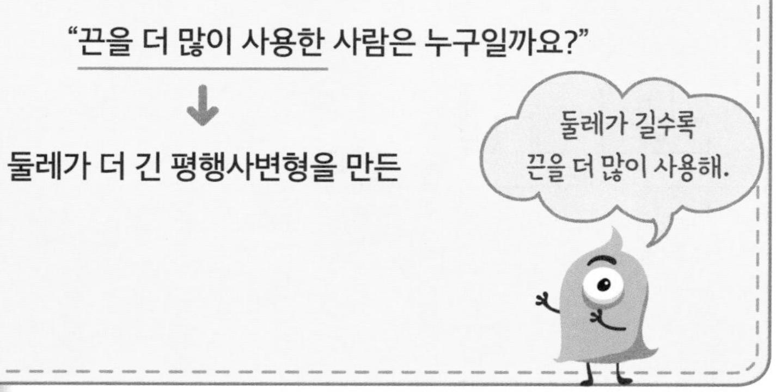

수학적 표현력

+10 직사각형과 마름모의 둘레가 같을 때 마름모의 한 변의 길이는 몇 cm인지 풀이 과정을 쓰고, 답을 구하세요.

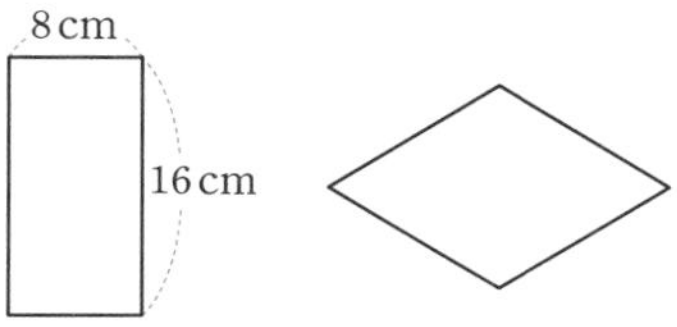

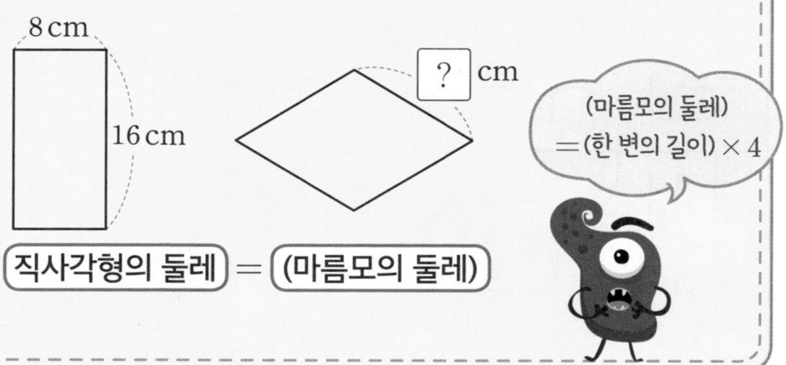

6 단원

28일 $1\ \text{cm}^2$ 알아보기

$1\ \text{cm}^2$의 수를 세어
도형의 넓이를 구할 수 있어.

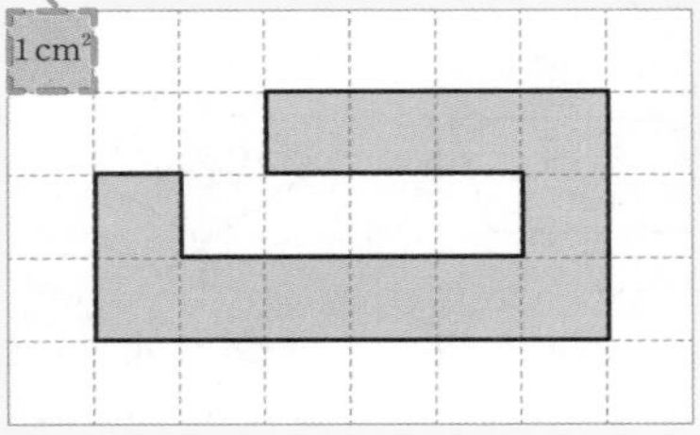

$1\ \text{cm}^2$가 ★개 → ★ cm^2

주의해!
넓이를 구한 결과에는
단위를 함께 써야해!

$1\ \text{cm}^2$의 수를 세어
도형의 넓이를 구할 수 있어.

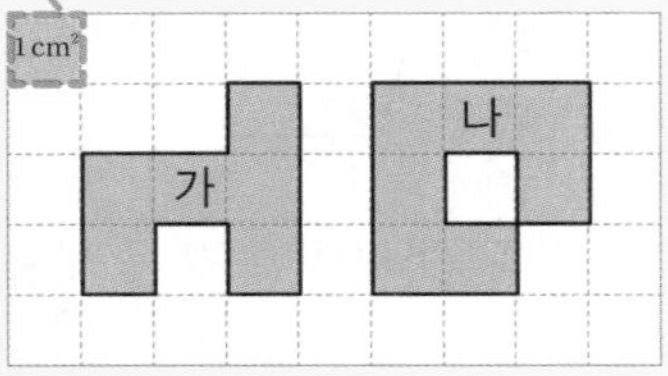

$1\ \text{cm}^2$가 ★개
→ ★ cm^2

$1\ \text{cm}^2$가 5개

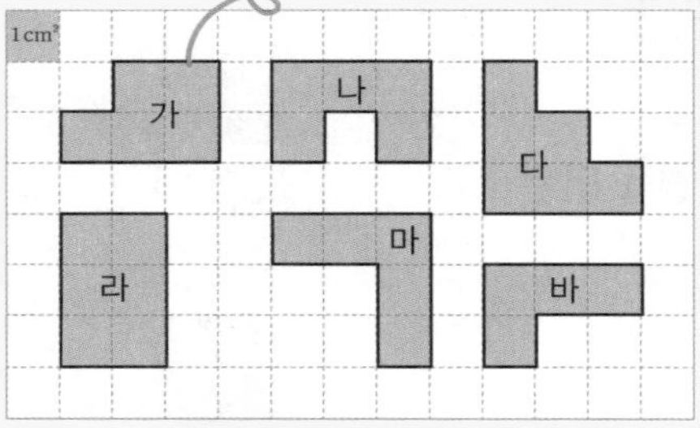

도형 가와 넓이가 같은 도형
↓
도형 가와 $1\ \text{cm}^2$의 수가 같은 도형

$1\ \text{cm}^2$가 3개

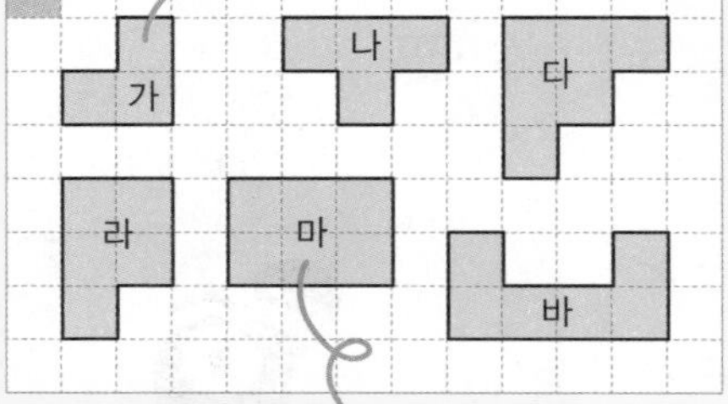

$1\ \text{cm}^2$가 6개

가보다 크고 마보다 작은 도형
↓
$1\ \text{cm}^2$의 수가 가보다 작고 마보다
작은 도형

2 도형의 넓이는 몇 cm^2인지 구하세요.

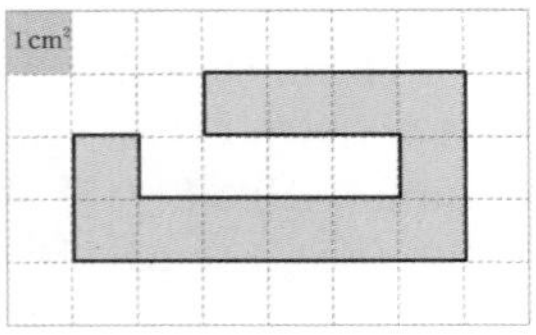

4 □ 안에 알맞은 수를 써넣으세요.

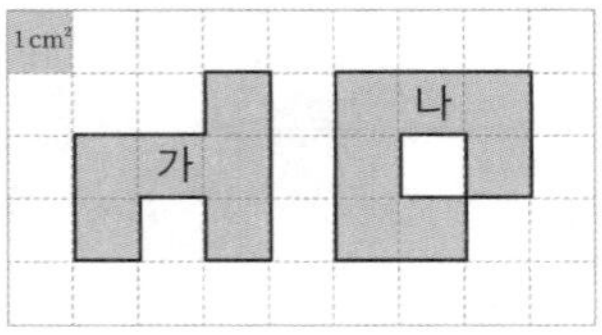

도형 나는 도형 가보다 넓이가 □ cm^2 더 넓습니다.

5 도형 가와 넓이가 같은 도형을 모두 찾아 기호를 쓰세요.

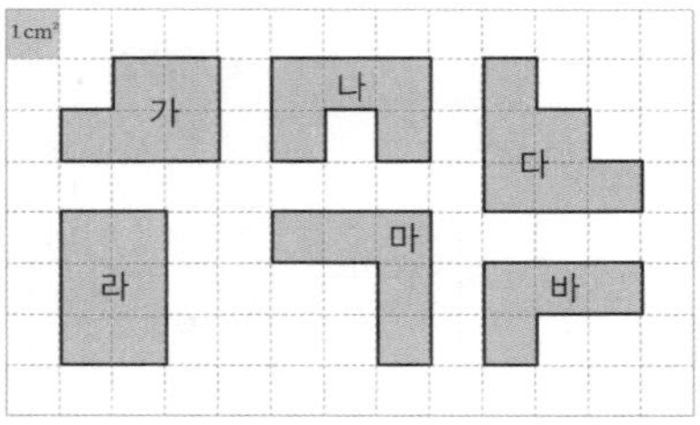

6 도형 가보다 넓이가 크고 도형 마보다 넓이가 작은 도형의 기호를 모두 쓰세요.

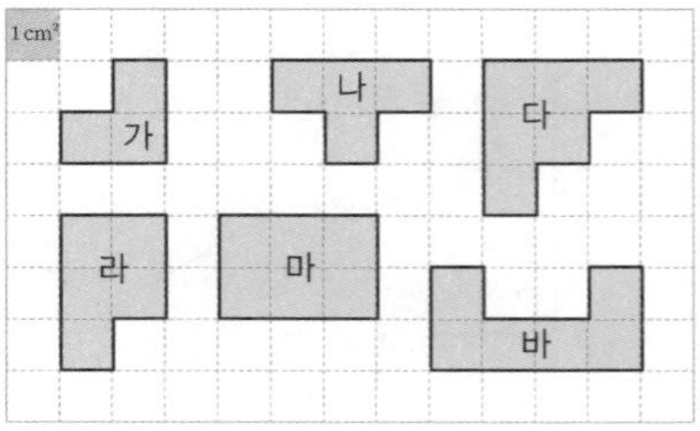

7 (색칠된 모양 조각)으로 채워진 부분의 넓이는 모두 몇 cm^2일까요?

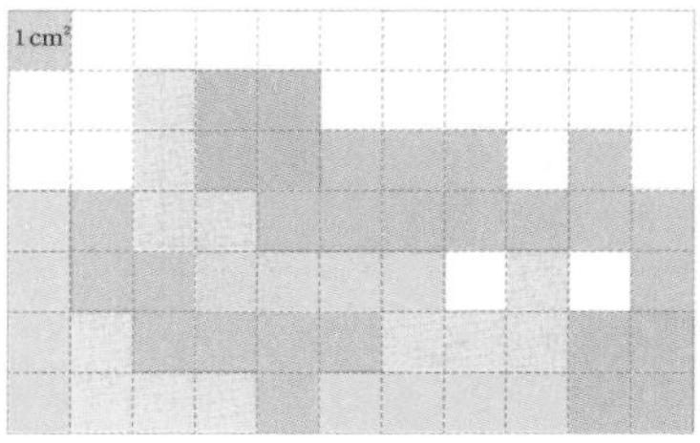

8 모양 조각이 차지하는 부분의 넓이는 몇 cm^2일까요?

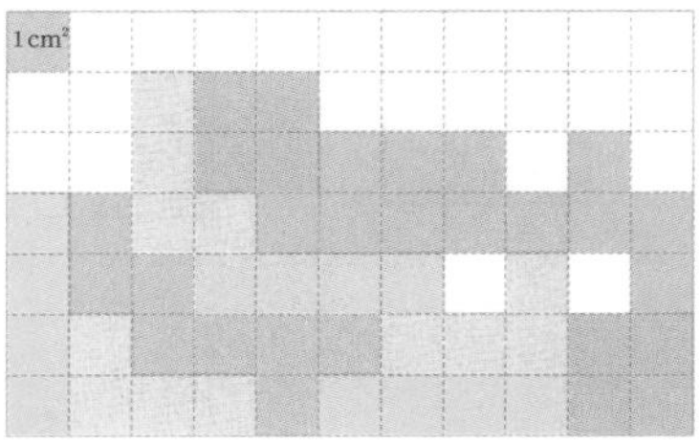

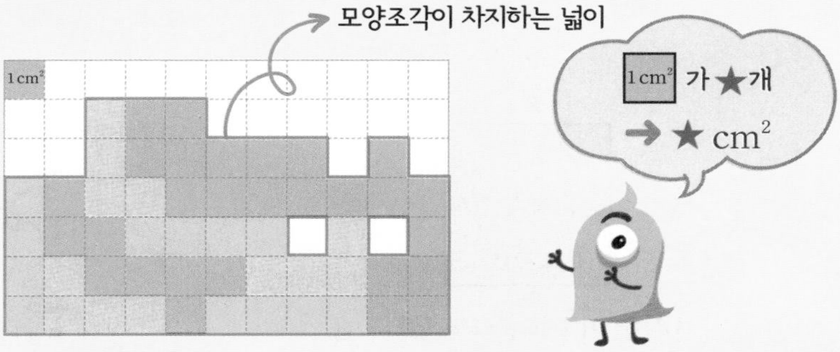

수학적 독해력

+9 도형의 넓이를 $2\,cm^2$씩 늘리며 규칙에 따라 그리려고 합니다. 빈칸에 알맞은 도형을 그려 보세요.

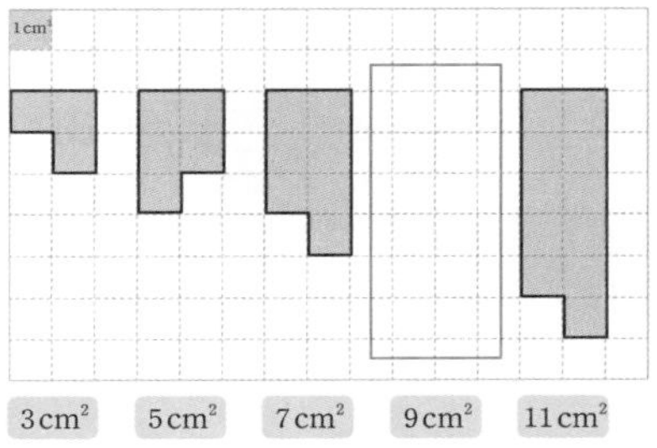

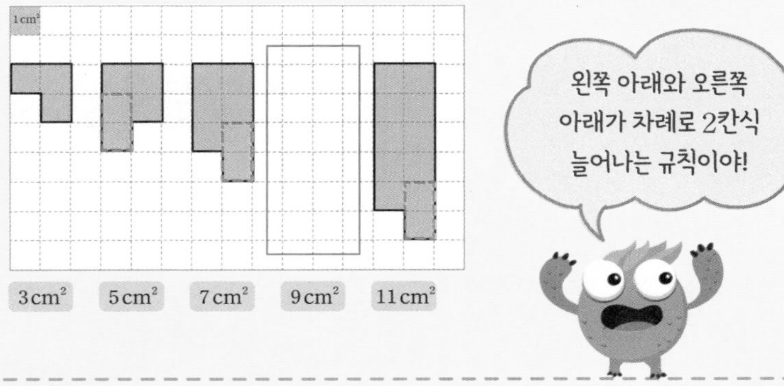

수학적 표현력

+10 도형 가와 나 중에서 더 넓은 도형을 찾아 기호를 쓰려고 합니다. 더 넓은 도형은 무엇인지 풀이 과정을 쓰고, 답을 구하세요.

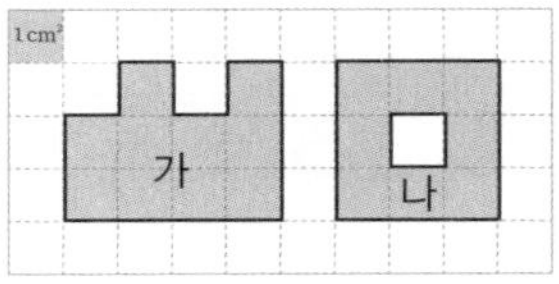

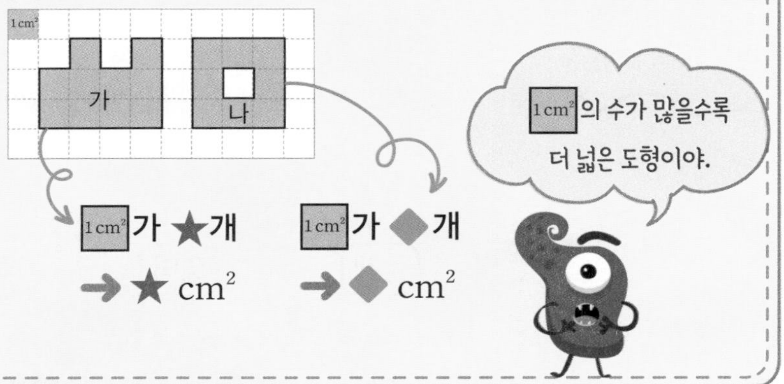

6 단원

29일 직사각형의 넓이

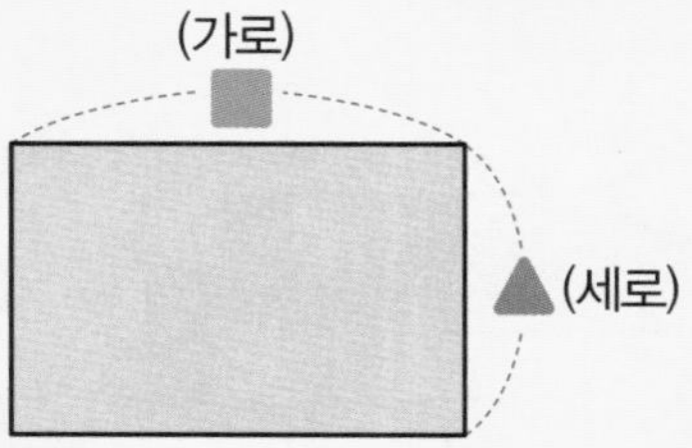

직사각형의 넓이 → ■×▲

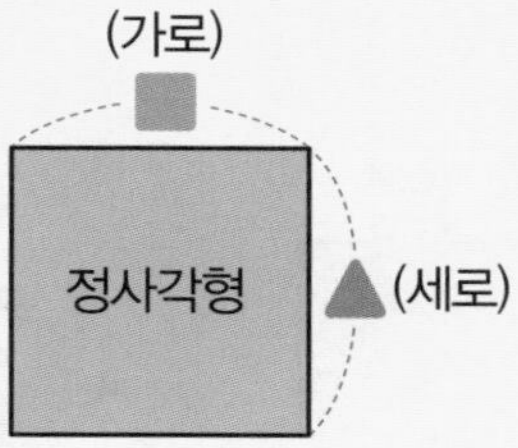

정사각형의 넓이 → ■×▲

'넓이의 차'는 큰 정사각형의 넓이에서 작은 정사각형의 넓이를 빼서 구해.

직사각형의 둘레를 이용해서 가로를 먼저 구한 후 직사각형의 넓이를 구해.

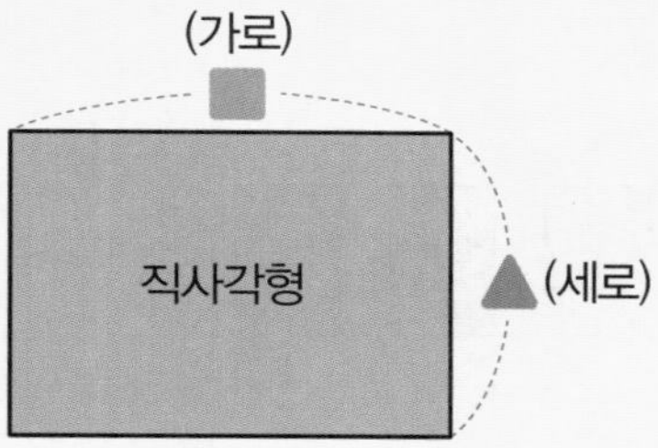

둘레	넓이
(■+▲)×2	■+▲

정사각형의 둘레를 이용해서 한 변의 길이를 먼저 구한 후 정사각형의 넓이를 구해.

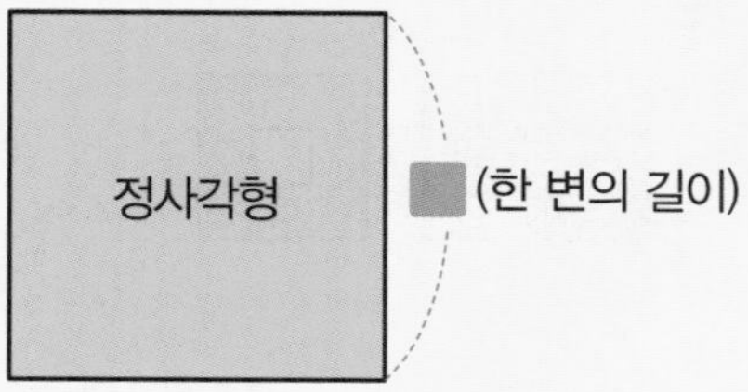

둘레	넓이
■×4	■×■

3 직사각형의 넓이가 96 cm^2입니다. □ 안에 알맞은 수를 써넣으세요.

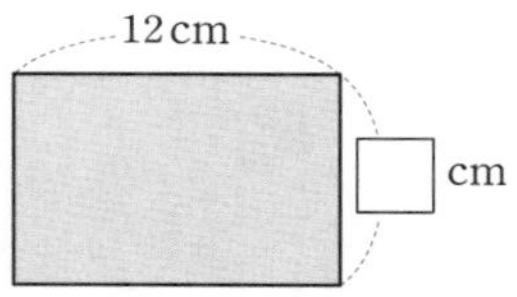

4 두 정사각형의 넓이의 차는 몇 cm^2인지 구하세요.

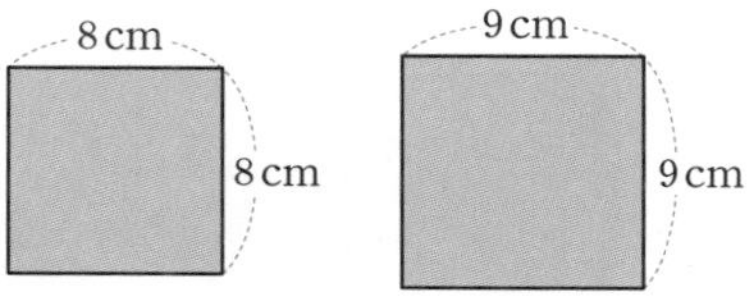

5 직사각형의 둘레는 48 cm입니다. 이 직사각형의 넓이는 몇 cm^2일까요?

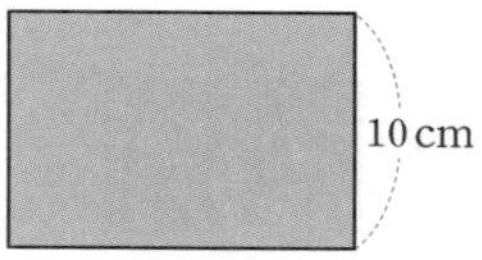

6 정사각형의 넓이는 몇 cm^2인지 구하세요.

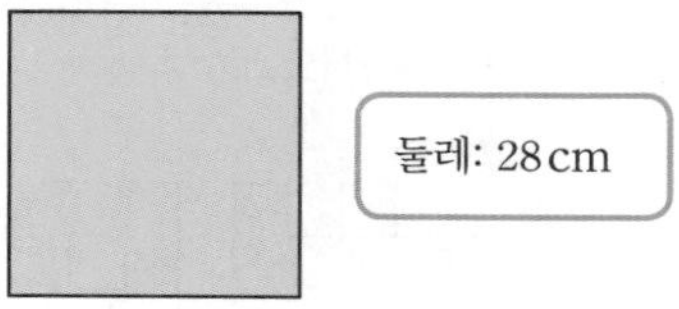

7 직사각형과 정사각형의 넓이가 같을 때 정사각형의 한 변의 길이는 몇 cm일까요?

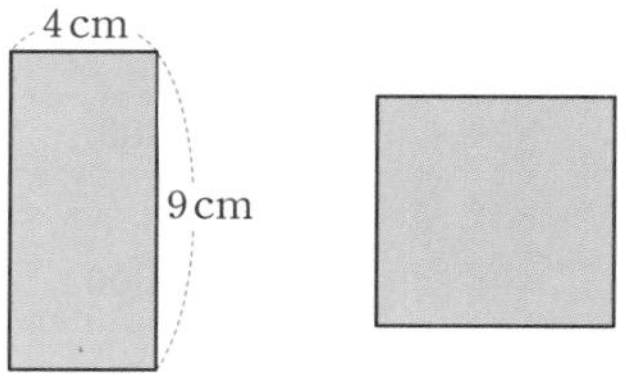

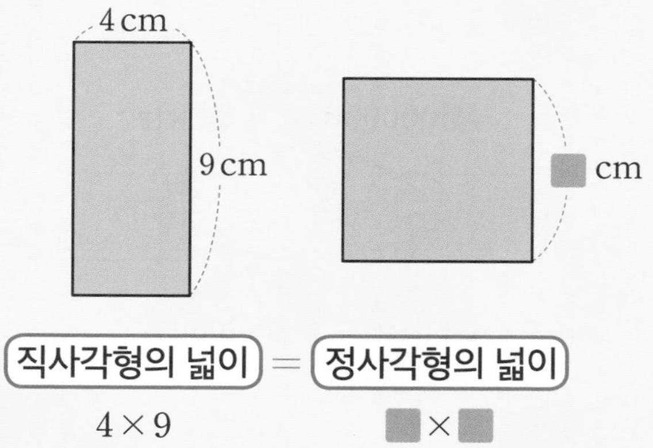

8 크기가 다른 정사각형을 겹치지 않게 이어 붙여 만든 도형입니다. 만든 도형의 전체 넓이는 몇 cm^2일까요?

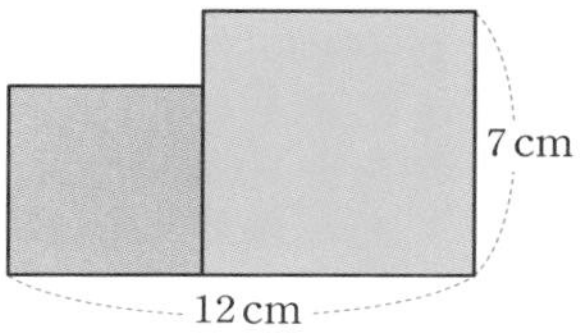

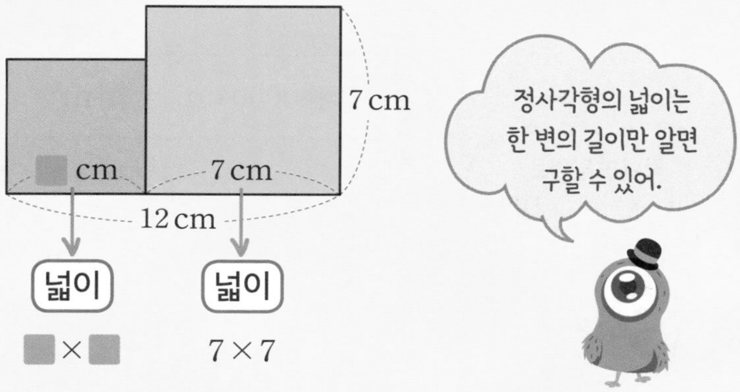

수학적 독해력

+9 정사각형의 네 변의 길이를 각각 2 cm씩 늘이면 정사각형의 넓이는 몇 cm^2 늘어나는지 구하세요.

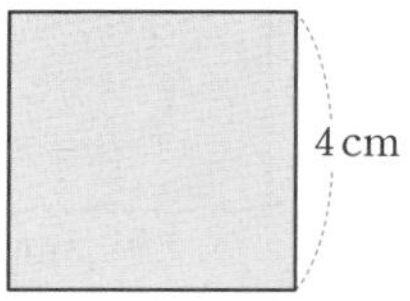

"정사각형의 네 변의 길이를 각각 2 cm씩 늘이면"

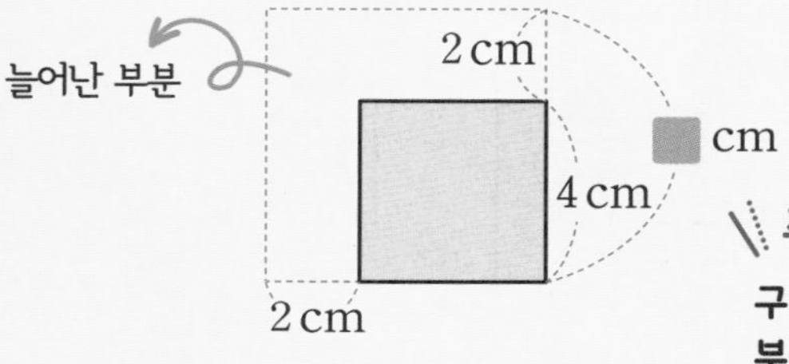

주의해! 구해야 하는 것은 늘어난 부분의 넓이야.

수학적 표현력

+10 슬기와 로운이가 직사각형의 넓이를 구하고 있습니다. 두 친구의 풀이에서 잘못된 곳을 찾아 밑줄을 긋고 바르게 고쳐 보세요.

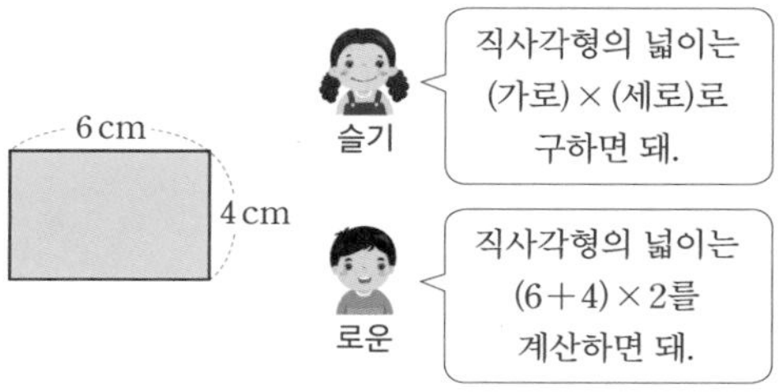

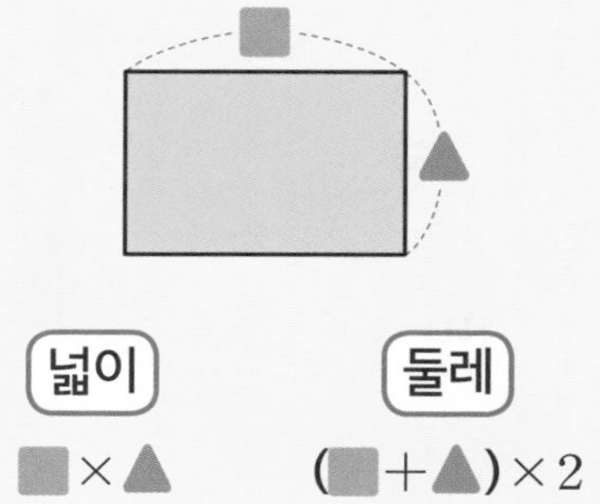

30일 $1\,cm^2$ 보다 더 큰 넓이의 단위

■000000 m^2 = ■ km^2

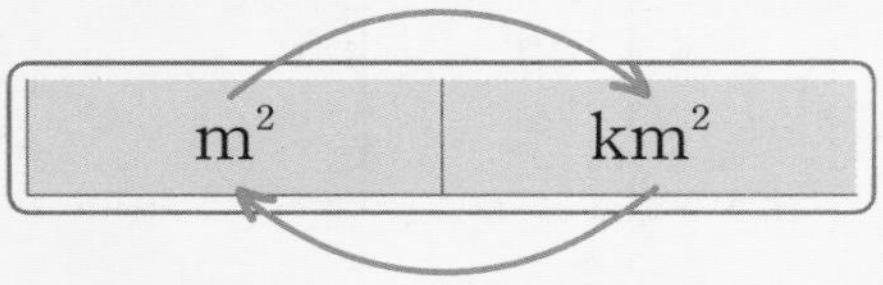

■ km^2 = ■000000 m^2

3 여러 지역의 넓이를 m^2와 km^2로 나타낸 것입니다. 표를 완성하세요.

지역 \ 넓이	m^2	km^2
가	6000000	
나		7
다	35000000	
라		42

■0000 cm^2 = ■ m^2

■ km^2 = ■000000 cm^2

하나의 단위로 나타낸 후 비교해 봐!

4 ◯ 안에 >, =, <를 알맞게 써넣으세요.

(1) $500000\,cm^2$ ◯ $55\,m^2$

(2) $2\,km^2$ ◯ $400000\,m^2$

세로 또는 가로로 선을 그어 직사각형 2개로 나눈 다음 넓이를 구해.

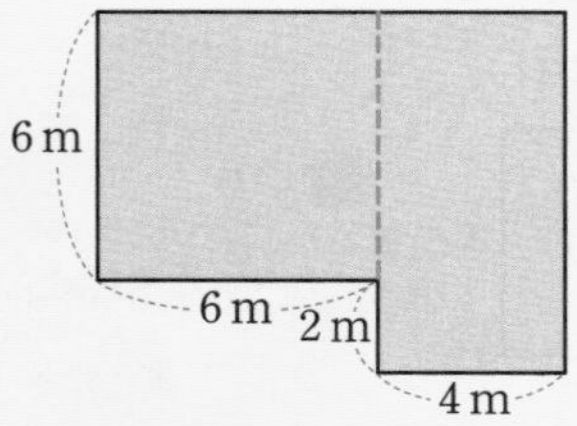

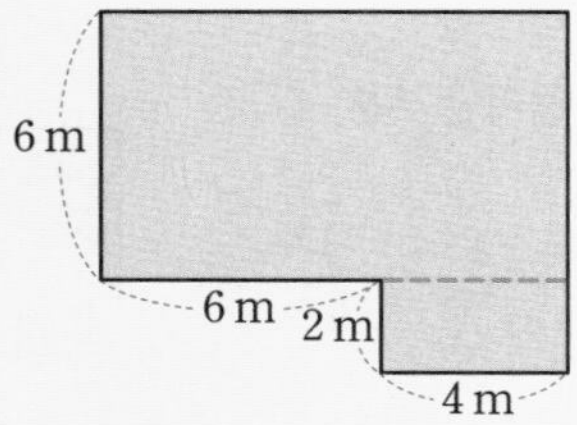

5 도형의 넓이는 몇 m^2인지 구하세요.

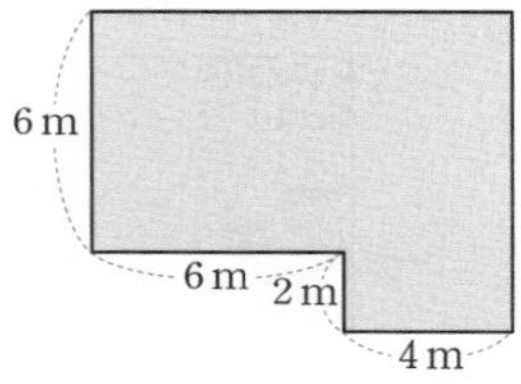

단위의 크기를 생각하여 cm^2, m^2, km^2 중에서 알맞은 단위를 골라봐.

〈보기〉 cm^2 < m^2 < km^2

6 〈보기〉에서 알맞은 단위를 골라 □ 안에 써넣으세요.

〈보기〉 cm^2 m^2 km^2

(1) 서울특별시의 넓이 → 약 600 □

(2) 수학교과서의 넓이 → 약 550 □

(3) 교실의 넓이 → 약 68 □

7 정사각형과 직사각형의 넓이가 같을 때 정사각형의 한 변의 길이는 몇 km인지 구하세요.

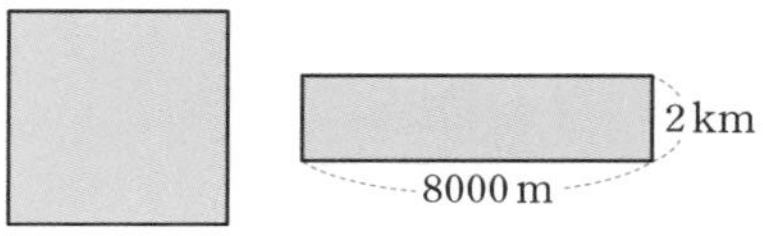

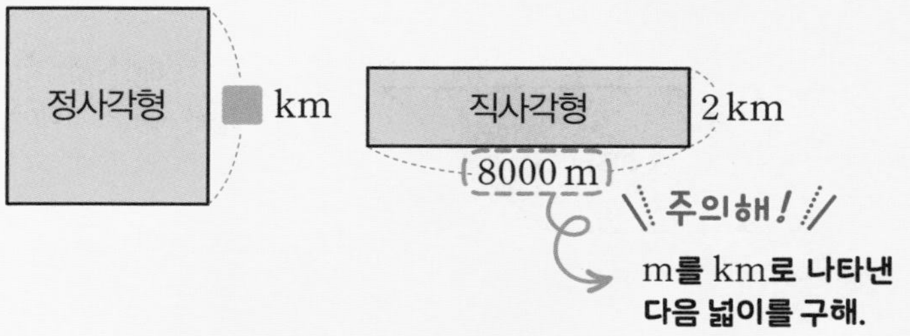

(정사각형의 넓이) = (직사각형의 넓이)

■ × ■ 　　　 8×2

8 색칠한 부분의 넓이는 몇 km^2인지 구하세요.

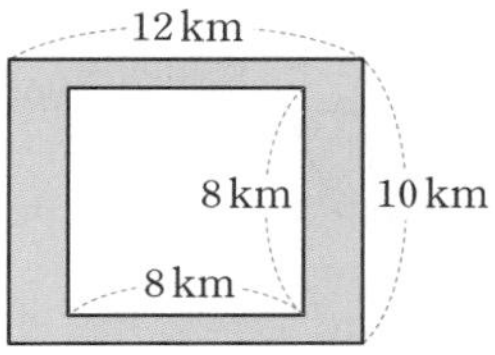

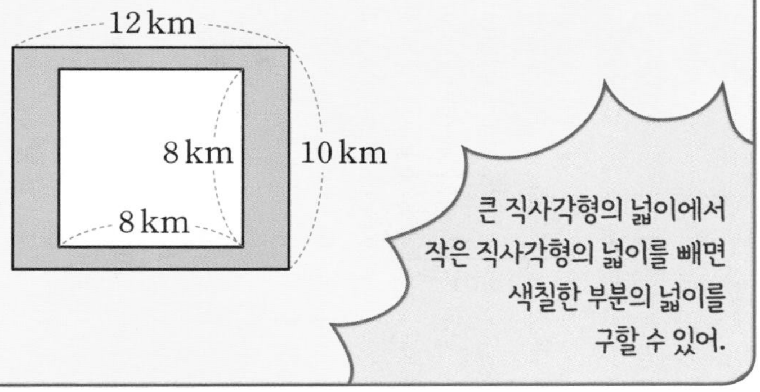

수학적 독해력

9 한 변의 길이가 6 km인 정사각형 모양의 땅에는 $100\ m^2$가 몇 번 들어가는지 구하세요.

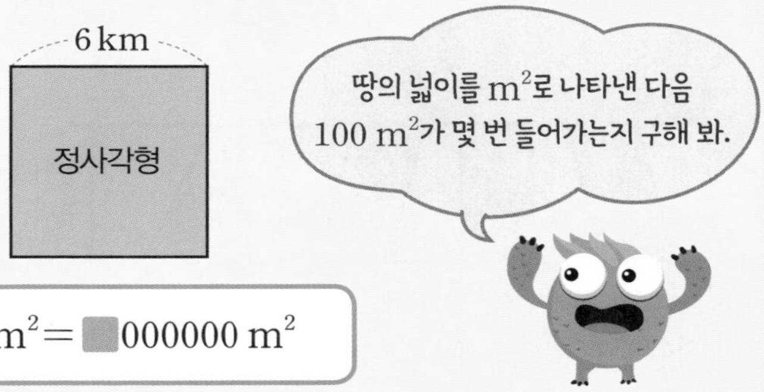

■ km^2 = ■000000 m^2

수학적 표현력

10 영준이네 동네는 가로가 1200 m, 세로가 5000 m인 직사각형 모양입니다. 영준이네 동네의 넓이는 몇 km^2인지 풀이 과정을 쓰고, 답을 구하세요.

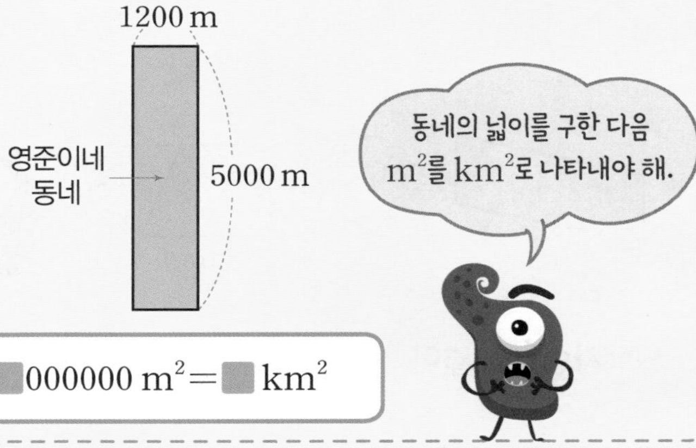

■000000 m^2 = ■ km^2

6 단원

31일 평행사변형의 넓이

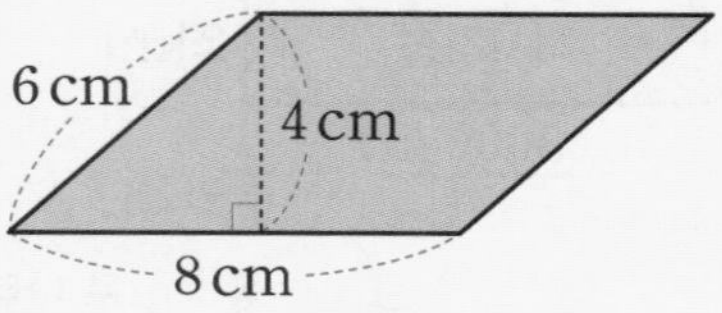

평행사변형의 높이는 두 밑변 사이의 거리야.

평행사변형의 넓이 → 밑변의 길이 × 높이

평행사변형의 넓이는 (밑변의 길이) × (높이)임을 이용해서 구해!

평행사변형의 밑변과 높이는 서로 수직이야.

(1)

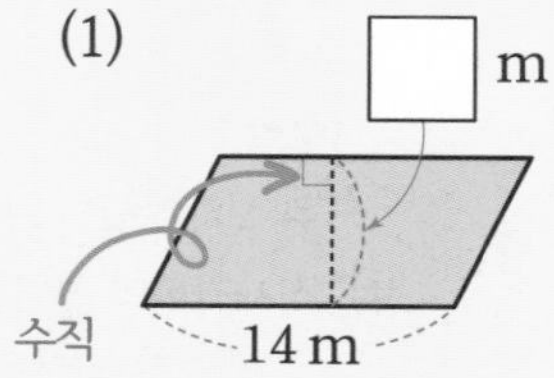

넓이: 98 m^2

(2)

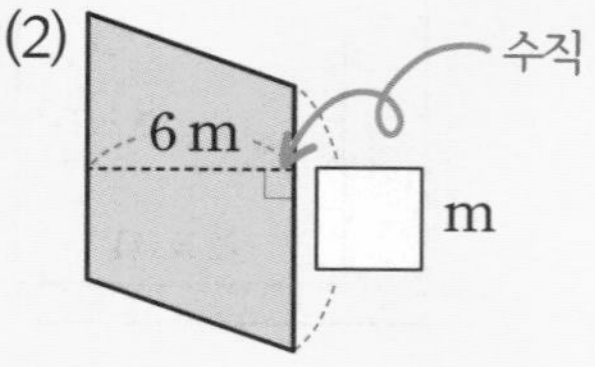

넓이: 48 m^2

모눈의 수를 세어 밑변의 길이와 높이를 구할 수 있어.

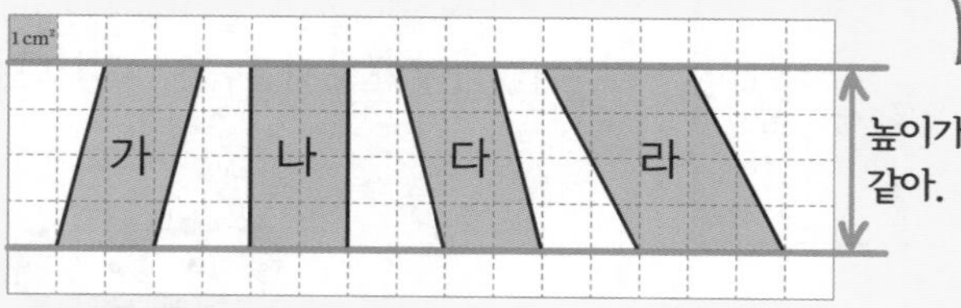

평행사변형의 넓이 → 밑변의 길이 × 높이

평행사변형의 밑변과 높이는 서로 수직임을 이용해서 넓이를 구해 봐.

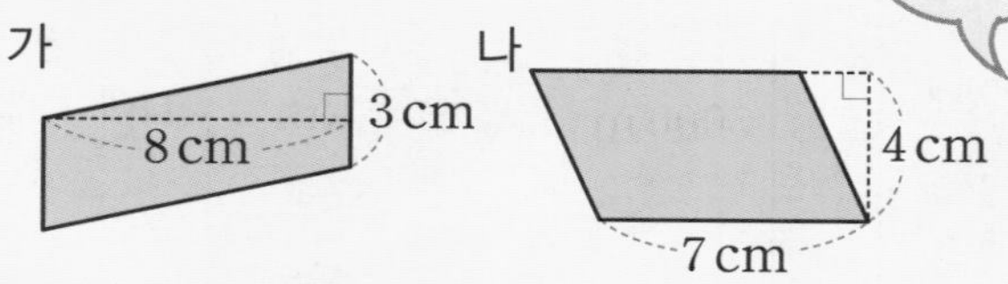

평행사변형의 넓이 → 밑변의 길이 × 높이

2 평행사변형의 넓이를 구하는 데 필요한 길이에 모두 ○표 하고 넓이를 구하세요.

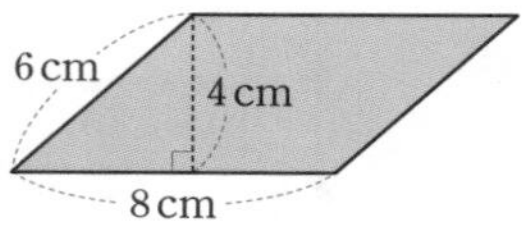

(　　　　　　)

4 □ 안에 알맞은 수를 써넣으세요.

(1)

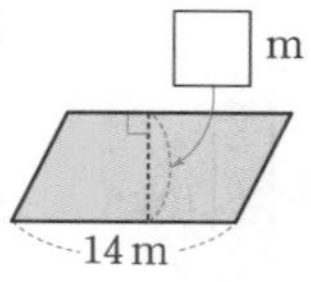

넓이: 98 m^2

(2)

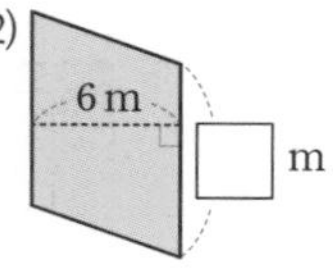

넓이: 48 m^2

5 넓이가 다른 평행사변형을 찾아 기호를 쓰세요.

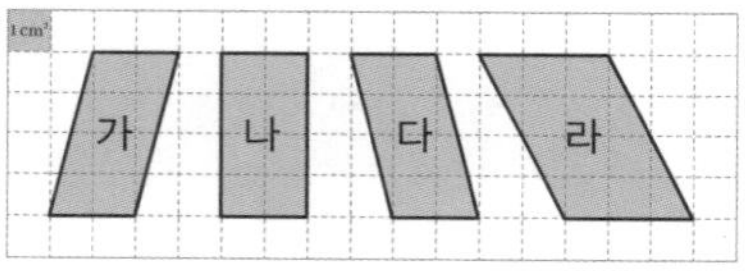

6 평행사변형 가, 나 중에서 넓이가 더 넓은 것의 기호를 쓰세요.

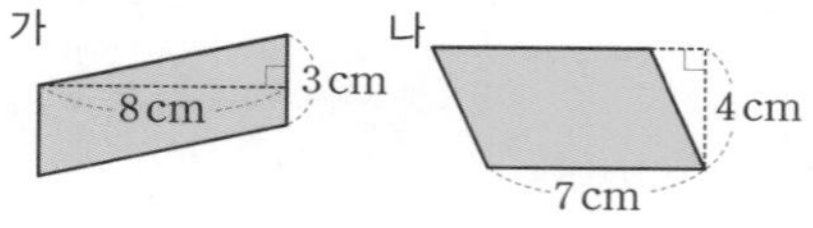

7 평행사변형 가와 나의 넓이가 같을 때 □ 안에 알맞은 수를 써넣으세요.

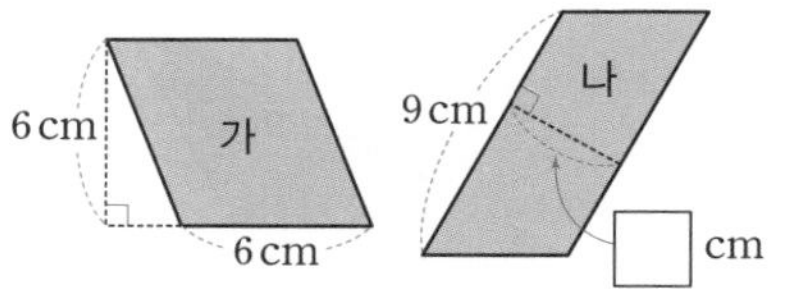

8 평행사변형 ㄱㄴㄷㄹ에서 색칠한 부분의 넓이는 몇 cm^2인지 구하세요.

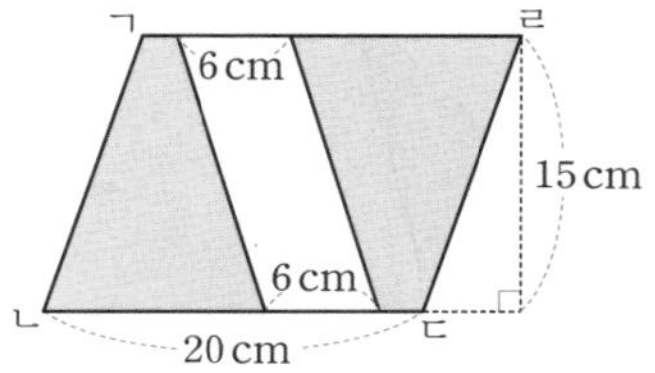

수학적 독해력

+9 평행사변형 ㄱㄴㄷㄹ에서 변 ㄱㄴ이 밑변일 때 높이는 몇 cm인지 구하세요.

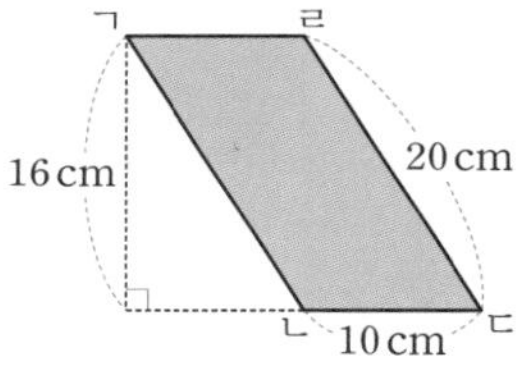

수학적 표현력

+10 평행사변형을 보고 문장을 완성해 보세요.

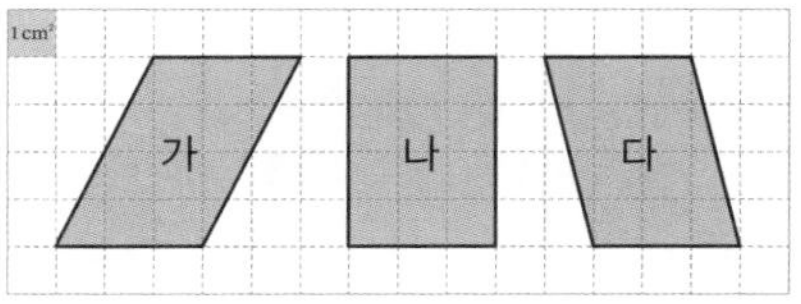

평행사변형 가, 나, 다의 넓이는 모두 같습니다. 왜냐하면

____

____

평행사변형의 넓이는 (밑변의 길이) × (높이)임을 이용해서 □를 구할 수 있어.

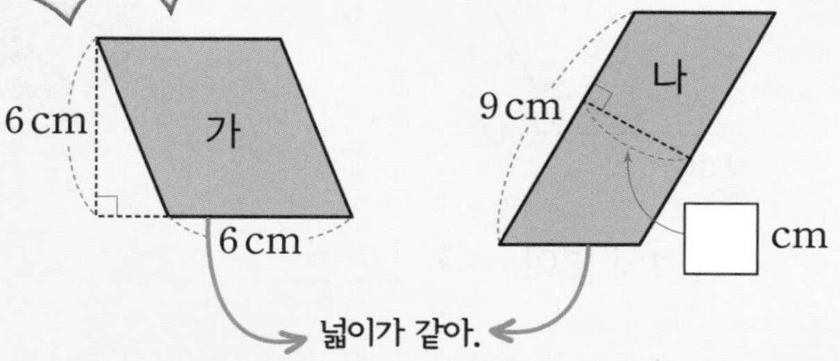

색칠한 부분의 넓이는 평행사변형 ㄱㄴㄷㄹ의 넓이에서 색칠하지 않은 부분의 넓이를 뺀 것이야.

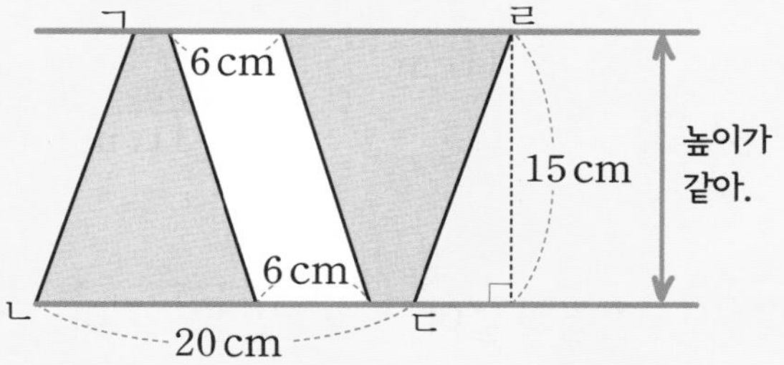

변 ㄴㄷ을 밑변으로 하는 평행사변형의 넓이와 변 ㄱㄴ을 밑변으로 하는 평행사변형의 넓이가 같음을 이용해.

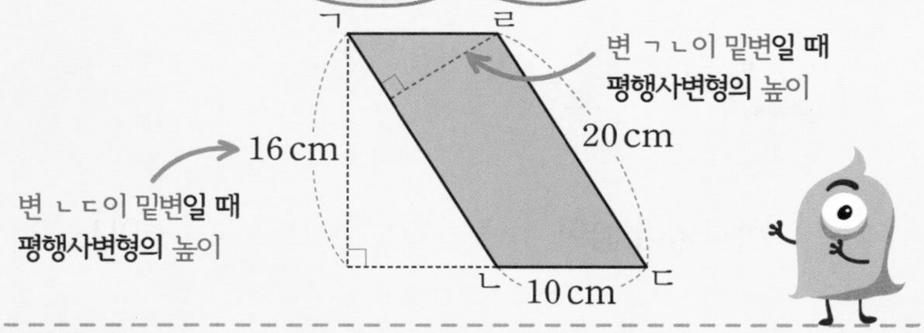

평행사변형 가, 나, 다는 모양은 모두 다르지만 넓이는 모두 같아.

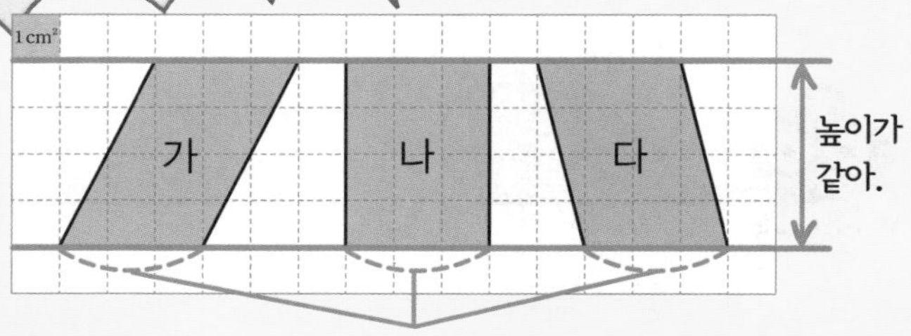

32일 삼각형의 넓이

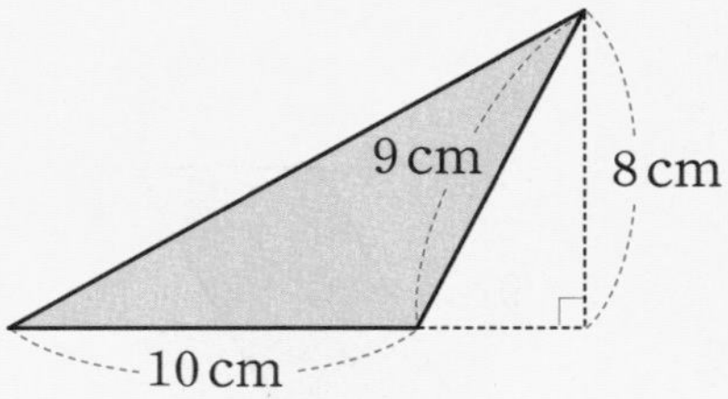

높이는 밑변과 마주 보는 꼭짓점에서 밑변에 수직으로 그은 선분의 길이야.

삼각형의 넓이 → 밑변의 길이 × 높이 ÷2

\\ 중요해! //

삼각형의 밑변과 높이를 나타내는 선분은 서로 수직이야.

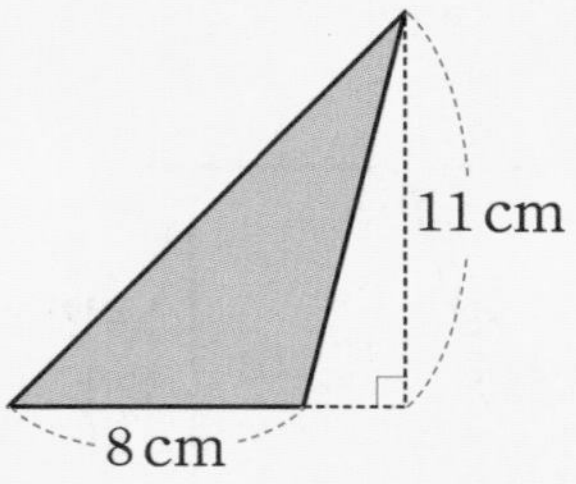

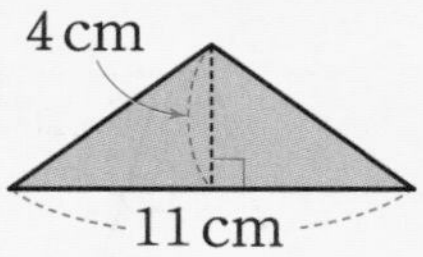

삼각형의 넓이 → 밑변의 길이 × 높이 ÷2

삼각형의 밑변과 높이를 나타내는 선분은 서로 수직이야.

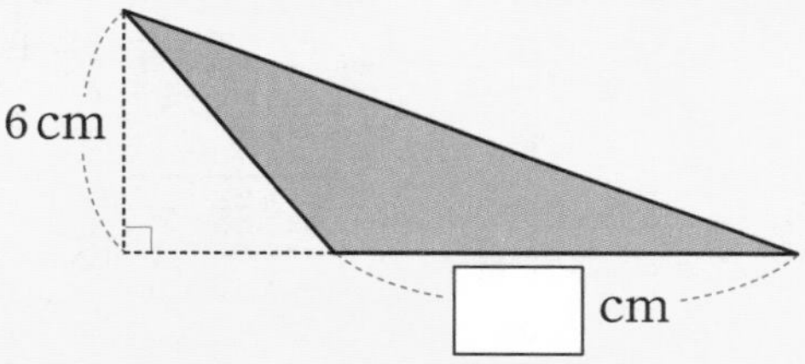

삼각형의 넓이 → 밑변의 길이 × 높이 ÷2

삼각형의 밑변과 높이를 나타내는 선분은 서로 수직이야.

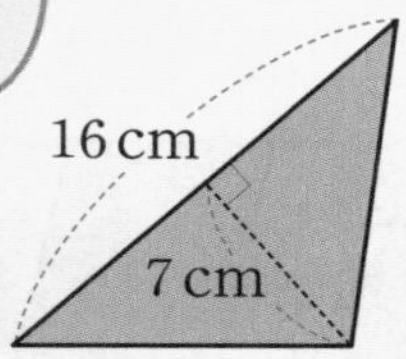

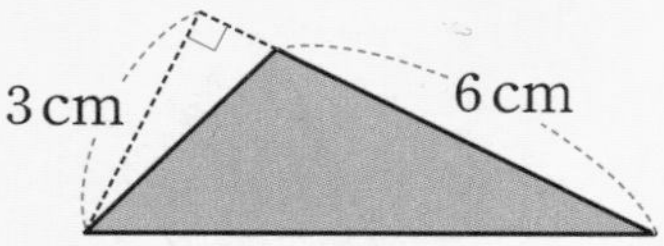

삼각형의 넓이 → 밑변의 길이 × 높이 ÷2

2 삼각형의 넓이를 구하는 데 필요한 길이에 모두 ○표 하고, 넓이는 몇 cm^2인지 구하세요.

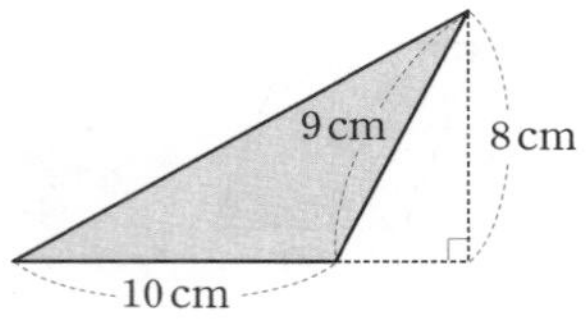

4 삼각형 가와 나 중에서 넓이가 더 넓은 것의 기호를 쓰세요.

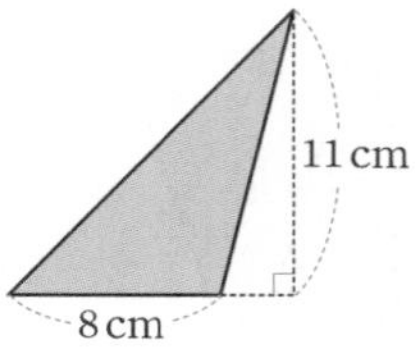

가

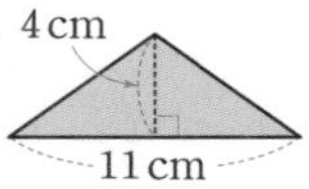

나

5 □ 안에 알맞은 수를 써넣으세요.

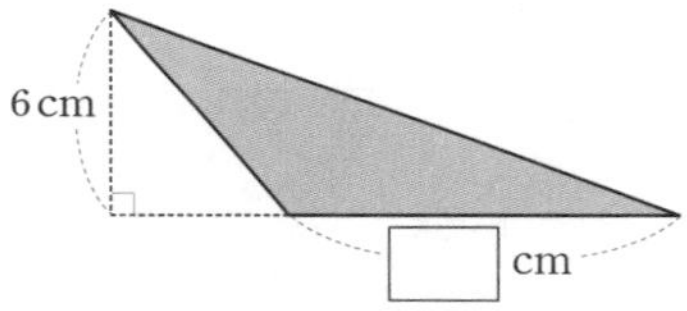

넓이: 33 cm^2

6 삼각형 가와 나의 넓이의 합은 몇 cm^2인지 구하세요.

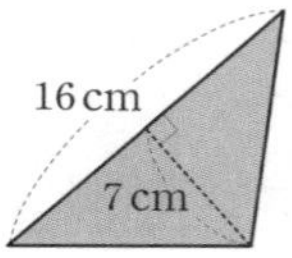

가

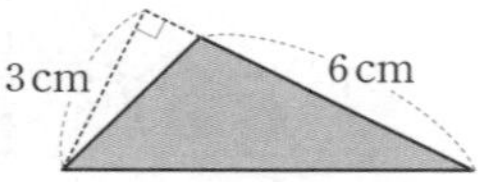

나

7 삼각형 가와 나의 넓이가 같을 때 □ 안에 알맞은 수를 써넣으세요.

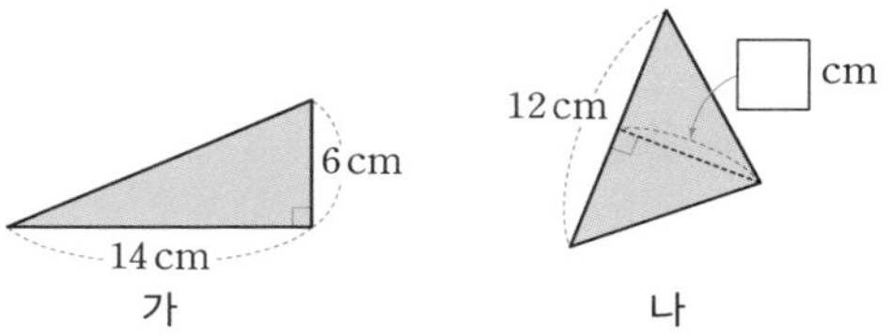

두 삼각형의 넓이가 같음을 이용해서 □를 구할 수 있어.

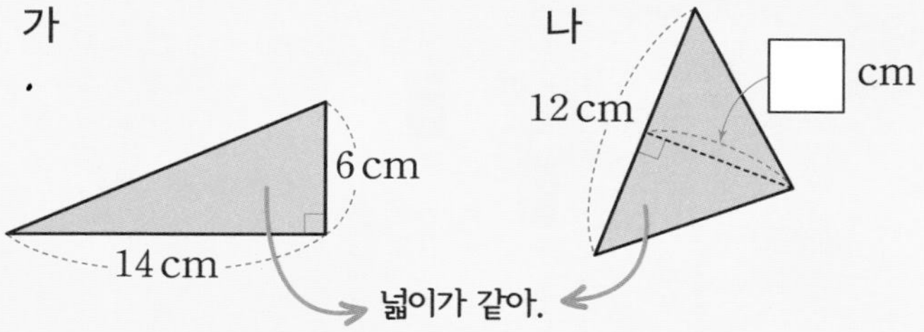

8 삼각형에서 ㉠의 길이는 몇 cm일까요?

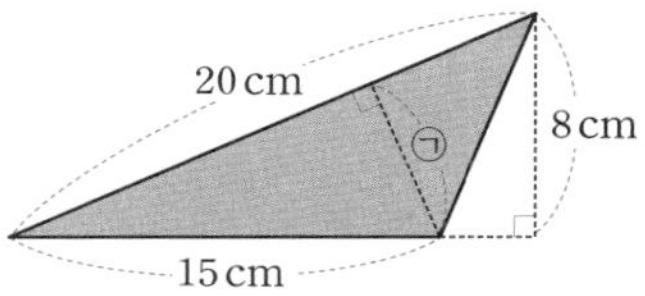

밑변의 길이가 15 cm일 때 삼각형의 넓이와 밑변의 길이가 20 cm일 때 삼각형의 넓이가 같음을 이용해.

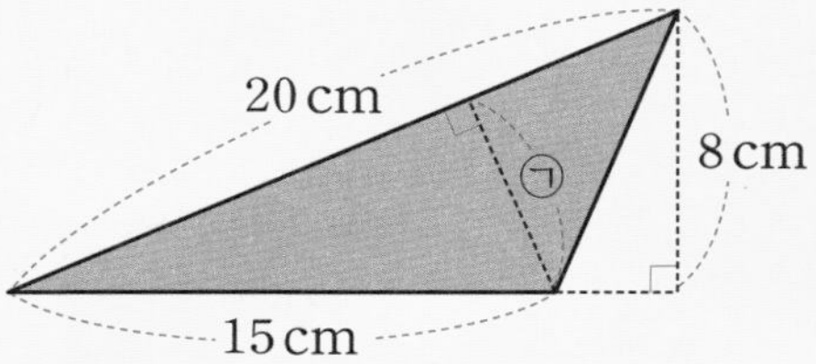

삼각형에서 높이는 밑변에 따라 정해져.

수학적 독해력

+9 삼각형을 잘라서 평행사변형을 만들었습니다. 잘못 말한 사람의 이름을 쓰세요.

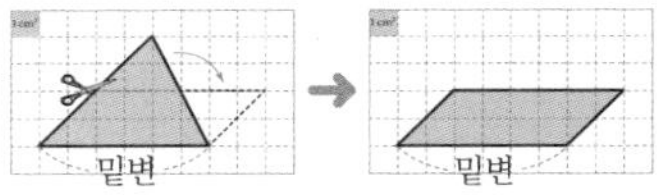

지혜: 삼각형의 넓이는 (밑변의 길이) × (높이) ÷ 2야.

영민: 삼각형과 평행사변형의 밑변의 길이는 같아.

수현: 삼각형과 평행사변형의 높이도 같아.

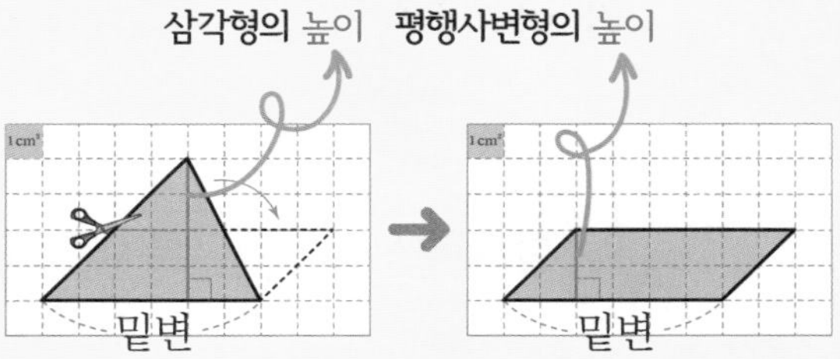

수학적 표현력

+10 삼각형을 보고 문장을 완성해 보세요.

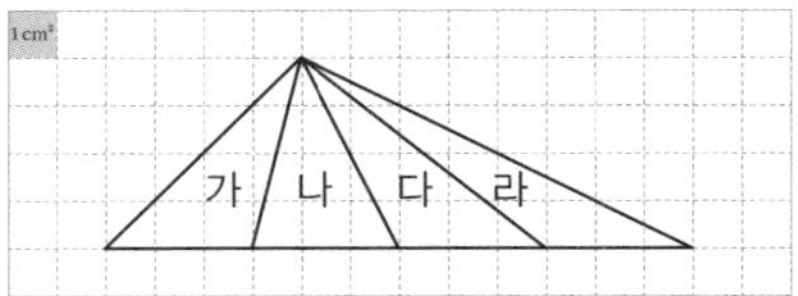

삼각형 가, 나, 다, 라의 넓이는 모두 같습니다. 왜냐하면

____

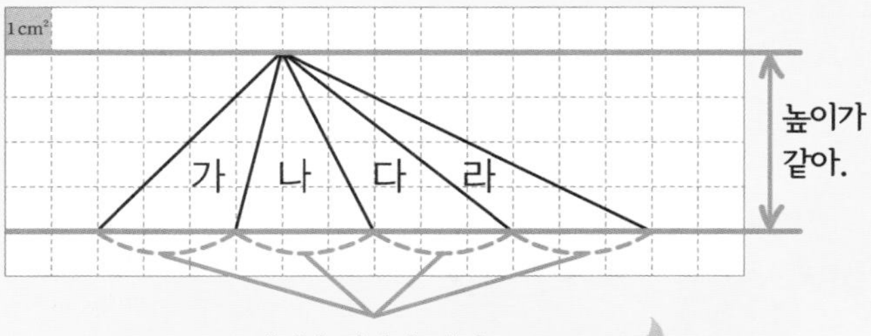

삼각형의 가, 나, 다, 라는 모양이 다르지만 넓이는 같아.

6 단원

마름모의 넓이

\\ 중요해! //

마름모의 넓이는 마름모를 둘러싸는 직사각형 넓이의 반이야.

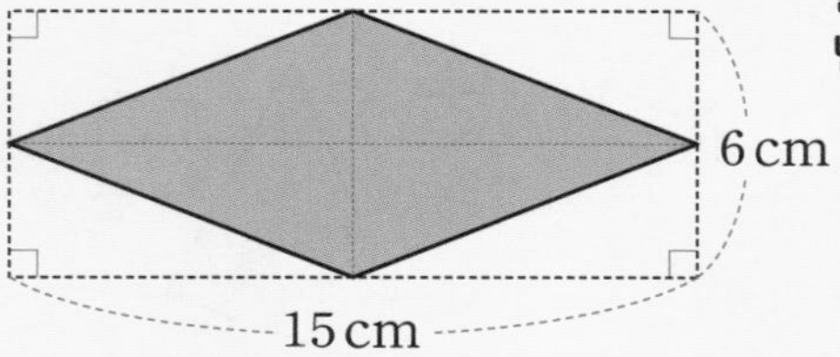

마름모의 넓이 ➜ [직사각형의 넓이] $\div 2$

\\ 중요해! //

두 대각선은 서로 수직이야.

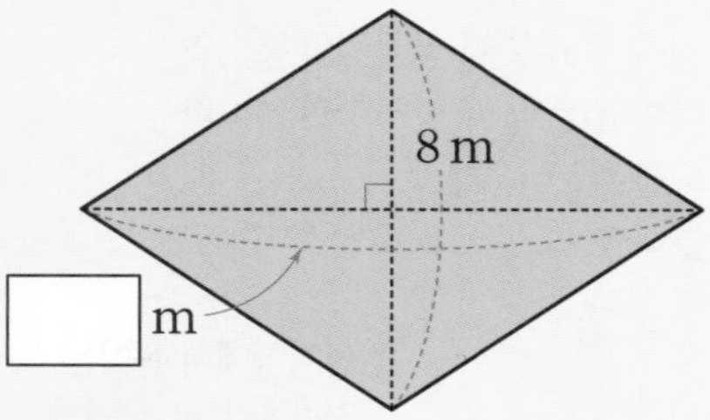

마름모의 넓이 ➜ [한 대각선의 길이] × [다른 대각선의 길이] $\div 2$

한 대각선의 길이가 14 cm, 다른 대각선의 길이가 18 cm인 마름모가 있습니다. 이 마름모의 넓이는 몇 cm^2일까요?

마름모의 넓이 ➜ [한 대각선의 길이] × [다른 대각선의 길이] $\div 2$

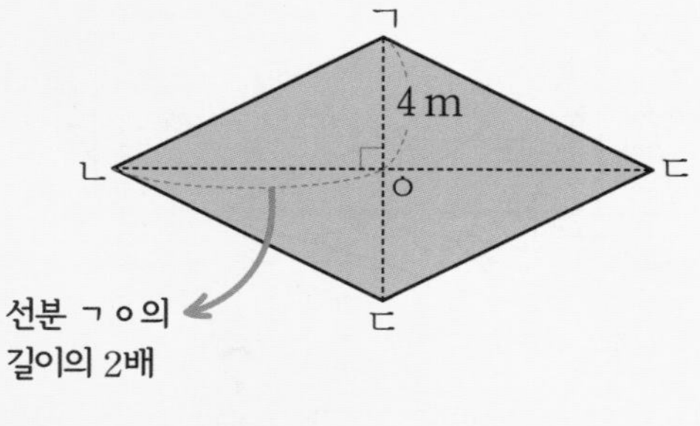

3 마름모의 넓이는 몇 cm^2인지 구하세요.

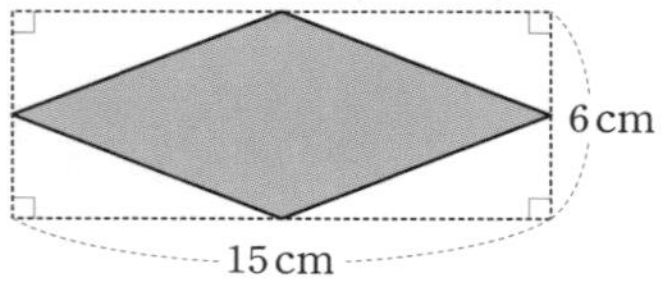

4 마름모의 넓이가 48 m^2일 때 □ 안에 알맞은 수를 써넣으세요.

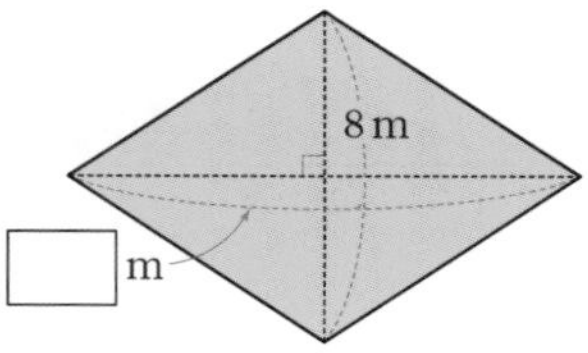

5 한 대각선의 길이가 14 cm, 다른 대각선의 길이가 18 cm인 마름모가 있습니다. 이 마름모의 넓이는 몇 cm^2일까요?

6 마름모 ㄱㄴㄷㄹ에서 선분 ㄴㅇ의 길이는 선분 ㄱㅇ의 길이의 2배입니다. 마름모 ㄱㄴㄷㄹ의 넓이는 몇 m^2일까요?

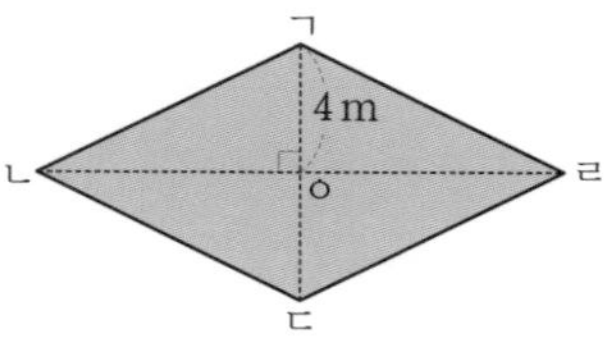

7 주어진 마름모와 넓이가 같고 한 대각선의 길이가 40 cm인 마름모의 다른 대각선의 길이는 몇 cm인지 구하세요.

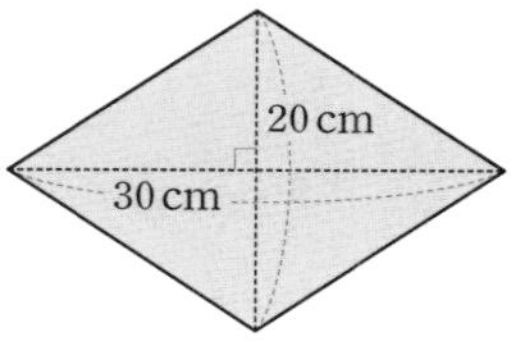

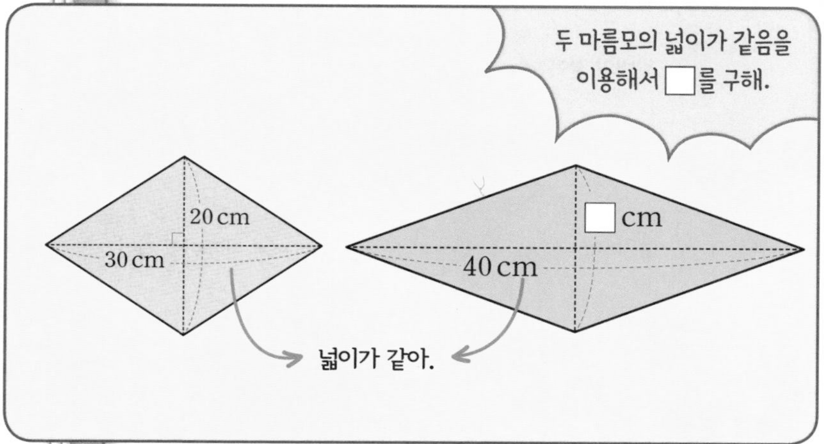

8 마름모 나의 넓이는 가의 넓이의 2배입니다. □ 안에 알맞은 수를 써넣으세요.

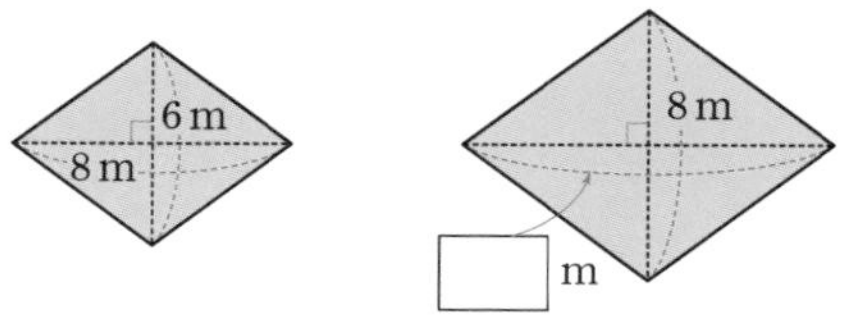

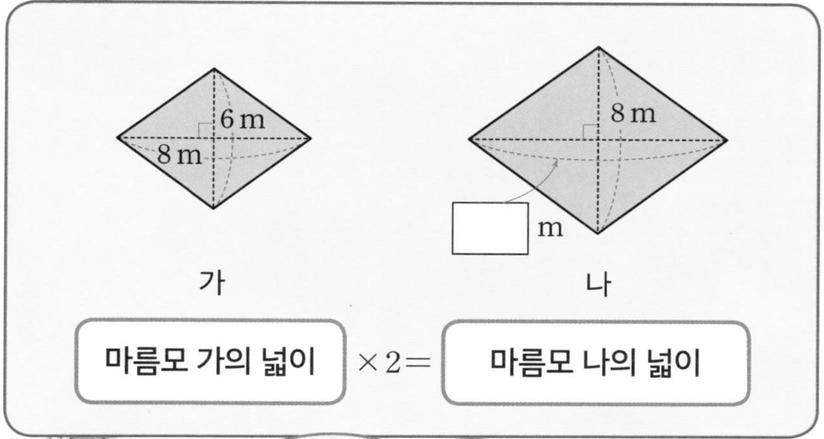

수학적 독해력

9 반지름이 7 cm인 원 안에 가장 큰 마름모를 그렸습니다. 마름모의 넓이는 몇 cm^2인지 구하세요.

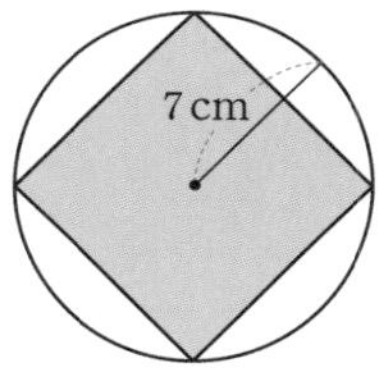

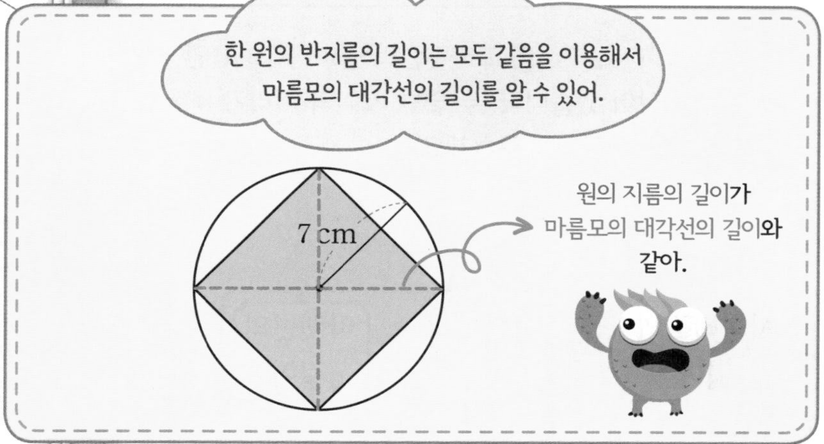

수학적 표현력

10 넓이가 54 m^2인 마름모 모양의 땅이 있습니다. 이 땅의 한 대각선의 길이가 12 m일 때 다른 대각선의 길이는 몇 m인지 풀이 과정을 쓰고, 답을 구하세요.

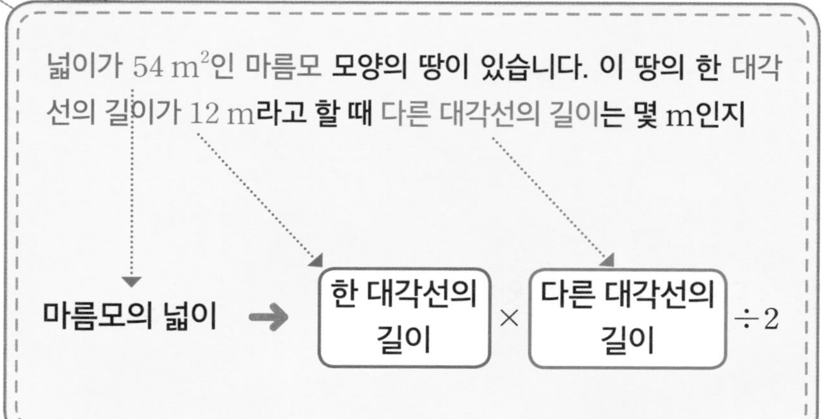

34일 사다리꼴의 넓이

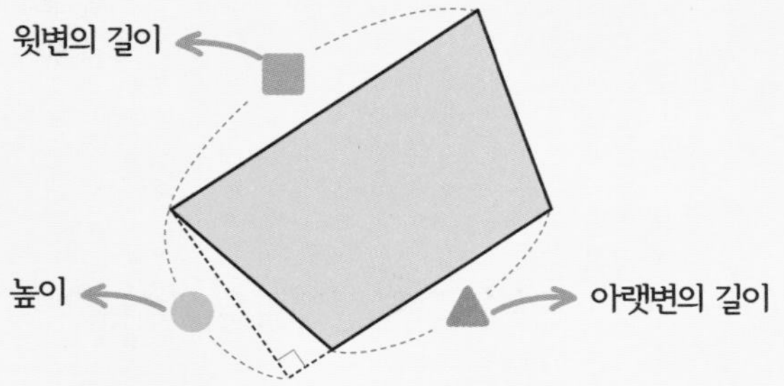

사다리꼴의 넓이 ➔ (■+▲)×●÷2

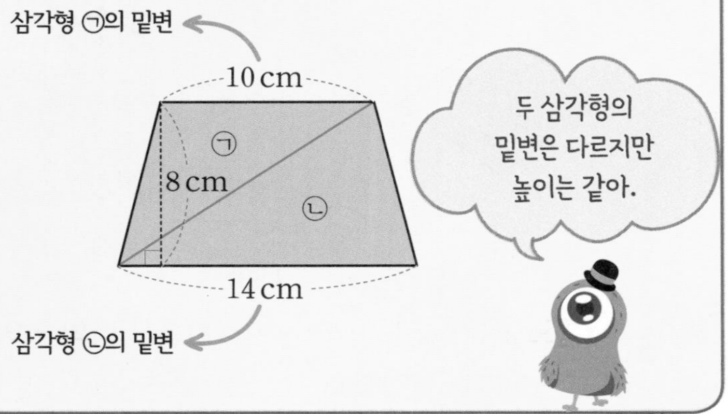

윗변의 길이가 25 m이고 아랫변의 길이가 15 m인 사다리꼴 모양의 운동장이 있습니다. 두 밑변 사이의 거리가 9 m일 때 운동장의 넓이는 얼마인지 구하세요.

사다리꼴의 넓이 ➔ (윗변의 길이 + 아랫변의 길이) × 높이 ÷2

높이가 같을 때
윗변과 아랫변의 길이의 합이
같으면 사다리꼴의 넓이는 같아.

사다리꼴의 넓이 ➔ (윗변의 길이 + 아랫변의 길이) × 높이 ÷2

3 사다리꼴을 보고 □ 안에 알맞은 수를 써넣으세요.

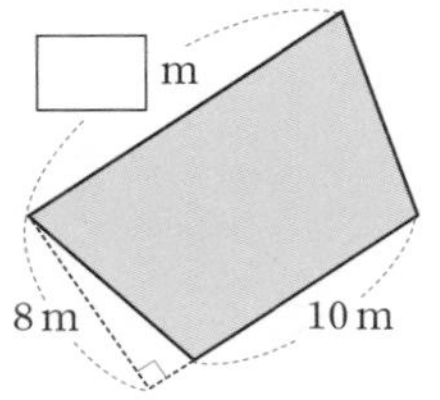

넓이: $96\,m^2$

4 사다리꼴의 넓이를 2개의 삼각형으로 나누어 구하려고 합니다. 물음에 답하세요.

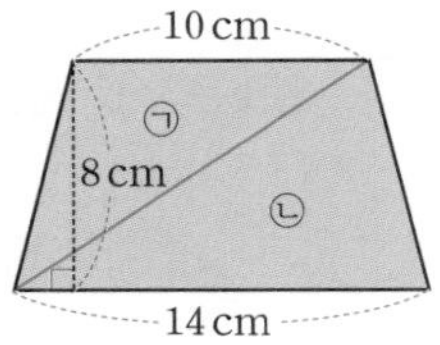

(1) 삼각형 ㉠과 ㉡의 넓이는 각각 몇 cm^2인지 구하세요.

㉠ (　　　　), ㉡ (　　　　)

(2) 사다리꼴의 넓이는 몇 cm^2인지 구하세요.

(　　　　　　)

5 윗변의 길이가 25 m이고 아랫변의 길이가 15 m인 사다리꼴 모양의 운동장이 있습니다. 두 밑변 사이의 거리가 9 m일 때 운동장의 넓이는 몇 m^2인지 구하세요.

6 다음 사다리꼴의 높이가 모두 같을 때, 넓이가 같은 사다리꼴을 찾아 기호를 쓰세요.

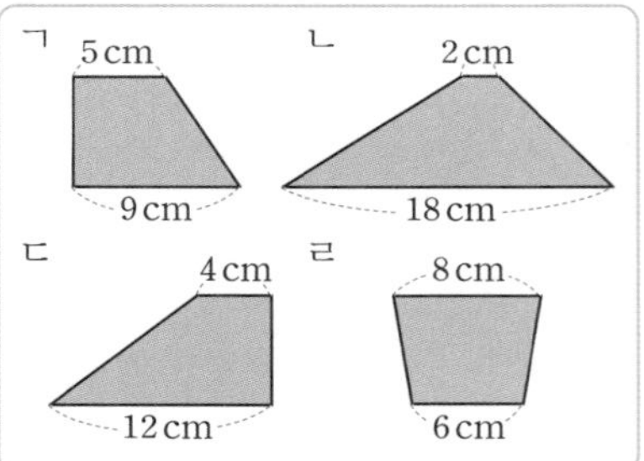

7 사다리꼴의 둘레가 34 cm일 때 넓이는 몇 cm^2인지 구하세요.

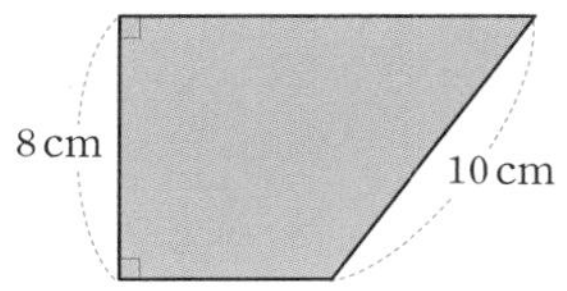

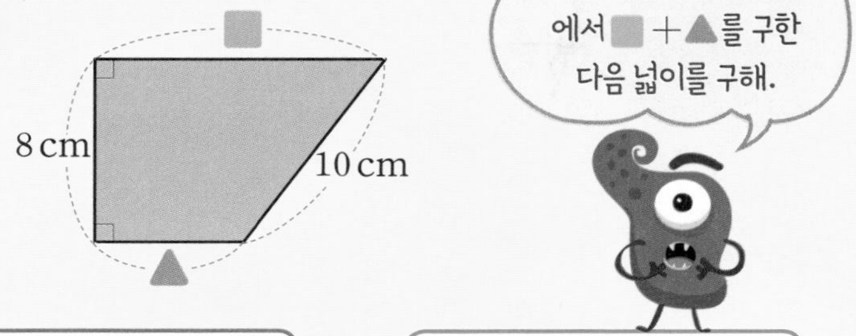

$8+10+■+▲=34$ → $(■+▲)\times$(높이)$\div 2$

8 색칠한 삼각형의 넓이가 80 cm^2일 때 사다리꼴 ㄱㄴㄷㄹ의 넓이는 몇 cm^2인지 구하세요.

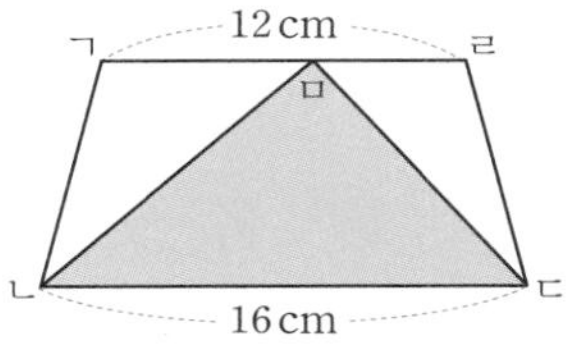

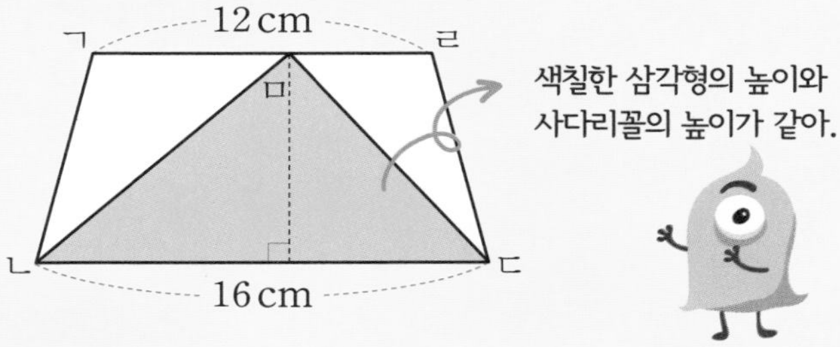

수학적 독해력

9 사다리꼴 가, 나, 다는 넓이가 모두 같습니다. 사다리꼴 가, 나, 다의 같은 점을 모두 고르세요.

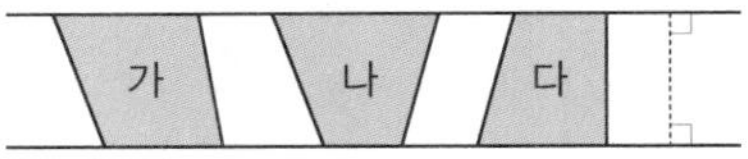

㉠ 아랫변의 길이
㉡ 윗변의 길이
㉢ 높이
㉣ 윗변과 아랫변의 길이의 합

사다리꼴의 넓이가 같을 때 높이가 같으면 윗변과 아랫변의 길이의 합도 같아.

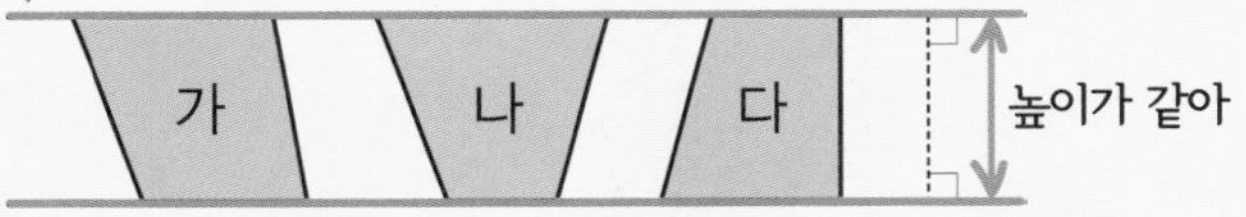

사다리꼴의 넓이 → (윗변의 길이 + 아랫변의 길이) × 높이 ÷2

수학적 표현력

10 윗변이 아랫변보다 3 cm 짧은 사다리꼴이 있습니다. 이 사다리꼴의 아랫변의 길이가 7 cm, 높이가 6 cm라면 넓이는 몇 cm^2인지 풀이 과정을 쓰고, 답을 구하세요.

윗변이 아랫변보다 3 cm 짧은 사다리꼴이 있습니다. 이 사다리꼴의 아랫변의 길이가 7 cm, 높이가 6 cm라면 넓이는 몇 cm^2인지 구하세요.

사다리꼴의 넓이 → (윗변의 길이 + 아랫변의 길이) × 높이 ÷2

memo

memo

memo

자신감 뿜뿜

수학이 만만해지는 힌트의 힘!

막힐 때 찾아보는

힌트북

풀이집은 개념의 빈틈을 채우는
두 번째 학습서입니다.

막힐 땐

힌트북

초등수학 5-1

정답 · 풀이

슬기로운공부

막힐 땐 힌트북

초등수학 5-1

정답 · 풀이

본책 008~011쪽

01일 덧셈과 뺄셈이 섞여 있는 식 계산하기

확인 008쪽

❶ (계산 순서대로) (1) 13, 21, 21 (2) 25, 5, 5
❷ (1) 7, 30 (2) 19, 6

기본기 다지는 교과서 문제 009쪽

1 (위에서부터) 23+10, 10−5, 14+8, 42−14에 ○표
2 (1) 60+34−22=94−22=72

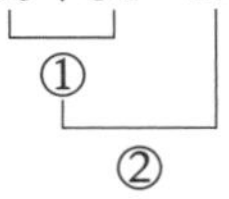

(2) 72−(38+15)=72−53=19

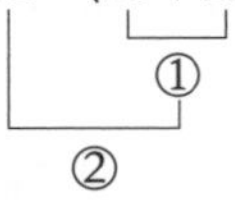

3 (1) 33 (2) 23 (3) 71 (4) 29

1 • 덧셈과 뺄셈이 섞여 있는 식은 앞에서부터 차례로 계산합니다.
• 덧셈과 뺄셈이 섞여 있고 ( )가 있는 식은 ( ) 안을 먼저 계산합니다.

3 (1) 27+15−9=42−9=33
(2) 43−(8+12)=43−20=23
(3) 82−24+13=58+13=71
(4) 64−(20+15)=64−35=29

스스로 풀어내는 도전 10 문제 010~011쪽

1 ( )(○)
2 (1) 58, 95 (2) 74, 16
3 (1) 24 (2) 9
4 64−(40+17)=7 / 7
5

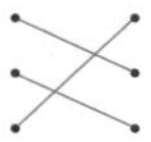

6 ㉣
7 ㉢, ㉡, ㉠, ㉣
8 (1) (○)( ) (2) ( )(○)
+9 7000−(3500+1000)=2500 / 2500원
+10 ⓔ 체육관에 남은 공의 수를 구하려면 체육관에 있는 야구공의 수와 축구공의 수를 더한 다음 운동장으로 가져간 공의 수를 빼야 합니다. 따라서 남은 공은 45+23−30=68−30=38(개)입니다. / 38개

1 • 32−8+11과 같이 덧셈과 뺄셈이 섞여 있는 식은 앞에서부터 차례로 계산해야 하므로 계산 순서를 바르게 나타내지 않았습니다.
• 32−(8+11)과 같이 덧셈과 뺄셈이 섞여 있고 ( )가 있는 식은 ( ) 안을 먼저 계산해야 하므로 계산 순서를 바르게 나타내었습니다.

3 (1) 16+42−34=58−34=24
(2) 87−(52+26)=87−78=9

4 먼저 계산해야 하는 부분은 ( )로 묶어서 나타냅니다.
64에서 (40과 17의 합)을 뺀 수
➔ 64−(40+17)=64−57=7

힌트북 02쪽

5

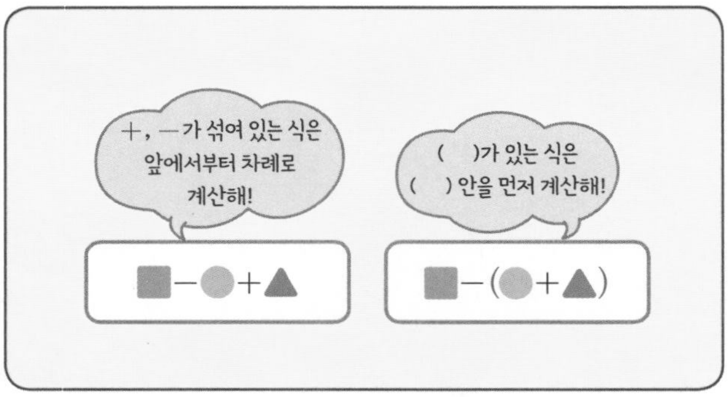

60+34−15=94−15=79
60−34+15=26+15=41
60−(34+15)=60−49=11

6 버스에 타고 있던 27명 중 내린 사람은 10+8=18(명)입니다. 지금 버스에 타고 있는 사람 수를 구하는 식은 27−(10+8)이므로 문장을 하나의 식으로 바르게 나타낸 것을 찾아 기호를 쓰면 ㉣입니다.

7 ㉠ 90−(35+26)=90−61=29
㉡ 56−28+17=28+17=45
㉢ 38+24−15=62−15=47
㉣ 59−(12+23)=59−35=24
47>45>29>24이므로 계산 결과가 가장 큰 것부터 차례로 기호를 쓰면 ㉢, ㉡, ㉠, ㉣입니다.

8 (1) $32-14+9=18+9=27$
$32-(14+9)=32-23=9$
➔ $27>9$이므로 계산 결과가 더 큰 것은 $32-14+9$입니다.
(2) $72-(16+8)=72-24=48$
$72-16+8=56+8=64$
➔ $48<64$이므로 계산 결과가 더 큰 것은 $72-16+8$입니다.

힌트북 03쪽

+9

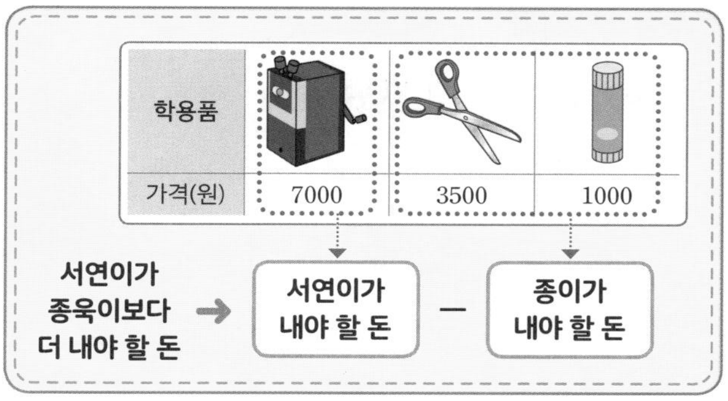

서연이는 연필깎이를 샀으므로 7000원을 내야 하고, 종욱이는 가위와 풀을 샀으므로
$3500+1000=4500$(원)을 내야 합니다.
따라서 서연이는 종욱이보다
$7000-(3500+1000)=7000-4500=2500$(원)을 더 내야 합니다.

+10 학교 체육관에 있는 야구공과 축구공은 모두 $45+23=68$(개)입니다. 그 중에서 30개를 운동장으로 가져갔으므로 남은 공은
$45+23-30=68-30=38$(개)입니다.

본책 012~015쪽

02일 곱셈과 나눗셈이 섞여 있는 식 계산하기

확인 012쪽

❶ (계산 순서대로) (1) 8, 32, 32 (2) 8, 2, 2
❷ (1) 4, 12 (2) 12, 4

기본기 다지는 교과서 문제 013쪽

1 (위에서부터) $6\div3$, 12×6, $36\div9$, 9×2에 ○표
2 (1) $14\times3\div7=42\div7=6$
① 14×3, ② $\div7$
(2) $72\div(12\times3)=72\div36=2$
① 12×3, ② $72\div$
3 (1) 24 (2) 3 (3) 5 (4) 36

1 • 곱셈과 나눗셈이 섞여 있는 식은 앞에서부터 차례로 계산합니다.
• 곱셈과 나눗셈이 섞여 있고 ( )가 있는 식은 ( ) 안을 먼저 계산합니다.

3 (1) $8\times9\div3=72\div3=24$
(2) $36\div(6\times2)=36\div12=3$
(3) $80\div(2\times8)=80\div16=5$
(4) $96\div8\times3=12\times3=36$

스스로 풀어내는 도전 10 문제 014~015쪽

1 ㉡
2 (1) 4, 48 (2) 44, 2
3 (1) 9 (2) 4
4 $56\div(4\times7)=2$ / 2
5 
6 ㉢
7 ㉠
8 (1) > (2) <
+9 $60\div(4\times3)=5$ / 5분
+10 예 한 상자에 담은 쿠키 수를 구하려면 한 판에 구운 쿠키 수와 판 수를 곱하여 구운 쿠키 수를 구한 다음 상자 수로 나누어야 합니다. 따라서 한 상자에 담은 쿠키는 $15\times3\div5=45\div5=9$(개)입니다. / 9개

1 ㉠ 곱셈과 나눗셈이 섞여 있는 식은 앞에서부터 차례로 계산해야 하므로 계산 순서를 바르게 나타내지 않았습니다.
㉡ 곱셈과 나눗셈이 섞여 있고 ( )가 있는 식은 ( ) 안을 먼저 계산해야 하므로 계산 순서를 바르게 나타내었습니다.

3 (1) $36\times2\div8=72\div8=9$
(2) $48\div(3\times4)=48\div12=4$

4 먼저 계산해야 하는 부분은 ( )로 묶어서 나타냅니다.
56을 (4와 7의 곱)으로 나눈 수
➜ $56\div(4\times7)=56\div28=2$

5 $30\times2\div5=60\div5=12$
$30\div2\times5=15\times5=75$
$30\div(2\times5)=30\div10=3$

6 윤하가 산 초콜릿은 $24\times2=48$(개)입니다. 이 초콜릿을 3명의 친구에게 똑같이 나누어 주었으므로 한 명의 친구가 받은 초콜릿의 개수를 구하는 식은 $24\times2\div3$입니다.

7 ㉠ $90\div(6\times5)=90\div30=3$
㉡ $60\div12\times2=5\times2=10$
㉢ $15\times4\div5=60\div5=12$
㉣ $32\div(2\times4)=32\div8=4$
$3<4<10<12$이므로 계산 결과가 가장 작은 것의 기호를 쓰면 ㉠입니다.

8 (1) $36\div3\times2=12\times2=24$,
$36\div(3\times2)=36\div6=6$
➜ $24>6$이므로 $36\div3\times2>36\div(3\times2)$입니다.
(2) $72\div(6\times4)=72\div24=3$,
$72\div6\times4=12\times4=48$
➜ $3<48$이므로 $72\div(6\times4)<72\div6\times4$입니다.

+9 한 사람이 1분에 종이비행기를 3개씩 만들 수 있으므로 4명이 1분에 만들 수 있는 종이비행기는
$4\times3=12$(개)입니다.
따라서 4명이 종이비행기 60개를 만드는 데 걸리는 시간은 $60\div(4\times3)=60\div12=5$(분)입니다.

+10 지혜가 구운 쿠키는 모두 $15\times3=45$(개)입니다. 이 쿠키를 남김없이 5상자에 똑같이 나누어 담았으므로 전체 쿠키의 수를 5로 나누면 한 상자에 든 쿠키는
$15\times3\div5=45\div5=9$(개)입니다.

본책 016~019쪽

03일 덧셈, 뺄셈, 곱셈이 섞여 있는 식 계산하기

확인 016쪽

1 (계산 순서대로) (1) 16, 46, 40, 40 (2) 2, 4, 34, 34

기본기 다지는 교과서 문제 017쪽

1 (위에서부터) 4×5, $5-3$, $34-10$, 10×2에 ○표

2 (1) $44-3\times8+6=44-24+6$
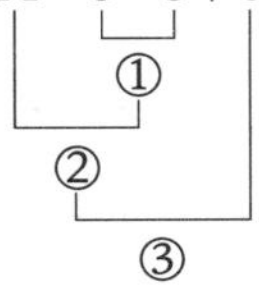

$=20+6$
$=26$

(2) $30+(24-8)\times2=30+16\times2$
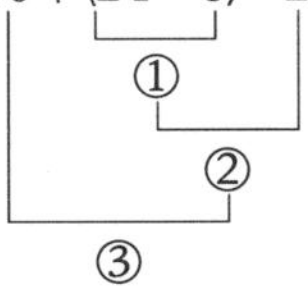

$=30+32$
$=62$

3 (1) 41 (2) 53 (3) 75 (4) 12

1 • 덧셈, 뺄셈, 곱셈이 섞여 있는 식은 곱셈을 먼저 계산합니다.
• 덧셈, 뺄셈, 곱셈이 섞여 있고 ( )가 있는 식은 ( ) 안을 먼저 계산합니다.

3 (1) $31+2\times7-4=31+14-4=45-4=41$
(2) $38+(10-5)\times3=38+5\times3=38+15=53$
(3) $85-4\times8+22=85-32+22=53+22=75$
(4) $96-(16+5)\times4=96-21\times4=96-84=12$

스스로 풀어내는 도전 10 문제 018~019쪽

1 ㉡, ㉠, ㉢
2 (1) 28, 61, 11 (2) 8, 32, 83
3 (1) 5 (2) 77
4 $64-(8+5)\times4=12$ / 12
5 ㉡

6 $48-18\times2+25=48-36+25$

$=12+25$

$=37$

7 종욱 **8** 68

+9 $7\times40+(7-2)\times60=580$ / 580번

+10 ㉮ 남은 사탕의 수를 구하려면 전체 사탕의 수에서 남학생과 여학생이 먹은 사탕의 수를 빼야 합니다. 따라서 남은 사탕은

$68-(4+3)\times5=68-7\times5=68-35=33$(개)입니다. / 33개

힌트북 06쪽

1

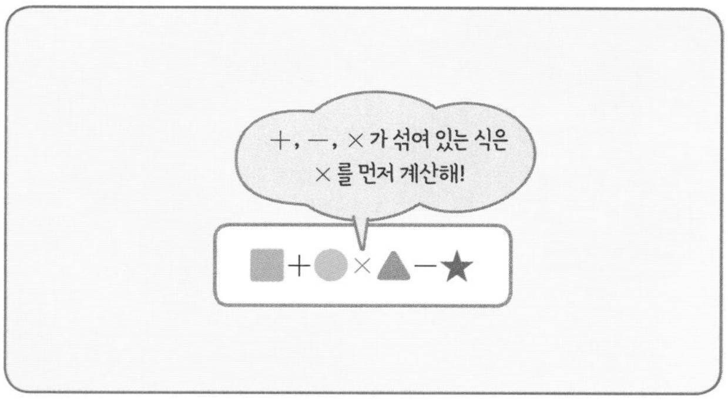

덧셈, 뺄셈, 곱셈이 섞여 있는 식은 곱셈을 먼저 계산합니다.

3 (1) $50-8\times6+3=50-48+3=2+3=5$

(2) $(62-54)\times7+21=8\times7+21=56+21=77$

4 먼저 계산해야 하는 부분은 ( )로 묶어서 나타냅니다.
64에서 (8과 5의 합)을 4배 한 수를 뺀 값
→ $64-(8+5)\times4=64-13\times4=64-52=12$

5 ㉠ $71-4\times2+13=71-8+13=63+13=76$

㉡ $71-4\times(2+13)=71-4\times15=71-60=11$

따라서 계산 결과가 더 작은 것의 기호를 쓰면 ㉡입니다.

6 덧셈, 뺄셈, 곱셈이 섞여 있는 식은 곱셈을 먼저 계산해야 합니다.

$48-18\times2+25=48-36+25$ (① 18×2, ② $48-36$, ③ $12+25$)

$=12+25$

$=37$

힌트북 07쪽

7

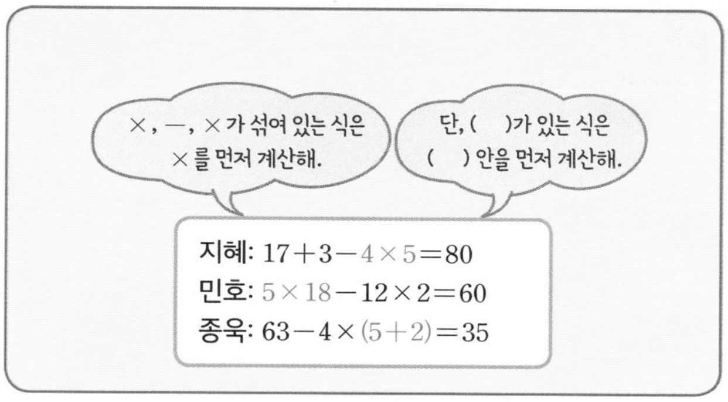

지혜: $17+3-4\times5=17+3-20=20-20=0$

민호: $5\times18-12\times2=90-12\times2=90-24=66$

종욱: $63-4\times(5+2)=63-4\times7=63-28=35$

따라서 바르게 계산한 사람은 종욱입니다.

8 $37+2\times(21-6)=37+2\times15=37+30=67$

67<□에서 □ 안에 들어갈 수 있는 가장 작은 자연수는 68입니다.

+9 유미는 줄넘기를 일주일 동안 매일 40번씩 했으므로 유미가 줄넘기를 한 횟수를 식으로 나타내면 7×40입니다. 재경이는 줄넘기를 일주일 중 2일은 쉬고 나머지 날에 매일 60번씩 했으므로 재경이가 줄넘기를 한 횟수를 식으로 나타내면 $(7-2)\times60$입니다.
따라서 유미와 재경이가 일주일 동안 줄넘기를 한 횟수는 모두

$7\times40+(7-2)\times60=7\times40+5\times60$

$=280+300=580$(번)입니다.

+10 남학생 4명과 여학생 3명이 각각 사탕을 5개씩 먹었으므로 먹은 사탕의 수를 식으로 나타내면 $(4+3)\times5$입니다. 처음에 있던 사탕 68개에서 학생들이 먹은 개수를 빼면 남은 사탕은

$68-(4+3)\times5=68-7\times5=68-35=33$(개)입니다.

본책 020~023쪽

04일 덧셈, 뺄셈, 나눗셈이 섞여 있는 식 계산하기

확인 020쪽

1 (계산 순서대로) (1) 6, 51, 49, 49 (2) 3, 10, 55, 55

기본기 다지는 교과서 문제 021쪽

1 (위에서부터) 60−25, 25÷5, 48÷6, 6−2에 ○표

2 (1) 36+16÷8−25=36+2−25
=38−25
=13
① ② ③

(2) 60+(32−8)÷4=60+24÷4
=60+6
=66
① ② ③

3 (1) 50 (2) 19 (3) 41 (4) 20

1 • 덧셈, 뺄셈, 나눗셈이 섞여 있는 식은 나눗셈을 먼저 계산합니다.
• 덧셈, 뺄셈, 나눗셈이 섞여 있고 ( )가 있는 식은 ( ) 안을 먼저 계산합니다.

3 (1) 47+24÷3−5=47+8−5=55−5=50
(2) 15+(26−14)÷3=15+12÷3=15+4=19
(3) 36−48÷4+17=36−12+17=24+17=41
(4) 29−(37+8)÷5=29−45÷5=29−9=20

스스로 풀어내는 도전 10 문제 022~023쪽

1 ㉡
2 (1) 7, 80, 65 (2) 54, 6, 49
3 (1) 69 (2) 35
4 48÷(31−23)+5=11 / 11
5 ㉡
6 48+(37−25)÷4=48+12÷4
=48+3
=51
7 29
8 18+24÷(6−2)=24
+9 (36+27)÷3−19=2 / 2
+10 예 남아 있는 상자 수를 구하려면 사탕을 담은 상자 수와 초콜릿을 담은 상자 수에서 친구에게 선물한 상자 수를 빼야 합니다. 따라서 남아 있는 상자는
30÷5+28÷4−10=6+7−10=13−10=3(개)입니다. / 3개

힌트북 08쪽

1

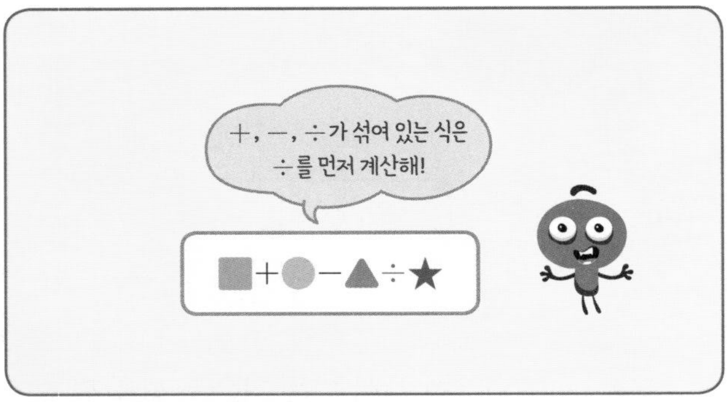

덧셈, 뺄셈, 나눗셈이 섞여 있는 식은 나눗셈을 먼저 계산합니다.

3 (1) 65−48÷6+12=65−8+12=57+12=69
(2) (42−14)÷7+31=28÷7+31=4+31=35

4 먼저 계산해야 하는 부분은 ( )로 묶어서 나타냅니다.
48을 (31에서 23을 뺀 수)로 나누고 5를 더한 수
→ 48÷(31−23)+5=48÷8+5=6+5=11

5 ㉠ 54÷9−3+13=6−3+13=3+13=16
㉡ 54÷(9−3)+13=54÷6+13=9+13=22
따라서 계산 결과가 더 큰 것의 기호를 쓰면 ㉡입니다.

6 덧셈, 뺄셈, 나눗셈이 섞여 있고 ( )가 있는 식은 ( ) 안을 먼저 계산한 후 나눗셈을 계산해야 합니다.
48+(37−25)÷4=48+12÷4
=48+3
=51
① ② ③

힌트북 09쪽

7

84÷(16−4)+23=84÷12+23=7+23=30
30>□에서 □ 안에 들어갈 수 있는 가장 큰 자연수는 29입니다.

8 덧셈이나 뺄셈을 ( )로 묶어 봅니다.
(18+24)÷6−2=42÷6−2=7−2=5 (×)
18+24÷(6−2)=18+24÷4=18+6=24 (○)

힌트북 09쪽

+9

화성에서 잰 서준이와 윤하의 몸무게의 합을 식으로 나타내면 (36+27)÷3입니다. 화성에서 잰 선생님의 몸무게는 19 kg이므로 화성에서 잰 서준이와 윤하의 몸무게의 합은 선생님의 몸무게보다
(36+27)÷3−19=63÷3−19=21−19
=2 (kg)이 더 무겁습니다.

+10 사탕을 담은 상자 수를 식으로 나타내면 30÷5이고, 초콜릿을 담은 상자 수를 식으로 나타내면 28÷4입니다. 사탕과 초콜릿을 담은 상자 수에서 친구에게 선물한 상자 수를 빼면 남아 있는 상자는
30÷5+28÷4−10=6+7−10=13−10=3(개)
입니다.

본책 024~027 쪽

05일 덧셈, 뺄셈, 곱셈, 나눗셈이 섞여 있는 식 계산하기

확인 024쪽

❶ (계산 순서대로) (1) 31, 6, 27, 33, 33
(2) 31, 6, 18, 13, 13

❷ (1) 5, 5, 36, 63, 36, 99 (2) 48, 12, 12, 36, 48

기본기 다지는 교과서 문제 025쪽

1 (위에서부터) 28÷4, 4−2, 4+2, 24÷4에 ○표

2 (1) 22×4−5+86÷2=88−5+86÷2
=88−5+43
=83+43
=126
(① 22×4, ② 86÷2, ③ 88−5, ④ 83+43)

(2) 46+(52−16)÷4×3=46+36÷4×3
=46+9×3
=46+27
=73
(① 52−16, ② 36÷4, ③ 9×3, ④ 46+27)

3 (1) 55 (2) 36 (3) 45 (4) 18

1 • 덧셈, 뺄셈, 곱셈, 나눗셈이 섞여 있는 식은 곱셈과 나눗셈을 먼저 계산합니다.
• 덧셈, 뺄셈, 곱셈, 나눗셈이 섞여 있고 ( )가 있는 식은 ( ) 안을 먼저 계산합니다.

3 (1) 72+36÷12−5×4=72+3−5×4
=72+3−20
=75−20=55

(2) 28+(34−6)÷7×2=28+28÷7×2
=28+4×2
=28+8 =36

(3) 36−22×4÷11+17=36−88÷11+17
=36−8+17
=28+17=45

(4) (42−24)÷6+3×5=18÷6+3×5
=3+3×5
=3+15=18

스스로 풀어내는 도전 10 문제 026~027쪽

1 4, 2, 1, 3, 5
2 (1) 6, 6, 71, 64, 7 (2) 9, 8, 8, 24, 32
3 (1) 84 (2) 73
4 $40-8+81\div9\times3=59$ / 59
5 $<$
6 37
7 $12+36\div(6\times2)-1=14$
8 34
+9 $7000-(900\times3+3000+2400\div2)=100$ / 100원
+10 예 섭씨온도를 구하려면 화씨온도에서 32를 뺀 수에 5를 곱하고 9로 나누어야 합니다. 따라서 $(95-32)\times5\div9=63\times5\div9=315\div9=35$이므로 화씨온도 95 °F를 섭씨온도로 나타내면 35 °C가 됩니다. / 35 °C

힌트북 10쪽

1

덧셈, 뺄셈, 곱셈, 나눗셈이 섞여 있는 식은 곱셈과 나눗셈을 먼저 계산하고 그 다음에 덧셈과 뺄셈을 계산해야 합니다.

3 (1) $80-60\div(5\times4)+7=80-60\div20+7$
$=80-3+7$
$=77+7=84$

(2) $14-45\div(3\times5)+62=14-45\div15+62$
$=14-3+62$
$=11+62=73$

4 먼저 계산해야 하는 부분은 ( )로 묶어서 나타냅니다.
(40과 8의 차)에 (81을 9로 나눈 몫)의 3배만큼을 더한 값
➔ $40-8+81\div9\times3=40-8+9\times3$
$=40-8+27$
$=32+27=59$

5 $23+2\times(18-9)\div3=23+2\times9\div3$
$=23+18\div3$
$=23+6=29$
$23+2\times18-9\div3=23+36-9\div3$
$=23+36-3$
$=59-3=56$
$29<56$이므로
$23+2\times(18-9)\div3$ ⓒ< $23+2\times18-9\div3$입니다.

6 $65\div5+(42-28)\times2=65\div5+14\times2$
$=13+14\times2$
$=13+28=41$
$18\times4+(24-6)\div3=18\times4+18\div3$
$=72+18\div3$
$=72+6=78$
따라서 두 식의 계산 결과의 차는 $78-41=37$입니다.

7 앞에서부터 차례로 ( )로 묶어 봅니다.
$(12+36)\div6\times2-1=48\div6\times2-1$
$=8\times2-1$
$=16-1=15$ (×)
$12+(36\div6)\times2-1=12+6\times2-1$
$=12+12-1$
$=24-1=23$ (×)
$12+36\div(6\times2)-1=12+36\div12-1$
$=12+3-1$
$=15-1=14$ (○)

8 계산할 수 있는 부분을 먼저 계산하여 주어진 식을 간단히 합니다.
$\square-24\div(3\times2)+10=40$, $\square-24\div6+10=40$,
$\square-4+10=40$, $\square=40-10+4=34$
따라서 □ 안에 알맞은 수는 34입니다.

+9 스파게티 3인분을 만들 때 필요한 채소의 값을 식으로 나타내면 $900\times3+3000+2400\div2$입니다. 7000원으로 필요한 채소를 사고 남은 돈은
$7000-(900\times3+3000+2400\div2)$
$=7000-(2700+3000+1200)=7000-6900$
$=100$(원)입니다.

01~05일 단원평가 028~029쪽

01 ㉡, ㉢, ㉠ **02** 

03 (1) 74 (2) 56 **04** >

05 $32+(15-9)\times2=32+6\times2$
$=32+12$
$=44$

06 ㉡ **07** 4

08 $14+(42-21)\div7\times3=23$

09 $28-6\times3+4=14$ / 14명

10 풀이 참조 / 400원

01 덧셈, 뺄셈, 나눗셈이 섞여 있고 ( )가 있는 식은 ( ) 안을 먼저 계산합니다.

02 $51-(13+16)=51-29=22$
$51-13+16=38+16=54$
$51+13-16=64-16=48$

03 (1) $80-(75+21)\div16=80-96\div16$
$=80-6=74$
(2) $9\times7-56\div(3+5)=9\times7-56\div8$
$=63-56\div8$
$=63-7=56$

04 $48\div4\times3=12\times3=36$
$48\div(4\times3)=48\div12=4$
$36>4$이므로 $48\div4\times3$ ⓥ> $48\div(4\times3)$입니다.

05 덧셈, 뺄셈, 곱셈이 섞여 있고 ( )가 있는 식은 ( ) 안을 먼저 계산한 후 곱셈을 계산해야 합니다.
$32+(15-9)\times2=32+6\times2$
$=32+12$
$=44$
① ② ③

06 남학생 7명과 여학생 4명이 각각 구슬을 3개씩 나누어 가졌으므로 나누어 가진 구슬의 수를 식으로 나타내면 $(7+4)\times3$입니다. 남은 구슬의 수를 식으로 나타내면 $55-(7+4)\times3$이므로 문장을 하나의 식으로 바르게 나타낸 것을 찾아 기호를 쓰면 ㉡입니다.

07 $84\div(3+9)-4=84\div12-4=7-4=3$
3<□에서 □ 안에 들어갈 수 있는 자연수는 4, 5, 6……이고 이 중 가장 작은 자연수는 4입니다.

08 앞에서부터 차례로 ( )로 묶어 봅니다.
$(14+42)-21\div7\times3=56-3\times3$
$=56-9$
$=43$ (×)
$(14+42-21)\div7\times3=(56-21)\div7\times3$
$=35\div7\times3=5\times3$
$=15$(○)
$14+(42-21)\div7\times3=14+21\div7\times3$
$=14+3\times3$
$=14+9=23$(○)

09 예빈이네 반 학생 28명 중 이어달리기를 한 학생의 수를 식으로 나타내면 6×3입니다. 예빈이네 반 학생 중에서 응원한 학생의 수는 $28-6\times3$이고, 다른 반 학생 4명과 함께 응원을 했으므로 응원한 학생의 수는 $28-6\times3+4$입니다. 따라서 응원한 학생은 모두 $28-6\times3+4=28-18+4=10+4=14$(명)입니다.

10 예시 답안 오이 1개의 값을 식으로 나타내면 $3000\div5$입니다. 오이 1개와 무 1개를 같이 산 값은 $3000\div5+1800$이므로
부추 1단의 값이 오이 1개와 무 1개를 같이 산 값보다 $2800-(3000\div5+1800)=2800-(600+1800)$
$=2800-2400=400$(원) 더 비쌉니다.

채점 기준	
	❶ 하나의 식으로 나타내야 함.
	❷ 나타낸 식을 정확하게 계산해야 함.

본책 030~033쪽

06일 약수와 배수

확인 030쪽

❶ 2, 4, 8 / 2, 4, 8
❷ 8, 12, 16 / 8, 12, 16

기본기 다지는 교과서 문제 031쪽

1 1, 3, 5, 15 / 1, 3, 5, 15
2 (1) 예 9, 18, 27, 36 (2) 예 13, 26, 39, 52
3 (○) (×)
(×) (○)

1 15÷1=15, 15÷3=5, 15÷5=3, 15÷15=1

3 12÷6=2 ➜ 6은 12의 약수입니다.
45÷15=3 ➜ 15는 45의 약수입니다.

스스로 풀어내는 도전 10 문제 032~033쪽

1 (1) 1, 2, 3, 6, 9, 18 (2) 1, 2, 3, 4, 6, 8, 12, 24
2 (1) 예 7, 14, 21, 28 (2) 예 12, 24, 36, 48
3 17
4

1	2	3	4	(5)	6	7	△8	9	(10)
11	12	13	14	(15)	△16	17	18	19	(20)
21	22	23	△24	(25)	26	27	28	29	(30)

5 108
6 6, 12에 ○표
7 ㉡, ㉠, ㉢
8 6, 30
+9 3가지
+10 예 버스가 오전 8시에 출발하고, 분이 7의 배수일 때 출발합니다. 따라서 출발 시각은 오전 8시, 8시 7분, 8시 14분, 8시 21분, 8시 28분, 8시 35분, 8시 42분, 8시 48분, 8시 56분이므로 오전 8시부터 오전 9시까지 버스는 모두 9번 출발합니다. / 9번

1 (1) 18÷1=18, 18÷2=9, 18÷3=6, 18÷6=3, 18÷9=2, 18÷18=1
➜ 18의 약수: 1, 2, 3, 6, 9, 18
(2) 24÷1=24, 24÷2=12, 24÷3=8, 24÷4=6, 24÷6=4, 24÷8=3, 24÷12=2, 24÷24=1
➜ 24의 약수: 1, 2, 3, 4, 6, 8, 12, 24

3 16÷1=16, 16÷2=8, 16÷4=4, 16÷8=2, 16÷16=1
➜ 16의 약수: 1, 2, 4, 8, 16
16의 약수 중에서 가장 작은 수는 1, 가장 큰 수는 16이므로 합은 1+16=17입니다.

4 • 5×1=5, 5×2=10, 5×3=15, 5×4=20, 5×5=25, 5×6=30……
➜ 5의 배수: 5, 10, 15, 20, 25, 30……
• 8×1=8, 8×2=16, 8×3=24……
➜ 8의 배수: 8, 16, 24……

5 어떤 수의 배수에서 가장 작은 수는 어떤 수이므로 9의 배수를 차례로 쓴 것입니다. 따라서 12번째 수는 9×12=108입니다.

6 사탕 수를 나누었을 때 나누어떨어지게 하는 수를 찾아봅니다.
20÷1=20, 20÷2=10, 20÷4=5, 20÷5=4, 20÷10=2, 20÷20=1
똑같이 나누어 줄 수 있는 친구 수는 1, 2, 4, 5, 10, 20이므로 똑같이 나누어 줄 수 있는 친구 수가 아닌 것은 6, 12입니다.

7 6의 약수: 1, 2, 3, 6 ➜ 4개
12의 약수: 1, 2, 3, 4, 6, 12 ➜ 6개
25의 약수: 1, 5, 25 ➜ 3개
6>4>3이므로 약수의 수가 많은 수부터 차례로 기호를 쓰면 ㉡, ㉠, ㉢입니다.

8 30의 약수 1, 2, 3, 5, 6, 10, 15, 30 중에서 6의 배수는 6, 30입니다.
따라서 조건을 만족하는 수는 6, 30입니다.

+9 27의 약수는 1, 3, 9, 27입니다. 초콜릿을 3명, 9명, 27명에게 똑같이 나누어 줄 수 있으므로 나누어 줄 수 있는 방법은 모두 3가지입니다.

본책 034~037 쪽

07일 약수와 배수의 관계

확인 034쪽

1. 8, 4 / 4, 8 / 4, 8
2. 3 / 6, 18 / 1, 6, 18

기본기 다지는 교과서 문제 035쪽

1 배수, 약수
2 예 20, 10, 4, 5 / 1, 2, 4, 5, 10, 20 / 1, 2, 4, 5, 10, 20
3 (○) (×)
(○) (×)

1 (어떤 수)=■×▲
┌ 어떤 수는 ■와 ▲의 배수입니다.
└ ■와 ▲는 어떤 수의 약수입니다.

2 20=1×20, 20=2×10, 20=4×5
20은 1, 2, 4, 5, 10, 20의 배수이고,
1, 2, 4, 5, 10, 20은 20의 약수입니다.

3 6×7=42 ➜ 6은 42의 약수입니다.
42는 6의 배수입니다.
8×6=48 ➜ 8은 48의 약수입니다.
48은 8의 배수입니다.

스스로 풀어내는 도전 10 문제 036~037쪽

1 약수, 배수
2 예 8×9=72
3 ㉡, ㉣
4 4, 14에 ○표
5 ㉡, ㉢
6 18
7 3, 12 / 3, 36 / 8, 16 / 12, 36
8 ㉡, ㉢
+9 21
+10 예 12를 약수로 가지고 있는 수는 12의 배수입니다. 20보다 크고 40보다 작은 수 중에서 8의 배수는 24, 32입니다. 이 수 중에서 12의 배수는 24입니다. / 24

1 ■×▲=(어떤 수)
┌ ■와 ▲는 어떤 수의 약수입니다.
└ 어떤 수는 ■와 ▲의 배수입니다.

2 8은 72의 약수
8×9=72
72는 8의 배수

3 ㉡ 9×2=18 ➜ 9는 18의 약수입니다.
18은 9의 배수입니다.
㉣ 7×5=35 ➜ 7은 35의 약수입니다.
35는 7의 배수입니다.

4 28이 □의 배수이므로 □는 28의 약수입니다.
28의 약수는 1, 2, 4, 7, 14, 28입니다.
따라서 □ 안에 들어갈 수 있는 수는 4, 14입니다.

5 ㉠ 42는 2의 배수입니다.
㉣ 42의 약수는 1, 2, 3, 6, 7, 14, 21, 42입니다.

6 10보다 크고 30보다 작은 수 중에서 9의 배수는 18, 27입니다. 이 중에서 36의 약수는 18입니다. 따라서 지혜의 카드의 수는 18입니다.

7 3×4=12, 3×12=36, 8×2=16, 12×3=36
(3: 약수, 12: 배수 / 3: 약수, 36: 배수 / 8: 약수, 16: 배수 / 12: 약수, 36: 배수)

8 □는 4의 배수이자 6의 배수이어야 합니다.
㉠ 2는 4의 배수도 아니고 6의 배수도 아닙니다.
㉡ 12는 4의 배수이자 6의 배수입니다.
㉢ 24는 4의 배수이자 6의 배수입니다.
㉣ 30은 6의 배수이지만 4의 배수는 아닙니다.
따라서 □ 안에 공통으로 들어갈 수 있는 수를 찾아 기호를 쓰면 ㉡, ㉢입니다.

+9 7의 배수는 7, 14, 21, 28……입니다.
7의 약수: 1, 7 ➜ 1+7=8
14의 약수: 1, 2, 7, 14 ➜ 1+2+7+14=24
21의 약수: 1, 3, 7, 21 ➜ 1+3+7+21=32
따라서 어떤 수는 21입니다.

본책 038~041쪽

08일 공약수와 최대공약수

확인 038쪽

1 (1)

1	2	3	4	5	6	7	8	9	10
11	12	13	14	15	16	17	18	19	20

(2) 1, 2, 4 (3) 4

기본기 다지는 교과서 문제 039쪽

1 1, 2, 7, 14 / 14

2 (1) (위에서부터) 1, 2, 3, 4, 6, 8, 12, 24 / 1, 2, 3, 6, 9, 18, 27, 54

(2) (위에서부터) 1, 2, 3, 6에 ○표 / 1, 2, 3, 6에 ○표 / 6

3 1, 5, 7, 35

2 (2) 24와 54의 공약수는 1, 2, 3, 6이고 이 중 가장 큰 수는 6이므로 최대공약수는 6입니다.

3 어떤 두 수의 공약수는 두 수의 최대공약수인 35의 약수와 같습니다.

스스로 풀어내는 도전 10 문제 040~041쪽

1 2, 3, 6 / 2, 3, 5, 6, 10 (1) 1, 2, 3, 6 (2) 6

2 1, 7 / 7

3 8에 ○표

4 1, 3, 11, 33

5 3개

6 9

7 4, 1, 5

8 ㉠, ㉣

+9 8명

+10 윤하 / 예 36과 48의 공약수 중에서 가장 큰 수는 12입니다.

1 (2) 18과 30의 공약수 중에서 가장 큰 수는 6이므로 최대공약수는 6입니다.

2
- 21의 약수: 1, 3, 7, 21
- 35의 약수: 1, 5, 7, 35

➜ 21과 35의 공약수: 1, 7

➜ 21과 35의 최대공약수: 7

3
- 24의 약수: 1, 2, 3, 4, 6, 8, 12, 24
- 36의 약수: 1, 2, 3, 4, 6, 9, 12, 18, 36

➜ 24와 36의 공약수: 1, 2, 3, 4, 6, 12

4 어떤 두 수의 공약수는 두 수의 최대공약수인 33의 약수와 같습니다. 따라서 두 수의 공약수는 33의 약수인 1, 3, 11, 33입니다.

5
- 27의 약수: 1, 3, 9, 27
- 45의 약수: 1, 3, 5, 9, 15, 45

➜ 27과 45의 공약수: 1, 3, 9

6 45와 54를 나누어떨어지게 하는 수 중에서 가장 큰 수는 45와 54의 최대공약수입니다.
- 45의 약수: 1, 3, 5, 9, 15, 45
- 54의 약수: 1, 2, 3, 6, 9, 18, 27, 54

➜ 45와 54의 공약수: 1, 3, 9

➜ 45와 54의 최대공약수: 9

7
- 40의 약수: 1, 2, 4, 5, 8, 10, 20, 40
- 52의 약수: 1, 2, 4, 13, 26, 52

➜ 45와 54의 공약수: 1, 2, 4

따라서 45와 54의 공약수 중에서 가장 큰 수와 가장 작은 수의 합은 4+1=5입니다.

8 ■와 ▲의 공약수는 ■와 ▲의 최대공약수인 28의 약수와 같습니다. ■와 ▲의 공약수는 28의 약수인 1, 2, 4, 7, 14, 28입니다.

+9 쿠키 40개와 사탕 56개를 최대한 많은 친구에게 남김없이 똑같이 나누어 주므로 40과 56의 최대공약수를 구합니다.
- 40의 약수: 1, 2, 4, 5, 8, 10, 20, 40
- 56의 약수: 1, 2, 4, 7, 8, 14, 28, 56

➜ 40과 56의 공약수: 1, 2, 4, 8

➜ 40과 56의 최대공약수: 8

따라서 쿠키와 사탕을 최대 8명의 친구에게 나누어 줄 수 있습니다.

+10
- 36의 약수: 1, 2, 3, 4, 6, 9, 12, 18, 36
- 48의 약수: 1, 2, 3, 4, 6, 8, 12, 16, 24, 48

➜ 36과 48의 공약수: 1, 2, 3, 4, 6, 12

➜ 36과 48의 최대공약수: 12

본책 042~045쪽

09일 최대공약수 구하는 방법

확인 042쪽

1 (1) 6, 6 / 6 (2) 3 / 3, 6

기본기 다지는 교과서 문제 043쪽

1 (1) 4, 4 / 4, 5(또는 5, 4) (2) 4
2 (1) 3×3 (2) 9
3 2, 2, 4

1 (2) 두 수의 곱으로 나타냈을 때 공통으로 들어 있는 가장 큰 수가 최대공약수입니다.
➜ 16과 20의 최대공약수: 4

2 (2) 여러 수의 곱으로 나타냈을 때 공통으로 들어 있는 곱셈식이 최대공약수입니다.
➜ 18과 45의 최대공약수: 3×3=9

스스로 풀어내는 도전 10 문제 044~045쪽

1 8
2 12
3 3, 3, 18
4 2) 12 20 / 2×2=4
 2) 6 10
 3 5
5 ㉠
6 8 cm
7 63 / 84
8 2×5에 ○표
+9 7개 / 3개
+10 예 연필과 지우개를 최대한 많은 친구들에게 남김없이 똑같이 나누어 주려면 70과 40의 최대공약수를 구해야 합니다. 70=2×5×7, 40=2×5×4이므로 최대공약수는 2×5=10입니다. 따라서 최대 10명에게 나누어 줄 수 있습니다. / 10명

1 두 수의 곱으로 나타냈을 때 공통으로 들어 있는 가장 큰 수가 최대공약수입니다.
24=3×8, 32=4×8
➜ 24와 32의 최대공약수: 8

2 여러 수의 곱으로 나타냈을 때 공통으로 들어 있는 곱셈식이 최대공약수입니다.
36=2×2×3×3, 60=2×2×3×5
➜ 36과 60의 최대공약수: 2×2×3=12

5 ㉠ 2) 18 24
 3) 9 12
 3 4 ➜ 최대공약수: 2×3=6

㉡ 2) 20 28
 2) 10 14
 5 7 ➜ 최대공약수: 2×2=4

따라서 6>4이므로 두 수의 최대공약수가 더 큰 것의 기호를 쓰면 ㉠입니다.

6 2) 48 56
 2) 24 28
 2) 12 14
 6 7 ➜ 최대공약수: 2×2×2=8

따라서 한 도막의 길이를 최대한 길게 자르면 8 cm가 됩니다.

7 ㉠과 ㉡의 최대공약수가 21이므로
□×7=21, □=21÷7=3입니다.
㉠÷3=21이므로 ㉠=21×3=63입니다.
㉡÷3=28이므로 ㉡=28×3=84입니다.

8 2×2×3×5와 3×□×7의 최대공약수가 15입니다.
• □에 5가 들어가면 2×2×3×5와 3×5×7의 최대공약수는 3×5=15입니다.
• □에 2×5가 들어가면
2×2×3×5와 3×2×5×7의 최대공약수는
2×3×5=30입니다.
• □에 3×5가 들어가면 2×2×3×5와
3×3×5×7의 최대공약수는 3×5=15입니다.
따라서 □ 안에 들어갈 수 없는 것은 2×5입니다.

+9 3) 63 27
 3) 21 9
 7 3 ➜ 최대공약수: 3×3=9

따라서 최대한 많은 모둠에게 남김없이 나누어 주려면 9모둠에게 나누어 줄 수 있으므로 한 모둠이 받을 수 있는 사탕은 63÷9=7(개), 초콜릿은 27÷9=3(개)입니다.

+10 2) 70 40
 5) 35 20
 7 4 ➜ 최대공약수: 2×5=10

본책 046~049 쪽

10일 공배수와 최소공배수

확인 046쪽

1 (1)

1	2(○)	3(△)	4(○)	5	6(○, △)	7	8(○)	9(△)	10(○)
11	12(○, △)	13	14(○)	15(△)	16(○)	17	18(○, △)	19	20(○)

(2) 6, 12, 18 (3) 6

기본기 다지는 교과서 문제 047쪽

1 20, 40…… / 20

2 (1) (위에서부터) 24, 30, 36, 42, 48 / 32, 40, 48, 56, 64
(2) (위에서부터) 24, 48에 ○표 / 24, 48에 ○표 / 24

3 12, 24, 36

2 (2) 6과 8의 공배수는 24, 48, 72……이고 이 중 가장 작은 수는 24이므로 최소공배수는 24입니다.

3 어떤 두 수의 공배수는 두 수의 최소공배수인 12의 배수와 같습니다.

스스로 풀어내는 도전 10 문제 048~049쪽

1 (위에서부터) 6, 12, 18, 24, 30, 36 / 9, 18, 27, 36, 45, 54 (1) 18 (2) 18, 36, 54

2 20

3 14, 28, 42, 56, 70

4 24, 48

5 45

6 

7 90

8 8개

+9 72

+10 예 1부터 50까지의 수 중 손뼉을 치면서 동시에 만세를 부르는 수는 8과 12의 공배수입니다. 8의 배수는 8, 16, 24, 32, 40, 48이고 12의 배수는 12, 24, 36, 48이므로 8과 12의 공배수는 24, 48입니다. 따라서 손뼉을 치면서 동시에 만세를 외쳐야 하는 첫 번째 수는 24이고 두 번째 수는 48입니다. / 48

2
- 4의 배수: 4, 8, 12, 16, 20, 24, 28, 32, 36, 40……
- 10의 배수: 10, 20, 30, 40, 50……

따라서 4와 10의 공배수는 20, 40, 60……이므로 가장 작은 수는 20입니다.

3 어떤 두 수의 공배수는 두 수의 최소공배수인 14의 배수와 같습니다.

4 8의 배수이면서 12의 배수인 수는 8과 12의 공배수입니다.
- 8의 배수: 8, 16, 24, 32, 40, 48……
- 12의 배수: 12, 24, 36, 48……

따라서 50보다 작은 수 중에서 8과 12의 공배수는 24, 48입니다.

5 어떤 수를 9로 나누어도 나누어떨어지고, 15로 나누어도 나누어떨어지므로 어떤 수는 9와 15의 공배수입니다.
- 9의 배수: 9, 18, 27, 36, 45, 54, 63, 72, 81, 90……
- 15의 배수: 15, 30, 45, 60, 75, 90……

따라서 9와 15의 공배수는 45, 90, 135……이므로 어떤 수 중에서 가장 작은 수는 45입니다.

6 (9, 6)
- 9의 배수: 9, 18, 27, 36, 45, 54……
- 6의 배수: 6, 12, 18, 24, 30, 36……

➜ 9와 6의 공배수: 18, 36, (54)……

(4, 12)
- 4의 배수: 4, 8, 12, 16, 20, 24……
- 12의 배수: 12, 24, 36, 48, 60, 72……

➜ 4와 12의 공배수: 12, (24), 36, 48, 72……

(10, 4)
- 10의 배수: 10, 20, 30, 40, 50, 60……
- 4의 배수: 4, 8, 12, 16, 20, 24, 28, 32, 36, 40……

➜ 10과 4의 공배수: 20, 40, 60, (80)……

7 어떤 두 수의 공배수는 두 수의 최소공배수인 18의 배수와 같습니다.
따라서 두 수의 공배수는 18, 36, 54, 72, 90, 108……이므로 가장 큰 두 자리 수는 90입니다.

8 ■와 ▲의 공배수는 ■와 ▲의 최소공배수인 12의 배수와 같습니다. 1부터 100까지 ■와 ▲의 공배수는 12, 24, 36, 48, 60, 72, 84, 96으로 모두 8개입니다.

+9
- 6의 배수: 6, 12, 18, 24, 30, 36……
- 8의 배수: 8, 16, 24, 32, 40, 48……

➜ 6과 8의 공배수: 24, 48, 72, 96, 120……

따라서 40보다 크고 100보다 작은 6과 8의 공배수는 48, 72, 96이고 이 중 9의 배수는 72입니다.

본책 050~053쪽

11일 최소공배수 구하는 방법

확인 050쪽

1 (1) 14, 14 / 14, 84
(2) 7 / 7, 84

기본기 다지는 교과서 문제 051쪽

1 (1) 2, 7(또는 7, 2) / 3, 7(또는 7, 3) (2) 42
2 (1) 2×5×2×3(순서 바뀌어도 인정) (2) 60
3 3, 3, 3, 5(순서 바뀌어도 인정), 135

1 두 수의 곱으로 나타냈을 때 공통으로 들어 있는 가장 큰 수와 남은 수의 곱이 최소공배수입니다.
➔ 14와 21의 최소공배수: 7×2×3=42

2 여러 수의 곱으로 나타냈을 때 공통으로 들어 있는 곱셈식과 남은 수의 곱이 최소공배수입니다.
➔ 20과 30의 최소공배수: 2×5×2×3=60

스스로 풀어내는 도전 10 문제 052~053쪽

1 3, 6(또는 6, 3) / 5, 6(또는 6, 5)
2 84
3 2, 2, 3, 2, 3(순서 바뀌어도 인정) / 72
4
2) 24 32 / 2×2×2×3×4=96
2) 12 16
2) 6 8
3 4

5 ㉠
6 서연, 지혜, 영민
7 30 / 105
8 18 / 24
+9 120 cm
+10 예 같은 자리에 파란색 카드가 놓이는 경우를 구하려면 3과 2의 공배수를 구해야 합니다. 3과 2의 최소공배수는 3×2=6이므로 3과 2의 공배수는 6, 12, 18, 24, 30……입니다. 따라서 파란색 카드가 놓이는 자리는 6, 12, 18, 24, 30의 자리로 모두 5번입니다. / 5번

1 두 수의 곱으로 나타냈을 때 공통으로 들어 있는 가장 큰 수와 남은 수의 곱이 최소공배수입니다.

2 여러 수의 곱으로 나타냈을 때 공통으로 들어 있는 곱셈식이 최소공배수입니다.
➔ 12와 42의 최소공배수: 2×3×2×7=84

5 ㉠
7) 21 28
3 4 ➔ 최소공배수: 7×3×4=84

㉡
11) 22 33
2 3 ➔ 최소공배수: 11×2×3=66

따라서 84>66이므로 두 수의 최소공배수가 더 큰 것의 기호를 쓰면 ㉠입니다.

6 지혜:
3) 9 12
3 4 ➔ 최소공배수: 3×3×4=36

영민:
2) 12 14
6 7 ➔ 최소공배수: 2×6×7=84

서연:
5) 10 15
2 3 ➔ 최소공배수: 5×2×3=30

따라서 30<36<84이므로 두 수의 최소공배수가 가장 작은 사람부터 이름을 쓰면 서연, 지혜, 영민입니다.

7 ㉠=2×■×▲
㉡=■×▲×7
➔ ㉠과 ㉡의 최소공배수: ■×▲×2×7
■×▲×2×7=210, ■×▲×14=210
■×▲=15
따라서 ㉠=2×15=30, ㉡=7×15=105입니다.

8 ●와 ★의 최소공배수가 72이므로
□×3×3×4=72에서 □×36=72, □=2입니다.
따라서 ●=2×9=18, ★=2×12=24입니다.

+9
2) 20 24
2) 10 12
5 6 ➔ 최소공배수: 2×2×5×6=120

따라서 두 가지 색의 점이 시작점 다음으로 같이 찍히는 곳은 시작점에서 120 cm 떨어진 곳입니다.

06~11일 단원평가 054~055쪽

01 1, 3, 7, 21 / 1, 3, 7, 21
02 (×)(○) (○)(×)
03 1, 2, 3, 4, 6, 12 / 12
04
```
3) 63  27
3) 21   9
    7   3
```
/ $3\times3\times7\times3=189$
05 ㉡
06 20
07 60 / 75
08 3개
09 8번
10 풀이 참조 / 35명

01 $21\div1=21$, $21\div3=7$, $21\div7=3$, $21\div21=1$

02 $6\times9=54$ → 6은 54의 약수입니다. 54는 6의 배수입니다.
$9\times7=63$ → 9는 63의 약수입니다. 63은 9의 배수입니다,

03 • 36의 약수: 1, 2, 3, 4, 6, 9, 12, 18, 36
• 60의 약수: 1, 2, 3, 4, 5, 6, 10, 12, 15, 20, 30, 60
→ 36과 60의 공약수: 1, 2, 3, 4, 6, 12
→ 36과 60의 최대공약수: 12

05 ㉠
```
2) 44  20
2) 22  10
   11   3
```
→ 최대공약수: $2\times2=4$

㉡
```
2) 42  28
7) 21  14
    3   2
```
→ 최대공약수: $2\times7=14$

따라서 $4<14$이므로 두 수의 최대공약수가 더 큰 것의 기호를 쓰면 ㉡입니다.

06 어떤 수를 4로 나누어도 나누어떨어지고, 10으로 나누어도 나누어떨어지므로 어떤 수는 4와 10의 공배수입니다.
• 4의 배수: 4, 8, 12, 16, 20, 24, 28, 32, 36, 40……
• 10의 배수: 10, 20, 30, 40, 50, 60, 70……
따라서 4와 10의 공배수는 20, 40, 60……이므로 어떤 수 중에서 가장 작은 수는 20입니다.

07 ㉠과 ㉡의 최대공약수가 15이므로
$\square\times5=15$, $\square=15\div5=3$입니다.
㉠$\div3=20$이므로 ㉠$=20\times3=60$입니다.
㉡$\div3=25$이므로 ㉡$=25\times3=75$입니다.

08 • 9의 배수: 9, 18, 27, 36, 45, 54……
• 6의 배수: 6, 12, 18, 24, 30, 36……
→ 9와 6의 공배수: 18, 36, 54, 72, 90, 108……
따라서 50보다 크고 100보다 작은 9와 6의 공배수는 54, 72, 90으로 3개입니다.

09 버스가 오전 10시부터 8분 간격으로 출발하므로 분이 8의 배수일 때 출발합니다. 따라서 출발 시각은 오전 10시, 10시 8분, 10시 16분, 10시 24분, 10시 32분, 10시 40분, 10시 48분, 10시 56분이므로 오전 10시부터 오전 11시까지 버스는 모두 8번 출발합니다.

10 예시 답안 머핀 105개와 우유 70개를 최대한 많은 친구에게 남김없이 똑같이 나누어 주려면 105와 70의 최대공약수를 구해야 합니다.
```
5) 105  70
7)  21  14
     3   2
```
→ 최대공약수: $5\times7=35$
따라서 최대 35명에게 나누어 줄 수 있습니다.

채점 기준	
	❶ 최대공약수를 구하는 방법을 알아야 함
	❷ 최대공약수를 정확하게 구해야 함.

본책 056~059 쪽

12일 두 양 사이의 관계

확인 056쪽

1 (1) 4 (2) 4 (3) 4

기본기 다지는 교과서 문제 057쪽

1 (1) 9, 12, 15 (2) 3
2 (1) 4, 5, 6 (2) 11개 (3) 1

1 (2) 식탁 1개에 의자가 3개씩 있으므로 의자의 수는 식탁의 수의 3배입니다.

2 (2) 삼각형은 사각형 왼쪽에 1개가 항상 있고 위쪽에 사각형의 수만큼 있으므로 사각형이 10개이면 삼각형은 위쪽에 10개, 왼쪽에 1개가 있으므로 11개입니다.

스스로 풀어내는 도전 10 문제 058~059쪽

1 12, 18, 24, 30
2 (1) 60 (2) 20
3 예 개미 다리의 수는 개미의 수의 6배입니다.
4 3, 4, 5, 6, 7
5 (1) 12 (2) 28
6 예 사각형의 수에 2를 더하면 원의 수와 같습니다.
7 6
8 5 / 26
+9 영민
+10 예 단추의 수의 4배는 단추 구멍의 수와 같습니다.

2 (1) 개미가 1마리일 때 개미 다리의 수는 6개이므로 개미가 10마리일 때 개미 다리의 수는 60개입니다.
(2) 개미 다리의 수가 6개일 때 개미의 수는 1마리이므로 개미 다리의 수가 120개일 때 개미는 20마리입니다.

3 개미 1마리의 다리는 6개입니다. 따라서 개미 다리의 수는 개미의 수의 6배이고, 개미 다리의 수를 6으로 나누면 개미의 수와 같습니다.

4 사각형 양옆에 있는 원 2개의 수는 변하지 않고 사각형 아래에 있는 원의 수만 변합니다. 아래에 있는 원의 수는 사각형의 수와 같으므로 원의 수는 사각형의 수보다 항상 2개가 많습니다.

5 (1) 원의 수는 사각형의 수보다 2개 많으므로 사각형이 10개일 때 원은 $10+2=12$(개)입니다.
(2) 사각형의 수는 원의 수보다 2개 적으므로 원이 30개일 때 사각형은 $30-2=28$(개)입니다.

6 원의 수는 사각형의 수보다 항상 2개가 많으므로 원의 수와 사각형의 수는 2만큼 차이가 납니다. 따라서 사각형의 수에 2를 더하면 원의 수가 되고, 원의 수에서 2를 빼면 사각형의 수가 됩니다.

7 의자의 수가 1개, 2개, 3개, 4개, 5개……일 때 팔걸이의 수는 2개, 3개, 4개, 5개, 6개……입니다. 따라서 팔걸이의 수는 의자의 수보다 1개 많습니다.

8 사각형 왼쪽에 있는 삼각형 2개의 수는 변하지 않고 사각형 오른쪽에 있는 삼각형은 사각형의 수의 2배만큼 늘어납니다.

사각형의 수(개)	1	2	3	5	8	12	……
삼각형의 수(개)	4	6	8	12	18	26	……

+9

오각형의 수(개)	1	2	3	4	5	……
꼭짓점의 수(개)	5 (1×5)	10 (2×5)	15 (3×5)	20 (4×5)	25 (5×5)	……

영민: 꼭짓점이 25개이면 오각형은 $25\div5=5$(개)입니다.

+10 단추 1개에 단추 구멍은 4개 있습니다.
➡ 단추의 수의 4배는 단추 구멍의 수와 같습니다. 또는 단추 구멍의 수를 4로 나누면 단추의 수와 같습니다.

본책 060~063쪽

13일 대응 관계를 식으로 나타내기

확인 060쪽

❶ (1) 5 (2) 5 (3) 5

기본기 다지는 교과서 문제 061쪽

1 10, 11, 12, 13

2 예 동생의 나이 + 2 = 형의 나이

3 2, 2

1 동생의 나이는 7살이고 형의 나이는 9살이므로 형의 나이는 동생의 나이보다 2살 많습니다.

2 형의 나이는 동생의 나이보다 2살 많으므로 형과 동생의 나이의 차는 2살입니다.
따라서 (동생의 나이)+2=(형의 나이) 또는
(형의 나이)−2=(동생의 나이)로 나타낼 수 있습니다.

3 동생의 나이를 ★, 형의 나이를 ▲라고 하면 두 양 사이의 대응 관계를 식으로 나타내면
(동생의 나이)+2=(형의 나이) ➔ ★+2=▲이고,
(형의 나이)−2=(동생의 나이) ➔ ▲−2=★입니다.

스스로 풀어내는 도전 10 문제 062~063쪽

1 12, 13, 14, 15

2 ○−2010=△(또는 △+2010=○)

3 

4 ㉠, ㉣

5 ■+1=▲(또는 ▲−1=■)

6 14번

7 ●×4+2=★

8 여덟째

+9 지혜

+10 예 봉지 1개에 키위가 8개 들어 있습니다.
봉지의 수(●)의 8배는 키위의 수(▲)와 같으므로 두 양 사이의 대응 관계를 식으로 나타내면 ●×8=▲입니다. / ●×8=▲

1 연도에서 2010을 빼면 지혜의 나이입니다.

2 (연도)−2010=(지혜의 나이) ➔ ○−2010=△

3

▲	1	2	3	4
★	3	6	9	12

×3 ➔ ▲×3=★

▲	5	6	7	8
★	8	9	10	11

+3 ➔ ▲+3=★

▲	10	11	12	13
★	7	8	9	10

−3 ➔ ▲−3=★

4 사각형 1개의 변은 4개입니다.
(사각형의 수)×4=(변의 수) ➔ ●×4=★
(변의 수)÷4=(사각형의 수) ➔ ★÷4=●

5 조각의 수는 종이테이프를 자른 횟수보다 1 큽니다.
(종이테이프를 자른 횟수)+1=(조각의 수)
➔ ■+1=▲

6 (종이테이프를 자른 횟수)+1=(조각의 수)에서
(종이테이프를 자른 횟수)+1=15,
(종이테이프를 자른 횟수)=15−1=14(조각)입니다.

7

●	2	3	4	5	6
▲	8	12	16	20	24
★	10	14	18	22	26

×4, +2

8 배열 순서와 블록의 수 사이의 대응 관계를 식으로 나타내면 (블록의 수)=(배열 순서)×(배열 순서)이므로 사용한 블록이 64개일 때 64=8×8에서 배열 순서는 여덟째입니다.

+9 서준: 잠자리 1마리의 날개는 4개입니다. 따라서 잠자리의 수를 4배 하면 날개의 수와 같습니다,
윤하: 잠자리의 수와 날개의 수 사이의 대응 관계를 식으로 나타내면 (잠자리의 수)×4=(날개의 수)입니다.
➔ ●×4=▲

+10 봉지의 수의 8배는 키위의 수와 같으므로 봉지의 수를 ●, 키위의 수를 ▲라고 하면 대응 관계는 ●×8=▲입니다. 또는 키위의 수를 8로 나누면 봉지의 수와 같으므로 키위의 수를 ▲, 봉지의 수를 ●라고 하면 대응 관계는 ▲÷8=●입니다.

본책 064~067쪽

14일 생활 속에서 대응 관계를 식으로 나타내기

확인 064쪽

① (위에서부터) 4, 4, 4, 4 / 6, 6, 6, 6

기본기 다지는 교과서 문제 065쪽

1 (1) 9, 12 (2) ■×3=★
2 (1) 6, 8 (2) ●×2=▲
3 500, 500

1 (2) 책상의 수를 3배 한 만큼 꽃의 수가 있습니다.

2 (2) 책상의 수를 2배 한 만큼 의자의 수가 있습니다.

3 마스크의 수에 500을 곱하면 스티커의 값과 같으므로 대응 관계는 ●×500=▲입니다.
스티커의 값을 500으로 나누면 마스크의 수와 같으므로 대응 관계는 ▲÷500=●입니다.

스스로 풀어내는 도전 10 문제 066~067쪽

1 8 / 30
2 ▲+1=★(또는 ★−1=▲)
3 ■×2400=●(또는 ●÷2400=■)
4 ●+2=▲(또는 ▲−2=●)
5 ■×50=▲(또는 ▲÷50=■)
6 지혜
7 ■×50=●(또는 ●÷50=■)
8 9
+9 예 ▲+2=★ / 11
+10 ●×3=▲(또는 ▲÷3=●) / 예 필요한 사과의 수를 구하려면 사과의 수와 사과주스의 수 사이의 대응 관계를 나타낸 식을 이용해야 합니다. ▲=21이면 ●×3=21, ●=21÷3=7이므로 사과가 7개 필요합니다. / 7개

2 핀의 수에 1을 더하면 종이의 수와 같습니다.
➜ ▲+1=★(또는 ★−1=▲)

3 팔찌의 수에 2400을 곱하면 필요한 돈이 됩니다.
➜ ■×2400=●(또는 ●÷2400=■)

4 시작 시각과 끝나는 시각은 2시간 차이가 나므로 시작 시각에 2를 더하면 끝나는 시각이 됩니다.
➜ ●+2=▲(또는 ▲−2=●)

5 자동차는 1시간에 50 km를 이동하므로 자동차가 이동한 거리에 50을 곱하면 이동하는 거리와 같습니다.
➜ ■×50=▲(또는 ▲÷50=■)

6 로운: 이동하는 시간이 1시간, 2시간 같은 자연수 외에도 10분=$\frac{1}{6}$시간, 15분=0.25시간 같은 분수나 소수도 될 수 있으므로 옳게 설명했습니다.
지혜: ▲의 값은 이동하는 시간인 ■의 값에 따라 변하기 때문에 잘못 설명했습니다.

7 민호가 하루에 책을 읽는 시간은 20+30=50(분)이므로 책을 읽는 날 수에 50을 곱하면 책을 읽는 시간과 같습니다.
➜ ■×50=●(또는 ●÷50=■)

8

서연이가 말한 수	8	10	7	■
종욱이가 답한 수	2	4	1	3

−6

두 양의 대응 관계를 식으로 나타내면
(서연이가 말한 수)−6=(종욱이가 답한 수)입니다.
■−6=3이므로 ■=6+3=9입니다.

+9 서울의 시각은 방콕의 시각보다 2시간 빠르므로 방콕의 시간에 2를 더하면 서울의 시각이 됩니다. 방콕의 시각을 ▲, 서울의 시각을 ★이라고 하면 대응 관계는 ▲+2=★(또는 ★−2=▲)입니다.
오후 1시는 13시이므로 ▲+2=★에서 ★=13이면 ▲+2=13, ▲=13−2=11입니다. 따라서 서울이 오후 1시일 때 방콕은 오전 11시입니다.

+10 사과 1개로 사과주스 6÷2=3(병)을 만들 수 있으므로 사과의 수에 3을 곱하면 사과주스의 수와 같습니다.
➜ ●×3=▲(또는 ▲÷3=●)
●×3=▲에서 ▲=21이면 ●×3=21,
●=21÷3=7이므로 사과주스 21병을 만들려면 사과가 7개 필요합니다.

12~14일 **단원평가** 068~069쪽

01 6, 12, 18, 24, 30
02 예 과자의 수는 쟁반의 수의 6배입니다.
03 예 파란색 사각판의 수에 2를 더하면 노란색 사각판의 수와 같습니다.
04 ㉠, ㉣
05 (위에서부터) 13000, 10000 / 18000, 15000 / 23000, 20000
06 ■+3000=★(또는 ★−3000=■)
07 영민
08 ■×15=●(또는 ●÷15=■) / 60방울
09 ●×4=♥(또는 ♥÷4=●)
10 풀이 참조 / 오후 2시

03 아래에 있는 노란색 사각판 2개는 변하지 않고 위에 있는 노란색 사각판과 아래에 있는 파란색 사각판의 수가 변합니다. 위에 있는 노란색 사각판의 수는 파란색 사각판의 수와 같으므로 노란색 사각판의 수는 파란색 사각판의 수보다 항상 2개가 많습니다. 따라서 파란색 사각판의 수에 2를 더하면 노란색 사각판의 수와 같습니다.

04 (팔각형의 수)×8=(꼭짓점의 수) ➔ ▲×8=■
(꼭짓점의 수)÷8=(사각형의 수) ➔ ■÷8=▲

06 준희가 모은 돈에 3000을 더하면 민서가 모은 돈와 같습니다.
■+3000=★(또는 ★−3000=■)

07 영민: 소모된 열량은 달린 시간의 7배이므로
➔ ▲×7=◆(또는 ◆÷7=▲)

08 1분에 떨어진 물이 15방울이므로
➔ ■×15=●(또는 ●÷15=■)
4분 동안 떨어진 물방울은 4×15=60(방울)입니다.

09 배열 순서와 모양 조각의 수 사이의 대응 관계를 식으로 나타내면 (모양 조각의 수)=(배열 순서)×4입니다.
➔ ●×4=♥(또는 ♥÷4=●)

10 예시 답안 서울의 시각은 다카의 시각보다 3시간 빠르므로 다카의 시간에 3을 더하면 서울의 시각이 됩니다. 다카의 시각을 ●, 서울의 시각을 ◆라고 하면 대응 관계는 ●+3=◆(또는 ◆−3=●)입니다.
서울이 오후 5시이므로 ●+3=◆에서 ◆=5이면 ●+3=5, ●=5−3=2입니다. 따라서 서울이 오후 5시일 때 다카는 오후 2시입니다.

채점 기준	❶ 서울의 시각과 다카의 시각의 대응 관계를 식으로 나타내야 함.
	❷ 서울의 시각과 다카의 시각의 대응 관계를 나타낸 식을 이용하여 다카의 시각을 구해야 함.

본책 070~073쪽

15일 크기가 같은 분수

확인 070쪽

1 예

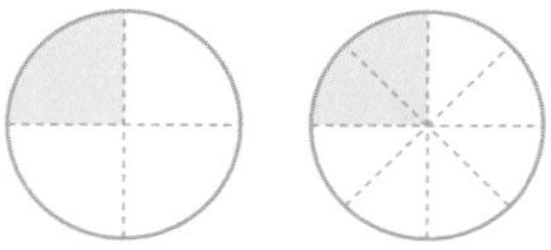

같으므로, 같은에 ○표

2 (1) (위에서부터) 3, 4 / 3, 4 (2) (위에서부터) 3, 6 / 3, 6

기본기 다지는 교과서 문제 071쪽

1 예

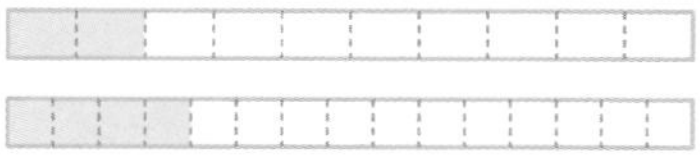

/ $\frac{1}{5}$, $\frac{2}{10}$

2 (1) (왼쪽에서부터) 2, 3, 3 (2) (왼쪽에서부터) 2, 3, 3

1 주어진 분수만큼 색칠하면 $\frac{1}{5}$과 $\frac{2}{10}$가 크기가 같은 분수입니다.

스스로 풀어내는 도전 10 문제 072~073쪽

1

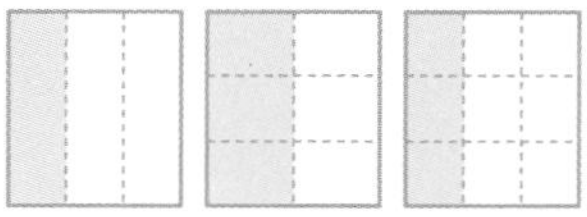

(○) ( ) (○)

2 (1) 2, 4 (2) 2, 4

3 (1) 8, 27, 16 (2) 16, 10, 4

4 (1) $\frac{6}{14}$, $\frac{12}{28}$에 ○표 (2) $\frac{5}{9}$, $\frac{10}{18}$에 ○표

5

6 민호

7 포도주스, 자몽주스

8 $\frac{8}{12}$, $\frac{10}{15}$

+9 종욱

+10 예 민호가 먹은 양은 슬기가 먹은 양과 같아야 합니다. 슬기는 전체의 $\frac{2}{8}$를 먹었으므로 민호는 전체의 $\frac{4}{16}$를 먹어야 합니다. 따라서 민호가 4조각을 먹어야 슬기가 먹은 양과 같아집니다. / 4조각

1 주어진 분수만큼 색칠하면 $\frac{1}{3}$과 $\frac{3}{9}$이 크기가 같은 분수입니다.

3 (1) $\frac{4}{9}=\frac{4\times2}{9\times2}=\frac{8}{18}$, $\frac{4}{9}=\frac{4\times3}{9\times3}=\frac{12}{27}$, $\frac{4}{9}=\frac{4\times4}{9\times4}=\frac{16}{36}$

(2) $\frac{32}{40}=\frac{32\div2}{40\div2}=\frac{16}{20}$, $\frac{32}{40}=\frac{32\div4}{40\div4}=\frac{8}{10}$, $\frac{32}{40}=\frac{32\div8}{40\div8}=\frac{4}{5}$

4 (1) $\frac{3}{7}=\frac{3\times2}{7\times2}=\frac{6}{14}$, $\frac{3}{7}=\frac{3\times4}{7\times4}=\frac{12}{28}$

(2) $\frac{20}{36}=\frac{20\div4}{36\div4}=\frac{5}{9}$, $\frac{20}{36}=\frac{20\div2}{36\div2}=\frac{10}{18}$

5 $\frac{3}{4}=\frac{3\times7}{4\times7}=\frac{21}{28}$

$\frac{2}{3}=\frac{2\times13}{3\times13}=\frac{26}{39}$

$\frac{5}{8}=\frac{5\times4}{8\times4}=\frac{20}{32}$

6 윤하와 서연이는 분모와 분자에 각각 0이 아닌 같은 수를 곱해서 구했고, 민호는 분모와 분자를 각각 0이 아닌 같은 수로 나누어서 구했습니다.

7 키위주스는 $\frac{4}{5}$, 포도주스는 $\frac{3}{4}$, 자몽주스는 $\frac{6}{8}$이 담겨 있습니다. $\frac{3}{4}$과 $\frac{6}{8}$은 크기가 같으므로 같은 양이 담긴 주스는 포도주스와 자몽주스입니다.

8 $\frac{2}{3}$와 크기가 같은 분수는 $\frac{4}{6}$, $\frac{6}{9}$, $\frac{8}{12}$, $\frac{10}{15}$, $\frac{12}{18}$, $\frac{14}{21}$, $\frac{16}{24}$, $\frac{18}{27}$……입니다. 이 중에서 분모와 분자의 합이 15보다 크고 30보다 작은 분수는 $\frac{8}{12}$, $\frac{10}{15}$입니다.

+9 종욱: 분모와 분자를 각각 0이 아닌 같은 수로 나누면 크기가 같은 분수를 만들 수 있습니다.

본책 074~077쪽

16일 분수를 간단하게 나타내기

확인 074쪽

❶ (1) 2, 4 (2) (왼쪽에서부터) 2, 6, 8
(3) (왼쪽에서부터) 4, 3, 4

❷ (1) 9 (2) (왼쪽에서부터) 9, 3, 5

기본기 다지는 교과서 문제 075쪽

1 (1) 8, 8, 2, 2 (2) 12, 12, 6, 6, 2

2 (1) (왼쪽에서부터) 2, 2, 3, 5 (2) (왼쪽에서부터) 6, 6, 2, 3

3 (1) (위에서부터) 1, 3 (2) (위에서부터) 2, 3

4 $\frac{3}{8}$, $\frac{7}{15}$, $\frac{4}{15}$에 ○표

1 (1) 32와 16의 공약수는 1, 2, 4, 8, 16이므로 분모와 분자를 2, 4, 8, 16으로 나눕니다.
(2) 36과 24의 공약수는 1, 2, 3, 4, 6, 12이므로 분모와 분자를 2, 3, 4, 6, 12로 나눕니다.

2 (1) 분모와 분자를 6과 10의 최대공약수 2로 나누면 한 번에 기약분수로 나타낼 수 있습니다.
(2) 분모와 분자를 18과 12의 최대공약수 6으로 나누면 한번에 기약분수로 나타낼 수 있습니다.

3 (1) 분모와 분자를 51과 17의 최대공약수 17로 나누면 한번에 기약분수로 나타낼 수 있습니다.
(2) 분모와 분자를 54와 36의 최대공약수 18로 나누면 한번에 기약분수로 나타낼 수 있습니다.

4 분모와 분자의 공약수가 1뿐인 분수는 $\frac{3}{8}$, $\frac{7}{15}$, $\frac{4}{15}$입니다.

스스로 풀어내는 도전 10 문제 076~077쪽

1 8, 9에 ○표

2 (1) 7, 7 (2) 5, 5

3 (1) (위에서부터) 5, 7 (2) (위에서부터) 2, 3

4 ㉡, ㉢

5 

6 $\frac{40}{72}$

7 1, 5, 7, 11

8 $\frac{54}{84}$

+9 슬기

+10 예 검은색 볼펜은 전체의 $\frac{12}{30}$입니다. 따라서 기약분수로 나타내면 $\frac{12}{30}=\frac{12\div6}{30\div6}=\frac{2}{5}$입니다. / $\frac{2}{5}$

1 약분하려면 분모와 분자의 공약수로 나누어야 합니다. 36과 24의 공약수는 1, 2, 3, 4, 6, 12입니다. 따라서 분모와 분자를 나눌 수 없는 수는 8, 9입니다.

2 (1) $20\div5=4$이므로 분모와 분자를 5로 나눕니다.
(2) $36\div6=6$이므로 분모와 분자를 6으로 나눕니다.

3 (1) 분모와 분자를 56과 40의 최대공약수 8로 나누면 한번에 기약분수로 나타낼 수 있습니다.
(2) 분모와 분자를 33과 22의 최대공약수 11로 나누면 한번에 기약분수로 나타낼 수 있습니다.

4 분모와 분자의 공약수가 1뿐인 분수는 ㉡ $\frac{9}{11}$, ㉢ $\frac{5}{15}$입니다.

5 $\frac{10}{12}=\frac{10\div2}{12\div2}=\frac{5}{6}$
$\frac{16}{28}=\frac{16\div4}{28\div4}=\frac{4}{7}$
$\frac{18}{54}=\frac{18\div18}{54\div18}=\frac{1}{3}$

힌트북 32쪽

6

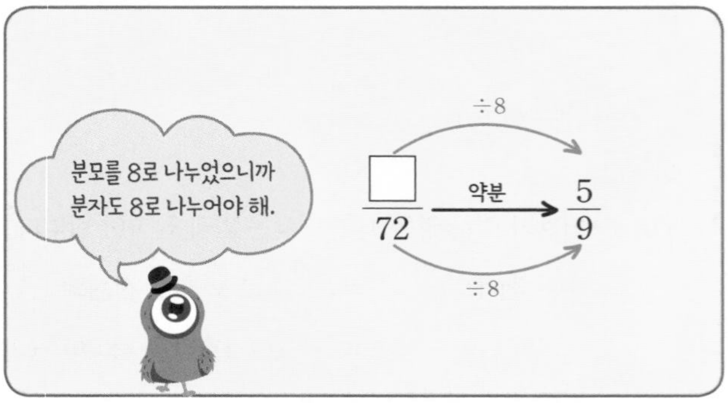

분모가 72인 진분수의 분자를 □라고 하면

$\frac{\square}{72}=\frac{\square\div8}{72\div8}=\frac{5}{9}$에서 □÷8=5이므로

□=5×8=40입니다. 따라서 구하려는 분수는 $\frac{40}{72}$입니다.

힌트북 33쪽

7

기약분수이므로 분모와 분자의 공약수가 1뿐이어야 해!

진분수 $\frac{\square}{12}$

주의해!

진분수는 분자가 분모보다 작은 분수**니까** □**는 12보다 작은 수야.**

$\frac{\square}{12}$가 진분수이므로 □ 안에 들어갈 수 있는 수는 1, 2, 3……11입니다. $\frac{\square}{12}$가 기약분수이면 12와 □의 공약수가 1뿐이어야 하므로, □ 안에 들어갈 수 있는 수는 1, 5, 7, 11입니다.

8 ●와 ▲의 공약수가 1, 2, 3, 6이므로 ●와 ▲의 최대공약수는 6입니다. $\frac{▲}{●}=\frac{▲\div6}{●\div6}=\frac{9}{14}$에서 ●÷6=14이므로 ●=14×6=84이고 ▲÷6=9이므로 ▲=9×6=54입니다. 따라서 $\frac{▲}{●}$는 $\frac{54}{84}$입니다.

+9 40과 24의 공약수는 1, 2, 4, 8이므로 $\frac{24}{40}$를 약분하려면 분모와 분자를 2, 4, 8로 나누어야 합니다.

$\frac{24}{40}=\frac{24\div2}{40\div2}=\frac{12}{20}$, $\frac{24}{40}=\frac{24\div4}{40\div4}=\frac{6}{10}$,

$\frac{24}{40}=\frac{24\div8}{40\div8}=\frac{3}{5}$

따라서 $\frac{24}{40}$를 약분하여 만들 수 있는 분수는 모두 3개이므로 틀리게 말한 사람은 슬기입니다.

본책 078~081쪽

17일 분모가 같은 분수로 나타내기

확인 ······ 078쪽

1 (1) (위에서부터) 2, 6, 8 (2) 8

기본기 다지는 교과서 문제 079쪽

1 5, 3 / (왼쪽에서부터) 5, 15, 6, 15

2 (왼쪽에서부터) 4, 4, 3, 3 / 20, 48, 21, 48

3 (1) $\frac{21}{28}$, $\frac{8}{28}$ (2) $\frac{16}{40}$, $\frac{15}{40}$

4 (1) $\frac{35}{42}$, $\frac{16}{42}$ (2) $\frac{9}{84}$, $\frac{10}{84}$

1 분수를 통분할 때에는 분모에 곱한 수를 분자에도 곱합니다.

2 두 분모 12와 16의 최소공배수는 48이므로 48을 공통분모로 하여 통분합니다.

3 (1) $\left(\frac{3}{4}, \frac{2}{7}\right) \rightarrow \left(\frac{3\times7}{4\times7}, \frac{2\times4}{7\times4}\right) \rightarrow \left(\frac{21}{28}, \frac{8}{28}\right)$

(2) $\left(\frac{2}{5}, \frac{3}{8}\right) \rightarrow \left(\frac{2\times8}{5\times8}, \frac{3\times5}{8\times5}\right) \rightarrow \left(\frac{16}{40}, \frac{15}{40}\right)$

4 (1) $\left(\frac{5}{6}, \frac{8}{21}\right) \rightarrow \left(\frac{5\times7}{6\times7}, \frac{8\times2}{21\times2}\right) \rightarrow \left(\frac{35}{42}, \frac{16}{42}\right)$

(2) $\left(\frac{3}{28}, \frac{5}{42}\right) \rightarrow \left(\frac{3\times3}{28\times3}, \frac{5\times2}{42\times2}\right) \rightarrow \left(\frac{9}{84}, \frac{10}{84}\right)$

스스로 풀어내는 도전 10 문제 080~081쪽

1 36, 72

2 (1) $\frac{20}{90}$, $\frac{63}{90}$ (2) $\frac{66}{77}$, $\frac{56}{77}$

3 (1) $\frac{15}{78}$, $\frac{8}{78}$ (2) $\frac{5}{105}$, $\frac{6}{105}$

4 $\frac{21}{24}$, $\frac{14}{24}$

5 ㉣

6 45, 90

7 36 / 21 / 36

8 $\frac{23}{80}$, $\frac{24}{80}$

+9 $\frac{2}{3}$, $\frac{3}{4}$

+10 예 두 분모 12와 9의 공배수는 36, 72, 108……이고 이 중에서 100에 가까운 수는 108입니다. 따라서 108을 공통분모로 하여 통분하면

$\left(\frac{1}{12}, \frac{5}{9}\right) \rightarrow \left(\frac{1\times9}{12\times9}, \frac{5\times12}{9\times12}\right) \rightarrow \left(\frac{9}{108}, \frac{60}{108}\right)$

입니다. / $\frac{9}{108}, \frac{60}{108}$

1 공통분모가 될 수 있는 수는 두 분모의 공배수입니다. 9와 12의 공배수는 36, 72, 108……이므로 공통분모가 될 수 있는 수를 모두 찾으면 36, 72입니다.

2 (1) $\left(\frac{2}{9}, \frac{7}{10}\right) \rightarrow \left(\frac{2\times10}{9\times10}, \frac{7\times9}{10\times9}\right) \rightarrow \left(\frac{20}{90}, \frac{63}{90}\right)$

(2) $\left(\frac{6}{7}, \frac{8}{11}\right) \rightarrow \left(\frac{6\times11}{7\times11}, \frac{8\times7}{11\times7}\right) \rightarrow \left(\frac{66}{77}, \frac{56}{77}\right)$

3 (1) $\left(\frac{52}{26}, \frac{4}{39}\right) \rightarrow \left(\frac{5\times3}{26\times3}, \frac{4\times2}{39\times2}\right) \rightarrow \left(\frac{15}{78}, \frac{8}{78}\right)$

(2) $\left(\frac{1}{21}, \frac{2}{35}\right) \rightarrow \left(\frac{1\times5}{21\times5}, \frac{2\times3}{35\times3}\right)$

$\rightarrow \left(\frac{5}{105}, \frac{6}{105}\right)$

힌트북 34쪽

4

두 분수의 가장 작은 공통분모는 두 분모의 최소공배수입니다.

$\left(\frac{7}{8}, \frac{7}{12}\right) \rightarrow \left(\frac{7\times3}{8\times3}, \frac{7\times2}{12\times2}\right) \rightarrow \left(\frac{21}{24}, \frac{14}{24}\right)$

5 ㉣ $\left(\frac{2}{3}, \frac{1}{4}\right) \rightarrow \left(\frac{2\times16}{3\times16}, \frac{1\times12}{4\times12}\right) \rightarrow \left(\frac{32}{48}, \frac{12}{48}\right)$

6 공통분모가 될 수 있는 수는 두 분모 9와 15의 공배수입니다. 9와 15의 공배수는 45, 90, 135……이고, 이 중에서 100보다 작은 수를 모두 찾으면 45, 90입니다.

힌트북 35쪽

7

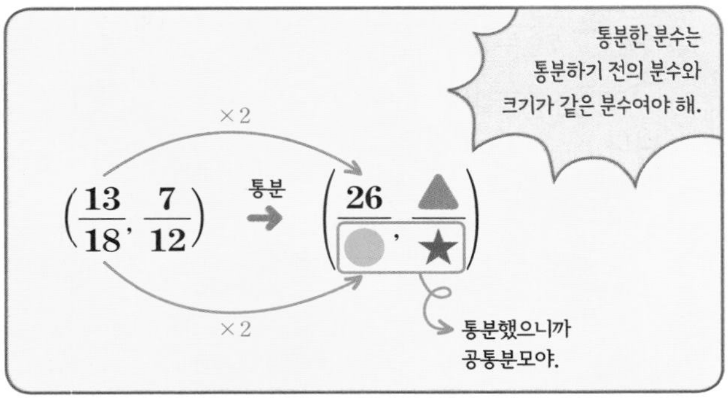

$\frac{13}{18}=\frac{26}{●}$에서 $13\times2=26$이므로 $●=18\times2=36$ 입니다. $\frac{26}{●}$과 $\frac{▲}{★}$은 통분한 분수이므로 $★=●=36$ 입니다. $\frac{▲}{36}$에서 $12\times3=36$이므로 $▲=7\times3=21$ 입니다.

8 $\frac{11}{40}=\frac{22}{80}, \frac{5}{16}=\frac{25}{80}$이므로 $\frac{11}{40}$과 $\frac{5}{16}$ 사이의 수 중에서 분모가 80인 분수는 $\frac{23}{80}, \frac{24}{80}$입니다.

힌트북 35쪽

+9

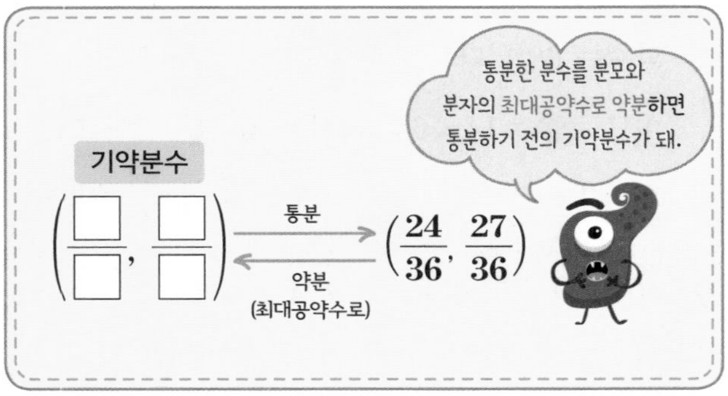

$\frac{24}{36}$와 $\frac{27}{36}$을 분모와 분자의 최대공약수로 각각 약분하여 기약분수로 나타냅니다.

$\frac{24}{36}=\frac{24\div12}{36\div12}=\frac{2}{3}, \frac{27}{36}=\frac{27\div9}{36\div9}=\frac{3}{4}$

따라서 통분하기 전의 두 분수는 $\frac{2}{3}, \frac{3}{4}$입니다.

본책 082~085 쪽

18일 분수의 크기 비교

확인 082쪽

1. 14, 15, $<$
2. 21, 16, $>$ / 32, 49, $<$ / 6, 7, $<$ / (왼쪽에서부터) 4, 7, 3, 4, 7, 8

기본기 다지는 교과서 문제 083쪽

1 (왼쪽에서부터) 6, 21, 7, 21, $<$

2 (1) $>$ (2) $<$

3 5, 6, $<$ / 15, 14 $>$ / 9, 7 $>$ / $\frac{3}{4}$, $\frac{5}{8}$, $\frac{7}{12}$

4 $\frac{5}{14}$, $\frac{3}{7}$, $\frac{10}{21}$

2 (1) $\left(\frac{7}{12}, \frac{5}{9}\right) \rightarrow \left(\frac{21}{36}, \frac{20}{36}\right) \rightarrow \frac{7}{12} > \frac{5}{9}$

(2) $\left(1\frac{3}{10}, 1\frac{7}{15}\right) \rightarrow \left(1\frac{9}{30}, 1\frac{14}{30}\right) \rightarrow 1\frac{7}{10} < 1\frac{7}{15}$

4 $\left(\frac{3}{7}, \frac{5}{14}\right) \rightarrow \left(\frac{6}{14}, \frac{5}{14}\right) \rightarrow \frac{3}{7} > \frac{5}{14}$

$\left(\frac{5}{14}, \frac{10}{21}\right) \rightarrow \left(\frac{15}{42}, \frac{20}{42}\right) \rightarrow \frac{5}{14} < \frac{10}{21}$

$\left(\frac{3}{7}, \frac{10}{21}\right) \rightarrow \left(\frac{9}{21}, \frac{10}{21}\right) \rightarrow \frac{3}{7} < \frac{10}{21}$

$\rightarrow \frac{5}{14} < \frac{3}{7} < \frac{10}{21}$

스스로 풀어내는 도전 10 문제 084~085쪽

1 5, 4, $>$

2 36, 25, $>$ (2) 45, 52, $<$

3 (　)(○)

4 $\frac{5}{6}$에 ○표, $\frac{3}{5}$에 △표

5 $\frac{5}{8}$, $\frac{7}{12}$, $\frac{9}{16}$

6 $\frac{4}{7}$, $\frac{4}{11}$, $\frac{4}{13}$

7 (위에서부터) $\frac{7}{12}$, $\frac{7}{12}$, $\frac{4}{9}$

8 1, 2, 3

+9 $\frac{13}{24}$

+10 예 $\frac{5}{8}$와 $\frac{7}{10}$의 크기를 비교하면 $\frac{25}{40} < \frac{28}{40}$이므로 $\frac{5}{8} < \frac{7}{10}$입니다. 따라서 파란색 끈이 더 깁니다. / 파란색 끈

힌트북 36쪽

1

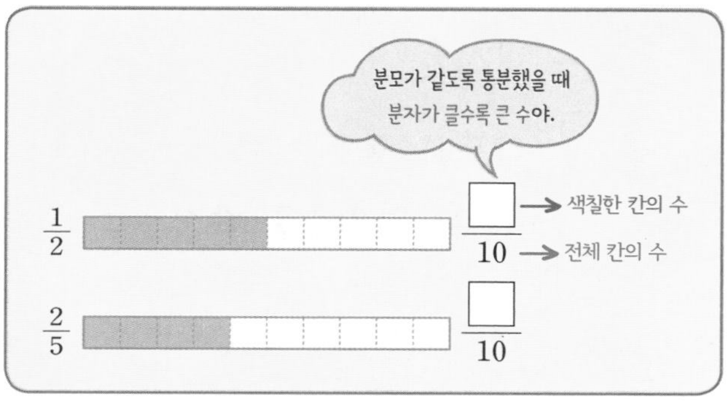

3 $\left(\frac{7}{9}, \frac{7}{10}\right) \rightarrow \left(\frac{70}{90}, \frac{63}{90}\right) \rightarrow \frac{7}{9} > \frac{7}{10}$

$\left(2\frac{6}{7}, 2\frac{3}{4}\right) \rightarrow \left(2\frac{24}{28}, 2\frac{11}{28}\right) \rightarrow 2\frac{6}{7} > 2\frac{3}{4}$

참고 분수의 분자가 같은 경우 분모가 작을수록 큽니다. $\frac{7}{9}$과 $\frac{7}{10}$은 분자가 같으므로 분모가 작은 $\frac{7}{9}$이 더 큽니다.

4 $\left(\frac{7}{10}, \frac{5}{6}, \frac{3}{5}\right) \rightarrow \left(\frac{21}{30}, \frac{25}{30}, \frac{18}{30}\right)$

$\rightarrow \frac{3}{5} < \frac{7}{10} < \frac{5}{6}$

힌트북 36쪽

5

$\left(\frac{9}{16}, \frac{7}{12}\right) \rightarrow \left(\frac{27}{48}, \frac{28}{48}\right) \rightarrow \frac{9}{16} < \frac{7}{12}$

$\left(\frac{7}{12}, \frac{5}{8}\right) \rightarrow \left(\frac{14}{24}, \frac{15}{24}\right) \rightarrow \frac{7}{12} < \frac{5}{8}$

$\left(\frac{9}{16}, \frac{5}{8}\right) \rightarrow \left(\frac{9}{16}, \frac{10}{16}\right) \rightarrow \frac{9}{16} < \frac{5}{8}$

따라서 큰 수부터 차례로 쓰면 $\frac{5}{8}$, $\frac{7}{12}$, $\frac{9}{16}$입니다.

6 분수의 분자가 같은 경우 분모가 작을수록 큽니다.
분자가 4로 같고 분모가 $7<11<13$이므로
$\frac{4}{7}>\frac{4}{11}>\frac{4}{13}$입니다.

7 $\left(\frac{5}{12}, \frac{7}{12}\right) \rightarrow \frac{5}{12}<\frac{7}{12}$
$\left(\frac{4}{9}, \frac{4}{11}\right) \rightarrow \frac{4}{9}>\frac{4}{11}$
$\rightarrow \left(\frac{7}{12}, \frac{4}{9}\right) \rightarrow \left(\frac{21}{36}, \frac{16}{36}\right) \rightarrow \frac{7}{12}>\frac{4}{9}$

8 $\frac{\square}{4}<\frac{13}{16}$의 두 분수를 통분하면 $\frac{\square\times4}{4\times4}<\frac{13}{16}$입니다.
$\square\times4<13$이므로 □ 안에 들어갈 수 있는 자연수는 1, 2, 3입니다.

+9 $\frac{1}{2}$보다 큰 분수는 $\frac{9}{12}$, $\frac{13}{24}$입니다.
$\left(\frac{9}{12}, \frac{4}{6}\right) \rightarrow \left(\frac{9}{12}, \frac{8}{12}\right) \rightarrow \frac{9}{12}>\frac{4}{6}$
$\left(\frac{13}{24}, \frac{4}{6}\right) \rightarrow \left(\frac{13}{24}, \frac{16}{24}\right) \rightarrow \frac{13}{24}<\frac{4}{6}$
따라서 조건을 모두 만족하는 분수는 $\frac{13}{24}$입니다.

+10 두 끈의 길이를 비교하면
$\left(\frac{5}{8}, \frac{7}{10}\right) \rightarrow \left(\frac{25}{40}, \frac{28}{40}\right) \rightarrow \frac{5}{8}<\frac{7}{10}$이므로 파란색 끈이 더 깁니다.

본책 086~089 쪽

19일 분수와 소수의 크기 비교

확인 086쪽

1. (1) 5, 0.5 (2) <
2. (1) 5 (2) <

기본기 다지는 교과서 문제 087쪽

1 (위에서부터) $\frac{5}{10}$, $\frac{8}{10}$ / 0.3, 0.6, 0.8
2 (1) 8, 0.8 (2) 75, 0.75 (3) 32, 0.32 (4) 625, 0.625
3 (1) 10 (2) 100 (3) 247 (4) 100
4 (1) > (2) > (3) < (4) >

1 $\frac{3}{10}=0.3$, $\frac{5}{10}=0.5$, $\frac{6}{10}=0.6$, $\frac{8}{10}=0.8$

2 (1) $\frac{4}{5}=\frac{4\times2}{5\times2}=\frac{8}{10}=0.8$
(2) $\frac{3}{4}=\frac{3\times25}{4\times25}=\frac{75}{100}=0.75$
(3) $\frac{8}{25}=\frac{8\times4}{25\times4}=\frac{32}{100}=0.32$
(4) $\frac{5}{8}=\frac{5\times125}{8\times125}=\frac{625}{1000}=0.625$

3 소수 한 자리 수는 분모가 10인 분수로, 소수 두 자리 수는 분모가 100인 분수로, 소수 세 자리 수는 분모가 1000인 분수로 나타냅니다.

4 분수를 소수로 나타내거나 소수를 분수로 나타내어 크기를 비교합니다.
(1) $\frac{3}{5}=\frac{6}{10}=0.6$이므로 $0.6>0.5 \rightarrow \frac{3}{5}>0.5$
(2) $\frac{12}{25}=\frac{48}{100}=0.48$이므로 $0.48>0.4 \rightarrow \frac{12}{25}>0.4$
(3) $0.23=\frac{23}{100}$이고 $\frac{5}{20}=\frac{25}{100}$이므로
$\frac{23}{100}<\frac{25}{100} \rightarrow 0.23<\frac{5}{20}$
(4) $2\frac{4}{5}=2\frac{8}{10}=2.8$이므로 $2.8>2.6 \rightarrow 2\frac{4}{5}>2.6$

스스로 풀어내는 도전 10 문제 088~089쪽

1 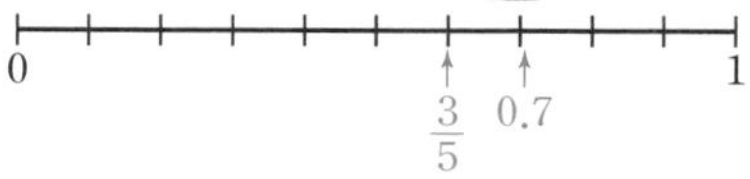

/ <

2 (1) 9, 8, > (2) 12, 17, <

3 

4 서연

5 음료수, 필통, 책

6 (위에서부터) $\frac{3}{4}$, 0.6, $\frac{3}{4}$

7 $2\frac{3}{8}$, 2.3, 2.26, $2\frac{1}{4}$

8 0.3, 0.4, 0.5

+9 0.625

+10 예 두 거리를 비교하면 $1.7=1\frac{7}{10}$이므로 $1\frac{7}{10}>1\frac{7}{13}$
➔ $1.7>1\frac{7}{13}$입니다. 따라서 집에서 더 먼 곳은 학교입니다. / 학교

힌트북 38쪽

1
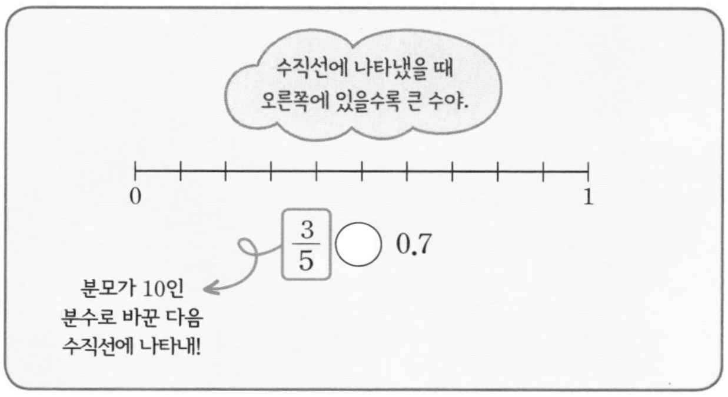

2 소수를 분모가 10, 100, 1000인 분수로 나타내고, 분수를 통분하여 두 수의 크기를 비교합니다.

3 $\frac{7}{20}=\frac{7\times5}{20\times5}=\frac{35}{100}=0.35$

$\frac{12}{25}=\frac{12\times4}{25\times4}=\frac{48}{100}=0.48$

$\frac{3}{8}=\frac{3\times125}{8\times125}=\frac{375}{1000}=0.375$

4 $\frac{21}{50}=\frac{42}{100}$이므로 $0.42>0.39$ ➔ $\frac{21}{50}>0.39$
따라서 마신 물의 양이 더 많은 사람은 서연입니다.

5 $\frac{3}{5}=\frac{6}{10}=0.6$, $\frac{1}{2}=\frac{5}{10}=0.5$이므로
$0.6>0.5>0.4$ ➔ $\frac{3}{5}>\frac{1}{2}>0.4$입니다. 따라서 무게가 무거운 것부터 차례로 쓰면 음료수, 필통, 책입니다.

6 $\frac{2}{5}=\frac{4}{10}=0.4$이므로 $0.6>0.4$ ➔ $0.6>\frac{2}{5}$
$\frac{3}{4}=\frac{75}{100}=0.75$이므로 $0.75>0.4$ ➔ $\frac{3}{4}>0.4$
0.6과 $\frac{3}{4}$을 비교하면 $\frac{3}{4}=0.75$이므로 $0.6<0.75$
➔ $0.6<\frac{3}{4}$

힌트북 39쪽

7
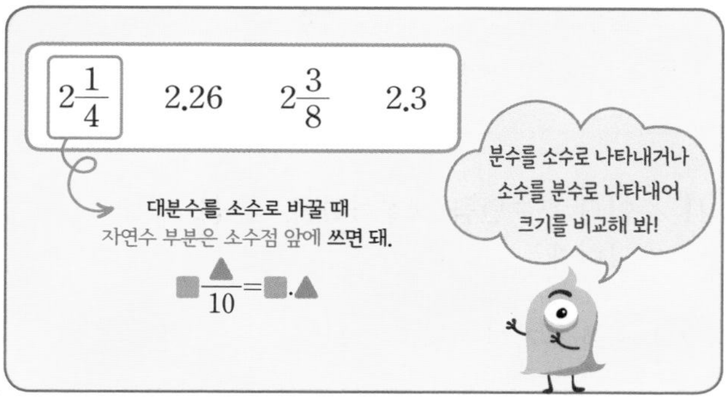

$2\frac{1}{4}=2\frac{25}{100}=2.25$, $2\frac{3}{8}=2\frac{375}{1000}=2.375$이므로
$2.375>2.3>2.26>2.25$
➔ $2\frac{3}{8}>2.3>2.26>2\frac{1}{4}$

8 $\frac{1}{4}=\frac{25}{100}=0.25$, $\frac{3}{5}=\frac{6}{10}=0.6$
$\frac{1}{4}<\square<\frac{3}{5}$, $0.25<\square<0.6$이므로 □ 안에 들어갈 수 있는 소수 한 자리 수는 0.3, 0.4, 0.5입니다.

+9 수 카드 3장으로 만들 수 있는 진분수는 $\frac{2}{5}$, $\frac{2}{8}$, $\frac{5}{8}$입니다.
$\left(\frac{2}{5}, \frac{2}{8}\right)$ ➔ $\frac{2}{5}>\frac{2}{8}$
$\left(\frac{2}{8}, \frac{5}{8}\right)$ ➔ $\frac{2}{8}<\frac{5}{8}$
$\left(\frac{2}{5}, \frac{5}{8}\right)$ ➔ $\left(\frac{16}{40}, \frac{25}{40}\right)$ ➔ $\frac{2}{5}<\frac{5}{8}$
따라서 $\frac{2}{8}<\frac{2}{5}<\frac{5}{8}$이므로 가장 큰 수를 소수로 나타내면 $\frac{5}{8}=\frac{625}{1000}=0.625$입니다.

15~19일 단원평가 090~091쪽

01 예 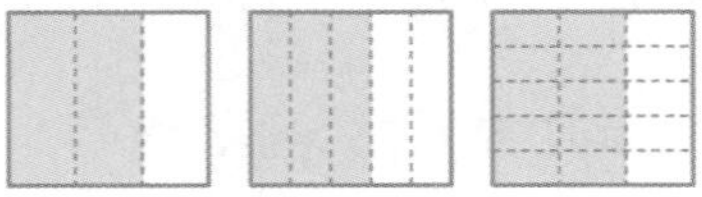 / $\frac{2}{3}$, $\frac{10}{15}$

02 $\frac{3}{4}$, $\frac{2}{7}$, $\frac{25}{48}$ **03** $\frac{2}{7}$, $\frac{12}{42}$

04 ㉡

05 (1) 32, 35, $<$ (2) 51, 56, $<$

06 84 / 30 / 84 **07** $\frac{5}{6}$, $\frac{7}{9}$

08 학교 **09** ㉢, ㉠, ㉣, ㉡

10 풀이 참조 / 3개

01 주어진 분수만큼 색칠하면 $\frac{2}{3}$와 $\frac{10}{15}$이 크기가 같은 분수입니다.

02 분모와 분자의 공약수가 1뿐인 분수는 $\frac{3}{4}$, $\frac{2}{7}$, $\frac{25}{48}$입니다.

03 $\frac{4}{14}=\frac{4\div2}{14\div2}=\frac{2}{7}$, $\frac{4}{14}=\frac{4\times3}{14\times3}=\frac{12}{42}$

04 $\left(\frac{3}{8}, \frac{5}{6}\right) \rightarrow \left(\frac{3\times6}{8\times6}, \frac{5\times8}{6\times8}\right) \rightarrow \left(\frac{18}{48}, \frac{40}{48}\right)$

05 분모가 다른 두 분수의 크기를 비교하려면 통분을 해야 합니다.

06 $\frac{8}{21}=\frac{32}{㉠}$에서 $8\times4=32$이므로 $㉠=21\times4=84$

$\frac{32}{㉠}$와 $\frac{㉡}{㉢}$은 통분한 분수이므로 $㉢=㉠=84$

$\frac{5}{14}=\frac{㉡}{84}$에서 $14\times6=84$이므로 $㉡=5\times6=30$

07 $\frac{45}{54}$와 $\frac{42}{54}$를 분모와 분자의 최대공약수로 각각 약분하여 기약분수로 나타냅니다.

$\frac{45}{54}=\frac{45\div9}{54\div9}=\frac{5}{6}$, $\frac{42}{54}=\frac{42\div6}{54\div6}=\frac{7}{9}$

따라서 통분하기 전의 두 분수는 $\frac{5}{6}$, $\frac{7}{9}$입니다.

08 $\left(1\frac{13}{18}, 1\frac{7}{12}\right) \rightarrow \left(1\frac{26}{36}, 1\frac{21}{36}\right) \rightarrow 1\frac{13}{18}>1\frac{7}{12}$

$\left(1\frac{7}{12}, 1\frac{2}{3}\right) \rightarrow \left(1\frac{7}{12}, 1\frac{8}{12}\right) \rightarrow 1\frac{7}{12}<1\frac{2}{3}$

$\left(1\frac{13}{18}, 1\frac{2}{3}\right) \rightarrow \left(1\frac{13}{18}, 1\frac{12}{18}\right) \rightarrow 1\frac{13}{18}>1\frac{7}{12}$

따라서 $1\frac{7}{12}<1\frac{2}{3}<1\frac{13}{18}$이므로 은우네 집에서 가장 가까운 곳은 학교입니다.

09 $3\frac{4}{5}=3\frac{8}{10}=3.8$, $3\frac{5}{8}=3\frac{625}{1000}=3.625$이므로

$3.82>3.8>3.625>3.5 \rightarrow 3.82>3\frac{4}{5}>3\frac{5}{8}>3.5$

10 예시 답안 $\frac{5}{6}$와 크기가 같은 분수는 $\frac{10}{12}$, $\frac{15}{18}$, $\frac{20}{24}$, $\frac{25}{30}$, $\frac{30}{36}$……입니다. 이 중에서 분모와 분자의 합이 30보다 크고 60보다 작은 분수는 $\frac{15}{18}$, $\frac{20}{24}$, $\frac{25}{30}$로 3개입니다.

채점 기준	
	❶ $\frac{5}{6}$와 크기가 같은 분수를 구해야 함.
	❷ 크기가 같은 분수 중 조건에 맞는 분수를 구해야 함.

본책 092~095쪽

20일 분수의 덧셈 (1)

확인 092쪽

1 예  / 3, 5 / 3, 5

기본기 다지는 교과서 문제 093쪽

1 (왼쪽에서부터) 9, 9, 6, 6 / 9, 12 / 21, 7

2 $\frac{46}{63}$

3 (왼쪽에서부터) 5, 5, 3, 3 / 5, 9 / 14, 7

4 $\frac{23}{24}$

2 $\frac{2}{7}+\frac{4}{9}=\frac{2\times9}{7\times9}+\frac{4\times7}{9\times7}=\frac{18}{63}+\frac{28}{63}=\frac{46}{63}$

4 $\frac{3}{8}+\frac{7}{12}=\frac{3\times3}{8\times3}+\frac{7\times2}{12\times2}=\frac{9}{24}+\frac{14}{24}=\frac{23}{24}$

스스로 풀어내는 도전 10 문제 094~095쪽

1 4, 1, 5

2 $\frac{5\times10}{8\times10}+\frac{1\times8}{10\times8}=\frac{50}{80}+\frac{8}{80}=\frac{58}{80}=\frac{29}{40}$

3 (1) $\frac{19}{48}$ (2) $\frac{23}{30}$

4 $\frac{19}{42}$

5 $\frac{13}{60}$

6 6, 16, 20에 ○표

7 >

8 $\frac{5\times2}{6\times3}$에 ○표 / $\frac{1\times2}{9\times2}+\frac{5\times3}{6\times3}=\frac{2}{18}+\frac{15}{18}=\frac{17}{18}$

+9 $\frac{23}{36}$ L

+10 예 슬기가 만든 진분수 $\frac{3}{8}$과 로운이가 만든 진분수 $\frac{5}{14}$를 더합니다. 따라서 두 사람이 만든 진분수의 합은 $\frac{3}{8}+\frac{5}{14}=\frac{21}{56}+\frac{20}{56}=\frac{41}{56}$입니다. / $\frac{41}{56}$

2 보기와 같은 방법으로 두 분모의 곱을 공통분모로 하여 통분한 후 계산합니다.

3 (1) $\frac{5}{24}+\frac{3}{16}=\frac{5\times2}{24\times2}+\frac{3\times3}{16\times3}=\frac{10}{48}+\frac{9}{48}=\frac{19}{48}$

(2) $\frac{7}{20}+\frac{5}{12}=\frac{7\times3}{20\times3}+\frac{5\times5}{12\times5}=\frac{21}{60}+\frac{25}{60}=\frac{46}{60}$
$=\frac{23}{30}$

4 $\frac{3}{14}+\frac{5}{21}=\frac{3\times3}{14\times3}+\frac{5\times2}{21\times2}=\frac{9}{42}+\frac{10}{42}=\frac{19}{42}$

5 ($\frac{3}{20}$보다 $\frac{1}{15}$ 큰 수)
$=\frac{3}{20}+\frac{1}{15}=\frac{3\times3}{20\times3}+\frac{1\times4}{15\times4}=\frac{9}{60}+\frac{4}{60}=\frac{13}{60}$

6 $\frac{1}{6}$과 $\frac{5}{12}$를 통분하여 계산해야 하므로 공통분모는 6과 12의 공배수입니다. 6과 12의 공배수는 12의 배수이므로 12, 24 ……입니다. 따라서 공통분모가 될 수 없는 수는 6, 16, 20입니다.

7 $\frac{2}{5}+\frac{1}{4}=\frac{8}{20}+\frac{5}{20}=\frac{13}{20}$
$\frac{3}{10}+\frac{1}{5}=\frac{3}{10}+\frac{2}{10}=\frac{5}{10}=\frac{10}{20}$
$\frac{13}{20}>\frac{10}{20}$이므로 $\frac{2}{5}+\frac{1}{4}>\frac{3}{10}+\frac{1}{5}$

8 통분하는 과정에서 분수의 분모와 분자에 각각 0이 아닌 같은 수를 곱하여 통분해야 하는데 분모에는 3, 분자에는 2를 곱하여 계산을 잘못하였습니다.

+9 (슬기가 만든 오렌지 주스의 양)
=(오렌지 원액의 양)+(넣은 물의 양)
$=\frac{2}{9}+\frac{5}{12}=\frac{8}{36}+\frac{15}{36}=\frac{23}{36}$(L)

+10 슬기가 만든 진분수: $\frac{3}{8}$
로운이가 만든 진분수: $\frac{5}{14}$
따라서 두 사람이 만든 진분수의 합은
$\frac{3}{8}+\frac{5}{14}=\frac{21}{56}+\frac{20}{56}=\frac{41}{56}$입니다.

본책 096~099 쪽

21일 분수의 덧셈 (2)

확인 096 쪽

1 예 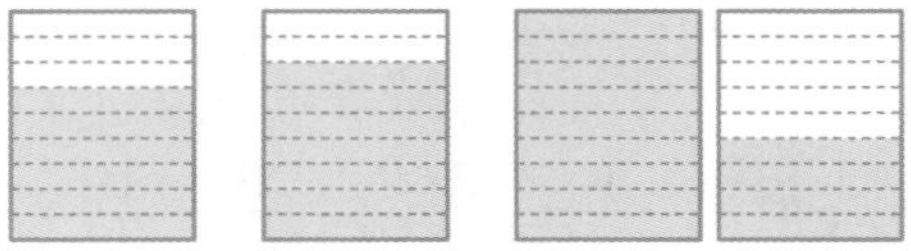

/ 6, 1, 4 / 6, 7, 13, 1, 4

기본기 다지는 교과서 문제 097 쪽

1 (왼쪽에서부터) 6, 6, 4, 4, 18, 20 / 38, 1, 14, 1, 7

2 $1\frac{19}{30}$

3 (1) (왼쪽에서부터) 5, 5, 3, 3, 25, 21 / 46, 1, 16, 1, 8

4 $1\frac{11}{40}$

2 $\frac{4}{5}+\frac{5}{6}=\frac{4\times6}{5\times6}+\frac{5\times5}{6\times5}=\frac{24}{30}+\frac{25}{30}=\frac{49}{30}=1\frac{19}{30}$

4 $\frac{3}{8}+\frac{9}{10}=\frac{3\times5}{8\times5}+\frac{9\times4}{10\times4}=\frac{15}{40}+\frac{36}{40}=\frac{51}{40}=1\frac{11}{40}$

스스로 풀어내는 도전 10 문제 098~099 쪽

1 $\frac{2\times8}{3\times8}+\frac{5\times3}{8\times3}=\frac{16}{24}+\frac{15}{24}=\frac{31}{24}=1\frac{7}{24}$

2 (1) $1\frac{5}{18}$ (2) $1\frac{19}{60}$ **3** $1\frac{18}{35}$

4 $1\frac{1}{12}$ m

5 (위에서부터) $1\frac{35}{48}$, $1\frac{11}{16}$

6  **7** ㉢

8 $1\frac{7}{10}$ **+9** 도서관

+10 예 토마토 여섯 개의 무게는

$\frac{1}{7}+\frac{1}{7}+\frac{1}{7}+\frac{1}{7}+\frac{1}{7}+\frac{1}{7}=\frac{6}{7}$(kg)입니다.

따라서 사과 한 개와 토마토 여섯 개의 무게는 모두

$\frac{3}{5}+\frac{6}{7}=\frac{21}{35}+\frac{30}{35}=\frac{51}{35}=1\frac{16}{35}$(kg)입니다. /

$1\frac{16}{35}$ kg

1 〈보기〉와 같은 방법으로 두 분모의 곱을 공통분모로 하여 통분한 후 계산합니다.

2 (1) $\frac{4}{9}+\frac{5}{6}=\frac{8}{18}+\frac{15}{18}=\frac{23}{18}=1\frac{5}{18}$

(2) $\frac{7}{12}+\frac{11}{15}=\frac{35}{60}+\frac{44}{60}=\frac{79}{60}=1\frac{19}{60}$

3 $\frac{5}{7}+\frac{4}{5}=\frac{25}{35}+\frac{28}{35}=\frac{53}{35}=1\frac{18}{35}$

4 (두 막대를 이어 붙인 전체 길이)

$=\frac{1}{4}+\frac{5}{6}=\frac{3}{12}+\frac{10}{12}=\frac{13}{12}=1\frac{1}{12}$(m)

힌트북 42쪽

5 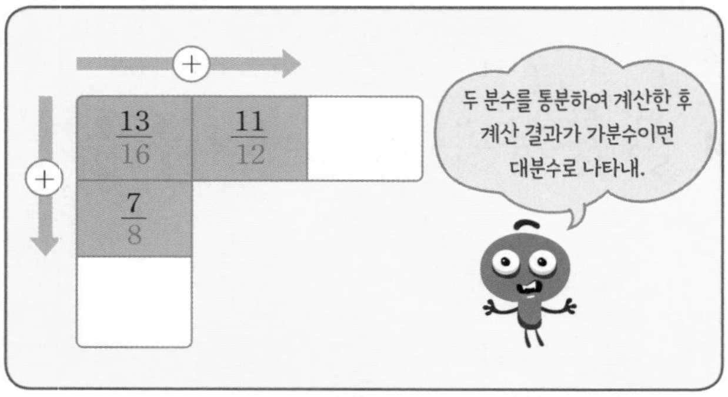

$\frac{13}{16}+\frac{11}{12}=\frac{39}{48}+\frac{44}{48}=\frac{83}{48}=1\frac{35}{48}$

$\frac{13}{16}+\frac{7}{8}=\frac{13}{16}+\frac{14}{16}=\frac{27}{16}=1\frac{11}{16}$

6 $\frac{1}{3}+\frac{5}{6}=\frac{2}{6}+\frac{5}{6}=\frac{7}{6}=1\frac{1}{6}$

$\frac{5}{6}+\frac{7}{8}=\frac{20}{24}+\frac{21}{24}=\frac{41}{24}=1\frac{17}{24}$

$\frac{3}{4}+\frac{7}{10}=\frac{15}{20}+\frac{14}{20}=\frac{29}{20}=1\frac{9}{20}$

7 ㉠ $\frac{3}{8}+\frac{5}{9}=\frac{27}{72}+\frac{40}{72}=\frac{67}{72}<1$

㉡ $\frac{7}{12}+\frac{3}{10}=\frac{35}{60}+\frac{18}{60}=\frac{53}{60}<1$

㉢ $\frac{2}{7}+\frac{4}{5}=\frac{10}{35}+\frac{28}{35}=\frac{38}{35}=1\frac{3}{35}>1$

따라서 계산 결과가 1보다 큰 것의 기호를 쓰면 ㉢입니다.

8 세 분수를 한꺼번에 통분하여 크기를 비교합니다.

$\left(\frac{4}{5}, \frac{5}{6}, \frac{9}{10}\right) \rightarrow \left(\frac{24}{30}, \frac{25}{30}, \frac{27}{30}\right)$

$\rightarrow \frac{24}{30} < \frac{25}{30} < \frac{27}{30}$

$\rightarrow \frac{4}{5} < \frac{5}{6} < \frac{9}{10}$

가장 큰 수는 $\frac{9}{10}$, 가장 작은 수는 $\frac{4}{5}$입니다.

따라서 가장 큰 수와 가장 작은 수의 합은

$\frac{9}{10}+\frac{4}{5}=\frac{9}{10}+\frac{8}{10}=\frac{17}{10}=1\frac{7}{10}$입니다.

다른 풀이 두 분수씩 통분하여 크기를 비교할 수도 있습니다.

$\left(\frac{4}{5}, \frac{5}{6}\right) \rightarrow \left(\frac{24}{30}, \frac{25}{30}\right) \rightarrow \frac{4}{5} < \frac{5}{6}$

$\left(\frac{5}{6}, \frac{9}{10}\right) \rightarrow \left(\frac{25}{30}, \frac{27}{30}\right) \rightarrow \frac{5}{6} < \frac{9}{10}$

$\rightarrow \frac{4}{5} < \frac{5}{6} < \frac{9}{10}$

+9 (집에서 도서관을 거쳐 학교까지 가는 거리)

$\frac{5}{7}+\frac{2}{5}=\frac{25}{35}+\frac{14}{35}=\frac{39}{35}=1\frac{4}{35}$(km)

(집에서 병원을 거쳐 학교까지 가는 거리)

$\frac{2}{3}+\frac{3}{5}=\frac{10}{15}+\frac{9}{15}=\frac{19}{15}=1\frac{4}{15}$(km)

$1\frac{4}{35} < 1\frac{4}{15}$이므로 도서관을 거쳐 가는 것이 더 가깝습니다.

참고 대분수에서 자연수 부분과 분자가 각각 같은 경우 분모가 작을수록 큽니다. $1\frac{4}{35}$와 $1\frac{4}{15}$는 자연수 부분과 분자가 각각 같으므로 분모가 작은 $1\frac{4}{15}$가 더 큽니다.

+10 토마토 여섯 개의 무게를 구한 다음 사과 한 개의 무게와 토마토 여섯 개의 무게를 더해야 합니다.

본책 100~103 쪽

22일 분수의 덧셈 (3)

확인 100쪽

1 예

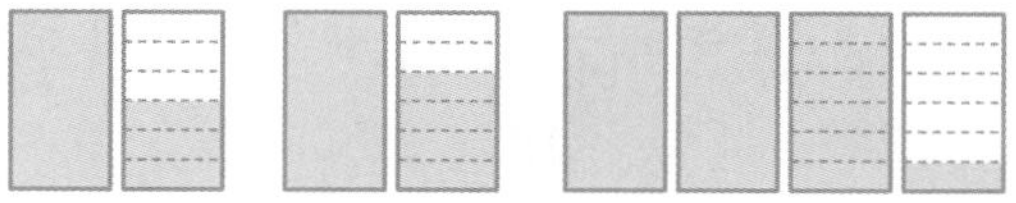

/ 3, 4, 3, 1 / 3, 4, 3, 1

기본기 다지는 교과서 문제 101쪽

1 27, 35 / 27, 35 / 5, 62, 5, 1, 17, 6, 17

2 $6\frac{29}{42}$

3 17, 35, 51, 70 / 121, 6, 13

4 $5\frac{13}{40}$

2 $2\frac{6}{7}+3\frac{5}{6}=2\frac{36}{42}+3\frac{35}{42}=(2+3)+\left(\frac{36}{42}+\frac{35}{42}\right)$

$=5+\frac{71}{42}=5+1\frac{29}{42}=6\frac{29}{42}$

4 $1\frac{5}{8}+3\frac{7}{10}=\frac{13}{8}+\frac{37}{10}=\frac{65}{40}+\frac{148}{40}$

$=\frac{213}{40}=5\frac{13}{40}$

스스로 풀어내는 도전 10 문제 102~103쪽

1 $3\frac{15}{24}+4\frac{22}{24}=(3+4)+\left(\frac{15}{24}+\frac{22}{24}\right)$

$=7+\frac{37}{24}=7+1\frac{13}{24}=8\frac{13}{24}$

2 (1) $7\frac{5}{14}$ (2) $6\frac{5}{24}$

3 $7\frac{2}{15}$

4 $4\frac{11}{20}$ cm

5 $5\frac{3}{8}$

6 $4\frac{3}{10}$ kg

7 $7\frac{3}{8}$ cm

8 $8\frac{4}{15}$

+9 $4\frac{1}{12}$ L

$^{+}$**10** ㉮ 어떤 수를 □라고 하면 $□-2\frac{3}{5}=1\frac{4}{7}$이므로 $□=1\frac{4}{7}+2\frac{3}{5}=4\frac{6}{35}$입니다. 따라서 어떤 수는 $4\frac{6}{35}$입니다. / $4\frac{6}{35}$

2 (1) $3\frac{1}{2}+3\frac{6}{7}=3\frac{7}{14}+3\frac{12}{14}=(3+3)+\left(\frac{7}{14}+\frac{12}{14}\right)$
$=6+\frac{19}{14}=6+1\frac{5}{14}=7\frac{5}{14}$

(2) $4\frac{5}{6}+1\frac{3}{8}=4\frac{20}{24}+1\frac{9}{24}=(4+1)+\left(\frac{20}{24}+\frac{9}{24}\right)$
$=5+\frac{29}{24}=5+1\frac{5}{24}=6\frac{5}{24}$

힌트북 44쪽

3

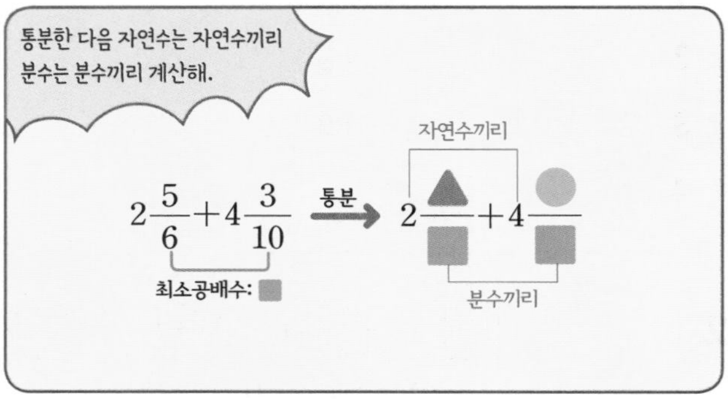

$2\frac{5}{6}+4\frac{3}{10}=2\frac{25}{30}+4\frac{9}{30}$
$=(2+4)+\left(\frac{25}{30}+\frac{9}{30}\right)$
$=6+\frac{34}{30}=6+1\frac{4}{30}=7\frac{4}{30}=7\frac{2}{15}$

4 (가로)+(세로)$=2\frac{4}{5}+1\frac{3}{4}=2\frac{16}{20}+1\frac{15}{20}$
$=(2+1)+\left(\frac{16}{20}+\frac{15}{20}\right)=3+\frac{31}{20}$
$=3+1\frac{11}{20}=4\frac{11}{20}$(cm)

힌트북 44쪽

5

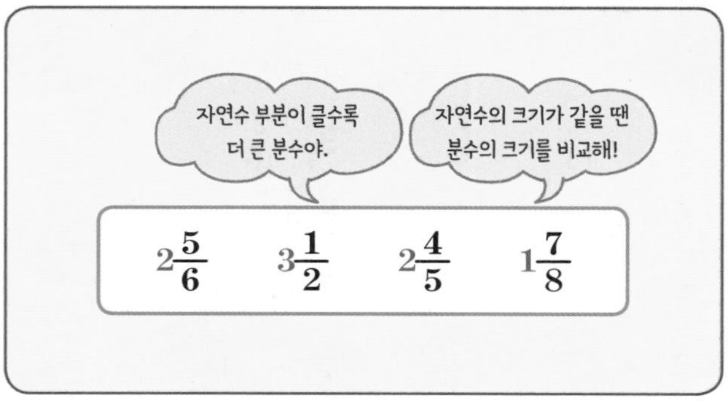

주어진 분수의 자연수 부분을 비교하면 가장 큰 분수는 $3\frac{1}{2}$, 가장 작은 분수는 $1\frac{7}{8}$입니다.

$3\frac{1}{2}+1\frac{7}{8}=3\frac{4}{8}+1\frac{7}{8}$
$=(3+1)+\left(\frac{4}{8}+\frac{7}{8}\right)$
$=4+\frac{11}{8}=4+1\frac{3}{8}=5\frac{3}{8}$

6 (책을 넣은 가방의 무게)
=(가방의 무게)+(책의 무게)
$=2\frac{3}{5}+1\frac{7}{10}=2\frac{6}{10}+1\frac{7}{10}$
$=(2+1)+\left(\frac{6}{10}+\frac{7}{10}\right)=3+\frac{13}{10}=3+1\frac{3}{10}$
$=4\frac{3}{10}$(kg)

힌트북 45쪽

7

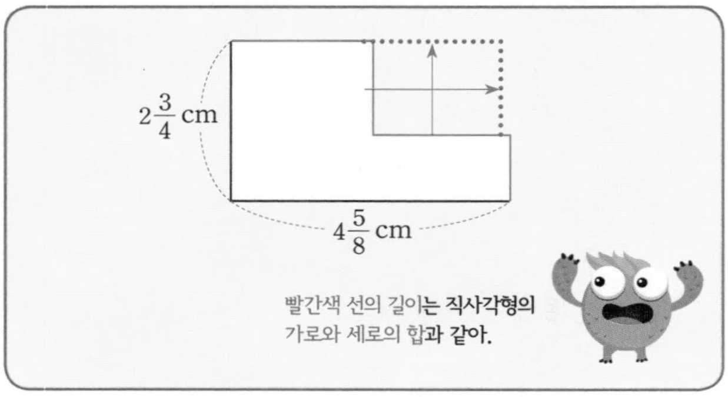

(빨간색 선의 길이)
$=4\frac{5}{8}+2\frac{3}{4}=4\frac{5}{8}+2\frac{6}{8}=6\frac{11}{8}=7\frac{3}{8}$(cm)

8 $5>3>2$이므로 만들 수 있는 대분수 중에서 가장 큰 수는 $5\frac{2}{3}$, 가장 작은 수는 $2\frac{3}{5}$입니다.

$5\frac{2}{3}+2\frac{3}{5}=5\frac{10}{15}+2\frac{9}{15}=7\frac{19}{15}=8\frac{4}{15}$

$^{+}$**9** (낮에 마신 주스의 양)
$=1\frac{2}{3}+\frac{3}{4}=1\frac{8}{12}+\frac{9}{12}=1\frac{17}{12}=2\frac{5}{12}$(L)
(수현이 가족이 마신 주스의 양)
=(아침에 마신 주스의 양)+(낮에 마신 주스의 양)
$=1\frac{2}{3}+2\frac{5}{12}=1\frac{8}{12}+2\frac{5}{12}=3\frac{13}{12}=4\frac{1}{12}$(L)

본책 104~107쪽

23일 분수의 뺄셈 (1)

확인 104쪽

1 예 

/ 3, 2 / 3, 2

기본기 다지는 교과서 문제 105쪽

1 (왼쪽에서부터) 5, 5, 4, 4 / 15, 8, 7

2 $\frac{23}{42}$

3 (왼쪽에서부터) 5, 5, 3, 3 / 25, 9, 16, 8

4 $\frac{11}{24}$

2 $\frac{5}{7}-\frac{1}{6}=\frac{5\times6}{7\times6}-\frac{1\times7}{6\times7}=\frac{30}{42}-\frac{7}{42}=\frac{23}{42}$

4 $\frac{7}{8}-\frac{5}{12}=\frac{7\times3}{8\times3}-\frac{5\times2}{12\times2}=\frac{21}{24}-\frac{10}{24}=\frac{11}{24}$

스스로 풀어내는 도전 10 문제 106~107쪽

1 4, 1, 3, 1

2 $\frac{7\times4}{10\times4}-\frac{1\times10}{4\times10}=\frac{28}{40}-\frac{10}{40}=\frac{18}{40}=\frac{9}{20}$

3 (1) $\frac{5}{14}$ (2) $\frac{7}{48}$

4 $\frac{7}{18}$

5 $\frac{7}{24}$

6 $\frac{16}{35}$ m

7 <

8 $\frac{13}{24}$

+9 $\frac{7}{60}$ kg

+10 예 집에서 학교까지의 거리는 $\frac{9}{10}-\frac{3}{4}=\frac{18}{20}-\frac{15}{20}=\frac{3}{20}$(km)입니다. / $\frac{3}{20}$ km

2 〈보기〉와 같은 방법으로 두 분모의 곱을 공통분모로 하여 통분한 후 계산합니다.

3 (1) $\frac{9}{14}-\frac{2}{7}=\frac{9}{14}-\frac{2\times2}{7\times2}=\frac{9}{14}-\frac{4}{14}=\frac{5}{14}$

(2) $\frac{9}{16}-\frac{5}{12}=\frac{9\times3}{16\times3}-\frac{5\times4}{12\times4}=\frac{27}{48}-\frac{20}{48}=\frac{7}{48}$

4 ($\frac{11}{18}$보다 $\frac{2}{9}$ 작은 수)

$=\frac{11}{18}-\frac{2}{9}=\frac{11}{18}-\frac{2\times2}{9\times2}=\frac{11}{18}-\frac{4}{18}=\frac{7}{18}$

5 $\frac{11}{12}-\frac{5}{8}=\frac{11\times2}{12\times2}-\frac{5\times3}{8\times3}=\frac{22}{24}-\frac{15}{24}=\frac{7}{24}$

6 (빨간색 우산 길이)−(초록색 우산 길이)

$=\frac{6}{7}-\frac{2}{5}=\frac{6\times5}{7\times5}-\frac{2\times7}{5\times7}=\frac{30}{35}-\frac{14}{35}=\frac{16}{35}$(m)

7 $\frac{7}{10}-\frac{2}{3}=\frac{21}{30}-\frac{20}{30}=\frac{1}{30}$

$\frac{5}{8}-\frac{7}{12}=\frac{15}{24}-\frac{14}{24}=\frac{1}{24}$

$\frac{1}{30}<\frac{1}{24}$이므로 $\frac{7}{10}-\frac{2}{3}<\frac{5}{8}-\frac{7}{12}$입니다.

참고 분수의 분자가 같은 경우 분모가 작을수록 큽니다. $\frac{1}{30}$과 $\frac{1}{24}$은 분자가 같으므로 분모가 작은 $\frac{1}{24}$이 더 큽니다.

8 어떤 수를 □라 하고 잘못 계산한 식을 쓰면

$□+\frac{1}{6}=\frac{7}{8}$이므로 $□=\frac{7}{8}-\frac{1}{6}=\frac{21}{24}-\frac{4}{24}=\frac{17}{24}$입니다. 어떤 수가 $\frac{17}{24}$이므로 바르게 계산하면

$\frac{17}{24}-\frac{1}{6}=\frac{17}{24}-\frac{4}{24}=\frac{13}{24}$입니다.

+9 (마신 음료수의 무게)

=(음료수가 가득 들어 있는 병의 무게)−(빈 병의 무게)

$=\frac{13}{20}-\frac{8}{15}=\frac{39}{60}-\frac{32}{60}=\frac{7}{60}$

+10 집에서 학교까지의 거리는 학교에서 도서관까지의 거리에서 집에서 도서관까지의 거리를 빼야 합니다.

(집에서 학교까지의 거리)

=(학교에서 도서관까지의 거리)

−(집에서 도서관까지의 거리)

$=\frac{9}{10}-\frac{3}{4}=\frac{18}{20}-\frac{15}{20}=\frac{3}{20}$(km)

본책 108~111 쪽

24일 분수의 뺄셈 (2)

확인 108쪽

1 예

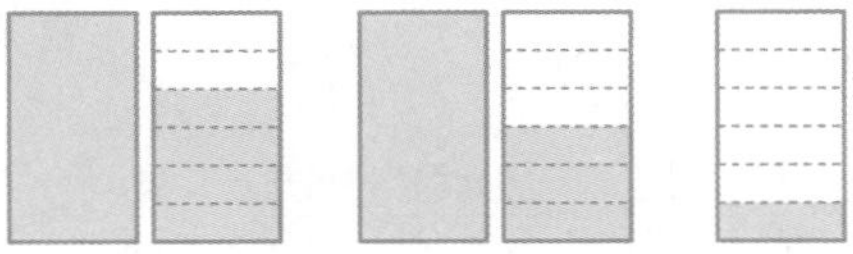

/ 4, 3, 1 / 4, 3, 1

기본기 다지는 교과서 문제 109쪽

1 27, 20 / 27, 20 / 3, 7, 3, 7

2 $1\frac{1}{42}$

3 35, 17 / 70, 51 / 19, 1, 1

4 $2\frac{3}{40}$

2 $3\frac{6}{7}-2\frac{5}{6}=3\frac{36}{42}-2\frac{35}{42}=(3-2)+\left(\frac{36}{42}-\frac{35}{42}\right)$
$=1+\frac{1}{42}=1\frac{1}{42}$

4 $3\frac{7}{10}-1\frac{5}{8}=\frac{37}{10}-\frac{13}{8}=\frac{148}{40}-\frac{65}{40}$
$=\frac{83}{40}=2\frac{3}{40}$

스스로 풀어내는 도전 10 문제 110~111쪽

1 (1) $1\frac{12}{35}$ (2) $3\frac{5}{48}$

2 $3\frac{5}{18}$

3 $2\frac{4}{35}$ kg

4 $1\frac{1}{20}$ cm

5 $3\frac{13}{35}$

6 $3\frac{7}{15}$ kg

7 $4\frac{3}{5}$, $3\frac{2}{7}$ / $1\frac{11}{35}$

8 $3\frac{1}{3}$

+9 $3\frac{7}{12}$ cm

+10 예 $6\frac{4}{5}-2\frac{1}{3}=6\frac{12}{15}-2\frac{5}{15}=4\frac{7}{15}$

$4\frac{7}{15}>4\frac{\square}{15}$이므로 □ 안에 들어갈 수 있는 가장 큰 자연수는 6입니다. / 6

1 (1) $3\frac{9}{14}-2\frac{3}{10}=3\frac{45}{70}-2\frac{21}{70}$
$=(3-2)+\left(\frac{45}{70}-\frac{21}{70}\right)$
$=1+\frac{24}{70}=1+\frac{12}{35}=1\frac{12}{35}$

(2) $4\frac{11}{12}-1\frac{13}{16}=4\frac{44}{48}-1\frac{39}{48}$
$=(4-1)+\left(\frac{44}{48}-\frac{39}{48}\right)=3+\frac{5}{48}$
$=3\frac{5}{48}$

2 ($5\frac{4}{9}$보다 $2\frac{1}{6}$ 작은 수)
$=5\frac{4}{9}-2\frac{1}{6}=5\frac{8}{18}-2\frac{3}{18}$
$=(5-2)+\left(\frac{8}{18}-\frac{3}{18}\right)=3+\frac{5}{18}=3\frac{5}{18}$

3 $4\frac{5}{7}>2\frac{3}{5}$이므로 강아지가 고양이보다 무겁습니다.
(두 동물의 무게의 차)
=(강아지의 무게)−(고양이의 무게)
$=4\frac{5}{7}-2\frac{3}{5}=4\frac{25}{35}-2\frac{21}{35}$
$=(4-2)+\left(\frac{25}{35}-\frac{21}{35}\right)=2+\frac{4}{35}$
$=2\frac{4}{35}$(kg)

4 (가로)−(세로)
$=2\frac{4}{5}-1\frac{3}{4}=2\frac{16}{20}-1\frac{15}{20}$
$=(2-1)+\left(\frac{16}{20}-\frac{15}{20}\right)=1+\frac{1}{20}$
$=1\frac{1}{20}$(cm)

5 $\square+3\frac{3}{7}=6\frac{4}{5}$
$\square=6\frac{4}{5}-3\frac{3}{7}=6\frac{28}{35}-3\frac{15}{35}$
$=(6-3)+\left(\frac{28}{35}-\frac{15}{35}\right)=3+\frac{13}{35}=3\frac{13}{35}$

6 (남은 소고기의 양)

$=$(처음 소고기의 양)$-$(먹은 소고기의 양)

$=5\frac{2}{3}-2\frac{1}{5}=5\frac{10}{15}-2\frac{3}{15}$

$=(5-2)+\left(\frac{10}{15}-\frac{3}{15}\right)=3+\frac{7}{15}=3\frac{7}{15}$(kg)

7 차가 크려면 가장 큰 수에서 가장 작은 수를 빼면 됩니다.

가장 큰 수는 $4\frac{3}{5}$, $3\frac{1}{2}\left(=3\frac{7}{14}\right)>3\frac{2}{7}\left(=3\frac{4}{14}\right)$이므로 가장 작은 수는 $3\frac{2}{7}$입니다.

➜ $4\frac{3}{5}-3\frac{2}{7}=4\frac{21}{35}-3\frac{10}{35}=1\frac{11}{35}$

힌트북 49쪽

8

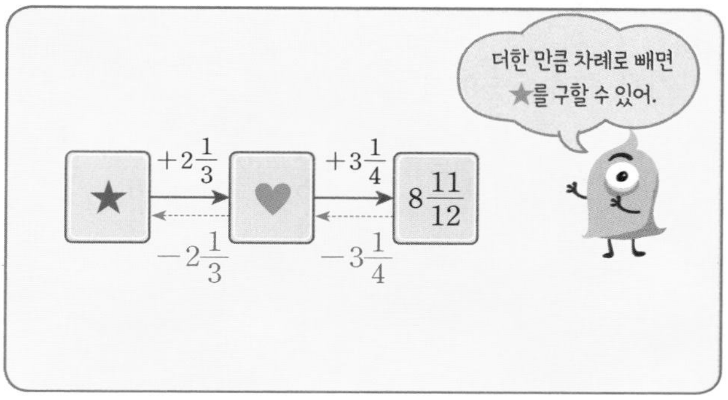

♥$+3\frac{1}{4}=8\frac{11}{12}$,

♥$=8\frac{11}{12}-3\frac{1}{4}=8\frac{11}{12}-3\frac{3}{12}=5\frac{8}{12}=5\frac{2}{3}$

★$+2\frac{1}{3}=5\frac{2}{3}$, ★$=5\frac{2}{3}-2\frac{1}{3}=3\frac{1}{3}$

⁺9 (색 테이프 2장의 길이의 합)

$=2\frac{3}{8}+2\frac{3}{8}=4\frac{6}{8}=4\frac{3}{4}$(cm)

(이어 붙인 색 테이프의 전체 길이)

$=$(색 테이프 2장의 길이의 합)$-$(겹쳐진 부분의 길이)

$=4\frac{3}{4}-1\frac{1}{6}=4\frac{9}{12}-1\frac{2}{12}=3\frac{7}{12}$(cm)

⁺10 $6\frac{4}{5}-2\frac{1}{3}$을 계산한 다음 □ 안에 들어갈 수 있는 가장 큰 자연수를 구해야 합니다.

$6\frac{4}{5}-2\frac{1}{3}=6\frac{12}{15}-2\frac{5}{15}=4\frac{7}{15}$

$4\frac{7}{15}>4\frac{\square}{15}$이므로 □ 안에 들어갈 수 있는 자연수는 1, 2, 3, 4, 5, 6입니다.

따라서 □ 안에 들어갈 수 있는 가장 큰 자연수는 6입니다.

본책 112~115쪽

25일 분수의 뺄셈 (3)

확인 112쪽

① 예

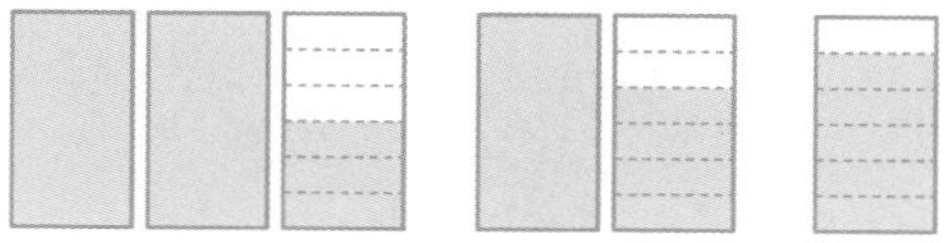

/ 3, 4, 5 / 3, 4, 9, 4, 5

기본기 다지는 교과서 문제 113쪽

1 27, 35, 72, 35 / 72, 35 / 2, 37, 2, 37

2 $\frac{41}{42}$

3 29, 11 / 58, 33 / 25, 1, 7

4 $1\frac{27}{40}$

2 $3\frac{5}{6}-2\frac{6}{7}=3\frac{35}{42}-2\frac{36}{42}=2\frac{77}{42}-2\frac{36}{42}$

$=(2-2)+\left(\frac{77}{42}-\frac{36}{42}\right)=\frac{41}{42}$

4 $4\frac{3}{10}-2\frac{5}{8}=\frac{43}{10}-\frac{21}{8}=\frac{172}{40}-\frac{105}{40}$

$=\frac{67}{40}=1\frac{27}{40}$

스스로 풀어내는 도전 10 문제 114~115쪽

1 (1) $\frac{33}{35}$ (2) $2\frac{43}{48}$

2 $1\frac{13}{15}$ kg

3 $1\frac{31}{35}$

4 (위에서부터) $3\frac{7}{8}$, $2\frac{17}{24}$

5 로운

6 $\frac{7}{10}$ L

7 $\frac{3}{4}$

8 $3\frac{1}{2}$

⁺9 3, 4, 5

⁺10 예 자연수 부분에서 1을 받아내림할 때 받아내림한 수를 빼지 않아 계산을 잘못하였습니다. /

$7\frac{4}{9}-2\frac{11}{12}=7\frac{16}{36}-2\frac{33}{36}=6\frac{52}{36}-2\frac{33}{36}=4\frac{19}{36}$

1 (1) $3\frac{9}{14}-2\frac{7}{10}=3\frac{45}{70}=2\frac{49}{70}=2\frac{115}{70}-2\frac{49}{70}$

$=(2-2)+\left(\frac{115}{70}-\frac{49}{70}\right)$

$=\frac{66}{70}=\frac{33}{35}$

(2) $4\frac{13}{16}-1\frac{11}{12}=4\frac{39}{48}-1\frac{44}{48}=3\frac{87}{48}-1\frac{44}{48}$

$=(3-1)+\left(\frac{87}{48}-\frac{44}{48}\right)=2\frac{43}{48}$

2 (가방의 무게) − (신발의 무게)

$=3\frac{7}{10}-1\frac{5}{6}=3\frac{21}{30}-1\frac{25}{30}=2\frac{51}{30}-1\frac{25}{30}$

$=(2-1)+\left(\frac{51}{30}-\frac{25}{30}\right)=1+\frac{26}{30}=1\frac{26}{30}$

$=1\frac{13}{15}$(kg)

3 $4\frac{11}{14}-2\frac{9}{10}=4\frac{55}{70}-2\frac{63}{70}=3\frac{125}{70}-2\frac{63}{70}$

$=(3-2)+\left(\frac{125}{70}-\frac{63}{70}\right)=1+\frac{62}{70}$

$=1\frac{62}{70}=1\frac{31}{35}$

4 $6\frac{5}{8}-2\frac{3}{4}=6\frac{5}{8}-2\frac{6}{8}=5\frac{13}{8}-2\frac{6}{8}$

$=(5-2)+\left(\frac{13}{8}-\frac{6}{8}\right)=3+\frac{7}{8}=3\frac{7}{8}$

$6\frac{5}{8}-3\frac{11}{12}=6\frac{15}{24}-3\frac{22}{24}=5\frac{39}{24}-3\frac{22}{24}$

$=(5-3)+\left(\frac{39}{24}-\frac{22}{24}\right)=2+\frac{17}{24}=2\frac{17}{24}$

힌트북 50쪽

5

슬기: $4\frac{4}{15}-2\frac{11}{30}=1\frac{9}{10}$

로운: $5\frac{3}{10}-1\frac{7}{15}=4\frac{5}{6}$

주의해! 자연수끼리 뺄 때 받아내림한 수가 있으면 빼고 계산해야 해.

슬기: $4\frac{4}{15}-2\frac{11}{30}=4\frac{8}{30}-2\frac{11}{30}=3\frac{38}{30}-2\frac{11}{30}$

$=(3-2)+\left(\frac{38}{30}-\frac{11}{30}\right)$

$=1+\frac{27}{30}=1\frac{27}{30}=1\frac{9}{10}$

로운: $5\frac{3}{10}-1\frac{7}{15}=5\frac{9}{30}-1\frac{14}{30}=4\frac{39}{30}-1\frac{14}{30}$

$=(4-1)+\left(\frac{39}{30}-\frac{14}{30}\right)$

$=3+\frac{25}{30}=3\frac{25}{30}=3\frac{5}{6}$

따라서 잘못 계산한 사람은 로운이입니다.

6 (남은 페인트의 양)

= (처음 페인트의 양) − (사용한 페인트의 양)

$=2\frac{1}{2}-1\frac{4}{5}=2\frac{5}{10}-1\frac{8}{10}=1\frac{15}{10}-1\frac{8}{10}$

$=(1-1)+\left(\frac{15}{10}-\frac{8}{10}\right)=\frac{7}{10}$(L)

7 대분수는 자연수 부분이 클수록 더 큰 수이므로

$5\frac{1}{3}>2\frac{3}{4}>1\frac{5}{6}$입니다.

가장 큰 수 $5\frac{1}{3}$에서 $1\frac{5}{6}$와 $2\frac{3}{4}$을 뺀 값을 구합니다.

$5\frac{1}{3}-1\frac{5}{6}-2\frac{3}{4}=5\frac{2}{6}-1\frac{5}{6}-2\frac{3}{4}=4\frac{8}{6}-1\frac{5}{6}-2\frac{3}{4}$

$=3\frac{3}{6}-2\frac{3}{4}=3\frac{1}{2}-2\frac{3}{4}=3\frac{2}{4}-2\frac{3}{4}$

$=2\frac{6}{4}-2\frac{3}{4}=\frac{3}{4}$

힌트북 51쪽

8

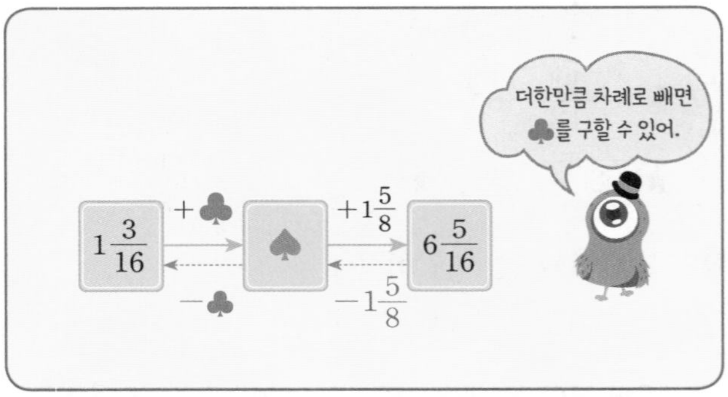

거꾸로 계산하여 ♣와 ♠에 알맞은 수를 구합니다.

$♠=6\frac{5}{16}-1\frac{5}{8}=6\frac{5}{16}-1\frac{10}{16}=5\frac{21}{16}-1\frac{10}{16}$

$=4\frac{11}{16}$

$1\frac{3}{16}+♣=4\frac{11}{16}$, $♣=4\frac{11}{16}-1\frac{3}{16}=3\frac{8}{16}=3\frac{1}{2}$

+9 $4\frac{3}{10}-1\frac{3}{4}=4\frac{6}{20}-1\frac{15}{20}=3\frac{26}{20}-1\frac{15}{20}=2\frac{11}{20}$

$8\frac{2}{9}-2\frac{7}{12}=8\frac{8}{36}-2\frac{21}{36}=7\frac{44}{36}-2\frac{21}{36}=5\frac{23}{36}$

$2\frac{11}{20}<□<5\frac{23}{36}$에서 □ 안에 들어갈 수 있는 자연수는 3, 4, 5입니다.

20~25일 단원평가 116~117쪽

01 예 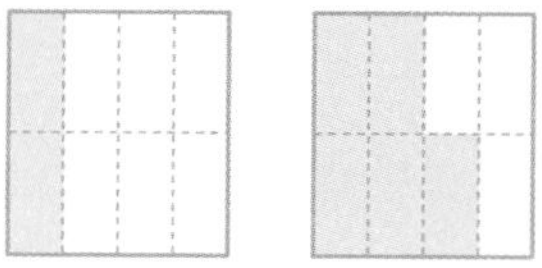 / 2, 5, 7

02 $\frac{11\times3}{15\times3}-\frac{5\times5}{9\times5}=\frac{33}{45}-\frac{25}{45}=\frac{8}{45}$

03 $4\frac{7}{24}$

04 ㉠

05 $5\frac{14}{12}$에 ○표 /

$5\frac{1}{6}-2\frac{3}{4}=5\frac{2}{12}-2\frac{9}{12}=4\frac{14}{12}-2\frac{9}{12}=2\frac{5}{12}$

06 $5\frac{7}{12}$, $3\frac{5}{14}$ / $2\frac{19}{84}$

07 $\frac{13}{21}$

08 $10\frac{13}{30}$

09 $7\frac{1}{18}$ cm

10 풀이 참조 / $1\frac{5}{12}$ L

02 〈보기〉와 같은 방법으로 두 분모의 최소공배수를 공통분모로 하여 통분한 후 계산합니다.

03 $2\frac{7}{8}+1\frac{5}{12}=2\frac{21}{24}+1\frac{10}{24}=3\frac{31}{24}=4\frac{7}{24}$

04 ㉠ $\frac{4}{5}+\frac{1}{3}=\frac{12}{15}+\frac{5}{15}=\frac{17}{15}=1\frac{2}{15}>1$

㉡ $\frac{3}{7}+\frac{4}{9}=\frac{27}{63}+\frac{28}{63}=\frac{55}{63}<1$

㉢ $\frac{2}{15}+\frac{5}{6}=\frac{4}{30}+\frac{25}{30}=\frac{29}{30}<1$

따라서 계산 결과가 1보다 큰 것의 기호를 쓰면 ㉠입니다.

05 자연수 부분에서 1을 받아내림할 때 받아내림한 수를 빼지 않아 계산을 잘못하였습니다.

06 차가 크려면 가장 큰 수에서 가장 작은 수를 빼면 됩니다. 대분수는 자연수 부분이 클수록 더 큰 수이므로

$5\frac{7}{12}>4\frac{7}{8}>3\frac{5}{14}$입니다.

가장 큰 수는 $5\frac{7}{12}$, 가장 작은 수는 $3\frac{5}{14}$입니다.

$5\frac{7}{12}-3\frac{5}{14}=5\frac{49}{84}-3\frac{30}{84}=2\frac{19}{84}$

07 어떤 수를 □라고 하면 $□+\frac{2}{7}=\frac{19}{21}$이므로

$□=\frac{19}{21}-\frac{2}{7}=\frac{19}{21}-\frac{6}{21}=\frac{13}{21}$입니다. 따라서 어떤 수는 $\frac{13}{21}$입니다.

08 6>5>3이므로 만들 수 있는 대분수 중에서 가장 큰 수는 $6\frac{3}{5}$, 가장 작은 수는 $3\frac{5}{6}$입니다.

➜ $6\frac{3}{5}+3\frac{5}{6}=6\frac{18}{30}+3\frac{25}{30}=9\frac{43}{30}=10\frac{13}{30}$

09 (색 테이프 2장의 길이의 합)

$=4\frac{5}{6}+4\frac{5}{6}=8\frac{10}{6}=9\frac{4}{6}=9\frac{2}{3}$(cm)

(이어 붙인 색 테이프의 전체 길이)

=(색 테이프 2장의 길이의 합)−(겹쳐진 부분의 길이)

$=9\frac{2}{3}-2\frac{11}{18}=9\frac{12}{18}-2\frac{11}{18}=7\frac{1}{18}$(cm)

10 예시 답안 (오후에 마신 물의 양)

$\frac{5}{8}+\frac{1}{6}=\frac{15}{24}+\frac{4}{24}=\frac{19}{24}$(L)

(하루 동안 마신 물의 양)

=(오전에 마신 물의 양)+(오후에 마신 물의 양)

$=\frac{5}{8}+\frac{19}{24}=\frac{15}{24}+\frac{19}{24}=\frac{34}{24}=1\frac{10}{24}=1\frac{5}{12}$(L)

채점 기준	
	❶ 오후에 마신 물의 양을 구해야 함
	❷ 지훈이가 하루 동안 마신 물의 양을 구해야 함.

본책 118~121쪽

26일 정다각형의 둘레

확인 118쪽

❶ (1) 4 (2) 4, 20
❷ 3, 9 / 5, 35

기본기 다지는 교과서 문제 119쪽

1 (1) 4, 4, 4, 4, 4, 4, 24 (2) 6, 24
2 (1) 3, 18 (2) 4, 20 (3) 5, 20 (4) 6, 18

1 정육각형의 둘레를 구하려면 정육각형을 둘러싼 변의 길이를 모두 더하거나 정육각형의 한 변의 길이에 변의 수를 곱하면 됩니다.

2 (정다각형의 둘레)=(한 변의 길이)×(변의 수)

스스로 풀어내는 도전 10 문제 120~121쪽

1 변의 수 **2** 7, 35
3 56 cm **4** 72 cm
5 (○)( ) **6** 7, 4
7 10 **8** (○)( )
+9 ㉣
+10 예 정육각형의 한 변의 길이는 (둘레)÷(변의 수)로 구할 수 있습니다. 따라서 색종이의 한 변의 길이는 42÷6=7(cm)입니다. / 7 cm

1 정다각형의 각 변의 길이는 모두 같으므로 둘레는 한 변의 길이에 변의 수를 곱하면 됩니다.

2 (정칠각형의 둘레)=(한 변의 길이)×(변의 수)
=5×7=35(cm)

3 (액자의 둘레)=(한 변의 길이)×(변의 수)
=14×4=56(cm)

힌트북 52쪽

4

정■각형의 둘레 → 한 변의 길이 × ■
(■ ↓ 변의 수)

정■각형은 변의 길이가 모두 같으니까 둘레는 한 변의 길이에 변의 수를 곱해서 구해.

(정구각형의 둘레)=(한 변의 길이)×(변의 수)
=8×9=72(cm)

5 (정팔각형의 둘레)=6×8=48(cm)
(정육각형의 둘레)=7×6=42(cm)
48> 42이므로 정팔각형의 둘레가 더 깁니다.

6 (정다각형의 둘레)=(한 변의 길이)×(변의 수)이므로 (한 변의 길이)=(정다각형의 둘레)÷(변의 수)입니다.
둘레가 28 cm인 정사각형의 한 변의 길이는 28÷4=7(cm)이고, 둘레가 28 cm인 정칠각형의 한 변의 길이는 28÷7=4(cm)입니다.

7 (정오각형의 둘레)=6×5=30(cm)
정삼각형과 정오각형의 둘레가 같으므로 □×3=30에서 □=30÷3=10입니다.
따라서 정삼각형의 한 변의 길이는 10 cm입니다.

8 (정다각형의 둘레)=(한 변의 길이)×(변의 수)이므로 (한 변의 길이)=(정다각형의 둘레)÷(변의 수)입니다.
둘레가 68 cm인 정사각형의 한 변의 길이는 68÷4=17(cm)이고, 둘레가 84 cm인 정육각형의 한 변의 길이는 84÷6=14(cm)입니다.
17>14이므로 정사각형의 한 변의 길이가 더 깁니다.

+9 ㉠ (정십각형의 둘레)=8×10=80(cm)
㉡ (정오각형의 둘레)=16×5=80(cm)
㉢ (정사각형의 둘레)=20×4=80(cm)
㉣ (정삼각형의 둘레)=30×3=90(cm)
따라서 정다각형의 둘레가 다른 하나의 기호를 쓰면 ㉣입니다.

본책 122~125 쪽

27일 사각형의 둘레

기본기 다지는 교과서 문제 123쪽

1 (1) 3, 20 (2) 8, 20
2 (1) 4, 18 (2) 3, 20
3 (1) 6, 24 (2) 5, 20

1 (2) (직사각형의 둘레)=((가로)+(세로))×2
=(2+8)×2=20(cm)

2 (2) (평행사변형의 둘레)
=((한 변의 길이)+(다른 한 변의 길이))×2
=(3+7)×2=20(cm)

3 (2) (마름모의 둘레)=(한 변의 길이)×4
=5×4=20(cm)

스스로 풀어내는 도전 10 문제 124~125쪽

1 26 cm　**2** 22 cm
3 28 cm　**4** 11
5 가　**6** 60 cm
7 ㉢, ㉠, ㉡　**8** 10
+9 슬기
+10 예 (직사각형의 둘레)=(8+16)×2=48(cm)이므로 마름모의 둘레는 48 cm입니다. 따라서 마름모의 한 변의 길이는 48÷4=12(cm)입니다. / 12 cm

1 (직사각형의 둘레)=((가로)+(세로))×2
=(9+4)×2=26(cm)

2 (평행사변형의 둘레)
=((한 변의 길이)+(다른 한 변의 길이))×2
=(6+5)×2=22(cm)

3 (마름모의 둘레)=(한 변의 길이)×4
=7×4=28(cm)

4 직사각형의 둘레가 38 cm이므로
(□+8)×2=38, □+8=19, □=11입니다.

5 힌트북 54쪽

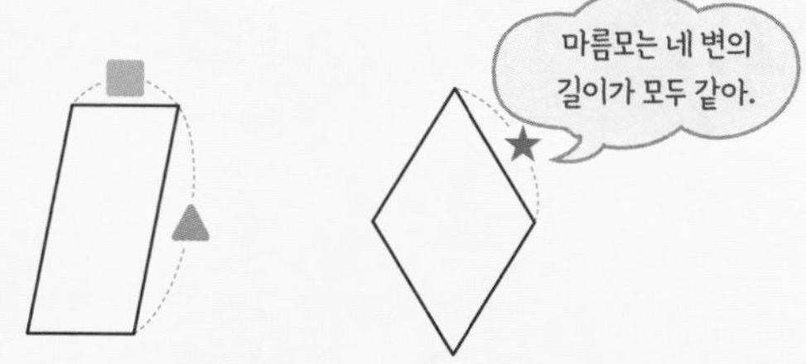

평행사변형의 둘레 → (■+▲)×2　마름모의 둘레 → ★×4

(가의 둘레)=(4+9)×2=26(cm)
(나의 둘레)=6×4=24(cm)
26>24이므로 둘레가 더 긴 것은 가입니다.

6 (직사각형의 둘레)=(4+8)×2=24(cm)
(마름모의 둘레)=9×4=36(cm)
따라서 직사각형과 마름모의 둘레의 합은
24+36=60(cm)입니다.

7 ㉠ (14+10)×2=48(cm)
㉡ (11+12)×2=46(cm)
㉢ 13×4=52(cm)
52>48>46이므로 사각형의 둘레가 긴 것부터 차례로 기호를 쓰면 ㉢, ㉠, ㉡입니다.

8 (평행사변형의 둘레)=(6+8)×2=28(cm)
직사각형의 둘레가 평행사변형의 둘레의 2배이므로
28×2=56(cm)입니다.
(직사각형의 둘레)=(18+□)×2=56,
18+□=28, □=10
따라서 직사각형의 세로는 10 cm입니다.

+9 (슬기가 사용한 끈의 길이)
=(평행사변형의 둘레)=(9+18)×2=54(cm)
(로운이가 사용한 끈의 길이)
=(평행사변형의 둘레)=(15+11)×2=52(cm)
54>52이므로 끈을 더 많이 사용한 사람은 슬기입니다.

본책 126~129쪽

28일 1 cm² 알아보기

확인 126쪽

① [쓰기] 3 cm^2

[읽기] 3 제곱센티미터

② (1) 5, 5 (2) 7, 7

기본기 다지는 교과서 문제 127쪽

1 9 cm^2

2 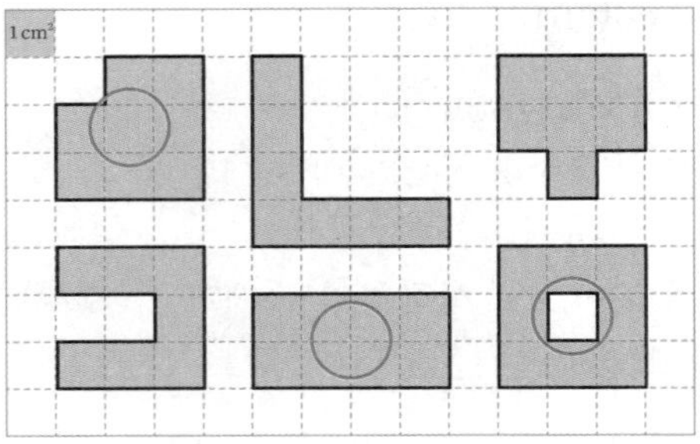

3 (1) 9 (2) 10 (3) 나

1 1 cm²가 9개이므로 넓이는 9 cm^2입니다.

2 1 cm²가 8개이면 넓이가 8 cm^2입니다.

3 (1) 도형 가는 1 cm²가 9개이므로 넓이는 9 cm^2입니다.

(2) 도형 나는 1 cm²가 10개이므로 넓이는 10 cm^2입니다.

(3) $10>9$이므로 넓이가 더 넓은 것은 도형 나입니다.

스스로 풀어내는 도전 10 문제 128~129쪽

1 1 cm^2, 1 제곱센티미터

2 12 cm^2

3 7 cm^2 / 9 cm^2

4 1

5 나, 마

6 나, 라

7 12 cm^2

8 52 cm^2

+9 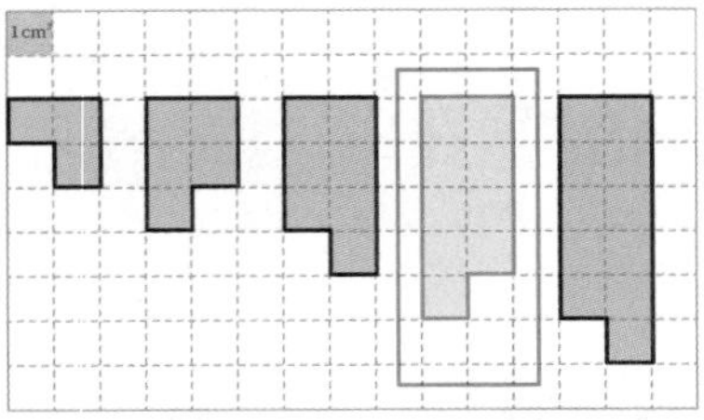

+10 예 도형 가의 넓이는 10 cm^2이고, 도형 나의 넓이는 8 cm^2입니다. 따라서 $10>8$이므로 더 넓은 도형의 기호는 가입니다. / 가

힌트북 56쪽

2 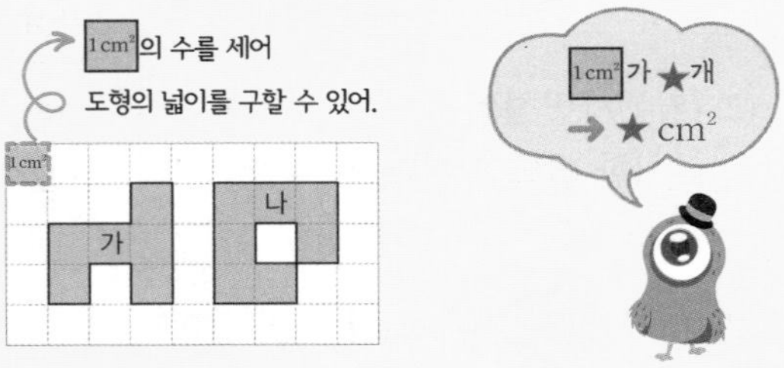

1 cm²가 12개이므로 넓이는 12 cm^2입니다.

3 도형 가는 1 cm²가 7개이므로 넓이는 7 cm^2입니다.

도형 나는 1 cm²가 9개이므로 넓이는 9 cm^2입니다.

4 도형 가는 1 cm²가 6개이므로 넓이는 6 cm^2입니다.

도형 나는 1 cm²가 7개이므로 넓이는 7 cm^2입니다.

따라서 도형 나는 도형 가보다 넓이가 $7-6=1(\text{cm}^2)$ 더 넓습니다.

5 1 cm²의 수를 세어 각 도형의 넓이를 구합니다.

도형 가는 1 cm²가 5개이므로 넓이는 5 cm^2입니다.

도형 나는 1 cm²가 5개이므로 넓이는 5 cm^2입니다.

도형 다는 1 cm²가 6개이므로 넓이는 6 cm^2입니다.

도형 라는 1 cm²가 6개이므로 넓이는 6 cm^2입니다.

도형 마는 1 cm²가 5개이므로 넓이는 5 cm^2입니다.

도형 바는 1 cm²가 4개이므로 넓이는 4 cm^2입니다.

따라서 도형 가와 넓이가 같은 도형을 모두 찾아 기호를 쓰면 나, 마입니다.

6 1 cm^2의 수를 세어 각 도형의 넓이를 구합니다.

도형 가는 1 cm^2가 3개이므로 넓이는 3 cm^2입니다.

도형 나는 1 cm^2가 4개이므로 넓이는 4 cm^2입니다.

도형 다는 1 cm^2가 6개이므로 넓이는 6 cm^2입니다.

도형 라는 1 cm^2가 5개이므로 넓이는 5 cm^2입니다.

도형 마는 1 cm^2가 6개이므로 넓이는 6 cm^2입니다.

도형 바는 1 cm^2가 6개이므로 넓이는 6 cm^2입니다.
따라서 넓이가 3 cm^2인 도형 가보다 크고 넓이가 6 cm^2인 도형 마보다 작은 도형의 기호를 모두 쓰면 나, 라입니다.

힌트북 57쪽

7

4 cm^2가 3개이므로 모두 12 cm^2입니다.

8 모양 조각이 차지하는 부분은 1 cm^2가 52개이므로 넓이는 52 cm^2입니다.

+9 도형을 그리는 규칙은 가로 두 칸을 기준으로 왼쪽 아래와 오른쪽 아래가 차례로 2칸씩 늘어나는 것입니다.
빈칸에 그려질 도형의 넓이는 9 cm^2이므로 7 cm^2인 도형 다음에서 왼쪽 아래로 두 칸이 늘어나야 합니다.

+10 도형 가는 1 cm^2가 10개이므로 넓이는 10 cm^2이고, 도형 나는 1 cm^2가 8개이므로 넓이는 8 cm^2입니다.

$10>8$이므로 더 넓은 도형의 기호는 가입니다.

본책 130~133 쪽

29일 직사각형의 넓이

확인 130 쪽

❶ (1) 5, 3 (2) 세로, 5, 3, 15
❷ 한 변의 길이, 7, 7, 49

기본기 다지는 교과서 문제 131 쪽

1 (1) 7, 3, 21 (2) 6, 6, 36
2 (1) 40 cm^2 (2) 81 cm^2
3 (위에서부터) 2, 8 / 3, 12 / 4, 16

2 (1) (직사각형의 넓이)=(가로)×(세로)
$=8\times5=40(\text{cm}^2)$
(2) (정사각형의 넓이)
=(한 변의 길이)×(한 변의 길이)
$=9\times9=81(\text{cm}^2)$

3 주어진 직사각형의 가로는 4cm로 모두 같고 세로만 1 cm씩 커집니다.
(직사각형 가의 넓이)$=4\times2=8(\text{cm}^2)$
(직사각형 나의 넓이)$=4\times3=12(\text{cm}^2)$
(직사각형 다의 넓이)$=4\times4=16(\text{cm}^2)$

스스로 풀어내는 도전 10 문제 132~133 쪽

1 (1) 48 cm^2 (2) 100 cm^2
2 가
3 8
4 17 cm^2
5 140 cm^2
6 49 cm^2
7 6 cm
8 74 cm^2
+9 20 cm^2
+10 $(6+4)\times2$에 밑줄 / 예 직사각형의 넓이는 6×4를 계산하면 돼.

1 (1) (직사각형의 넓이)=(가로)×(세로)
$=4\times12=48(cm^2)$
(2) (정사각형의 넓이)
=(한 변의 길이)×(한 변의 길이)
$=10\times10=100(cm^2)$

2 (가의 넓이)$=10\times5=50(cm^2)$
(나의 넓이)$=7\times7=49(cm^2)$
따라서 직사각형의 넓이가 더 넓은 것의 기호는 가입니다.

3 (직사각형의 넓이)=(가로)×(세로)이므로
12×□=96, □=96÷12=8입니다.

4 (왼쪽 정사각형의 넓이)$=8\times8=64(cm^2)$
(오른쪽 정사각형의 넓이)$=9\times9=81(cm^2)$
따라서 두 정사각형의 넓이의 차는 $81-64=17(cm^2)$입니다.

5 직사각형의 가로를 □cm라고 하면
(□+10)×2=48, □+10=24, □=14입니다.
따라서 직사각형의 넓이는 $14\times10=140(cm^2)$입니다.

6 (정사각형의 한 변의 길이)=(둘레)÷4
=28÷4=7(cm)
따라서 정사각형의 넓이는 $7\times7=49(cm^2)$입니다.

7 (직사각형의 넓이)$=4\times9=36(cm^2)$
정사각형의 넓이는 직사각형의 넓이와 같으므로 $36\ cm^2$입니다. 6×6=36이므로 정사각형의 한 변의 길이는 6 cm입니다.

8 큰 정사각형의 한 변의 길이가 7 cm이므로 작은 정사각형의 한 변의 길이는 12−7=5(cm)입니다.
(작은 정사각형의 넓이)$=5\times5=25(cm^2)$
(큰 정사각형의 넓이)$=7\times7=49(cm^2)$
따라서 만든 도형의 전체 넓이는 $25+49=74(cm^2)$입니다.

+9 (늘이기 전 정사각형의 넓이)$=4\times4=16(cm^2)$
(늘인 후 정사각형의 한 변의 길이)=4+2=6(cm)
(늘인 후 정사각형의 넓이)$=6\times6=36(cm^2)$
따라서 늘어난 정사각형의 넓이는 $36-16=20(cm^2)$입니다.

+10 (직사각형의 넓이)=(가로)×(세로)$=6\times4=24(cm^2)$
따라서 로운이의 풀이에서 (6+4)×2가 잘못되었습니다.

본책 134~137 쪽

30일 $1\ cm^2$ 보다 더 큰 넓이의 단위

기본기 다지는 교과서 문제 135쪽

1 (1) 100, 100 / 10000 (2) 1000, 1000 / 1000000
2 (1) 60000 (2) 4 (3) 12000000 (4) 80
3 30, 30

1 (1) $1\ m^2$에는 $1\ cm^2$가 한 줄에 100개씩 100줄 들어가므로 $1\ m^2=10000\ cm^2$입니다.
(2) $1\ km^2$에는 $1\ m^2$가 한 줄에 1000개씩 1000줄 들어가므로 $1\ km^2=1000000\ m^2$입니다.

2 (1) $1\ m^2=10000\ cm^2$이므로 $6\ m^2=60000\ cm^2$입니다.
(2) $1000000\ m^2=1\ km^2$이므로
$4000000\ m^2=4\ km^2$입니다.
(3) $1\ km^2=1000000\ m^2$이므로
$12\ km^2=12000000\ m^2$입니다.
(4) $10000\ cm^2=1\ m^2$이므로 $800000\ cm^2=80\ m^2$입니다.

3 6000 m=6 km, 5000 m=5 km이므로 왼쪽 사각형에는 $1\ km^2$가 6×5=30(번) 들어갑니다.
6000 m=6 km이므로 오른쪽 사각형에는 $1\ km^2$가 6×5=30(번) 들어갑니다.

스스로 풀어내는 도전 10 문제 136~137쪽

1 70000, 7
2 49, 49000000
3 (위에서부터) 6, 7000000, 35, 42000000
4 (1) < (2) >
5 $68\ m^2$
6 (1) km^2 (2) cm^2 (3) m^2
7 4 km
8 $56\ km^2$
+9 360000번
+10 예 영준이네 동네의 넓이는 $1200\times5000=6000000(m^2)$이므로 $6\ km^2$입니다. / $6\ km^2$

1 (직사각형의 넓이)$=350\times200=70000(cm^2)$
$10000\ cm^2=1\ m^2$이므로 직사각형의 넓이는
$70000\ cm^2=7\ m^2$입니다.

2 (정사각형의 넓이)$=7\times7=49(km^2)$
$1\ km^2=1000000\ m^2$이므로 정사각형의 넓이는
$49\ km^2=49000000\ m^2$입니다.

힌트북 60쪽

3

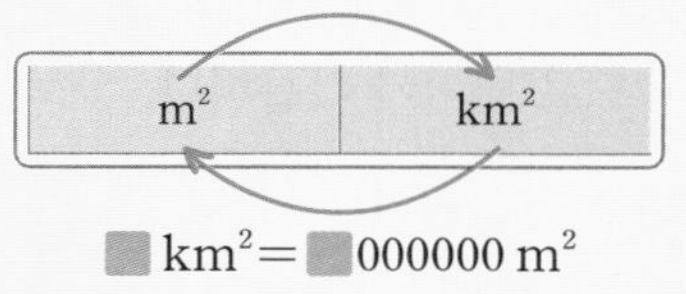

가 지역: $6000000\ m^2=6\ km^2$
나 지역: $7\ km^2=7000000\ m^2$
다 지역: $35000000\ m^2=35\ km^2$
라 지역: $42\ km^2=42000000\ m^2$

4 (1) $500000\ cm^2=50\ m^2$이므로
$500000\ cm^2 < 55\ m^2$입니다.
(2) $2\ km^2=2000000\ m^2$이므로
$2\ km^2 > 400000\ m^2$입니다.

힌트북 60쪽

5

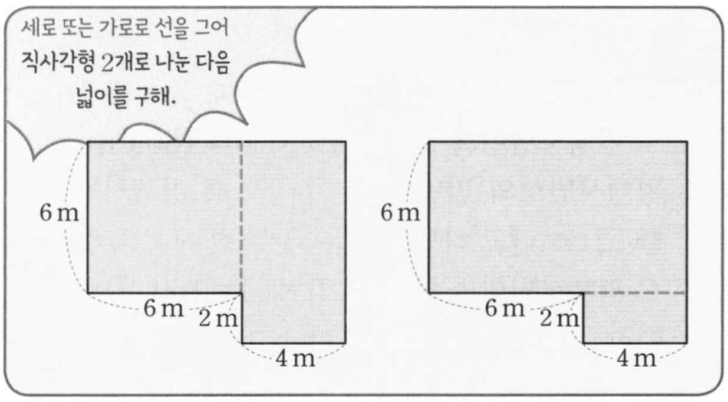

세로로 선을 그어 도형을 2개의 직사각형으로 나눌 수 있습니다.
(왼쪽 직사각형의 넓이)$=6\times6=36(m^2)$
(오른쪽 직사각형의 세로)$=6+2=8(m)$
(오른쪽 직사각형의 넓이)$=4\times8=32(m^2)$
따라서 도형의 넓이는 $36+32=68(m^2)$입니다.

다른 풀이 가로로 선을 그어 도형을 2개의 직사각형으로 나눌 수 있습니다.
(위쪽 직사각형의 가로)$=6+4=10(m)$
(위쪽 직사각형의 넓이)$=10\times6=60(m^2)$
(아래쪽 직사각형의 넓이)$=4\times2=8(m^2)$
따라서 도형의 넓이는 $60+8=68(m^2)$입니다.

7 $8000\ m=8\ km$이므로
(직사각형의 넓이)$=8\times2=16(km^2)$입니다.
정사각형의 넓이는 직사각형의 넓이와 같으므로 $16\ km^2$입니다. $4\times4=16$이므로 정사각형의 한 변의 길이는 $4\ km$입니다.

힌트북 61쪽

8

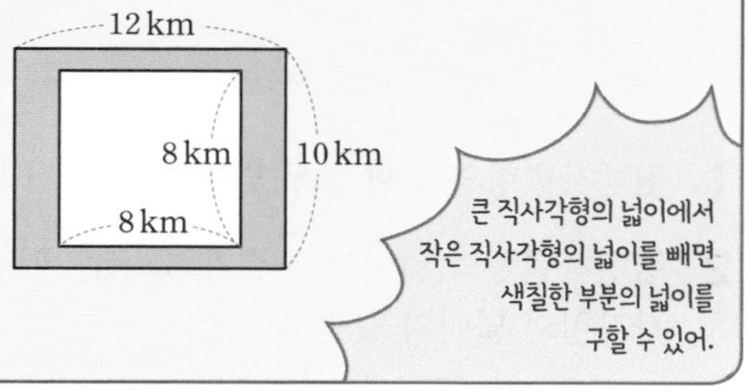

(큰 직사각형의 넓이)$=12\times10=120(km^2)$
(작은 직사각형의 넓이)$=8\times8=64(km^2)$
따라서 색칠한 부분의 넓이는 $120-64=56(km^2)$입니다.

+9 (정사각형 모양의 땅의 넓이)$=6\times6=36(km^2)$
$36\ km^2$ ➜ $36000000m^2$
따라서 넓이가 $36000000\ m^2$인 땅에는 $100\ m^2$가
$36000000\div100=360000$(번) 들어갑니다.

+10 영준이네 동네의 넓이를 구하여 km 단위로 바꿔야 합니다.

본책 138~141 쪽

31일 평행사변형의 넓이

기본기 다지는 교과서 문제 139 쪽

1 예

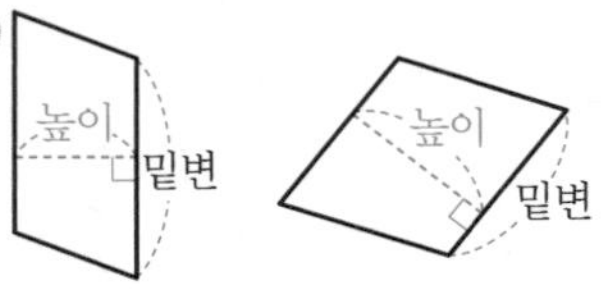

2 3, 15

3 5, 40

1 평행사변형의 높이는 두 밑변 사이의 거리입니다.

2 평행사변형의 넓이는 가로가 5 cm, 세로가 3 cm인 직사각형의 넓이와 같습니다.

스스로 풀어내는 도전 10 문제 140~141 쪽

1 3 cm, 5 cm

2

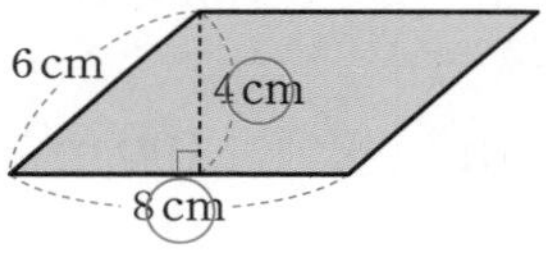

/ 32 cm^2

3 54 cm^2 **4** (1) 7 (2) 8

5 라 **6** 나

7 4 **8** 210 cm^2

+9 8 cm

+10 예 평행사변형 가, 나, 다의 밑변의 길이와 높이가 모두 같기 때문입니다.

1 평행사변형의 높이는 두 밑변 사이의 거리이므로 밑변에 수직인 선분을 그어 높이를 구합니다.

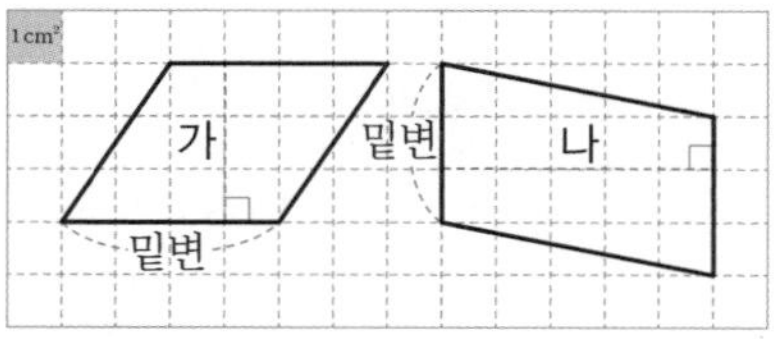

평행사변형 가의 높이는 3 cm이고, 평행사변형 나의 높이는 5 cm입니다.

2 (평행사변형의 넓이)=(밑변의 길이)×(높이)
=8×4=32(cm^2)

3 (평행사변형의 넓이)=(밑변의 길이)×(높이)
=9×6=54(cm^2)

4 (1) (평행사변형의 넓이)=(밑변의 길이)×(높이)이므로 14×□=98, □=98÷14=7입니다.
(2) (평행사변형의 넓이)=(밑변의 길이)×(높이)이므로 □×6=48, □=48÷6=8입니다.

5 도형 가, 나, 다는 밑변의 길이와 높이가 같으므로 넓이가 같습니다. 라는 가, 나, 다와 높이는 같지만 밑변의 길이가 다르므로 넓이가 다릅니다.

6 (평행사변형 가의 넓이)=3×8=24(cm^2)
(평행사변형 나의 넓이)=7×4=28(cm^2)
28>24이므로 넓이가 더 넓은 것의 기호는 나입니다.

7 (평행사변형 가의 넓이)=6×6=36(cm^2)
평행사변형 나의 넓이는 평행사변형 가의 넓이와 같으므로 36 cm^2입니다. 9×□=36이므로 □=4입니다.

8 (평행사변형 ㄱㄴㄷㄹ의 넓이)=20×15=300(cm^2)
색칠하지 않은 부분은 밑변의 길이가 6cm, 높이가 15 cm인 평행사변형이므로 넓이는 6×15=90(cm^2)입니다.
(색칠한 부분의 넓이)
=(평행사변형 ㄱㄴㄷㄹ의 넓이)
−(색칠하지 않은 부분의 넓이)
=300−90=210(cm^2)입니다.

+9 평행사변형의 밑변이 변 ㄴㄷ일 때 높이는 16 cm이므로 평행사변형의 넓이는 10×16=160(cm^2)입니다.
평행사변형의 밑변이 변 ㄱㄴ일 때 평행사변형의 높이를 □cm라고 하면 (변 ㄱㄴ)=(변 ㄹㄷ)=20 cm이므로 평행사변형의 넓이는 20×□=160, □=8입니다.
따라서 변 ㄱㄴ이 밑변일 때 높이는 8 cm입니다.

+10 도형 가, 나, 다는 밑변의 길이와 높이가 같습니다. 평행사변형의 넓이는 밑변의 길이와 높이의 곱이므로 밑변의 길이와 높이가 같으면 넓이도 같습니다.

본책 142~145 쪽

32일 삼각형의 넓이

기본기 다지는 교과서 문제 143쪽

1 예

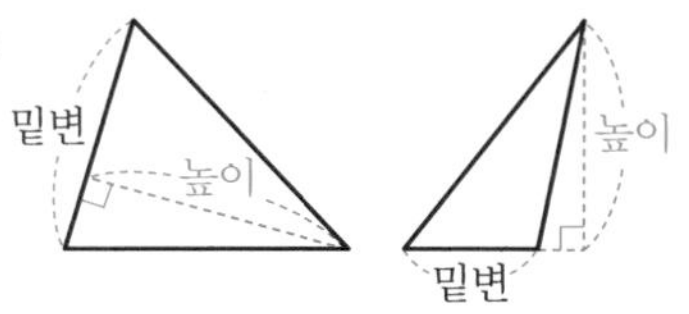

2 3, 6

3 4, 2, 12

1 삼각형의 높이는 밑변과 마주 보는 꼭짓점에서 밑변에 수직으로 그은 선분의 길이입니다.

2 삼각형의 넓이는 밑변의 길이가 4 cm, 높이가 3 cm인 평행사변형의 넓이를 2로 나눈 것과 같습니다.

스스로 풀어내는 도전 10 문제 144~145쪽

1 가

2 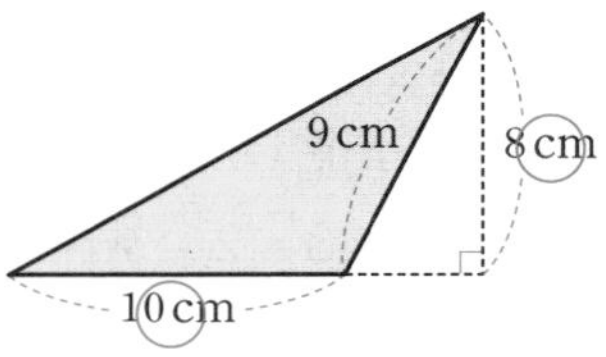

/ 40 cm^2

3 48 cm^2

4 가

5 11

6 65 cm^2

7 7

8 6 cm

+9 수현

+10 예 삼각형 가, 나, 다, 라의 밑변의 길이와 높이가 모두 같기 때문입니다.

1 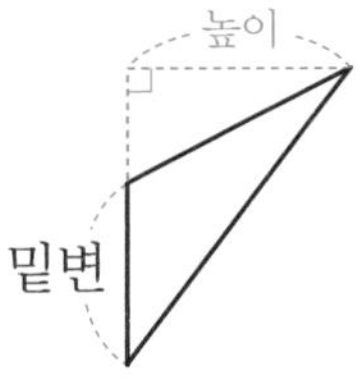

2 (삼각형의 넓이) = (밑변의 길이) × (높이) ÷ 2
= 10 × 8 ÷ 2 = 40(cm^2)

3 (삼각형의 넓이) = (밑변의 길이) × (높이) ÷ 2
= 12 × 8 ÷ 2 = 48(cm^2)

4 (삼각형 가의 넓이) = 8 × 11 ÷ 2 = 44(cm^2)
(삼각형 나의 넓이) = 11 × 4 ÷ 2 = 22(cm^2)
44 > 22이므로 넓이가 더 넓은 것의 기호는 가입니다.

5 (삼각형의 넓이) = (밑변의 길이) × (높이) ÷ 2이므로
□ × 6 ÷ 2 = 33, □ × 6 = 33 × 2 = 66,
□ = 66 ÷ 6 = 11입니다.

6 (삼각형 가의 넓이) = 16 × 7 ÷ 2 = 56(cm^2)
(삼각형 나의 넓이) = 6 × 3 ÷ 2 = 9(cm^2)
따라서 삼각형 가와 나의 넓이의 합은
56 + 9 = 65(cm^2)입니다.

7 (삼각형 가의 넓이) = 14 × 6 ÷ 2 = 42(cm^2)
삼각형 나의 넓이는 삼각형 가의 넓이와 같으므로
42 cm^2입니다.
12 × □ ÷ 2 = 42, 12 × □ = 42 × 2 = 84,
□ = 84 ÷ 12 = 7, □ = 42 × 2 ÷ 12 = 7입니다.

8 삼각형의 밑변의 길이가 15 cm일 때 높이는 8 cm이므로 삼각형의 넓이는 15 × 8 ÷ 2 = 60(cm^2)입니다.
삼각형의 밑변의 길이가 20 cm일 때 삼각형의 넓이는
20 × ㉠ ÷ 2 = 60, 20 × ㉠ = 60 × 2 = 120,
㉠ = 120 ÷ 20 = 6(cm)입니다.

+9 삼각형을 잘라 만든 평행사변형은 밑변의 길이는 같지만 높이는 삼각형의 높이의 반이므로 삼각형의 넓이는 (밑변의 길이) × (높이) ÷ 2입니다. 따라서 잘못 말한 사람은 수현이입니다.

+10 삼각형 가, 나, 다, 라는 밑변의 길이와 높이가 같습니다. 삼각형의 넓이는 밑변의 길이와 높이의 곱을 2로 나눈 것이므로 밑변의 길이와 높이가 같으면 넓이도 같습니다.

본책 146~149 쪽

33일 마름모의 넓이

기본기 다지는 교과서 문제 147쪽

1
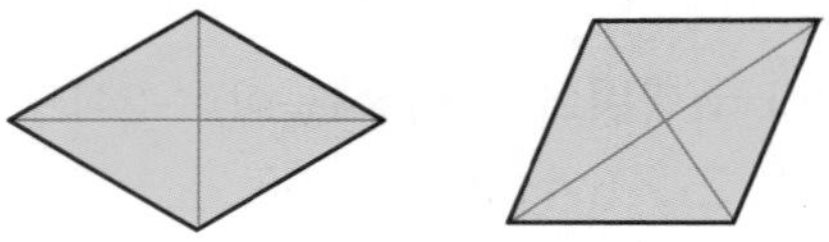

2 4, 16
3 10, 30

1 마름모의 두 대각선은 서로 수직입니다.

스스로 풀어내는 도전 10 문제 148~149쪽

1 4, 6(또는 6, 4)
2 $63\ cm^2$
3 $45\ cm^2$
4 12
5 $126\ cm^2$
6 $64\ m^2$
7 15 cm
8 12
+9 $98\ cm^2$
+10 예 다른 대각선의 길이를 □ m라고 하면 $12\times□\div2=54$, $12\times□=54\times2=108$, $□=108\div12=9$입니다. 따라서 다른 대각선의 길이는 9 m입니다. / 9 m

1
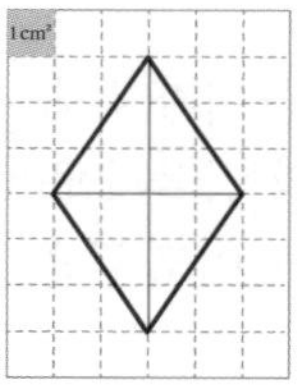

대각선의 길이는 각각 4 cm, 6 cm입니다.

2 (마름모의 넓이)
=(한 대각선의 길이)×(다른 대각선의 길이)÷2
$=14\times9\div2=63(cm^2)$

3 (마름모의 넓이)=(직사각형의 넓이)÷2
=(가로)×(세로)÷2
$=15\times6\div2=45(cm^2)$

다른 풀이 마름모의 두 대각선의 길이는 각각 직사각형의 가로, 세로와 같습니다.
(마름모의 넓이)
=(한 대각선의 길이)×(다른 대각선의 길이)÷2
$=15\times6\div2=45(cm^2)$

4 (마름모의 넓이)
=(한 대각선의 길이)×(다른 대각선의 길이)÷2이므로 $□\times8\div2=48$, $□\times8=48\times2=96$, $□=96\div8=12$입니다.

5 (마름모의 넓이)
=(한 대각선의 길이)×(다른 대각선의 길이)÷2
$=14\times18\div2=126(m^2)$

6 (선분 ㄴㅇ의 길이)=(선분 ㄱㅇ의 길이)×2
$=4\times2=8(m)$
(삼각형 ㄱㄴㅇ의 넓이)$=8\times4\div2=16(m^2)$
마름모 ㄱㄴㄷㄹ의 넓이는 삼각형 ㄱㄴㅇ의 넓이의 4배와 같으므로 $16\times4=64(m^2)$입니다.

7 (주어진 마름모의 넓이)$=30\times20\div2=300(cm^2)$
한 대각선의 길이가 40 cm인 마름모의 넓이는 주어진 마름모의 넓이와 같으므로 $300\ cm^2$입니다. 다른 대각선의 길이를 □ cm라고 하면 $40\times□\div2=300$이므로 $40\times□=300\times2=600$, $□=600\div40=15$입니다.

8 (마름모 가의 넓이)
=(한 대각선의 길이)×(다른 대각선의 길이)÷2
$=8\times6\div2=24(m^2)$
마름모 나의 넓이는 마름모 가의 넓이의 2배이므로 마름모 나의 넓이는 $24\times2=48(m^2)$입니다.
따라서 $8\times□\div2=48$, $8\times□=48\times2=96$, $□=96\div8=12$입니다.

+9 힌트북 67쪽

한 원의 반지름의 길이는 모두 같음을 이용해서 마름모의 대각선의 길이를 알 수 있어.

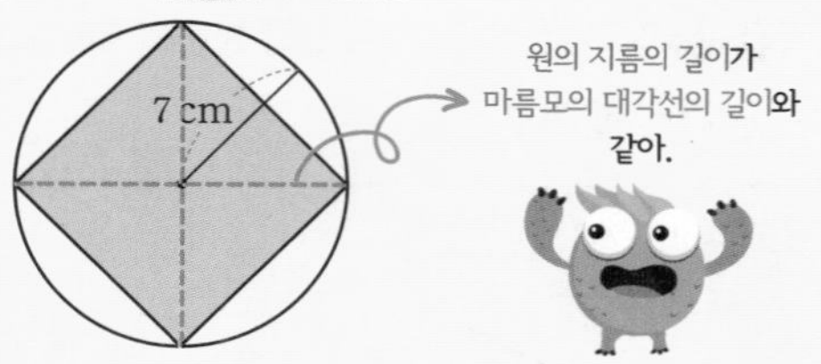

마름모의 두 대각선의 길이는 각각 원의 지름과 같으므로 두 대각선의 길이는 각각 $7\times2=14(cm)$입니다. 따라서 마름모의 넓이는 $14\times14\div2=98(cm^2)$입니다.

본책 150~153쪽

34일 사다리꼴의 넓이

기본기 다지는 교과서 문제 151쪽

1 예

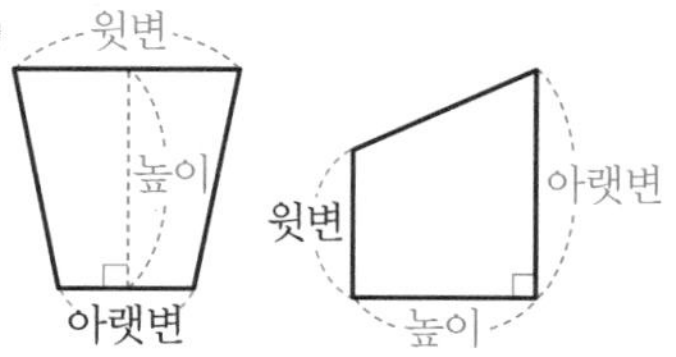

2 2, 24

3 10, 6, 36

1 사다리꼴의 높이는 평행한 두 밑변인 윗변과 아랫변 사이의 거리입니다.

스스로 풀어내는 도전 10 문제 152~153쪽

1 9, 5, 4
2 60 cm^2
3 14
4 (1) 40 cm^2, 56 cm^2 (2) 96 cm^2
5 180 m^2
6 ㄱ, ㄹ
7 64 cm^2
8 140 cm^2
+9 ㉢, ㉣
+10 예 사다리꼴의 아랫변의 길이가 7 cm이므로 윗변의 길이는 $7-3=4$(cm)입니다. 따라서 사다리꼴의 넓이는 $(4+7)\times6\div2=33(cm^2)$입니다. / 33 cm^2

1

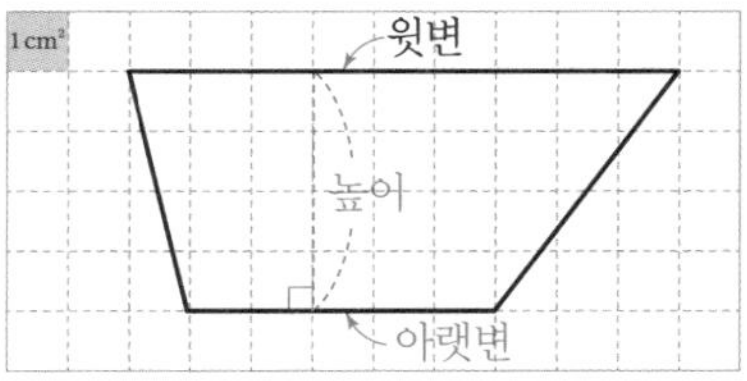

2 (사다리꼴의 넓이)
$=$((윗변의 길이)$+$(아랫변의 길이))$\times$(높이)$\div2$
$=(7+13)\times6\div2=60(cm^2)$

3 (사다리꼴의 넓이)
$=$((윗변의 길이)$+$(아랫변의 길이))$\times$(높이)$\div2$이므로 $(\square+10)\times8\div2=96$,
$(\square+10)\times8=96\times2=192$,
$\square+10=192\div8=24$, $\square=24-10=14$입니다.

4 (1) (삼각형 ㉠의 넓이)$=10\times8\div2=40(cm^2)$
(삼각형 ㉡의 넓이)$=14\times8\div2=56(cm^2)$
(2) (사다리꼴의 넓이)
$=$(삼각형 ㉠의 넓이)$+$(삼각형 ㉡의 넓이)
$=40+56=96(cm^2)$

5 사다리꼴에서 두 밑변 사이의 거리는 높이이므로 높이는 9 m입니다.
(운동장의 넓이)$=(25+15)\times9\div2=180(m^2)$

6 사다리꼴의 높이가 모두 같으므로 윗변의 길이와 아랫변의 길이의 합이 같으면 사다리꼴의 넓이는 같습니다.
ㄱ. (윗변의 길이)$+$(아랫변의 길이)$=5+9=14$(cm)
ㄴ. (윗변의 길이)$+$(아랫변의 길이)$=2+8=10$(cm)
ㄷ. (윗변의 길이)$+$(아랫변의 길이)$=4+12$
$=16$(cm)
ㄹ. (윗변의 길이)$+$(아랫변의 길이)$=8+6=14$(cm)
따라서 넓이가 같은 사다리꼴을 짝 지어 보면 ㄱ과 ㄹ입니다.

7 사다리꼴의 둘레가 34 cm이므로
$8+10+$(윗변의 길이)$+$(아랫변의 길이)$=34$,
(윗변의 길이)$+$(아랫변의 길이)
$=34-10-8=16$(cm)입니다.
따라서 사다리꼴의 넓이는
((윗변의 길이)$+$(아랫변의 길이))$\times$(높이)$\div2$
$=16\times8\div2=64(cm^2)$입니다.

8 색칠한 삼각형의 높이를 □ cm라고 하면
$16\times\square\div2=80$, $16\times\square=80\times2=160$,
$\square=160\div16=10$입니다.
사다리꼴 ㄱㄴㄷㄹ의 높이가 색칠한 삼각형의 높이와 같으므로 10 cm입니다. 따라서 사다리꼴 ㄱㄴㄷㄹ의 넓이는 $(12+16)\times10\div2=140(cm^2)$입니다.

+9 사다리꼴의 윗변과 아랫변이 평행한 두 직선에 있으므로 높이가 모두 같습니다. 이 사다리꼴의 넓이가 같을 때 높이가 같으면 윗변과 아랫변의 길이의 합도 같습니다.

26~34일 단원평가 154~155쪽

01	8, 72	02	32 cm
03	나	04	(1) > (2) <
05	$88\ m^2$	06	$77\ cm^2$
07	10	08	18 cm
09	$39\ cm^2$	10	풀이 참조 / 로운

02 (평행사변형의 둘레)
$=((\text{한 변의 길이})+(\text{다른 한 변의 길이}))\times 2$
$=(7+9)\times 2=32(cm)$

03 도형 가는 $1\ cm^2$ 가 10개이므로 넓이는 $10\ cm^2$입니다.
도형 나는 $1\ cm^2$ 가 12개이므로 넓이는 $12\ cm^2$입니다.
$12>10$이므로 넓이가 더 넓은 것의 기호는 나입니다.

04 (1) $700000\ cm^2=70\ m^2$이므로
$80\ m^2 > 700000\ cm^2$입니다.
(2) $6\ km^2=6000000\ m^2$이므로
$900000\ m^2 < 6\ km^2$입니다.

05 (화단의 넓이)$=11\times 16\div 2=88(m^2)$

06 직사각형의 세로를 □cm라고 하면 $(7+□)\times 2=36$, $7+□=18$, $□=11$입니다.
따라서 직사각형의 넓이는 $7\times 11=77(cm^2)$입니다.

07 (평행사변형 가의 넓이)$=8\times 15=120(m^2)$
평행사변형 나의 넓이는 평행사변형 가의 넓이와 같으므로 $120\ m^2$입니다. $□\times 12=120$이므로 $□=10$입니다.

08 삼각형의 밑변이 변 ㄴㄷ일 때 높이가 15 cm이므로 삼각형의 넓이는 $30\times 15\div 2=225(cm^2)$입니다.
삼각형의 밑변이 변 ㄱㄴ일 때 삼각형의 넓이는
$25\times$(선분 ㄷㄹ)$\div 2=225$,
$25\times$(선분 ㄷㄹ)$=225\times 2=450$,
(선분 ㄷㄹ)$=450\div 25=18(cm)$입니다.

09 색칠한 삼각형의 높이를 □cm라고 하면
$8\times □\div 2=24$, $8\times □=24\times 2=48$,
$□=48\div 8=6$입니다.
따라서 사다리꼴 ㄱㄴㄷㄹ의 넓이는
$(5+8)\times 6\div 2=39(cm^2)$입니다.

10 예시 답안 (슬기가 사용한 철사의 길이)$=13\times 4=52(cm)$
(로운이가 사용한 철사의 길이)$=11\times 5=55(cm)$
$55>52$이므로 철사를 더 많이 사용한 사람은 로운이입니다.

채점 기준	
	❶ 슬기와 로운이가 사용한 철사의 길이를 각각 구해야 함.
	❷ 철사를 더 많이 사용한 사람을 구해야 함.

수학이 만만해지는 힌트의 힘!

정답 · 풀이